“十三五”国家重点出版物出版规划项目

名校名家基础学科系列

当代大学物理（工科）

上 册

主编 吴 平 邱红梅 徐 美

参编 钱 萍 路彦珍 郝亚江 张师平

刘丽华 秦吉红 宿 也

主审 罗 胜 贾贵儒

机 械 工 业 出 版 社

本书是在全国高等学校大力推进新工科建设的大背景下，基于教育部高等学校物理基础课程教学指导分委员会制定的《理工科类大学物理课程教学基本要求》（2010年版）编写而成的，内容包括绪论、力学和电磁学等，主要特点是：加强了一些培养工科学生所普遍需要的物理学内容及其与高新技术和日常生活的联系，并引入研究性教学理念；注意引导学生运用物理学的思维方式进行思考和探索；教材内容、例题和课后作业的取材注意与当今科学技术和日常生活相结合，以激发学生的学习兴趣；书中内容的展现努力与当今学生的认知规律和思维习惯相适应，注重内容与叙述的生动性、趣味性，让物理学内容鲜活起来；力求语言通俗易懂，便于阅读，助力学生自主学习。各章章尾还设有自主探索研究项目，让学生可以利用身边的物品，如手机自带的各种传感器和拍摄功能、笔记本电脑等，搭建研究条件，自主探索、研究有趣的物理现象。

本书为高等学校工科各专业大学物理基础课程的教材，也可供理科非物理学类专业学生和社会读者参考。

图书在版编目（CIP）数据

当代大学物理：工科．上册/吴平，邱红梅，徐美主编．—北京：机械工业出版社，2019.12（2025.2重印）

“十三五”国家重点出版物出版规划项目．名校名家基础学科系列

ISBN 978-7-111-64460-6

Ⅰ.①当…　Ⅱ.①吴…　②邱…　③徐…　Ⅲ.①物理学-高等学校-教材
Ⅳ.①O4

中国版本图书馆CIP数据核字（2020）第005058号

机械工业出版社（北京市百万庄大街22号　邮政编码100037）
策划编辑：李永联　责任编辑：李永联　陈崇昱
责任校对：王　欣　封面设计：张　静
责任印制：单爱军
北京虎彩文化传播有限公司印刷
2025年2月第1版第6次印刷
184mm×260mm・17.5印张・427千字
标准书号：ISBN 978-7-111-64460-6
定价：44.50元

电话服务　　　　　　　　　　　网络服务
客服电话：010-88361066　　机　工　官　网：www.cmpbook.com
　　　　　010-88379833　　机　工　官　博：weibo.com/cmp1952
　　　　　010-68326294　　金　　书　　网：www.golden-book.com
封底无防伪标均为盗版　　　机工教育服务网：www.cmpedu.com

前　言

物理学是自然科学的核心，是许多新技术发展的源泉。以物理学为基础的现代技术已经极大地改变了我们的日常生活和社会面貌。作为驱动新技术和新经济的发展引擎，未来的物理学还将孕育更多的新突破。

物理学是现代人理解世界的智识基础，不懂物理学，就无法对许多事情做出正确的判断，因而物理学作为一种人文的大科学还引领了公民素质的提高。

以物理学基础为主要内容的大学物理课程，是本科生教育的重要通识性基础课程之一。这门课程所教授的基本概念、基本理论和基本方法是构成学生科学素养和能力的重要组成部分，具有其他课程不可替代的重要作用。

本套书是在全国高等学校大力推进新工科建设的大背景下出版的。教材内容基于教育部高等学校物理基础课程教学指导分委员会制定的《理工科类大学物理课程教学基本要求》(2010 年版)，并根据工科学生的培养需求和未来职业应用需求进行了适当取舍与整合，在保证大学物理课程内容体系基本完整的同时，加强了一些培养工科学生所普遍需要的物理学内容及其与高新技术和日常生活的联系。

大学物理课程的重要性毋庸置疑，但常常会有学生产生畏难情绪，觉得这门课抽象、难懂、难用，而合适的教材可以在一定程度上消减这些困难。编写本书的基本想法是：在保证内容体系基本完整以及保证对学生的基本训练的前提下，强调物理概念和思路，注意帮助学生建立起对物理学的整体观念，注意物理概念、理论与身边的趣事、自然现象和高新技术之间的联系，拉近物理学理论与学生之间的距离，使教材内容生动、有趣，激发学生对物理学的兴趣；在了解物理理论整体脉络的同时，注意让学生了解理论建立过程中所体现出的深刻的物理思想和创新思维方法，逐步培养学生的科学思维能力；注重应用估算方法培养学生抓住问题本质的能力，锻炼学生在“现实场景”中应用物理概念和物理方法的能力，使学生明白物理学不仅与新闻中的最新科技进展有关，也与我们的日常生活息息相关，让学生在学习过程中体会到物理学的理论能够学懂，也能够应用。本套书就是在这样的理念下完成的。

在阐述概念、定理和讲解物理现象的基础上，本套书在每章各小节都设置了“小节概念回顾”，以督促学生思考，抓住重要物理概念，厘清物理理论的整体脉络。书中的例题多从实际问题提取而来，展示出对一个具体问题如何进行分析、简化，进而抽象化到可以用适当的物理理论进行探讨的具体过程，这个过程恰恰是学生在未来具体应用物理学原理解决问题和创新的必经之路；例题中还增加了分析和评价环节，帮助学生对所得到的结果有更深入的理解。每章设置的多个配有图片的应用实例，理论联系实际，能够开阔学生的眼界，让他们了解到相关自然现象和高新技术背后的基本物理原理，同时也能体会如何运用物理基本规律和理论进行创造、创新。“课后作业”中的内容多有实际问题背景，让学生体验对一个具体问题进行分析、简化、抽象，再用适当的物理理论来解决和探讨的全过程，切实锻炼学生运用物理基本理论解决实际问题的能力，也让他们体会到物理学的“有用”和“能用”，“课后作业”一词也是希望能促使学生将其中的各“作业”视作一个个要运用物理学理论探索解决实际问题的工作，而不仅仅是练习。各章章尾还设有自主探索研究项目，让学生可以利用身边的物品，如手机、笔记本电脑等，搭建研究条件，自主探索、研究有趣的物理现象。此外，书中标“*”的为选学内容。

本套书在编写的过程中，编者参考了大量大学物理教学工作者编著的教材、著作和最新研究成果，有些已在参考文献中列出，有些未能一一列出，在此向他们一并表示衷心的感谢。

本套书分上、下两册，由吴平、邱红梅和徐美担任主编。本书是上册。参加本套书编写的人员如下：吴平（前言、第 8 章、第 9 章、第 10 章、自主探索研究项目），刘丽华（绪论），路彦珍、郝亚江（第 1 章、第 2 章），张师平（第 3 章、第 14 章、自主探索研究项目），邱红梅（第 4 章、第 5 章、第 6 章、第 7 章），徐美（第 11 章、第 12 章、第 13 章、第 14 章），钱萍、宿也（第 15 章、第 16 章、第 17 章、第 18 章、第 19 章），秦吉红（附录）。教材框架、内容方案确定、统稿和定稿均由吴平完成。罗胜教授和贾贵儒教授对本套书进行了细致的审阅，并提出了宝贵建议。

由于编者水平有限，书中难免存在错误和不妥之处，恳请读者批评指正。

编　者

2019 年 7 月于北京科技大学

目　录

力　学

电 磁 学

绪　论

0.1　物理学与科学技术

物理学是研究物质的基本结构、揭示物质运动的形式和最一般规律的学科。物理学是自然科学的基础学科和带头学科，是其他各自然科学学科的发展根基。自然界两种最基本的物质形态是实物和场。实物的尺度大到星系团、星系，小至尘埃、电子、夸克，跨越四十几个数量级。场包括电磁场、引力场和各种介子场等。场虽然不像实物那样能够用肉眼观察得到，但是它也和实物一样客观存在，具有能量、质量、动量等物质的基本属性。然而，场和实物又有区别。例如，实物粒子有静止质量，运动速度不能超过光速，有一定的体积，有不可入性。场却不具备上述特征，电磁场的光子没有静止质量，以光速运动，没有不可入性，即几个场可以叠加。

宏观实物（例如地球、汽车）之间位置的相对变化叫做机械运动，机械运动的规律由力学（包括经典力学、理论力学和相对论力学）来描述。组成物质的微小颗粒（例如大量的分子）的无规则运动叫作热运动，热运动的规律由热学、热力学与统计物理学来研究。如果实物的尺寸再减小（例如原子和电子），它们的结构和运动规律就将被归纳为原子物理学和量子力学。场的运动规律，例如电磁场的运动规律，被总结为光学、电磁学和电动力学。

客观世界是一个内部存在着普遍联系的统一整体，随着物理学各分支学科的发展，人们发现物质的不同存在形式和不同运动形式之间存在着联系，于是各个分支学科开始互相渗透，物理学逐步发展为各个分支学科彼此密切联系的统一整体。

物理学揭示了自然界的法则。一切自然现象都逃不出物理学的“手心”。月亮为何有阴晴圆缺？甘霖为何从天而降？不是因为天狗，不是因为龙王，而是因为物理学。哈利·波特为何能穿墙而过？天上一日是否地上一年？能回答这些问题的，是物理学。地球想出门流浪？人类想窥探黑洞？需要经过谁的同意？是物理学。物理学，揭示的自然规律是主宰自然世界的“神秘力量”。掌握自然界运行的法则，运用“神秘力量”为人类服务，就是科学技术。

物理学是人类智慧的结晶，也是创新的源泉。物理学是在人类探索自然奥秘的过程中逐步形成的科学，物理学的研究与发展与整个社会的进步息息相关。物理学史上的每一次重大发现和突破都引发了人类社会在新领域和新方向上的飞跃。17～18 世纪，热力学的发展使得机器代替了人工，推动了第一次工业革命的发展，人类社会步入机械化时代；19 世纪，宏观电磁场理论促进了第二次工业革命的完成，人类社会迈入电气化时代；20 世纪，相对论和量子力学告诉人们高速和微观世界的游戏规则，助力了第三次工业革命，人类社会从此进入了信息化时代。进入 21 世纪，物理和生物、数字等技术相融合，开启了第四次工业革命——绿色工业革命，人类社会将跨入人与自然和谐共生的新时代。

物理学的不同分支在不同的领域为人们掀开了世界的层层面纱，它们既有区别又互相联系，彼此依存，共同发展，不断扩展着人类知识的疆界。

经典力学的建立使得人们能够发射人造卫星和星际探测器，能够建造更结实的桥梁，能够让飞机飞得又快又稳，能够让我们在过山车上体验惊险刺激，在剧场里赞叹杂技表演的精彩纷呈。

热学的建立使得热能和机械能的转化成为可能，人们可以把热量从一个地方“拿到”另一个地方，从而实现制冷和制热，在一定的范围内改善生活环境和条件。我们可以在内陆吃到生鲜，使得室内四季都像是春天。

电磁学的建立和发展使我们可以制作避雷针、使用电磁炉和手机、乘坐磁悬浮列车、做医学核磁共振检查、发射电磁炮。无线电通信的发明和应用开始了人类对信息资源利用的新时代，信息技术使世界变得越来越小，“西天取经”在今天看来是一件通过电子邮件就能解决的事情。

光学的发展使我们可以观看立体电影、用照相机拍摄美丽的风景、利用光导纤维进行通信、做光纤胃镜、通过“中国天眼”FAST[㊀]发现脉冲星等。

原子物理学、量子力学和相对论的建立使我们可以使用 X 射线研究晶体的结构、检查身体骨骼、揭开 DNA 结构之谜等。我们发明了电子计算机，并且让其运算速度越来越快；我们利用核能，制造出了原子弹、氢弹；我们研究宇宙的演化，观察黑洞；我们利用热辐射的原理追踪导弹……

这样列举下去，恐怕无穷无尽。物理学的发展推动了科技的发展，为我们的生活带来了无限的便利和美好。

由此可以看到，物理从来都不是“独善其身”，而是“兼济天下”——物理学的概念、理论和方法已经被广泛运用在国防军事、航空航天、材料科学、通信、机械工程、冶金物化、地球科学、天文学、生命科学、医学乃至经济学等众多学科当中，用以定量地研究其领域中存在的复杂关系。在建国 70 周年庆典上，新武器惊艳亮相，国产东风-17 高超声速武器是空气动力学的最新、最有力的应用；歼-20 战斗机机体表面的吸波涂料是材料科学的突破性应用；无人水下潜航器是流体力学、声学、远程通信、智能 AI 等学科有机融合的结晶。这些向人们展示了中国军队科技强军的伟大成就，也让全世界看到了物理学对中国各个领域的科技能力的推动。

0.2 物理学的研究方法与创新思维和创新能力的培养

不同的物理课程有不同特点，因此就有不同的研究和学习方法。每一门物理课都是一个逻辑故事，我们要探索的是自然现象背后隐藏的物理规律。

㊀ 500m 口径球面射电望远镜（Five-hundred-meter Aperture Spherical radio Telescope，FAST）。

有的故事完整而结局美好，例如电磁学，它严格又对称，电和磁，静和动，源和旋，彼此相伴相生，当你看到麦克斯韦方程组的那一刻，你会体会到自然界的“美妙”。

有的故事直观，时时刻刻发生在我们身边，可以很直观地来描述，因此我们很好理解，随时能够达到共鸣。例如力学，乒乓球在不同力的作用下有不同的运动轨迹，我们可以用自己的眼睛看到并且画出这些美丽弧线。这些美丽弧线的背后隐藏着的是牛顿运动定律，还有流体力学。当你通过受力分析解释日常生活中的行走、跳水运动的空中旋转等各种现象时，你会觉得自然界真的是“有趣”。力学和电磁学逻辑性很强，从这个角度上说，学习它们很“容易”，只要你在理解的基础上掌握了它们的逻辑，就一通百通了。因此，学习经典物理学重在“理解”和掌握“逻辑”，切忌死记硬背。

有的故事玄妙而神奇，无法直接理解，例如量子力学。电子在哪里？没有人知道，因为它根本没有运动轨迹，只是在不同的地方出现的概率不一样。那到底为什么会是这样的呢？量子力学也无法回答这个问题，量子力学只能告诉你“它是这样的”，至于为什么是这样的，它就不能回答了。这难以理解，不，应该说不可能理解。1964 年，物理学家理查德·费曼（Richard Feynman）在康奈尔大学的一个讲座上说道：“我想我可以有把握地说，没有人真正理解量子力学，因为它描述的微观世界不是我们生活的世界，因此如果你觉得你能够理解量子力学，那你一定理解错了。”但是，事实证明，随着时间的推移，物理学家已经使用量子力学得出了越来越精确并且能够经受实践检验的计算结果。这时，你会觉得自然界真的是“神奇”。由此可以看出，学习量子力学，还有相对论力学，有的时候不能强行要求“理解”二字，往往只能接受它，知道如何用它来处理问题，这就足够了。

大学物理是涉及各个学科并与最前沿的科学技术相联系的一门课程。它将为你学习后续专业课程以及进一步获取有关知识奠定必要的物理基础。它将使你在逐步掌握物理学的研究思路和方法、获取知识的同时，拥有建立物理模型的能力、定性分析与定量计算的能力以及独立获取知识的能力，特别是，它将使你拥有思考现象背后更本质、更深层次问题的能力，深度挖掘的能力，追本溯源的能力。这些科学的学习方法和良好的学习习惯不仅对在校期间的学习起着十分重要的作用，而且对毕业后的工作和在工作中进一步学习新理论、新知识、新技术、不断开拓和创新都将产生深远的影响。物理学的思维方法是创造性解决新问题的利器，它以潜移默化的方式增强着你的实力。这种思维能力将会伴随你的一生。换句话说，没有扎实的物理功底，就不可能在很多工程领域成为专家。有人统计过，自 20 世纪中叶以来，在诺贝尔化学奖、生理学或医学奖，甚至是经济学奖的获奖者中，有一半以上的人具有物理学的背景。这意味着他们也曾从物理学中汲取了智慧，进而在非物理领域里获得了成功。反过来，至今还未出现非物理专业出身的科学家问鼎诺贝尔物理学奖的事例。

0.3 数学预备知识

物理学是一门以数学为基础的学科，它与数学的结合相当紧密。数学是物理学研究的工具和手段。物理学的思想利用数学符号和公式才能够完美地表达。因此，物理学的发展依赖于数学理论、数学思想和数学方法的发展。

反过来，物理学的研究也推动了数学的发展。许多数学概念的引入是源于对物理现象准确描述的需要。数学家拉克斯说：“数学和物理的关系尤其牢固，其原因在于数学的课题毕竟是一些问题，而许多数学问题是从物理中产生出来的，并且不止于此，许多数学理论正是为处理深刻的物理问题而发展出来的。”物理学家文小刚说：“每一次物理学的重大革命，其标志都是有新的数学被引入到物理中来。”

因此，在学习大学物理之前，需要先将高等数学学好。建议同学们从一年级下学期开始学习物理，这时许多基本的数学知识都已经具备了，例如函数与极限、导数与微分、微分中值定理与导数的应用、不定积分、定积分、矢量（向量）代数、矢量分析、复数的基本运算等。之后，随着大学物理课程的不断深入，数学也在不断地跟进，例如多元函数微分、微分方程、重积分、线性代数、概率统计等。有了这些基础，加上后续的不断学习，我们就可以在物理学的海洋中畅游了。

由于刚进入力学的学习就会遇到矢量的运算，所以我们先补充一部分矢量运算的知识。

只有大小而没有方向的物理量叫作**标量**，例如速率、电流、磁通量、熵、频率等。既有大小又有方向的物理量叫作**矢量**，例如速度、力矩、电流密度、磁场强度等。

在作图时，矢量用一个有向线段来表示，如图 0.3-1 所示，写作“$\vec{a}$”[⊖]或者“$\overrightarrow{OP}$”。矢量的大小也叫作矢量的“模”，即矢量的长度，写作“$a=|\vec{a}|$”或者“$\overline{OP}$”。单位矢量是长度为 1 的矢量。例如直角坐标系中的 x、y 和 z 方向的单位矢量分别记作 $\vec{i}$、$\vec{j}$ 和 $\vec{k}$，它们分别沿着 x、y 和 z 轴的正方向，长度为 1。矢量可以平移，不影响其大小和方向。两个大小和方向都相同的矢量相等，虽然它们不一定重合。

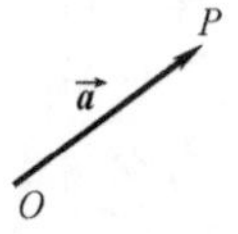

图 0.3-1 矢量的表示

矢量运算时需要满足特定的运算法则。

1. 矢量的加法和减法

（1）矢量相加 矢量 $\vec{a}$ 加矢量 $\vec{b}$ 等于矢量 $\vec{c}$，记作 $\vec{c}=\vec{a}+\vec{b}$。矢量相加满足平行四边形法则和三角形法则，如图 0.3-2a、b 所示。

（2）矢量相减 矢量减法是矢量加法的逆运算。可以使用三角形法则。矢量 $\vec{c}$ 减矢量 $\vec{a}$ 等于矢量 $\vec{b}$，记作 $\vec{b}=\vec{c}-\vec{a}$。

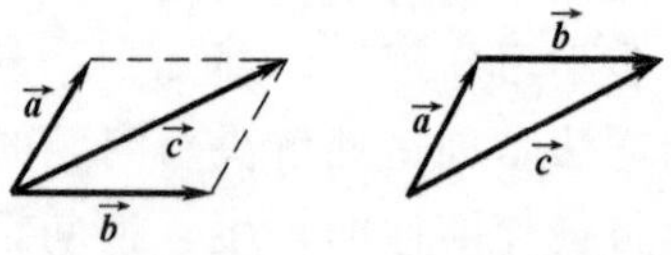

a) 平行四边形法则　b) 三角形法则

图 0.3-2 矢量相加

矢量加减法运算满足交换律 $\vec{a}+\vec{b}=\vec{b}+\vec{a}$ 和结合律 $(\vec{a}+\vec{b})+\vec{c}=\vec{a}+(\vec{b}+\vec{c})$。

2. 矢量的乘法

（1）矢量的数乘 矢量 $\vec{a}$ 与实数 λ 的乘积叫作数乘。其结果仍是一个矢量，矢量的方向与 $\vec{a}$ 相同，大小是 $\vec{a}$ 的 λ 倍，即 $\lambda\vec{a}$。

（2）矢量的点乘（标积） 设矢量 $\vec{a}$ 和矢量 $\vec{b}$ 为两个任意的矢量，则它们的点乘记为

⊖ 本书的矢量都用带有箭头的黑斜体来表示，这样做既是为了方便学生书写，也是为了提醒学生，矢量的性质和标量不同，箭头用来说明矢量是有方向的。

$\vec{a}\cdot\vec{b}$，其结果为一个标量，定义为

$$\vec{a}\cdot\vec{b}=ab\cos\theta$$

式中，θ 为矢量 $\vec{a}$ 和矢量 $\vec{b}$ 之间的夹角，如图 0.3-3 所示。

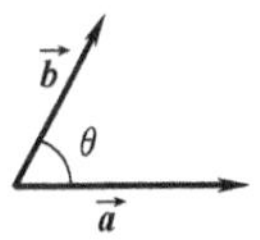

图 0.3-3　矢量的点乘

矢量点乘运算的基本性质：

ⅰ）当 θ 为锐角时，$\vec{a}\cdot\vec{b}>0$；

ⅱ）当 θ 为钝角时，$\vec{a}\cdot\vec{b}<0$；

ⅲ）当 $\vec{a}$ 和 $\vec{b}$ 垂直时，$\vec{a}\cdot\vec{b}=0$。

矢量点乘服从交换律 $\vec{a}\cdot\vec{b}=\vec{b}\cdot\vec{a}$；

单位矢量的点乘满足正交性 $\vec{i}\cdot\vec{j}=\vec{j}\cdot\vec{k}=\vec{k}\cdot\vec{i}=0$ 和归一性 $\vec{i}\cdot\vec{i}=\vec{j}\cdot\vec{j}=\vec{k}\cdot\vec{k}=1$。

（3）矢量的叉乘（矢积）　设矢量 $\vec{a}$ 和矢量 $\vec{b}$ 为两个任意的矢量，则它们的叉乘记为 $\vec{a}\times\vec{b}$，将其定义为如下的矢量 $\vec{c}$，$\vec{c}=\vec{a}\times\vec{b}$ 的绝对值为 $c=ab\sin\theta$。θ 为矢量 $\vec{a}$ 和矢量 $\vec{b}$ 之间的夹角。$\vec{c}=\vec{a}\times\vec{b}$ 的方向与 $\vec{a}$ 和 $\vec{b}$ 都垂直，即 $\vec{c}$ 与由 $\vec{a}$ 和 $\vec{b}$ 所组成的平面垂直。与平面垂直有两个方向，$\vec{c}$ 的方向用右手螺旋法则来判断，右手的四指由 $\vec{a}$ 的方向沿着小于 180° 的角转到 $\vec{b}$ 的方向，则伸直的拇指的方向即为叉乘的方向，如图 0.3-4 所示。

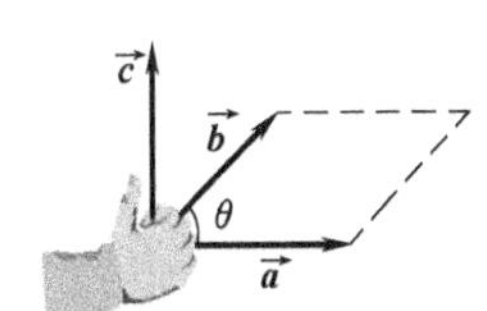

图 0.3-4　矢量的叉乘

矢量 $\vec{c}=\vec{a}\times\vec{b}$ 的几何意义：它的数值 c 等于以 $\vec{a}$ 和 $\vec{b}$ 为邻边的平行四边形的面积，它的方向沿此平面的法向。

矢量叉乘运算的基本性质：

ⅰ）当 $\vec{a}$ 和 $\vec{b}$ 垂直时，$\vec{c}$ 的绝对值最大；

ⅱ）当 $\vec{a}$ 和 $\vec{b}$ 平行或反平行时，$\vec{c}=\vec{0}$；

ⅲ）$\vec{a}\times\vec{a}=\vec{0}$。

两个非零矢量平行（或反平行）的充要条件是 $\vec{a}\times\vec{b}=\vec{0}$。

矢量的叉乘不满足交换律，即 $\vec{a}\times\vec{b}\neq\vec{b}\times\vec{a}$；因为 $\vec{a}\times\vec{b}=-\vec{b}\times\vec{a}$。

单位矢量的叉乘满足 $\vec{i}\times\vec{j}=\vec{k}$；$\vec{j}\times\vec{k}=\vec{i}$；$\vec{k}\times\vec{i}=\vec{j}$；$\vec{i}\times\vec{i}=\vec{j}\times\vec{j}=\vec{k}\times\vec{k}=\vec{0}$。

3. 矢量导数

若矢量 $\vec{a}$ 随时间 t 变化，则 $\vec{a}(t)$ 称为变量 t 的矢量函数。如果在时间 Δt 内，矢量 $\vec{a}$ 由 $\vec{a}(t)$ 变为 $\vec{a}(t+\Delta t)$，那么 $\lim\limits_{\Delta t\to 0}\dfrac{\vec{a}(t+\Delta t)-\vec{a}(t)}{\Delta t}=\lim\limits_{\Delta t\to 0}\dfrac{\Delta\vec{a}(t)}{\Delta t}=\dfrac{\mathrm{d}\vec{a}(t)}{\mathrm{d}t}$ 叫作矢量函数 $\vec{a}(t)$ 对时间 t 的导数。

矢量求导的法则：

ⅰ）$\dfrac{d\vec{c}}{dt}=\vec{0}$（$\vec{c}$ 为常矢量）；

ⅱ）$\dfrac{d(\vec{a}+\vec{b})}{dt}=\dfrac{d\vec{a}}{dt}+\dfrac{d\vec{b}}{dt}$；

ⅲ）$\dfrac{d(\lambda\vec{a})}{dt}=\dfrac{d\lambda}{dt}\vec{a}+\lambda\dfrac{d\vec{a}}{dt}$；

ⅳ）$\dfrac{d(\vec{a}\cdot\vec{b})}{dt}=\dfrac{d\vec{a}}{dt}\cdot\vec{b}+\vec{a}\cdot\dfrac{d\vec{b}}{dt}$；

ⅴ）$\dfrac{d(\vec{a}\times\vec{b})}{dt}=\dfrac{d\vec{a}}{dt}\times\vec{b}+\vec{a}\times\dfrac{d\vec{b}}{dt}$。

课后作业

0-1. 已知 $\vec{a}=\sqrt{3}\vec{i}$，$\vec{b}=\sqrt{3}\vec{i}+\vec{j}$，求：(1) $\vec{a}+\vec{b}$；(2) $\vec{a}\cdot\vec{b}$；(3) $\vec{a}\times\vec{b}$。

0-2. 下列说法中，正确的是（　）。

(A) 若 $\vec{a}=\pm\vec{b}$，则 $\vec{a}/\!/\vec{b}$　　(B) 若 $\vec{a}/\!/\vec{b}$，则 $\vec{a}=\pm\vec{b}$

(C) 若 $\vec{a}=\pm\vec{b}$，则 $|\vec{a}|=|\vec{b}|$　　(D) 若 $|\vec{a}|=|\vec{b}|$，则 $\vec{a}=\pm\vec{b}$

0-3. 在$\triangle ABC$ 中，求 $\vec{AB}+\vec{BC}+\vec{CA}$。

0-4. 若 $\vec{a}$、$\vec{b}$ 是两个非零的矢量，则下列命题正确的是（　）。

(A) $\vec{a}\perp\vec{b}\Rightarrow\vec{a}\cdot\vec{b}=0$　　(B) $\vec{a}\cdot\vec{b}=|\vec{a}|\cdot|\vec{b}|$

(C) $\vec{a}/\!/\vec{b}\Rightarrow\vec{a}\cdot\vec{b}=0$　　(D) $\vec{a}\cdot\vec{b}=-\vec{b}\cdot\vec{a}$

0-5. 已知 $|\vec{a}|=3$，$|\vec{b}|=4$，$(\vec{a}+\vec{b})\cdot(\vec{a}+3\vec{b})=33$，则 $\vec{a}$ 与 $\vec{b}$ 的夹角为多少度？

0-6. 设 $\vec{a}=(-1)\vec{i}+(-2)\vec{j}+6\vec{k}$，$\vec{b}=\vec{i}+2\vec{j}+(-6)\vec{k}$，求 $\vec{a}$ 和 $\vec{b}$ 之间的夹角。

0-7. 已知 $\vec{a}=\vec{i}+2\vec{j}$，求与 $\vec{a}$ 垂直的单位矢量。

0-8. 已知 $\vec{a}=2t^2\vec{i}$，$\vec{b}=\sqrt{2}t\vec{i}+\vec{j}$，求：

(1) $\dfrac{d(\vec{a}+\vec{b})}{dt}$；(2) $\dfrac{d(\vec{a}\cdot\vec{b})}{dt}$；(3) $\dfrac{d(\vec{a}\times\vec{b})}{dt}$。

力　学

第1章 质点力学

“力学”一词源于希腊语 $\mu\eta\chi\alpha\nu\eta$，正如其意“机械”一样，力学最早是研究机械运动的学科。初期的研究也许与古希腊时期保卫城池的投石机等机械有关，目前已经无从考证。亚里士多德的《物理学》是最早的关于机械运动的著作。该书提出了运动、空间和时间这些力学中的基本概念，是物理学发展中一座重要的里程碑。但是它持有形而上学的观点，缺少定量运算、新实验与新结果的预言，因此存在着很多谬误。牛顿意识到了物理学需要系统的科学研究方法与推理方式，在其著作《自然哲学的数学原理》中，定量运算与预测被运用得淋漓尽致，并且成功解释了天体的运动。因此，该书的出版标志着力学学科的诞生，使经典力学成为一个完整的理论体系。它的光芒也照亮了之后 300 多年来力学学科的发展。欧拉在牛顿去世多年后首次提出了我们熟知的“质点”的概念，并首次用矢量的概念研究了质点沿曲线运动的加速度。而这些正是我们将要学习的力学物理量的表示形式。在学习力学的过程中，我们既要记住亚里士多德、牛顿和欧拉这些伟大的名字，也应该记住被称为“实验物理学之父”的伽利略等科学家。因为物理学是一门以实验为基础的学科，物理学中任何理论的创立和发展都离不开实践，理论总是跟随着实验技术的进步而不断发展，历史如此，未来亦如此。

力学是物理学的基础，学习力学不仅需要掌握力学知识，还要学会物理研究的基本方法。就普通物理学的各个分支而言，力学既自成体系，又在热学、光学、电磁学以及原子分子物理学中有着重要的应用。力学中的基本概念是整个物理学的基础，我们在描述大到宇宙中的天体，小到微观的原子、分子、原子核和电子的运动时都会用到这些基本物理量。而随着自然科学的发展，力学概念早已经不局限于应用在物理学中。这些概念既可应用于宏观工程技术领域，也是微观材料结构领域的基础。

力学包括运动学和动力学两部分内容。运动学部分研究如何描述物体的运动；动力学部分研究物体运动的因果关系。我们将从运动学开始学习。

物体的运动可以分为三类：平动、转动和振动。物体可以只做其中的一种运动，也可以同时进行多种运动。例如，高铁在轨道上行驶可以视为物体的平动；地球的自转和公转以及车轮绕车轴的转动可以视为物体的转动；弹簧振子在其平衡位置附近做的周期性的往复运动可以视为物体的振动。在第 1 章我们将学习物体的平动和转动，在第 2 章学习刚体的转动，在第 11 章学习振动。

任何物体都有形状和大小，即使微小的分子和原子也不例外，大部分分子、原子直径的数量级是 10^{-10} m。一般来说，物体运动时各部分的位置变化是不同的，其形状和大小也可能发生变化。但是，如果在我们所研究的问题中，物体的形状和大小不起作用，或起的作用可以忽略不计，我们就可以忽略物体的形状和大小，把该物体视为一个只具有质量的点进行研究，称其为**质点**。例如，在研究行星围绕太阳公转的性质时，并不涉及行星的自转所引起的各部分运动的差别，行星的形状和大小无关紧要，因此可以把行星视为质点；而在研究行星的自转问题时，要研究行星各部分运动的差别，此时不能忽略行星的形状和大小，不能把行星视为质点。在轨道上运动的列车，其车轮在转动，内部构件也在进行着复杂的运动，如果我们只研究列车开出多远、速度快慢的问题，则其车轮的转动和内部构件的运动都与所研究的问题无关，此时可以把列车视为质点；在研究列车转弯各部分所受到的压力时，必须考虑列车的形状和大小，不能把列车视为质点。因此，能否将物体视为质点，只能视具体情况来具体分析。

综上所述，所谓**质点**，就是从实际中抽象出来的力学研究对象，即具有质量的点。质点是为了方便我们研究物体的运动而提出的理想化的物理模型。质点是力学中最基本、最简单的理想模型，以后我们还将引入质点系、刚体等理想模型。掌握了质点的运动规律，就能用数学方法推导质点系和刚体的运动规律。

1.1 质点运动学

运动学的任务是研究物体的位置随时间发生变化的规律，不涉及物体的相互作用和运动的原因。质点运动学研究质点的位置随时间发生变化的规律。我们将从最为基础的质点运动学开始学习，了解运动学的相关概念与知识。

1.1.1 参考系 时间的量度

1. 参考系

自然界中所有的物体都在运动，没有不运动的物体，绝对静止的物体是找不到的。即使貌似静止的高楼大厦也在随地球一起公转和自转，这就是**运动的绝对性**。

但我们描述物体的运动时，总是相对其他物体而言。例如，“车在行，鸟在飞，高楼大厦静止不动”这句话表明，车、鸟相对于地面运动，高楼大厦相对于地面静止不动。因此，描述物体运动时需要选择其他物体作为标准，选作标准的物体称为**参考系**。如前面我们在描述车、鸟和高楼大厦的运动时，选择地面为参考系。在运动学中，参考系的选取是任意的，可以根据具体问题的研究方便而定。而且选取的参考系不同，对运动的描述也就不相同。这就是运动描述的相对性。例如，宋代诗人陈与义乘船出游时写下诗句“飞花两岸照船红，百里榆堤半日风。卧看满天云不动，不知云与我俱东。”诗中“卧看满天云不动”里的“云不动”是指云与诗人保持相对静止，此时选择诗人或船作为参考系；“云与我俱东”则是指云与诗人以相同的速度相对于地球向东运动，此句选择地球或相对于地球保持静止不动的物体（河岸、地面）为参考系。所以在描述物体运动时，必须指明运动是相对于什么参考系而言的。

确定了参考系之后，为了定量描述物体的运动，还需要在参考系上建立一个合适的坐标系。常用的坐标系是笛卡儿直角坐标系和自然坐标系。根据需要，也可以选用其他的坐标系，如平面极坐标系、球坐标系或柱坐标系等。

2. 时间的量度

物理量的测量和计算在物理学研究和物理规律的应用中扮演着非常关键的角色。其中时间的测量在不同阶段都有不同的方法、技术和标准。在如图 1.1-1 所示的伽利略的著名斜面实验中，小球沿斜面滚下，观测者记录小球在不同时刻所到达的位置。我们把小球的位置随时间的改变称为**运动**。如果我们只研究小球的位置变动情况，就可以暂时忽略小球的滚动，把小球视为具有质量但没有形状和大小的质点。在现在的实验中，我们可以利用各种不同的精确测试方法来完成对实验时间和位置的测量。伽利略在进行第一次实验时，用自己的脉搏作为计时工具，每数一次脉搏记录一次小球的位置，从而可以测量出小球在相等时间间隔内经过的距离。在测量过程中，以小球从起点出发的时刻开始计时。脉搏每跳一次就记录小球所处的位置，依次记录小球通过 A、B、C、D、E 点的位置。记录结束后，测量出不同位置到起点的距离。斜面实验的测量结果表明，小球运动通过的距离和时间的二次方成正比，而距离和时间的关系曲线为抛物线。距离-时间曲线如图 1.1-2 所示，这正是我们熟悉的匀变速直线运动结果。

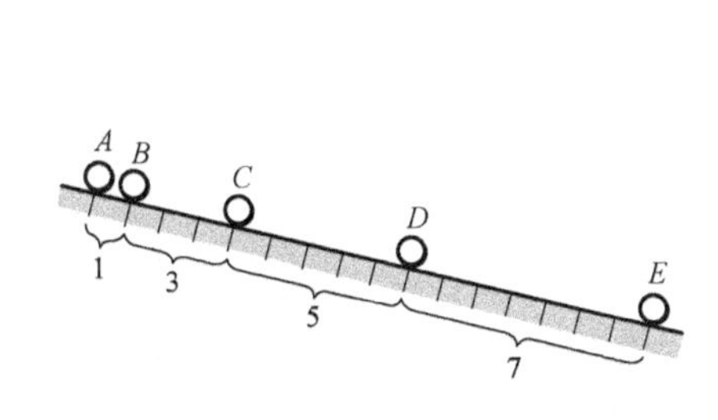

图 1.1-1　伽利略斜面实验示意图

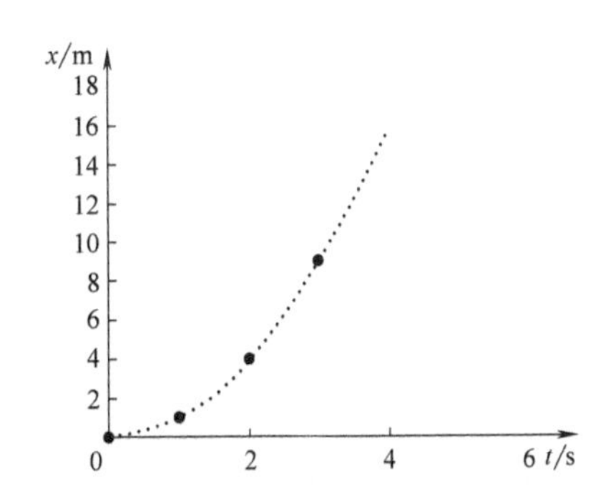

图 1.1-2　距离-时间曲线

有趣的是，由于当时没有特别精确的计时工具，伽利略不得已利用脉搏的跳动作为时间标准，但是这个测量结果与现在的测量结果几乎完全相同。以脉搏的跳动作为时间标准的前提是假设两次脉搏跳动之间的时间间隔是相同的，即认为脉搏的跳动具有固定的周期。直到现在，我们对时间的定义依然是基于两个事件之间的固定时间间隔。国际单位制以原子钟作为时间标准，精确定义 1s（秒）为铯-133 原子在基态下的两个超精细能级之间跃迁所对应的辐射的 9192631770 个周期的持续时间。有了时间标准，我们就可以按照所需的实验精度来选择计时工具。

由于物体位置随时间的变化称为**运动**，所以描述物体运动时必须建立时间坐标轴，并根据需要选择某一时间原点。**时刻**是指时间流逝中的一个瞬间，对应于时间轴上的一点；**时间间隔**是指自某一初始时刻至终止时刻所经历的一段时间，对应于时间轴上的一个区间。在物体运动时，物体的每一位置均与一定的时刻相对应。物体位置的变动总是与一定的时间间隔相对应。

应用 1.1-1　手机是如何实现定位导航功能的?

手机的定位导航系统的基本原理是以手机作为接收终端，通过天线接收卫星在空中不间断地发送的带有自身位置参数和时间的信息。接收到这些信息后，经过计算得到接收机的三维位置以及运动速度和时间信息（见应用 1.1-1 图）。例如，用接收时间减去发送时间得到信息在空中的传输时间，再乘以传输速度，就是信息在空中传输的距离，即该卫星到接收终端的距离。在三维空间中，通过三对距离可以确定一个点的位置，这样就可以实现全球的实时定位。结合数字地图的应用，即可实现导航功能。

应用 1.1-1 图

小节概念回顾： 参考系和坐标系的关系是什么？时间和时刻有什么区别？

1.1.2 质点运动的描述

1. 位置矢量

为定量研究质点的运动规律，我们需要测量质点在不同时刻的位置，并记录下来。现在来看一个具体的例子，地面上某观测者观测飞机的位置，仅考虑飞机位置时可以将其视为质点。以观测者所在位置为坐标原点 O，建立如图 1.1-3 所示的笛卡儿直角坐标系（简称直角坐标系）$Oxyz$。假设某时刻飞机飞行到 P 点，此时若 O、P 两点的距离和方位确定，则飞机的位置即可确定。为此我们引入位置矢量来描述质点的位置。t 时刻质点位于 P 点，由坐标原点 O 指向质点所处位置 P 点的有向线段称为质点的**位置矢量**，简称**位矢**或**径矢**，用数学符号 $\vec{r}$ 表示。在直角坐标系中，位矢的数学表达式可写为

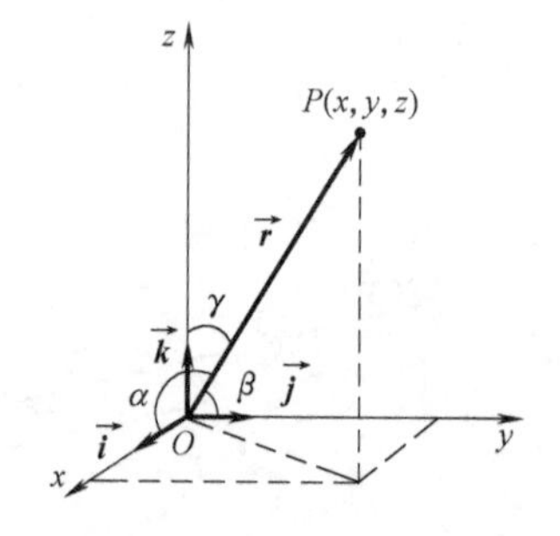

图 1.1-3 位置矢量示意图

$$\vec{r}=\overrightarrow{OP}=x\vec{i}+y\vec{j}+z\vec{k} \tag{1.1-1}$$

式中，x、y、z 分别表示位矢在 Ox、Oy、Oz 三个坐标轴上的投影；$\vec{i}$、$\vec{j}$、$\vec{k}$ 分别表示坐标系沿 Ox、Oy、Oz 三个坐标轴方向的单位矢量。

位矢的模，即它的大小为 $r=\overline{OP}=|\vec{r}|=\sqrt{x^2+y^2+z^2}$；若位矢与 Ox 轴夹角用 α 表示，与 Oy 轴夹角用 β 表示，与 Oz 轴夹角用 γ 表示，则位矢的方向余弦为 $\cos\alpha=x/r$，$\cos\beta=y/r$，$\cos\gamma=z/r$，且 $\cos^2\alpha+\cos^2\beta+\cos^2\gamma=1$。

由位矢的定义可知，位矢是与时刻相对应的，因此位矢具有瞬时性。位矢是矢量，既有大小又有方向，遵从矢量运算法则，即平行四边形法则或三角形法则，因此位矢还具有矢量叠加性。位矢是从坐标原点 O 指向 t 时刻质点所处位置的有向线段，当选择不同的坐标系时，坐标原点 O 的位置不同，位矢的大小和方向均不相同，因此位矢还具有相对性。在国际单位制中，位矢的单位为米，符号为 m。

如上面例子中，飞机在空中飞行，可将飞机视为质点。显然飞机的位置随着时间而改变，不同时刻位矢不同。因此在一定的坐标系中，质点位置随时间按一定规律变化，位矢可以表示为关于时间的函数，称为质点的**运动方程**，即

$$\vec{r}=\vec{r}(t)=x(t)\vec{i}+y(t)\vec{j}+z(t)\vec{k} \tag{1.1-2}$$

式（1.1-2）是在直角坐标系中质点运动方程的数学表达式，此式给出任意时刻质点在坐标系中的位置。写成分量形式为

$$\begin{cases} x=x(t) \\ y=y(t) \\ z=z(t) \end{cases} \tag{1.1-3}$$

例如，某质点在 $z=0$ 平面内做圆周运动，其运动方程为 $\vec{r}=\cos(2\pi t)\vec{i}+\sin(2\pi t)\vec{j}$，写成分量式为

$$\begin{cases} x=\cos(2\pi t) \\ y=\sin(2\pi t) \\ z=0 \end{cases}$$

质点运动时位矢的末端画出的曲线就是质点运动的轨迹，将质点运动方程中的参量 t 消去即可得到质点的**轨迹方程**。如上例中消去分量式中的参量 t，得 $x^2+y^2=1$，此式为质点运动的轨迹方程。

2. 位移矢量

如图 1.1-4 所示，飞机在空中经过 Δt 时间从 A 点飞行到 B 点，为了描述飞机在这段时间间隔内的位置变化情况，我们引入位移矢量。建立如图 1.1-4 所示的直角坐标系 $Oxyz$，飞机在空中的飞行轨迹为图示曲线，t 时刻飞机位于 A 点，$t+\Delta t$ 时刻飞机位于 B 点，由初位置 A 指向末位置 B 的有向线段称为 Δt 时间内的**位移矢量**，简称**位移**，用数学符号 $\Delta\vec{r}$ 表示，其数学表达式可写为

$$\Delta\vec{r}=\overrightarrow{AB}=\vec{r}(t+\Delta t)-\vec{r}(t) \tag{1.1-4}$$

式（1.1-4）表明，位移等于末位矢减去初位矢，即位移就是位矢的增量。因此，位移反映了质点位置变动的大小和方向。在直角坐标系中位移的数学表达式可写为

$$\Delta\vec{r}=\Delta x\vec{i}+\Delta y\vec{j}+\Delta z\vec{k}=(x_B-x_A)\vec{i}+(y_B-y_A)\vec{j}+(z_B-z_A)\vec{k} \tag{1.1-5}$$

位移的模，即它的大小为 $|\Delta\vec{r}|=\sqrt{\Delta x^2+\Delta y^2+\Delta z^2}$；若位移与 Ox 轴的夹角用 α 表示，与 Oy 轴的夹角用 β 表示，与 Oz 轴的夹角用 γ 表示，则位移的方向余弦为：$\cos\alpha=\dfrac{\Delta x}{|\Delta\vec{r}|}$，$\cos\beta=\dfrac{\Delta y}{|\Delta\vec{r}|}$，$\cos\gamma=\dfrac{\Delta z}{|\Delta\vec{r}|}$，且 $\cos^2\alpha+\cos^2\beta+\cos^2\gamma=1$。

由位移的定义可知，位移是与经历这段位移所用的一段时间 Δt 相对应的，因此位移不具有瞬时性。位移是矢量，既有大小又有方向，遵从矢量运算法则，因此位移具有矢量叠加性。位移是由初位置指向末位置的有向线段，当选择不同的坐标系时，位移的大小和方向均不改变，因此位移不具有相对性。在国际单位制中，位移的单位为米，符号为 m。

由图 1.1-5 可知，当质点从起点出发沿弯曲路径运动到终点时，位移为由初位置指向末位置的有向线段，路程为质点实际走过的路径。显然，位移和路程是两个不同的物理量。位移是矢量，其大小是初位置到末位置线段的长度，表示质点位置变化的净效果，只与始末点

有关，与质点的运动轨迹无关，其方向是初位置指向末位置的方向；路程指在某段时间内质点经过的实际路径的总长度，与质点运动轨迹和始末点位置都有关，它是标量，只有大小，没有方向。一般来说，在同一时间间隔内，位移的大小总是小于或等于路程。例如，在图 1.1-5 中，位移的大小小于路程。只有在质点沿同方向做直线运动或质点运动的时间间隔 $\Delta t \to 0$ 时，位移的大小才等于路程。

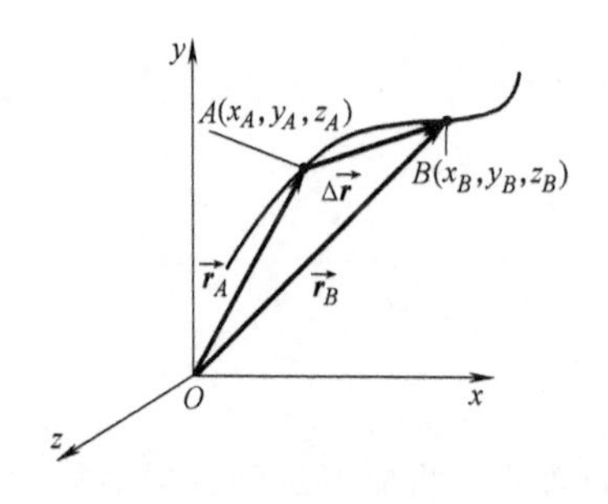

图 1.1-4 位移示意图

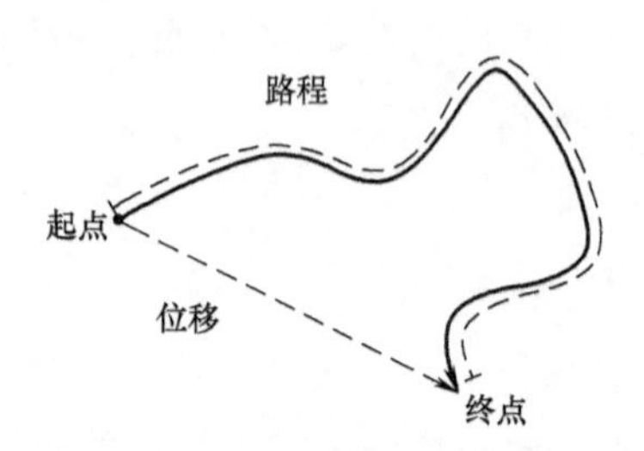

图 1.1-5 位移和路程示意图

如果选取质点在初始时刻的位置为坐标原点，则质点在某一时刻的位矢同时也表示了它相对于初始时刻的位移。

例 1.1-1 如图 1.1-6 所示，t 时刻质点位于 A 点，其位矢为 $\vec{r}(t)$。$t+\Delta t$ 时刻质点位于 B 点，其位矢为 $\vec{r}(t+\Delta t)$，则在 Δt 时间间隔内，位矢的模的增量 Δr 是否等于位移的大小 $|\Delta\vec{r}|$？

解： 由位移的定义可知，$|\Delta\vec{r}|$ 是位移的大小，是由 A 点指向 B 点的有向线段的长度，且 $|\Delta\vec{r}|=|\vec{r}(t+\Delta t)-\vec{r}(t)|$；而 Δr 则是指位矢的模的增量，即末位矢的模减初位矢的模，其数学表达式为 $\Delta r=|\vec{r}(t+\Delta t)|-|\vec{r}(t)|$；如图 1.1-6 所示，一般情况下位移的大小不等于位矢的模的增量，即 $|\Delta\vec{r}|\neq\Delta r$。

但在有些情况下，位移的大小等于位矢的模的增量。例如，当质点做直线运动时，位移的大小等于位矢的模的增量，即 $|\Delta\vec{r}|=\Delta r$。

例 1.1-2 建立如图 1.1-7 所示的坐标系，质点从 A 点顺时针沿圆周运动到 B 点，圆的半径为 R，那么其路程和位移各是多少？

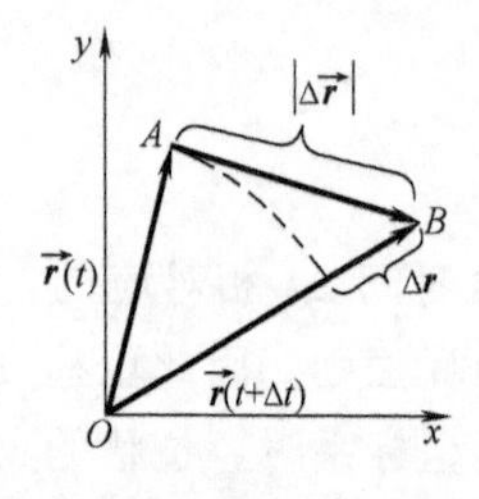

图 1.1-6 例 1.1-1 图

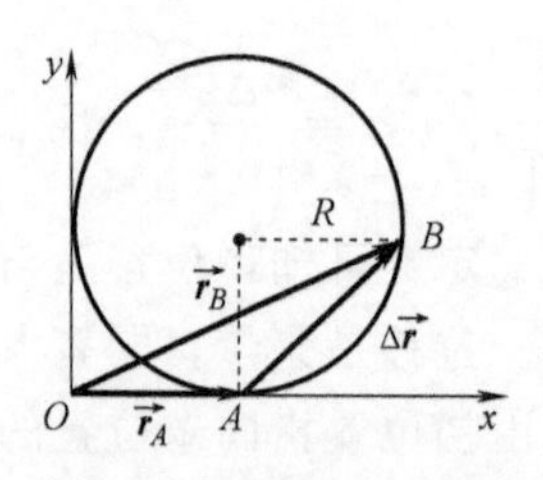

图 1.1-7 例 1.1-2 图

解： 质点经历的路程为 $s=\dfrac{3}{2}\pi R$；位移为 $\Delta\vec{r}=\vec{r}_B-\vec{r}_A=(2R\vec{i}+R\vec{j})-R\vec{i}=R\vec{i}+R\vec{j}$。

注意：路程是标量，只计算其大小即可；位移是矢量，既要计算其大小，又要说明其方向。

3. **速度**

设飞机和老鹰经过如图 1.1-4 所示的位移，飞机用时 1s，老鹰用时 10s。显然，它们位置变化的快慢不同，或者说它们运动的快慢不同。因此，还需要引入描述质点位置变动快慢的物理量。

如图 1.1-4 所示，一质点沿图示曲线运动，t 时刻质点位于 A 点，$t+\Delta t$ 时刻质点位于 B 点，即质点在 Δt 时间内经过的位移为 $\Delta\vec{r}$，则质点的位移 $\Delta\vec{r}$ 与发生这段位移所经历的时间 Δt 之比称为质点在这段时间内的**平均速度**，用数学符号$\bar{\vec{v}}$ 表示，其数学表达式为 $\bar{\vec{v}}=\dfrac{\Delta\vec{r}}{\Delta t}$。在相同的时间间隔内，位移越大，平均速度就越大，表示质点在这段时间内运动得越快。因为平均速度是矢量，时间是标量，因此平均速度的方向与位移的方向一致，其大小为位移的大小与发生这段位移所经历时间的比值。

平均速度仅能提供一段时间或一段位移内质点位置变化的快慢和方向，却不能精确地描述质点在任意时刻位置变动的快慢和方向。由平均速度的数学表达式可知，观测时间 Δt 越短，此时间间隔内的平均速度对质点运动快慢的描述越精确。当观测的时间间隔 $\Delta t\to 0$ 时，$\dfrac{\Delta\vec{r}}{\Delta t}$的极限就是 t 时刻质点运动快慢和方向的确切描述，即 t 时刻质点的**瞬时速度**，简称**速度**，用数学符号$\vec{v}$ 表示。其数学表达式可写为

$$\vec{v}=\lim_{\Delta t\to 0}\frac{\Delta\vec{r}}{\Delta t}=\frac{\mathrm{d}\vec{r}}{\mathrm{d}t} \tag{1.1-6}$$

式（1.1-6）表明质点的速度等于位矢对时间的变化率或位矢对时间的一阶导数。

在直角坐标系中，速度的数学表达式可写为

$$\vec{v}=v_x\vec{i}+v_y\vec{j}+v_z\vec{k}=\frac{\mathrm{d}x}{\mathrm{d}t}\vec{i}+\frac{\mathrm{d}y}{\mathrm{d}t}\vec{j}+\frac{\mathrm{d}z}{\mathrm{d}t}\vec{k} \tag{1.1-7}$$

式（1.1-7）表明直角坐标系中的速度等于沿 Ox、Oy、Oz 轴分速度的矢量和。速度的模，即其大小为 $v=|\vec{v}|=\sqrt{v_x^2+v_y^2+v_z^2}$。速度的方向就是当 $\Delta t\to 0$ 时位移 $\Delta\vec{r}$ 的极限方向，也就是沿着该时刻质点所在处运动轨迹的切线且指向质点前进的方向。

在图 1.1-1 所示的伽利略斜面实验中，根据不同时刻小球所处位置的记录结果可知，小球在相同时间间隔内所通过的距离依次为 $\overline{AB}=1\text{cm}$、$\overline{BC}=3\text{cm}$、$\overline{CD}=5\text{cm}$ 和 $\overline{DE}=7\text{cm}$，表明小球的平均速度增加，位移的方向总是沿斜面向下，因此平均速度和速度的方向也是沿斜面向下。由于小球沿斜面向下做直线运动，所以位移的大小等于路程。

由速度的定义可知，速度是由平均速度取极限得到的，因此，速度具有瞬时性。速度是矢量，既有大小又有方向，遵从矢量运算法则，因此速度也具有矢量叠加性。速度等于位矢的时间变化率，当选择不同的坐标系时，位矢的大小和方向均会发生改变，位矢具有相对性，因此速度也具有相对性。在国际单位制中，速度的单位为米每秒，符号为 m/s。

与此相对应，我们定义质点经过的路程 Δs 与这段路程所经历的时间 Δt 之比为这段时间内的**平均速率**，其数学表达式为$\bar{v}=\dfrac{\Delta s}{\Delta t}$。当观测的时间间隔 $\Delta t\to 0$ 时，$\dfrac{\Delta s}{\Delta t}$的极限就称为 t 时刻质点的**瞬时速率**，简称**速率**，即 $v=\dfrac{\mathrm{d}s}{\mathrm{d}t}$。

例 1. 1-3 （1）平均速度的大小$|\overline{\vec{v}}|$是否等于平均速率$\overline{v}$；

（2）速度的大小$|\vec{v}|$是否等于速率v；

（3）速率$\left|\frac{d\vec{r}}{dt}\right|$是否等于位矢的模的时间变化率$\frac{dr}{dt}$？

解： （1）平均速度等于质点的位移$\Delta\vec{r}$与发生这段位移所经历的时间Δt之比，即$\overline{\vec{v}}=\frac{\Delta\vec{r}}{\Delta t}$；

平均速率等于质点经过的路程Δs与发生这段路程所经历的时间Δt之比，$\overline{v}=\frac{\Delta s}{\Delta t}$；

由于在一般情况下，位移的大小不等于路程，$|\Delta\vec{r}|\neq\Delta s$，所以在一般情况下，平均速度的大小$|\overline{\vec{v}}|$不等于平均速率$\overline{v}$。

（2）速度的定义式为$\vec{v}=\lim\limits_{\Delta t\to 0}\frac{\Delta\vec{r}}{\Delta t}=\frac{d\vec{r}}{dt}$，速率的定义式为$v=\lim\limits_{\Delta t\to 0}\frac{\Delta s}{\Delta t}=\frac{ds}{dt}$；

由于当$\Delta t\to 0$时，位移的大小等于路程，故$\left|\lim\limits_{\Delta t\to 0}\Delta\vec{r}\right|=\lim\limits_{\Delta t\to 0}\Delta s$；所以速度的大小$|\vec{v}|$等于速率$v$。

（3）由例 1. 1-1 可知，一般情况下位移的大小不等于位矢的模的增量，即$|\Delta\vec{r}|\neq\Delta r$，故一般情况下，$|d\vec{r}|\neq dr$，速率$\left|\frac{d\vec{r}}{dt}\right|$不等于位矢的模的时间变化率$\frac{dr}{dt}$。

4. 加速度

在图 1. 1-1 所示的伽利略斜面实验中，相同时间间隔内小球经过的位移不同，表明小球的平均速度发生了改变。因此需要引入新的物理量来描述速度变化的快慢。

如图 1. 1-8a 所示，一质点沿曲线运动，在t时刻质点位于P_1点，速度为$\vec{v}(t)$，其方向沿P_1点的切线方向；在$t+\Delta t$时刻质点位于P_2点，速度为$\vec{v}(t+\Delta t)$，其方向沿P_2点的切线方向。设质点在Δt时间内的速度增量为$\Delta\vec{v}$，如图 1. 1-8b 所示，$\Delta\vec{v}=\vec{v}(t+\Delta t)-\vec{v}(t)$，则速度增量$\Delta\vec{v}$与发生这一增量所用时间$\Delta t$的比值称为质点在这段时间内的**平均加速度**，数学表达式为$\overline{\vec{a}}=\frac{\Delta\vec{v}}{\Delta t}$。平均加速度是矢量，其大小反映$\Delta t$时间内速度变化的快

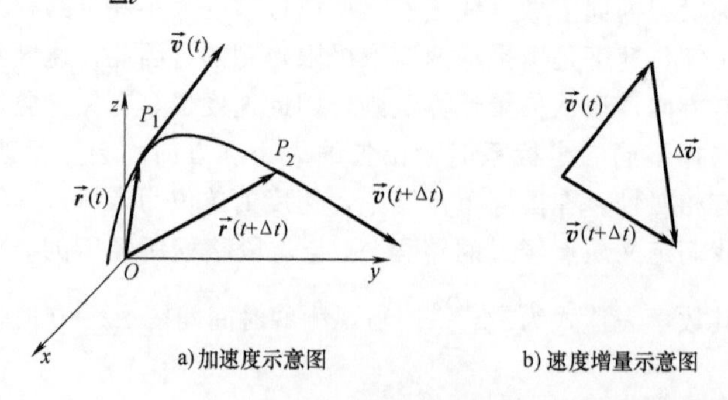

图 1. 1-8 加速度

慢，其方向沿速度增量的方向。

观测时间 Δt 越短，平均加速度越能精细地描述速度改变的情况。当观测时间间隔 $\Delta t \to 0$ 时，$\dfrac{\Delta \vec{v}}{\Delta t}$ 的极限就是 t 时刻质点速度变化快慢的确切描述，称为 t 时刻质点的**瞬时加速度**，简称**加速度**，用数学符号 $\vec{a}$ 表示。其数学表达式可写为

$$\vec{a}=\lim_{\Delta t\to 0}\frac{\Delta \vec{v}}{\Delta t}=\lim_{\Delta t\to 0}\frac{\vec{v}(t+\Delta t)-\vec{v}(t)}{\Delta t}=\frac{\mathrm{d}\vec{v}}{\mathrm{d}t}=\frac{\mathrm{d}^2\vec{r}}{\mathrm{d}t^2} \tag{1.1-8}$$

式（1.1-8）表明，加速度为速度对时间的一阶导数，或位矢对时间的二阶导数。

在直角坐标系中，加速度的数学表达式可写为

$$\vec{a}=a_x\vec{i}+a_y\vec{j}+a_z\vec{k}=\frac{\mathrm{d}v_x}{\mathrm{d}t}\vec{i}+\frac{\mathrm{d}v_y}{\mathrm{d}t}\vec{j}+\frac{\mathrm{d}v_z}{\mathrm{d}t}\vec{k}=\frac{\mathrm{d}^2x}{\mathrm{d}t^2}\vec{i}+\frac{\mathrm{d}^2y}{\mathrm{d}t^2}\vec{j}+\frac{\mathrm{d}^2z}{\mathrm{d}t^2}\vec{k} \tag{1.1-9}$$

加速度的模，即加速度的大小为 $a=|\vec{a}|=\sqrt{a_x^2+a_y^2+a_z^2}$；加速度的方向就是当 $\Delta t\to 0$ 时，速度增量 $\Delta\vec{v}$ 的极限方向。当质点做直线运动时，加速度的方向与速度方向相同或相反。如果加速度方向与速度方向相同，则质点做加速直线运动；若加速度方向与速度方向相反，则质点做减速直线运动。当质点做曲线运动时，由于速度的方向沿着曲线的切向方向而改变，所以加速度总是指向轨迹曲线凹的那一侧。

由加速度的定义可知，加速度是由平均加速度取极限得到的，因此加速度具有瞬时性。加速度是矢量，既有大小又有方向，遵从矢量运算法则，因此加速度也具有矢量叠加性。加速度等于速度的时间变化率，速度具有相对性，因此加速度具有相对性。在国际单位制中，加速度的单位为米每二次方秒，符号为 $\mathrm{m/s^2}$。

例 1.1-4 已知一辆汽车在平面内运动，其运动方程为 $\vec{r}=2t\vec{i}+(2-t^2)\vec{j}$ (SI)，求：

(1) 汽车的运动轨迹；

(2) 当 $t=0\mathrm{s}$ 及 $t=2\mathrm{s}$ 时，汽车的位置矢量；

(3) 在 $t=0\mathrm{s}$ 到 $t=2\mathrm{s}$ 时间内汽车的位移；

(4) 汽车在 2s 内的平均速度；

(5) 汽车在 $t=2\mathrm{s}$ 末的速度及速度的大小；

(6) 汽车在 $t=2\mathrm{s}$ 末的加速度及加速度的大小。

解：只考虑汽车位置的变动情况，可以把汽车看作质点。

(1) 由运动方程可得：$\begin{cases}x=2t\\ y=2-t^2\end{cases}$，消去时间 t，得汽车的轨迹方程为 $y=2-\dfrac{x^2}{4}$；

(2) 汽车的位置矢量为 $\vec{r}\,|_{t=0\mathrm{s}}=2\vec{j}\,\mathrm{m}$，$\vec{r}\,|_{t=2\mathrm{s}}=(4\vec{i}-2\vec{j})\mathrm{m}$；

(3) $t=0\mathrm{s}$ 到 $t=2\mathrm{s}$ 时间内的位移为 $\Delta\vec{r}=\vec{r}\,|_{t=2\mathrm{s}}-\vec{r}\,|_{t=0\mathrm{s}}=(4\vec{i}-2\vec{j}-2\vec{j})\mathrm{m}=(4\vec{i}-4\vec{j})\mathrm{m}$；

(4) 2s 内的平均速度为 $\overline{\vec{v}}\,|_{t=0\sim 2\mathrm{s}}=\dfrac{\Delta\vec{r}}{\Delta t}=\dfrac{\Delta x}{\Delta t}\vec{i}+\dfrac{\Delta y}{\Delta t}\vec{j}=(2\vec{i}-2\vec{j})\mathrm{m/s}$；

（5）$t=2\mathrm{s}$ 末的速度为 $\vec{v}=\frac{\mathrm{d}\vec{r}}{\mathrm{d}t}=\frac{\mathrm{d}x}{\mathrm{d}t}\vec{i}+\frac{\mathrm{d}y}{\mathrm{d}t}\vec{j}=(2\vec{i}-2t\vec{j})\mathrm{m/s}=(2\vec{i}-4\vec{j})\mathrm{m/s}$，速度的大小为 $v|_{t=2\mathrm{s}}=\sqrt{v_x^2+v_y^2}=4.47\mathrm{m/s}$；

（6）$t=2\mathrm{s}$ 末的加速度为 $\vec{a}=\frac{\mathrm{d}\vec{v}}{\mathrm{d}t}=-2\vec{j}\,\mathrm{m/s^2}$，加速度的大小为 $a=2\mathrm{m/s^2}$。

小节概念回顾：用哪些物理量可以描述质点的运动？

1.1.3 质点的直线运动 抛体运动

物体的运动轨迹是直线的运动称为直线运动。物体的直线运动是最简单的运动形式。如一辆汽车在笔直公路上由西向东行驶，若我们仅考虑汽车运动的快慢，就可以把汽车看作质点，其运动就是质点的直线运动。

设质点沿 x 轴方向做直线运动，此时其运动方程为 $x=x(t)$，速度表达式为 $v=\frac{\mathrm{d}x}{\mathrm{d}t}$，加速度表示式为 $a=\frac{\mathrm{d}v}{\mathrm{d}t}=\frac{\mathrm{d}^2x}{\mathrm{d}t^2}$。

我们在中学物理中学过质点做直线运动的一些特例。

1）如果质点所受的合外力为零，且初始时刻质点处于静止状态，则该质点将保持静止状态不变，永远处于初始时刻 t_0 时的位置，即 $x=x_0=$常量，且 $v=a=0$。

2）如果质点所受的合外力为零，质点运动时的加速度为零，初始速度为 v_0，初始位置为 x_0，则质点做匀速直线运动，其运动方程为 $x=x_0+v_0t$，速度表达式为 $v=v_0=$常量。

3）如果质点运动时的加速度为常量，初始速度为 v_0，初始位置为 x_0，则质点做匀变速直线运动，其运动方程为 $x=x_0+v_0t+\frac{1}{2}at^2$，速度表达式为 $v=v_0+at$。

除了上述特例外，我们再讨论一种质点做一般直线运动的情况。某质点沿 x 轴方向做直线运动，其运动方程为 $x(t)=1+t-3t^2+2.5t^3$（SI），即质点在 $t=0(\mathrm{s})$ 时刻从初始位置 $x_0=1$（m）处出发，沿 x 轴正向运动，位移增大，随后经过一段反向运动后，一直沿 x 轴正向运动。在该运动中，质点的位移和运动所经过的路程不同。由运动方程可以求得质点的瞬时速度为 $v=\frac{\mathrm{d}x}{\mathrm{d}t}=1-6t+7.5t^2$（m/s）。显然，速度随时间先减小后增加，即质点先做减速直线运动，再做加速直线运动。由速度随时间的变化规律可以进一步求得加速度随时间的变化规律为

$$a=\frac{\mathrm{d}v}{\mathrm{d}t}=-6+15t\ (\mathrm{m/s^2})$$

即加速度随时间线性增加。此例表明，对于运动学第一类问题，已知质点的运动方程，可以通过求导的方式得到其速度和加速度的表示式 $x\xrightarrow{v=\frac{\mathrm{d}x}{\mathrm{d}t}}v\xrightarrow{a=\frac{\mathrm{d}v}{\mathrm{d}t}}a$，我们称其为运动学的第一类问题。

如果质点在 x 方向做匀速直线运动的同时，在 y 方向做加速度为 g（重力加速度）的匀变速直线运动，则质点做为我们熟悉的抛体运动，其运动学方程为

$$\begin{cases}x=x_0+v_{0x}t\\ y=y_0+v_{0y}t-\frac{1}{2}gt^2\end{cases}\tag{1.1-10}$$

将式（1.1-10）中的参量 t 消去，得质点的运动轨迹

$$y=y_0+\frac{v_{0y}}{v_{0x}}(x-x_0)-\frac{g(x-x_0)^2}{2v_{0x}^2} \tag{1.1-11}$$

式（1.1-11）即为质点做抛体运动的轨迹方程，其轨迹是抛物线，且抛物线的性质由质点的初始位矢和初始速度决定，这与我们生活中观察到的现象大致相同。若进一步考虑初始速度对运动质点轨迹的影响，可将抛体运动进行分类。当 $v_{0x}=0$ 时，物体做的运动为竖直抛体运动；当 $v_{0x}=0$ 且 $v_{0y}=0$ 时，物体做的运动为自由落体运动；当 $v_{0x}=0$ 且 $v_{0y}<0$ 时，物体做的运动为竖直下抛运动；当 $v_{0x}=0$ 且 $v_{0y}>0$ 时，物体做的运动为竖直上抛运动；当 $v_{0x}\neq0$ 且 $v_{0y}\neq0$ 时，物体做的运动为斜抛运动。由此可见，质点在初始时刻的运动状态（位矢、速度）将影响质点在之后任意时刻的运动状态和运动轨迹。因此，我们在发射炮弹时，通过调整发射方向，可以使射击目标处于炮弹的飞行轨迹上，从而命中目标。由上述抛体运动的描述可知，质点在竖直平面内的抛物线运动是由相互垂直的水平方向和竖直方向的独立运动叠加而成的。

例 1.1-5　假设跳伞运动员从离开山顶到降落伞打开之前做自由落体运动，且运动员的初始位置为 y_0，初始速度为 v_0，求在此过程中运动员的运动方程。

解： 运动员做自由落体运动时在竖直方向有重力加速度 g。

根据加速度的定义，$g=\frac{\mathrm{d}v_y}{\mathrm{d}t}$，两边乘以 $\mathrm{d}t$，可得 $\mathrm{d}v_y=g\mathrm{d}t$；

两边同时积分，代入初始条件，$\int_{v_0}^{v_y}\mathrm{d}v_y=\int_0^t g\mathrm{d}t$，解得 $v_y=v_0+gt$；

根据速度的定义，由 $v_y=\frac{\mathrm{d}y}{\mathrm{d}t}$ 得 $\mathrm{d}y=v_y\mathrm{d}t=(v_0+gt)\mathrm{d}t$；

两边同时积分，代入初始条件 $\int_{y_0}^{y}\mathrm{d}y=\int_0^t(v_0+gt)\mathrm{d}t$，解得跳伞运动员的运动方程为

$$y=y_0+v_0t+\frac{1}{2}gt^2$$

例 1.1-6　已知一列火车在轨道上沿 x 轴做匀加速直线运动，其加速度为 a，在 $t=0$ 时刻，火车的初始速度为 v_0，初始位置为 x_0，求该火车的运动方程。

解： 由加速度定义式 $a=\frac{\mathrm{d}v}{\mathrm{d}t}$，得 $\mathrm{d}v=a\mathrm{d}t$；

两边同时积分，代入初始条件 $\int_{v_0}^{v}\mathrm{d}v=\int_0^t a\mathrm{d}t$，解得 $v=v_0+at$；

根据速度的定义式，$v=\frac{\mathrm{d}x}{\mathrm{d}t}=v_0+at$，两边同时积分，代入初始条件 $\int_{x_0}^{x}\mathrm{d}x=\int_0^t(v_0+at)\mathrm{d}t$，解得该火车的运动方程为

$$x=x_0+v_0t+\frac{1}{2}at^2$$

求出的速度公式与运动方程联立，消去 t，可得 $v^2-v_0^2=2a(x-x_0)$，这些公式就是我们在中学学到的匀变速直线运动的基本方程。

例 1.1-7　已知一辆汽车沿 x 轴做加速直线运动，当 $t=0$ 时，汽车的初始速度为 v_0，位于 x_0 位置处。

求：(1) 若汽车的加速度为 $a=-kv$，求其在任意时刻的速度和位置；

(2) 若汽车的加速度为 $a=kx$，求其在任意位置处的速度。

解：(1) 由加速度的定义式 $a=\dfrac{\mathrm{d}v}{\mathrm{d}t}=-kv$，得 $\mathrm{d}v=-kv\mathrm{d}t$，分离变量后为 $\dfrac{\mathrm{d}v}{v}=-k\mathrm{d}t$，两边同时积分，代入初始条件 $\int_{v_0}^{v}\dfrac{\mathrm{d}v}{v}=-\int_0^t k\mathrm{d}t$，解得 $\ln\dfrac{v}{v_0}=-kt$，即任意时刻的速度为 $v=v_0\mathrm{e}^{-kt}$；

由速度的定义式 $v=\mathrm{d}x/\mathrm{d}t=v_0\mathrm{e}^{-kt}$，得 $\mathrm{d}x=v_0\mathrm{e}^{-kt}\mathrm{d}t$，两边同时积分，代入初始条件，$\int_{x_0}^{x}\mathrm{d}x=\int_0^t v_0\mathrm{e}^{-kt}\mathrm{d}t$，解得任意时刻的位置为

$$x=x_0+\frac{v_0}{k}(1-\mathrm{e}^{-kt})$$

(2) 由加速度的定义式 $a=\dfrac{\mathrm{d}v}{\mathrm{d}t}=\dfrac{\mathrm{d}v}{\mathrm{d}x}\dfrac{\mathrm{d}x}{\mathrm{d}t}=v\dfrac{\mathrm{d}v}{\mathrm{d}x}=kx$，得 $v\mathrm{d}v=kx\mathrm{d}x$，两边同时积分，代入初始条件，$\int_{x_0}^{x}kx\mathrm{d}x=\int_{v_0}^{v}v\mathrm{d}v$，解得任意位置处的速度为

$$v=\sqrt{v_0^2+k(x^2-x_0^2)}$$

由上述例题可知，如果已知质点运动的加速度和初始条件，则可用积分的方法求得质点的速度和它的运动方程，即 $\vec{r}\xleftarrow[\int\mathrm{d}\vec{r}=\int\vec{v}\mathrm{d}t]{}\vec{v}\xleftarrow[\int\mathrm{d}\vec{v}=\int\vec{a}\mathrm{d}t]{}\vec{a}$ 称为运动学的第二类问题。

例 1.1-8 如图 1.1-9 所示，已知码头高 h，码头上的工人用轻绳跨过定滑轮拉船靠岸，工人匀速收绳的速率为 v_0，求船靠岸的速率。

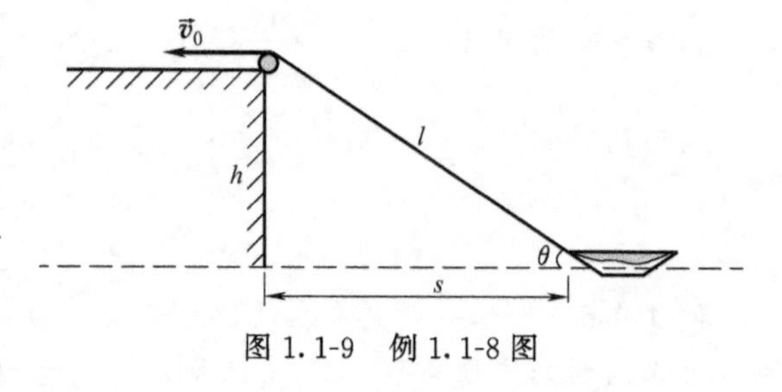

图 1.1-9 例 1.1-8 图

解：设某一时刻，船与码头上定滑轮之间的距离为 l，船与岸的垂直距离为 s，由图中的几何关系可得 $s=\sqrt{l^2-h^2}$，则船靠岸的速率为船与岸的垂直距离对时间的变化率，即

$$v=-\frac{\mathrm{d}s}{\mathrm{d}t}=-\frac{\mathrm{d}s}{\mathrm{d}l}\frac{\mathrm{d}l}{\mathrm{d}t}=\frac{\mathrm{d}s}{\mathrm{d}l}v_0=\frac{l}{s}v_0$$

小节概念回顾：本节采用标量描述了质点的直线运动和抛体运动，用矢量如何描述？

1.1.4 质点的圆周运动

游乐场中的大型摩天轮转动时，摩天轮上各轿厢的运动轨迹是圆。物体的运动轨迹是圆或圆弧的运动称为**圆周运动**，它是曲线运动的特例。因此，圆周运动的研究是曲线运动的研究基础。质点的圆周运动的例子有很多，如研究人造卫星绕地球的转动，可以将卫星视为质点，其绕地球的转动可视为质点的圆周运动；轻绳一端系一个小球，手握着轻绳另一端转圈挥动，小球的运动可视为质点的圆周运动。我们可以利用在 1.1.2 节学到的基本物理量（位

矢、位移、速度、加速度）来描述质点的圆周运动，但在有些情况下，用这些物理量描述质点的圆周运动使得研究问题变得复杂化。为了简化问题，本节引入新的物理量描述质点的圆周运动，将这些新物理量统称为角量。相对应地，可以把 1.1.2 节学到的物理量称作线量。

1. 描述圆周运动的角量

（1）角位置　我们考虑人造卫星绕地球做圆周运动的情况，如图 1.1-10 所示，把地心当作参考点 O 点，设人造卫星在 Oxy 平面内绕圆心 O 做半径为 R 的圆周运动。把卫星视为质点，t 时刻卫星位于 A 点，由 O 指向 A 的有向线段就是卫星的位矢 $\vec{r}$，自 Ox 轴转向位矢 $\vec{r}$ 转过的角度 θ 称作质点的**角位置**。规定自 Ox 轴逆时针转向位矢 $\vec{r}$ 时的 θ 为正，反之 θ 为负。因此角位置既有大小，又有方向，具有矢量性。由角位置的定义可知，角位置是与时刻相对应的，因此角位置具有瞬时性。角位置是从 Ox 轴转到 t 时刻质点位矢所转过的角度，当选择不同的坐标系时，Ox 轴位置不同，角位置的大小和方向均不相同，因此角位置具有相对性。在国际单位制中，角位置的单位为弧度，符号为 rad。

当质点绕圆心 O 运动时，角位置 θ 随时间 t 改变，即 $\theta=\theta(t)$，这就是质点做圆周运动的运动方程。

（2）角位移　如图 1.1-10 所示，当质点绕圆心 O 做圆周运动时，若 t 时刻质点位于 A 点，$t+\Delta t$ 时刻质点运动到 B 点，则由 OA 转向 OB 所转过的角度 $\Delta\theta$ 称为这段时间 Δt 内的角位移。即绕圆心 O 做圆周运动的质点在 Δt 时间间隔内角位置的增量，称为在该时间间隔内的**角位移**。规定：由 OA 逆时针转向 OB 时转过的角度 $\Delta\theta$ 为正值，由 OA 顺时针转向 OB 时转过的角度 $\Delta\theta$ 为负值。因此，角位移既有大小，又有方向，具有矢量性。由角位移的定义可知，角位移是与经历这段角位移所用的一段时间间隔 Δt 相对应的，因此角位移不具有瞬时性。角位移是从 OA 转向 OB 时所转过的角度，当选择不同的坐标系时，Ox 轴位置不同，角位移的大小和方向均不会发生改变，因此角位移不具有相对性。在国际单位制中，角位移的单位为弧度，符号为 rad。

（3）角速度　绕圆心 O 做圆周运动的质点在 Δt 时间间隔内转过的角位移为 $\Delta\theta$，在 Δt 趋近于零时，角位移 $\Delta\theta$ 与发生这段角位移所经历的时间间隔 Δt 之比的极限值，称为质点的**瞬时角速度**，简称**角速度**，即

$$\omega=\lim_{\Delta t\to 0}\frac{\Delta\theta}{\Delta t}=\frac{\mathrm{d}\theta}{\mathrm{d}t} \tag{1.1-12}$$

角速度的大小就是角位置的时间变化率。如图 1.1-11 所示，角速度的方向可由右手螺旋法则确定：右手握住转动轴 O 轴，并让四指弯曲的方向与质点的转动方向一致，此时大拇指沿轴线的指向就是角速度矢量的方向。因此，角速度既有大小，又有方向，具有矢量性。角速度是在 Δt 趋近于零时取极限得到的，故具有瞬时性。角速度是角位置对时间的一阶导数，角位置具有相对性，故角速度也具有相对性。在国际单位制中，角速度的单位为弧度每秒，符号为 rad/s。

（4）角加速度　绕圆心 O 做圆周运动的质点在 Δt 时间间隔内角速度的增量为 $\Delta\omega$，在 Δt 趋近于零时，角速度增量 $\Delta\omega$ 与发生这段角速度增量所经历的时间间隔 Δt 之比的极限值，称为 t 时刻绕圆心 O 做圆周运动的质点的**瞬时角加速度**，简称**角加速度**，其数学表达式为

$$\alpha=\lim_{\Delta t\to 0}\frac{\Delta\omega}{\Delta t}=\frac{\mathrm{d}\omega}{\mathrm{d}t}=\frac{\mathrm{d}^2\theta}{\mathrm{d}t^2} \tag{1.1-13}$$

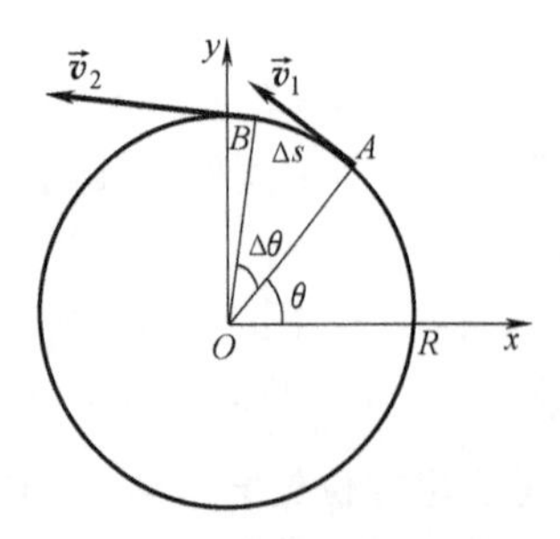

图 1.1-10 圆周运动示意图

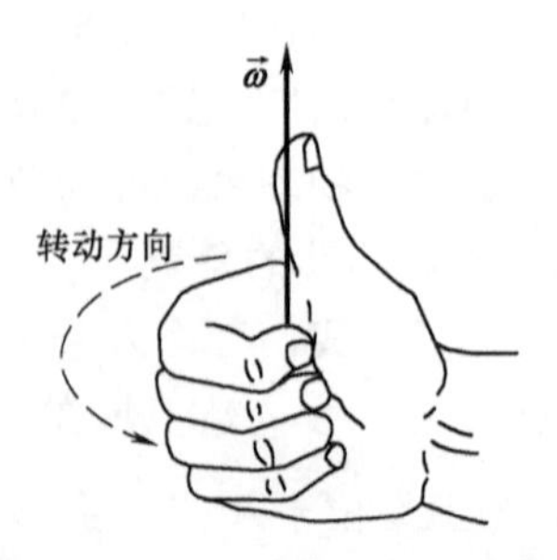

图 1.1-11 角速度方向示意图

角加速度的大小为角速度的时间变化率或角位置对时间 t 的二阶导数。当质点在 Oxy 平面内绕圆心 O 做加速圆周运动时，角加速度的方向与角速度的方向相同；当质点在 Oxy 平面内绕圆心 O 做减速圆周运动时，角加速度的方向与角速度方向相反。在国际单位制中，角加速度的单位为弧度每二次方秒，符号为 $\mathrm{rad/s^2}$。

（5）线速度和角速度的关系 如图 1.1-10 所示，当质点绕圆心 O 做圆周运动时，质点在 t 时刻位于 A 点，其线速度的方向沿 A 点的切线方向，其线速度的大小为 $v=\dfrac{\mathrm{d}s}{\mathrm{d}t}$；质点绕圆心 O 逆时针转动，由右手螺旋法则可知 t 时刻质点角速度的方向垂直纸面向外，角速度的大小为 $\omega=\dfrac{\mathrm{d}\theta}{\mathrm{d}t}$。在速率定义式的分子、分母上同乘以 $\mathrm{d}\theta$，可得 $v=\dfrac{\mathrm{d}s}{\mathrm{d}t}=\dfrac{\mathrm{d}s}{\mathrm{d}\theta}\dfrac{\mathrm{d}\theta}{\mathrm{d}t}$，其中 $\mathrm{d}s$ 表示 $\mathrm{d}t$ 时间内质点在圆周上经过的弧长，$\mathrm{d}s=R\mathrm{d}\theta$，故 $v=\dfrac{\mathrm{d}s}{\mathrm{d}t}=\dfrac{\mathrm{d}s}{\mathrm{d}\theta}\dfrac{\mathrm{d}\theta}{\mathrm{d}t}=R\omega$。由此可知，质点做圆周运动时，线速度的大小等于角速度的大小与半径的乘积。线速度和角速度之间的矢量关系式为 $\vec{v}=\vec{\omega}\times\vec{R}$。

2. 自然坐标系

在一般曲线运动中，质点速度的大小和方向都随时间发生改变，质点的加速度也在随时间发生变化。为了更好地理解加速度的概念，可采用自然坐标系来研究质点做圆周运动的加速度，进而推广至一般曲线运动。

自然坐标系是沿质点的运动轨迹建立的坐标系。在质点的运动轨迹上任意选取一点作为坐标原点 O，用运动轨迹上自 O 点至质点位置经过的弧长 s 表示质点在任意时刻的位置，这样的坐标系称为自然坐标系。如图 1.1-12 所示，当质点绕圆心 O' 做圆周运动时，在圆周上任意选取一点作为坐标原点 O，t 时刻质点运动到 P 点，则 OP 之间的圆弧 s 确定，质点的位置也就确定了。在自然坐标系中，质点的运动方程为 $s=s(t)$。质点所受的力、质点运动的速度和加速度等矢量都可以在自然坐标系下进行正交分解。如图 1.1-12 所示，当质点运动到 P 点时，过 P 点可以建立两个坐标轴，其中一个坐标轴沿圆周的切线且指向自然坐标 s 增加的方向，该方向的单位矢量用 $\vec{\tau}$（或 $\vec{e}_\tau$）表示，称为切向方向的单位矢量；另一个坐标轴沿圆周法线且指向圆心方向，该方向的单位矢量用 $\vec{n}$（或 $\vec{e}_{\mathrm{n}}$）表示，称为法向方向的单位矢量。显然，随着质点在运动轨迹上的位置变化，这对方向的指向会随坐标位置的

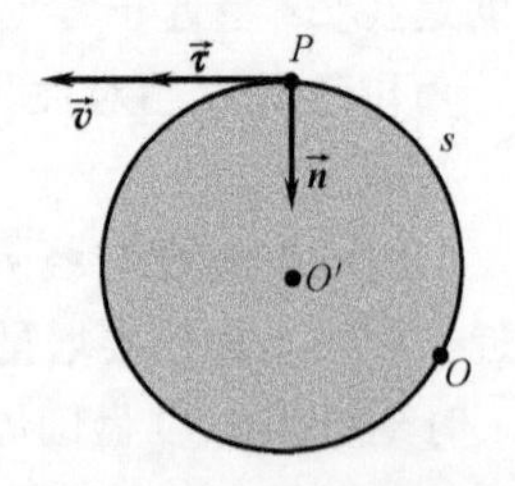

图 1.1-12 自然坐标系示意图

改变而改变，因此自然坐标是区域性坐标。

质点绕圆心 O'做圆周运动，在任意位置处，质点的速度方向均为该点处的切线方向。因此在自然坐标系中，速度的数学表达式可写为

$$\vec{v}=v\vec{\tau} \tag{1.1-14}$$

3. **圆周运动的加速度**

一般来说，质点在做圆周运动时，不仅速度方向随时间发生变化，速度大小有时也会随时间发生变化。自然坐标系中速度的表达式（1.1-14）和加速度的数学表达式（1.1-8）联立，可得质点做圆周运动的加速度为

$$\vec{a}=\frac{d\vec{v}}{dt}=\frac{d(v\vec{\tau})}{dt}=\frac{dv}{dt}\vec{\tau}+v\frac{d\vec{\tau}}{dt} \tag{1.1-15}$$

式（1.1-15）右侧第一项$\frac{dv}{dt}\vec{\tau}$是由于速度大小变化而引起的加速度分矢量，其方向沿着切线方向，这项加速度分矢量称为切向加速度，用数学符号$\vec{a}_\tau$表示，$\vec{a}_\tau=\frac{dv}{dt}\vec{\tau}$。切向加速度的大小为

$$a_\tau=|\vec{a}_\tau|=\frac{dv}{dt}=R\alpha \tag{1.1-16}$$

即切向加速度的大小等于速率的时间变化率，也等于圆周的半径与质点运动的角速度的乘积。

式（1.1-15）右侧第二项$v\frac{d\vec{\tau}}{dt}$是由于速度切向单位矢量的方向随时间变化而引起的加速度分矢量，或者说，是由于速度方向变化而引起的加速度分矢量，这项加速度分矢量称为法向加速度，用数学符号$\vec{a}_n$表示，$\vec{a}_n=v\frac{d\vec{\tau}}{dt}$。而法向加速度的大小为$a_n=|\vec{a}_n|=\left|v\frac{d\vec{\tau}}{dt}\right|=v\frac{|d\vec{\tau}|}{dt}$。如图 1.1-13a 所示，$d\vec{\tau}$是切向单位矢量的增量。下面来讨论$d^2\tau$的大小，为简便起见，假设质点做匀速率圆周运动，如图 1.1-13b 所示，设 t 时刻质点运动到圆周上的 A 点，速率为 v，速度的方向沿 A 点切向方向，即$\vec{v}(t)$或$\vec{\tau}(t)$方向；$t+dt$ 时刻质点运动到圆周上的 B 点，速率为 v，速度的方向沿 B 点切向方向，即$\vec{v}(t+dt)$或$\vec{\tau}(t+dt)$方向。在时间间隔 dt 内，质点转过的角位移为 $d\theta$，如图 1.1-13a 所示，在这段时间内，切向单位矢量的增量为 $d\vec{\tau}=\vec{\tau}(t+dt)-\vec{\tau}(t)$。由于切向单位矢量的大小为 1，由图 1.1-13a 可知，$|d\vec{\tau}|=d\theta\cdot 1=d\theta$，法向加速度的大小为

$$a_n=|\vec{a}_n|=\left|v\frac{d\vec{\tau}}{dt}\right|=v\frac{|d\vec{\tau}|}{dt}=v\frac{d\theta\cdot 1}{dt}=v\omega=\frac{v^2}{R}=R\omega^2 \tag{1.1-17}$$

即法向加速度的大小等于速率的二次方除以圆周的半径 R，也等于角速度的二次方与圆周半径的乘积。当 $dt\to 0$ 时，$d\theta$ 也趋近于零。这时，$d\vec{\tau}$的方向趋于与$\vec{\tau}(t)$的方向垂直，也就是趋于指向圆心的法线方向，故$\vec{a}_n$称为法向加速度。

质点做圆周运动时，其加速度的数学表达式为

$$\vec{a}=\vec{a}_\tau+\vec{a}_n=\frac{dv}{dt}\vec{\tau}+v\frac{d\vec{\tau}}{dt}=\frac{dv}{dt}\vec{\tau}+\frac{v^2}{R}\vec{n} \tag{1.1-18}$$

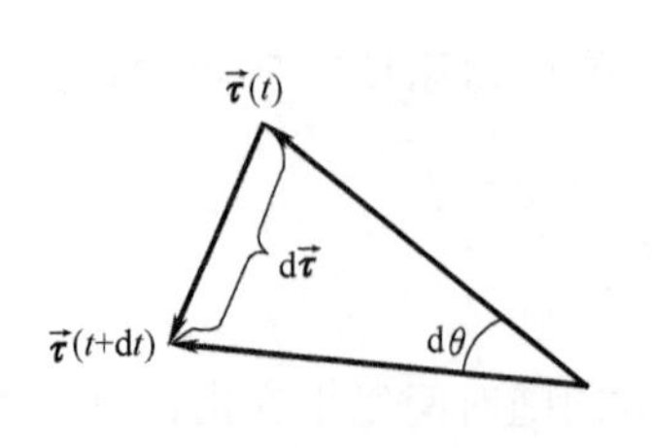

a) 切向单位矢量的变化量

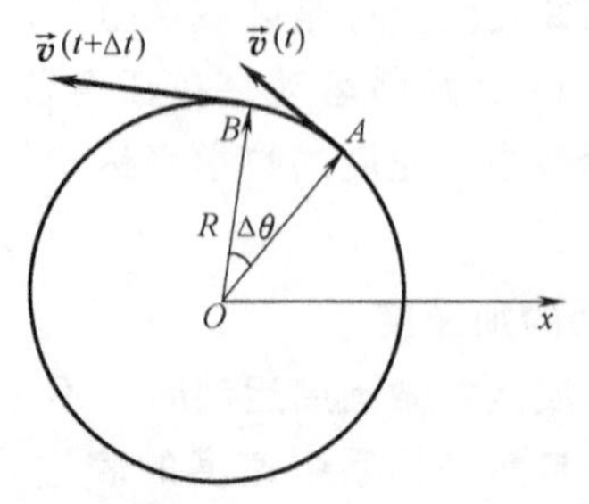

b) 做匀速圆周运动的质点

图 1.1-13 圆周运动的加速度

加速度的大小为

$$a=|\vec{a}|=\sqrt{a_\tau^2+a_n^2} \tag{1.1-19}$$

上述结果可推广到一般曲线运动。当质点做一般的曲线运动时，用 ρ 表示任一点处的曲率半径，则其加速度可写为

$$\vec{a}=\vec{a}_\tau+\vec{a}_n=\frac{dv}{dt}\vec{\tau}+v\frac{d\vec{\tau}}{dt}=\frac{dv}{dt}\vec{\tau}+\frac{v^2}{\rho}\vec{n} \tag{1.1-20}$$

当质点做一般曲线运动时，其加速度为切向加速度和法向加速度的矢量和。切向加速度的方向总是沿着某点的切线方向，法向加速度的方向总是指向该点曲线凹的那一侧的曲率中心。所以加速度的方向总是指向曲线凹的那一侧。

例 1.1-9 轻绳一端系一个小球，手握着轻绳另一端挥动轻绳，使小球在水平面内做半径为 R、角加速度为 α 的匀角加速圆周运动。已知 $t=0$ 时刻，小球的初始位置为 θ_0，初始角速度为 ω_0。

求：(1) 小球在任意时刻的角速度 $\omega(t)$；

(2) 小球在任意时刻的运动方程 $\theta(t)$；

(3) 小球在任意时刻角位置与角速度的关系式 $\theta(\omega)$。

解：(1) 由角加速度的定义式 $\alpha=\frac{d\omega}{dt}$，得 $d\omega=\alpha dt$，

两边同时积分，代入初始条件 $\int_{\omega_0}^{\omega}d\omega=\int_0^t\alpha dt$，解得小球在任意时刻的角速度为

$$\omega=\omega_0+\alpha t$$

(2) 由角速度的定义式 $\omega=\frac{d\theta}{dt}$，得 $d\theta=\omega dt=(\omega_0+\alpha t)dt$，

两边同时积分，代入初始条件 $\int_{\theta_0}^{\theta}d\theta=\int_0^t(\omega_0+\alpha t)dt$，解得小球在任意时刻的运动方程为

$$\theta=\theta_0+\omega_0 t+\frac{1}{2}\alpha t^2$$

(3) 由角加速度的定义式 $\alpha=\frac{d\omega}{dt}=\frac{d\omega}{d\theta}\frac{d\theta}{dt}=\omega\frac{d\omega}{d\theta}$，得 $\omega d\omega=\alpha d\theta$，

两边同时积分，代入初始条件 $\int_{\omega_0}^{\omega}\omega d\omega=\int_{\theta_0}^{\theta}\alpha d\theta$，解得小球在任意时刻角位置与角速度

的关系式为

$$\alpha(\theta-\theta_0)=\frac{1}{2}(\omega^2-\omega_0^2)$$

即

$$\omega^2-\omega_0^2=2\alpha(\theta-\theta_0)$$

例 1.1-10　一飞轮的半径为 R，飞轮边缘上一点所经过的路程与时间的关系为 $s=v_0t-\frac{bt^2}{2}$(SI)，其中 v_0、b 都是正的常量。

(1) 求该点在时刻 t 的加速度；

(2) t 为何值时，该点的切向加速度与法向加速度的大小相等？

解：(1) 由题意，可得该点在任意时刻的速率为 $v=\frac{\mathrm{d}s}{\mathrm{d}t}=\frac{\mathrm{d}}{\mathrm{d}t}\left(v_0t-\frac{1}{2}bt^2\right)=v_0-bt$，切向加速度的大小为 $a_\tau=\frac{\mathrm{d}v}{\mathrm{d}t}=\frac{\mathrm{d}}{\mathrm{d}t}(v_0-bt)=-b$，法向加速度的大小为 $a_\mathrm{n}=\frac{v^2}{R}=\frac{(v_0-bt)^2}{R}$，该点在时刻 t 的加速度为

$$\vec{a}=\vec{a}_\tau+\vec{a}_\mathrm{n}=-b\vec{\tau}+\frac{(v_0-bt)^2}{R}\vec{n}\quad(\mathrm{m/s^2})$$

(2) 令切向加速度与法向加速度的大小相等，得 $\frac{(v_0-bt)^2}{R}=b$，解得

$$t=\frac{v_0-\sqrt{bR}}{b}\quad(\mathrm{s})$$

例 1.1-11　如图 1.1-14 所示，一质点从静止出发做圆周运动，半径 $R=3.0\mathrm{m}$，切向加速度的大小为 $a_\tau=3.0\mathrm{m/s^2}$。

问：(1) 速度与时间有怎样的关系？

(2) 经过多长时间，其加速度与从圆心到质点的位矢方向成 135°角？

(3) 在上述时间内，质点所经历的路程和角位移各为多少？

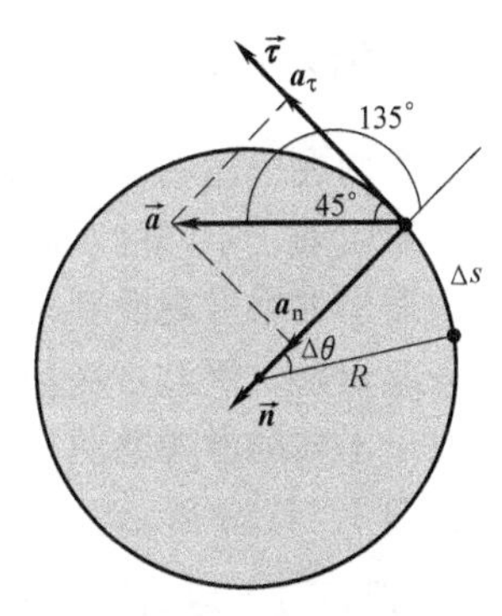

图 1.1-14　例 1.1-11 图

解：(1) 由切向加速度的定义式可知，$a_\tau=\frac{\mathrm{d}v}{\mathrm{d}t}$，得 $a_\tau\mathrm{d}t=\mathrm{d}v$，两边同时积分，代入初始条件 $\int_0^t a_\tau\mathrm{d}t=\int_0^t 3\mathrm{d}t=\int_0^v\mathrm{d}v$，解得速度大小为 $v=3t$，则质点的速度为

$$\vec{v}=3t\vec{\tau}\quad(\mathrm{m/s})$$

(2) 加速度与从圆心到质点的位矢方向成 135°角，则加速度与切向加速度的夹角为 45°，与法向加速度的夹角为 45°。切向加速度的大小与法向加速度的大小相等，即 $a_\tau=a_\mathrm{n}=3\mathrm{m/s^2}$，$a_\mathrm{n}=\frac{v^2}{R}=\frac{(3t)^2}{R}=3\mathrm{m/s^2}$，解得

$$t=1\mathrm{s}$$

(3) 由速率的定义式可知，$v=\frac{\mathrm{d}s}{\mathrm{d}t}$，得 $v\mathrm{d}t=3t\mathrm{d}t=\mathrm{d}s$，两边同时积分，代入初始条件

$\int_0^t 3t\,\mathrm{d}t=\int_0^s \mathrm{d}s$，解得质点经过的路程为

$$s=\frac{3}{2}t^2=1.5\mathrm{m}$$

质点经过的角位移为

$$\Delta\theta=\frac{s}{R}=0.5\mathrm{rad}$$

例 1.1-12 质点的运动方程为 $\vec{r}=R\cos\omega t\vec{i}+R\sin\omega t\vec{j}$，其中 R 和 ω 皆为常量，试求 $\frac{\mathrm{d}v}{\mathrm{d}t}$ 为多少？

解： 质点的速度为 $\vec{v}=\frac{\mathrm{d}\vec{r}}{\mathrm{d}t}=-R\omega\sin\omega t\vec{i}+R\omega\cos\omega t\vec{j}$，

则质点的速率为 $v=\sqrt{(-R\omega\sin\omega t)^2+(R\omega\cos\omega t)^2}=R\omega$，则切向加速度的大小为

$$a_\tau=\frac{\mathrm{d}v}{\mathrm{d}t}=\frac{\mathrm{d}(R\omega)}{\mathrm{d}t}=0$$

由本题可知，加速度的大小不等于切向加速度的大小，即 $a=|\vec{a}|=\left|\frac{\mathrm{d}\vec{v}}{\mathrm{d}t}\right|\neq\frac{\mathrm{d}v}{\mathrm{d}t}=a_\tau$。注意不要将这两个物理量混淆进一步思考下，速度增量的模 $|\Delta\vec{v}|$ 是否等于速率的增量 Δv？

小节概念回顾： 哪些物理量可以描述质点的圆周运动？

1.1.5 相对运动

当我们在描述物体的运动时，其隐含的意思是物体相对于观测者运动，或者说物体相对于参考系运动。不同的观测者观测同一物体的运动，结果可能是完全不同的。例如，运动的列车车厢里的乘客观测到车厢内桌面上的水杯是静止不动的；而站台上的观测者看到水杯和列车一起运动。因此，在描述质点运动时，常常需要从不同的参考系来描述同一物体的运动。对于不同的参考系而言，同一质点的位移、速度和加速度有可能是不相同的。

如图 1.1-15a 所示，我们把地面视为基本参考系或静止参考系 S 系，建立直角坐标系 $Oxyz$；把相对于地面以速度 $\vec{u}$ 水平向右做匀速直线运动的火车视为运动参考系 S′系，建立直角坐标系 $O'x'y'z'$。初始时刻 $t_0=t_0'=0$，两坐标系的坐标轴完全重合。t 时刻，某一质点运动到 P 点，位于 S 系的观测者观测到处于 P 点的质点的位置矢量为 $\vec{r}=\vec{r}_{OP}=x\vec{i}+y\vec{j}+z\vec{k}$；位于 S′系的观测者观测到处于 P 点的质点的位置矢量为 $\vec{r}\,'=\vec{r}_{O'P}=x'\vec{i}+y'\vec{j}+z'\vec{k}$，$\vec{R}=\overrightarrow{OO'}$，表示 0 至 t 时间内 O' 相对 O 的位移。由矢量的三角形法则可得

$$\vec{r}\,'=\vec{r}-\vec{R}=\vec{r}-ut\vec{i} \tag{1.1-21}$$

该关系式即为**伽利略坐标变换式**，它在直角坐标系中的分量式为

$$\begin{cases}x'=x-ut\\y'=y\\z'=z\\t'=t\end{cases} \tag{1.1-22}$$

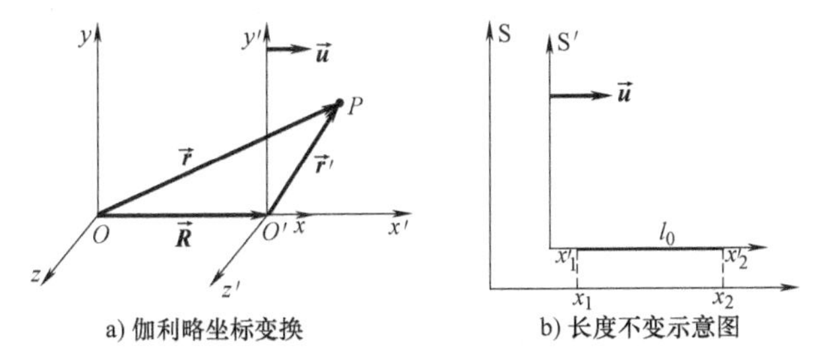

图 1.1-15 相对运动示意图

值得注意的是，我们没有做任何的合理性分析，即认为两个坐标系中的时间总是相同的，在牛顿力学中这是合理的。但是，当物体的运动速度快到接近光速时，需要重新考虑这一问题。

相应地，伽利略坐标变换的逆变换式为

$$\vec{r}=\vec{R}+\vec{r}\,' \text{或} \vec{r}_{OP}=\vec{r}_{OO'}+\vec{r}_{O'P} \tag{1.1-23}$$

式（1.1-23）在直角坐标系中的分量式为

$$\begin{cases} x=x'+ut' \\ y=y' \\ z=z' \\ t=t' \end{cases} \tag{1.1-24}$$

由伽利略坐标变换式可得到伽利略或牛顿的**绝对时空观**。由 $t=t'$ 可得 $\Delta t=\Delta t'=0$，即同时具有绝对性；$\Delta t=\Delta t'=$常量，即时间间隔具有绝对性。假如在 S′系中放置一根相对 S′系静止的细杆，如图 1.1-15b 所示，其左端的坐标为（x_1'，0，0)，右端的坐标为（x_2'，0，0)，细杆长度 $l_0=x_2'-x_1'$。在 S 系中同时测量细杆两端坐标 x_1、x_2，则细杆长度 $l=x_2-x_1$。由伽利略坐标变换可得 $l_0=x_2'-x_1'=(x_2-ut)-(x_1-ut)=x_2-x_1=l$。所得结果与我们的直觉完全相同，无论在哪个坐标系中测量，细杆的长度均保持不变，或者说，两点间距离为不变量，长度测量具有绝对性，不依赖于参考系。由此可知，在伽利略变换下，时间和空间是彼此独立，互不相关的，这就是经典力学时空观的特点。对于宏观物体的低速运动而言，这样的时空观是成立的，但对于高速运动的物体，这种绝对时空观不再成立，必须用到相对论的时空观。

对伽利略坐标变换式两边同时对时间求导，可得

$$\vec{v}\,'=\vec{v}-\vec{u} \tag{1.1-25}$$

式（1.1-25）在直角坐标系中的分量式为

$$\begin{cases} \dfrac{dx'}{dt}=\dfrac{dx}{dt}-u \\ \dfrac{dy'}{dt}=\dfrac{dy}{dt} \\ \dfrac{dz'}{dt}=\dfrac{dz}{dt} \end{cases} \quad \text{或} \quad \begin{cases} v_x'=v_x-u \\ v_y'=v_y \\ v_z'=v_z \end{cases} \tag{1.1-26}$$

此即在运动参考系 S′系和静止参考系 S 系中观测同一质点 P 的速度之间的变换式，称

为**伽利略速度变换式**。相应地，伽利略速度变换的逆变换式为$\vec{v}=\vec{v}'+\vec{u}$或$\vec{v}_{OP}=\vec{v}_{OO'}+\vec{v}_{O'P}$。需要注意的是，低速运动的物体满足伽利略速度变换式，并且可通过实验证实，对于高速运动的物体，此变换式失效。进一步地，伽利略速度变换式两边同时对时间求导，因S′系相对于S系做匀速直线运动，可得**伽利略加速度变换式**

$$\vec{a}'=\vec{a} \tag{1.1-27}$$

因此，质点相对于彼此做匀速直线运动的各参考系具有相同的加速度。

例 1.1-13 雨天一辆客车在水平马路上以$v_{车}=20\text{m/s}$的速度向东行驶，雨滴在空中以$v_{雨}=10\text{m/s}$的速度竖直下落。求雨滴相对于车厢的速度。

解： 以向东为x轴正方向，竖直向上为y轴正方向，建立如图1.1-16所示的平面坐标系。在地面参考系中观测，有$\vec{v}_{雨对地}=\vec{v}_{雨对车}+\vec{v}_{车对地}$，则雨滴相对于车厢的速度为

$$\vec{v}_{雨对车}=\vec{v}_{雨对地}-\vec{v}_{车对地}=(-10\vec{j}-20\vec{i})\text{m/s}$$

例 1.1-14 某人以4km/h的速度向东前进时，感觉风从正北吹来。如果此人将其速度增加一倍，则感觉风从东北方向吹来，如图1.1-17所示，求相对于地面的风速和风向。

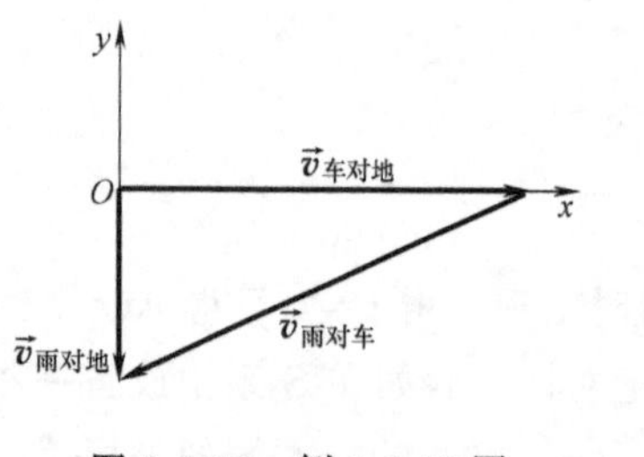

图1.1-16 例1.1-13图

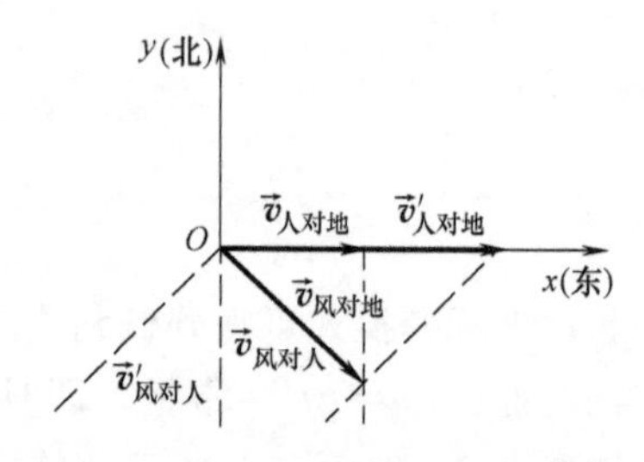

图1.1-17 例1.1-14图

解： 以向东为x轴正方向，向北为y轴正方向，建立平面坐标系。风对地的速度为$\vec{v}_{风对地}=\vec{v}_{风对人}+\vec{v}_{人对地}$，则有

$$\vec{v}_{风对地}=-a\vec{j}+4\vec{i}=-b\vec{i}-b\vec{j}+8\vec{i}=-4\vec{j}+4\vec{i}$$

故相对于地面的风速为$v=4\sqrt{2}\,\text{m/s}$，风向为东偏南45°。

例 1.1-15 设一条河的河水从岸边到河心的流速按正比增大，靠岸处水流速度为零，河心处水流速度最快，为$\vec{v}_0$，河宽为d。一艘船以不变的速度$\vec{u}$垂直于水流方向从岸边驶向河心，求：(1) 船划过中流之前相对于岸的速度；(2) 船划过中流之前相对于岸的运动轨迹。

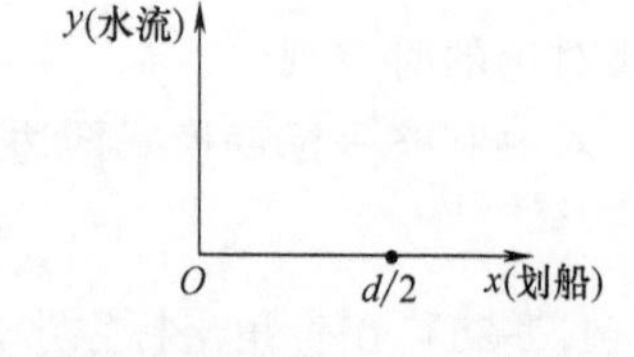

图1.1-18 例1.1-15示意图

解： (1) 选取河岸为静止参考系，流水为运动参考系，以水流的方向为y轴正方向，船行的方向为x轴正方向，建立如图1.1-18所示的坐标系。即O点处为河岸边，水流速率为0，$d/2$处为河心，水流速率为v_0。

根据伽利略速度变换式，船相对于岸的速度为$\vec{v}_{船对岸}=\vec{v}_{船对水}+\vec{v}_{水对岸}$，船以不变的速度$\vec{u}$垂直于水流方向行驶，故$\vec{v}_{船对水}=u\vec{i}$，由于水流从岸边到河心流速按正比增大，设水

流的速率为 v，比例系数为 k，则 $v=kx$，因为河心 $d/2$ 处水流速率为 v_0，故 $k=\frac{v}{x}=\frac{v_0}{\frac{d}{2}}=\frac{2v_0}{d}$，$\vec{v}_{水对岸}=kx\vec{j}=\frac{2v_0}{d}x\vec{j}$，则船划过中流之前相对于岸的速度为

$$\vec{v}_{船对岸}=u\vec{i}+\frac{2v_0}{d}x\vec{j}$$

（2）船相对于水以速率 u 匀速运动，故水平方向的运动方程为 $x=ut$，水相对于岸的速率为 $v=\frac{2v_0}{d}x=\frac{\mathrm{d}y}{\mathrm{d}t}$，两边乘以 $\mathrm{d}t$，得 $\frac{2v_0}{d}x\mathrm{d}t=\mathrm{d}y$，联立水平方向的运动方程，得 $\frac{2v_0}{d}ut\mathrm{d}t=\mathrm{d}y$，两边同时积分，代入初始条件，有 $\int_0^t\frac{2v_0}{d}ut\mathrm{d}t=\int_0^y\mathrm{d}y$，可得船划过中流之前相对于岸的运动轨迹为

$$y=\frac{v_0ut^2}{d}=\frac{v_0(ut)^2}{\mathrm{d}u}=\frac{v_0x^2}{\mathrm{d}u}$$

小节概念回顾：伽利略变换式所表示的物理含义是什么？

1.2　牛顿运动定律

在已经掌握如何描述质点运动之后，一个迫切的问题就是究竟是什么决定了质点以某种方式运动？或者说质点运动状态改变的原因是什么？答案包含两个方面，一是质点的初始状态，即初始位置、初始速度和初始加速度；而另一方面为质点所受到的力。力无处不在，只是大小程度不同，如空气分子拂过皮肤的力、电荷之间的电场力、物体受到的重力、分子之间的力和天体间的万有引力等。本节将讨论力和运动之间的关系。

1.2.1　牛顿第一定律（惯性定律）

古希腊哲学家亚里士多德（Aristotle，公元前 384—公元前 322）认为，静止是物体的自然状态，凡运动的物体必然都有推动者在推着它运动。亚里士多德之后的许多哲学家和物理学家都接受了他的观点，认为力是物体运动的原因，物体受到外力作用时才会运动，否则就会停止下来。人们在日常生活中看到的运动现象也符合这个观点。例如，用力推车时车才会前进，不用力时车就会静止下来。直到充满想象力的伽利略（Galileo，1564—1642）发现了惯性原理，“如果一个物体处于自由状态不受干扰，那么若此物体原来在运动，它就会继续做匀速直线运动；若此物体原来静止，则它仍然静止。”牛顿继承和发展了伽利略的见解，重新表述了惯性原理，他在 1687 年出版的《自然哲学的数学原理》一书中写道，“任何物体都保持静止或沿一条直线做匀速运动的状态，除非作用在它上面的力迫使它改变这种状态。”这就是**牛顿第一定律**。

牛顿第一定律提出了惯性的概念。物体保持原来运动状态而抗拒运动状态改变的这种属性称为**惯性**。因此，牛顿第一定律也称为惯性定律。惯性是所有物体固有的属性，我们用质量的大小来定量描述惯性。

牛顿第一定律不仅给出了惯性的定义，表明惯性是物体保持运动状态的原因，还给出了力的概念，说明力是物体运动状态发生变化的原因。当有力作用于物体时，将迫使它改变之前的运动状态。因此，力并非物体运动的原因。

牛顿第一定律定义了一种参考系，在这种参考系中，不受力的物体将保持静止或匀速直线运动状态不变。我们把满足牛顿第一定律的参考系称为**惯性参考系**，简称**惯性系**。不满足牛顿第一定律的参考系称为非惯性系。通常我们选择地球参考系或实验室参考系作为惯性系。但是，当研究地球绕太阳公转时，地球不再是惯性系，而是要把太阳视为惯性系。牛顿第一定律只适用于惯性系。牛顿第一定律的表述未涉及物体转动或物体各部分间的相对运动，故该定律仅适用于质点或可看作质点的物体。

质量是物体惯性大小的唯一量度。质量越大的物体惯性越大，例如，乒乓球和铅球相比，前者的惯性小，而后者的惯性大。因此，在相同外力作用下，乒乓球获得的加速度比较大，而铅球获得的加速度就比较小。在实验测量时，当我们把相同的力作用到不同的物体上时，通过测量物体的加速度就可以定量比较物体的质量大小$\frac{m_1}{m_2}=\frac{a_2}{a_1}$。因此，只要给定标准质量，就可以得到任何物体的质量。质量是所有物体的固有属性，与物体所处环境和实验测量所用方法无关，它是标量，国际单位制中的单位为千克，符号为 kg。

小节概念回顾：惯性和力这两个物理量的物理意义各是什么？

1.2.2 牛顿第二定律（质点的动力学方程）

牛顿第二定律进一步阐明了在力的作用下，物体运动状态发生变化的具体规律。牛顿在《自然哲学的数学原理》一书中提出的第二定律的内容为“运动的变化与所加的合动力成正比，并且发生在合力所沿直线的方向上。”其中运动的变化就是动量的时间变化率，合动力就是合外力，其数学表达式为

$$\vec{F}=\frac{\mathrm{d}\vec{p}}{\mathrm{d}t} \tag{1.2-1}$$

式中，$\vec{p}=m\vec{v}$ 为物体的动量，等于质量与速度的乘积。在研究宏观物体的低速运动时，可以认为物体的质量为常量；$\vec{F}$ 为物体所受的合外力，即物体所受各个分力的矢量和，其表达式可写为 $\vec{F}=\sum\limits_i\vec{F}_i$，即

$$\vec{F}=\frac{\mathrm{d}(m\vec{v})}{\mathrm{d}t}=m\frac{\mathrm{d}\vec{v}}{\mathrm{d}t}=m\frac{\mathrm{d}^2\vec{r}}{\mathrm{d}t^2}=m\vec{a} \tag{1.2-2}$$

这就是我们所熟知的牛顿第二定律的数学形式，亦称为质点运动的动力学方程，该式精确定义了加速度和力的关系，即在力的作用下，质点所获得的加速度的大小与合外力大小成正比，与质点的质量成反比，加速度的方向与合外力的方向相同。力使物体的速度发生变化，使其具有加速度，力不仅可以改变速度的大小，而且也能改变速度的方向。

牛顿第二定律是牛顿力学的核心，应用其分析和解决问题时需要注意以下几点：

1）牛顿第二定律仅对惯性参考系成立。

2）牛顿第二定律只适用于质点的运动。当物体平动时，物体上各质点的运动情况完全相同，所以物体的平动可看作是一个质点的运动。

3）牛顿第二定律所表示的合外力与加速度之间的关系是瞬时关系。加速度只在有外力作用时产生。外力改变，加速度也随之改变。当合外力为零时，物体没有加速度，并保持原有的运动状态不变。因此，力仅仅是改变物体运动状态的原因，而不是维持物体运动的原因。

4）式（1.2-2）为牛顿第二定律的矢量式，在分析物体运动时常常用到其分量式。在直角坐标系和自然坐标系下，其分量式分别为

$$\begin{cases} F_x = ma_x = m\dfrac{\mathrm{d}v_x}{\mathrm{d}t} = m\dfrac{\mathrm{d}^2x}{\mathrm{d}t^2} \\ F_y = ma_y = m\dfrac{\mathrm{d}v_y}{\mathrm{d}t} = m\dfrac{\mathrm{d}^2y}{\mathrm{d}t^2} \\ F_z = ma_z = m\dfrac{\mathrm{d}v_z}{\mathrm{d}t} = m\dfrac{\mathrm{d}^2z}{\mathrm{d}t^2} \end{cases} \quad 和 \quad \begin{cases} F_\tau = ma_t = m\dfrac{\mathrm{d}v}{\mathrm{d}t} \\ F_n = ma_n = m\dfrac{v^2}{\rho} \end{cases}$$

例 1.2-1　一质量为 m 的溜溜球在竖直平面上运动，其运动方程为 $x=2\cos\pi t$，$y=4t$（SI）。问 $t=2\mathrm{s}$ 时该溜溜球所受的合力 $\vec{F}$ 是多少？

解：由运动方程可求得速度分量分别为 $v_x=\dfrac{\mathrm{d}x}{\mathrm{d}t}=-2\pi\sin\pi t$，$v_y=\dfrac{\mathrm{d}y}{\mathrm{d}t}=4$；

求导可得加速度分量分别为 $a_x=-2\pi^2\cos\pi t$，$a_y=0$；

由牛顿第二定律，得 $\vec{F}=ma_x\vec{i}=-2m\pi^2\cos\pi t\vec{i}$，则 $t=2\mathrm{s}$ 时该溜溜球所受的合力为 $\vec{F}=-2m\pi^2\vec{i}$（N）。

例 1.2-2　一质量为 $m=1.0\mathrm{kg}$ 的物体，在力 $F=12t+4(\mathrm{N})$ 的作用下沿 x 轴做直线运动。在 $t=0$ 时，物体位于 x_0 处，其初速度大小为 v_0，求任意时刻物体的速度和位置。

解：由牛顿第二定律可知，$a=\dfrac{F}{m}=12t+4$（$\mathrm{m/s^2}$），

由加速度的定义式，$a=\dfrac{\mathrm{d}v}{\mathrm{d}t}=12t+4$

两边乘以 $\mathrm{d}t$，代入初始条件同时积分，有 $\int_{v_0}^{v}\mathrm{d}v=\int_0^t(12t+4)\mathrm{d}t$，解得

$$v=6t^2+4t+v_0 \quad (\mathrm{m/s})$$

由速度的定义式，$v=\dfrac{\mathrm{d}x}{\mathrm{d}t}=6t^2+4t+v_0$，两边乘以 $\mathrm{d}t$，代入初始条件同时积分，有 $\int_{x_0}^{x}\mathrm{d}x=\int_0^t(6t^2+4t+v_0)\mathrm{d}t$，解得

$$x=2t^3+2t^2+v_0t+x_0 \quad (\mathrm{m})$$

例 1.2-3　木块在光滑水平桌面上沿半径为 R 的圆环状皮带的内表面运动。如图 1.2-1 所示，木块与皮带的摩擦系数为 μ，$t=0$ 时木块运动的初速度大小为 v_0，求木块停下来的时间。

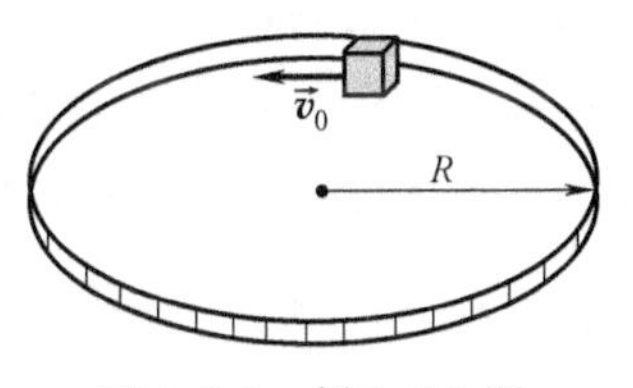

图 1.2-1　例 1.2-3 图

解：选取木块为研究对象，木块运动中受到重力、桌面的支持力、皮带的压力和摩擦力的作用。竖直方向上的重力和支

持力二力平衡。

皮带给予木块的压力 $\vec{F}_N$ 指向圆环中心，提供木块运动的法向加速度，由牛顿第二定律，法线方向上，有 $F_n=F_N=m\dfrac{v^2}{R}$，

摩擦力为 $F_f=-\mu F_N$，与木块运动方向相反，提供木块运动的切向加速度，由牛顿第二定律，可知切线方向上，有 $F_\tau=-\mu F_N=m\dfrac{dv}{dt}$，两式联立，可得 $-\mu m\dfrac{v^2}{R}=m\dfrac{dv}{dt}$，分离变量，两边同时积分，代入初始条件，得 $\int_0^t -\mu\dfrac{dt}{R}=\int_{v_0}^{v}\dfrac{dv}{v^2}$，解得 $v=\dfrac{1}{(\mu/R)t+(1/v_0)}$，显然，只有当 $t\to\infty$ 时，$v\to 0$ 。

小节概念回顾： 牛顿第二定律的适用条件是什么？

1.2.3 牛顿第三定律

如果两个物体相互作用，如图 1.2-2 所示，则物体 1 施加于物体 2 上的力 $\vec{F}_{21}$ 与物体 2 施加于物体 1 上的力 $\vec{F}_{12}$ 大小相等、方向相反，即

$$\vec{F}_{12}=-\vec{F}_{21} \tag{1.2-3}$$

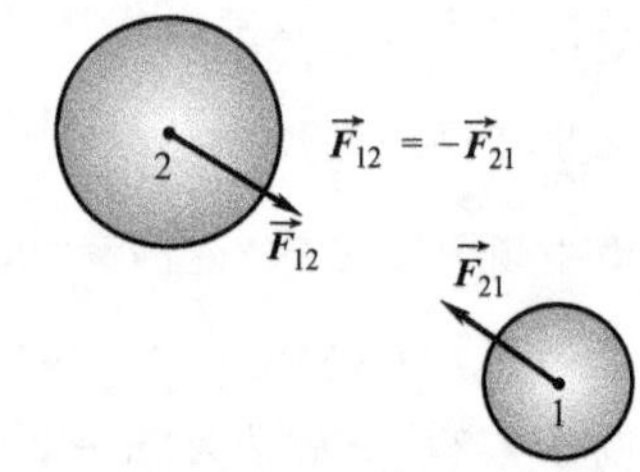

图 1.2-2 牛顿第三定律示意图

这两个力被称为作用力和反作用力。即对于每一个作用，总有一个相等的反作用与之相反；或者说，两个物体对各自的相互作用总是相等的，而且指向相反的方向。这就是牛顿第三定律的内容。例如，乒乓球运动员击球时，球拍对乒乓球的力和乒乓球对球拍的力就是一对作用力和反作用力，这对力是同时产生的。由于球拍击球时，乒乓球和球拍都因受力而发生弹性形变，因此这对力都是弹力。由此可见，作用力和反作用力总是作用在不同的物体上，完全不同于力的平衡的概念；作用力和反作用力总是同时产生、同时消失，即同生同灭；物体间的作用力是相互的，且相互作用力是同性质的力。

小节概念回顾： 牛顿第三定律的内容是什么？

1.2.4 非惯性系 惯性力

1. 力学相对性原理

如图 1.1-15 所示，把地面视为静止参考系 S 系，把相对于地面以速度 $\vec{u}$ 水平向右做匀速直线运动的火车视为运动参考系 S′系。分别处于 S 系和 S′系中的观测者同时观测空中飞过的一架飞机的运动情况。在飞机的运动速度远远小于光速的情况下，可以将飞机的质量视为常量，则在 S 系和 S′系下测得的飞机质量相等，即 $m=m'$。我们曾在 1.1.5 节中推导过伽利略加速度变换式（1.1-27）：$\vec{a}=\vec{a}'$（推导过程详见 1.1.5 节）。通常我们选择地球参考系为惯性系，则 S 系为惯性系，位于 S 系中的观测者可得到飞机的动力学方程 $\vec{F}=m\vec{a}$，该方程符合牛顿定律。而位于 S′系中的观测者也可得到飞机的动力学方程 $\vec{F}'=m'\vec{a}'$，该方程

也符合牛顿定律。牛顿定律只在惯性系中成立，说明 S′系也是惯性系。即相对于已知惯性系做匀速直线运动的参考系也是惯性系。因此，对于任意惯性系，牛顿力学的规律都具有相同的数学形式，或者说，对于力学规律来说，一切惯性系都是等价的。即在一个惯性系内部所做的任何力学实验都不能确定这一惯性系本身是处在静止状态，还是在做匀速直线运动。这个原理称为**力学相对性原理**或**伽利略相对性原理**。

那么，相对于已知惯性系做其他运动的参考系是否是惯性系？在那些参考系中，牛顿定律是否仍然适用？下面我们具体讨论这个问题。

2. 加速平动参考系中的惯性力

如图 1.2-3 所示，将质量为 m 的木块放到传送带上，木块和传送带一起以速度$\vec{v}$ 水平向右做匀速直线运动。在运动过程中，木块受到地球施加的重力和传送带施加的支持力的作用。选取地面为参考系，木块所受的重力和支持力二力平衡，所受合外力为零，木块随传送带一起相对地面匀速前进并保持惯性，其运动符合牛顿定律。选取传送带为参考系，木块所受合外力为零，相对传送带静止并保持惯性，其运动也符合牛顿定律。

如图 1.2-4 所示，将质量为 m 的木块放到传送带上，木块和传送带一起以加速度 $\vec{a}$ 相对地面水平向右做匀加速直线运动。在运动过程中，木块受到重力、支持力和传送带施加的静摩擦力的作用。选取地面为参考系，木块在静摩擦力的作用下，随传送带一起相对地面水平向右加速前进，其运动符合牛顿定律。选取传送带为参考系，木块所受合外力不为零，却相对传送带静止，保持惯性，显然，木块的运动不符合牛顿定律。

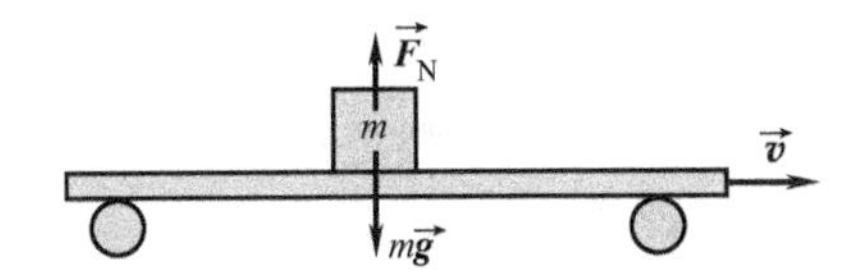

图 1.2-3　传送带匀速运动示意图

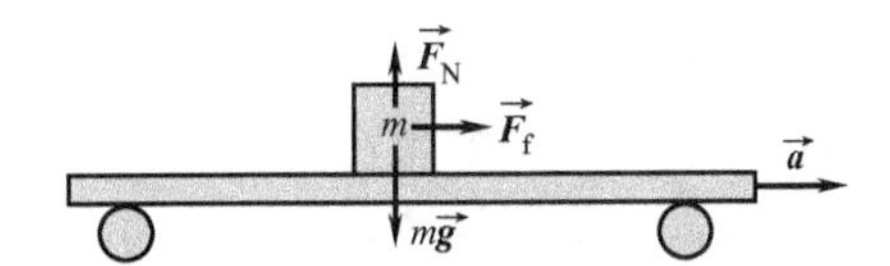

图 1.2-4　传送带加速平动示意图

分析图 1.2-3 和图 1.2-4 所示的两种运动情况可得到结论：如果选取地面为参考系，则木块的运动都符合牛顿定律；若选取传送带为参考系，则传送带相对地面做匀速直线运动时，木块的运动符合牛顿定律，而传送带相对地面做匀加速直线运动时，木块的运动不符合牛顿定律。这种情况是因为牛顿定律只适用于惯性系，相对于已知惯性系做匀速直线运动的参考系可以看作惯性系，而相对于已知惯性系做加速平动的参考系却不是惯性系，我们称之为**非惯性系**。我们通常把地球看作惯性系，所以当选取地面为参考系时，物体的运动符合牛顿定律。相对于地面做匀速直线运动的传送带是惯性系，因此，选取相对于地面做匀速直线运动的传送带作为参考系时，木块的运动符合牛顿定律。而相对于地面做匀加速直线运动的传送带是非惯性系，当我们选取这样的传送带作为参考系时，木块的运动不符合牛顿定律。

为了在非惯性系中应用牛顿定律来分析和解决力学问题，我们需要引入惯性力的概念。当选取相对于地面以加速度 $\vec{a}$ 做匀加速直线运动的传送带作为参考系来分析木块的运动情况时，可以设想有一个虚拟的力 $\vec{F}^*$ 作用于木块上此力的方向与 $\vec{a}$ 的方向相反，大小等于木块质量与加速度的乘积，即

$$\vec{F}^* = -m\vec{a} \tag{1.2-4}$$

此虚拟的力称为**惯性力**。此时，木块受重力、支持力、静摩擦力和惯性力的作用，木块所受

合外力为零，则木块相对于传送带静止。其中，重力、支持力和静摩擦力是真实的力；惯性力是虚拟的力。因此，非惯性系中加入惯性力后，仍然可以沿用牛顿定律的形式来分析木块运动的力学问题。

3. 匀速率转动参考系中的惯性力

如图 1.2-5 所示，将质量为 m 的木块放到转盘的边缘处，木块和转盘一起以恒定角速率 ω 绕中心轴转动。运动过程中，木块受到重力、支持力和静摩擦力这三个力的作用。选取地面为参考系，以转盘中心 O 点为圆心，木块受到的静摩擦力提供的向心加速度指向圆心。木块随转盘一起相对于地面做匀速率圆周运动，$\vec{F}_{静摩擦}=\vec{F}_{向心}=m\vec{a}_{n}=-m\omega^2\vec{r}$，其中 $\vec{r}$ 为木块的位矢，其运动符合牛顿定律。选取转盘为参考系，木块在水平方向上受到静摩擦力的作用，却相对转盘静止并保持惯性，其运动不符合牛顿定律。显然，转盘不是惯性系，而是非惯性系，即相对于已知惯性系做匀速率转动的参考系是**非惯性系**。

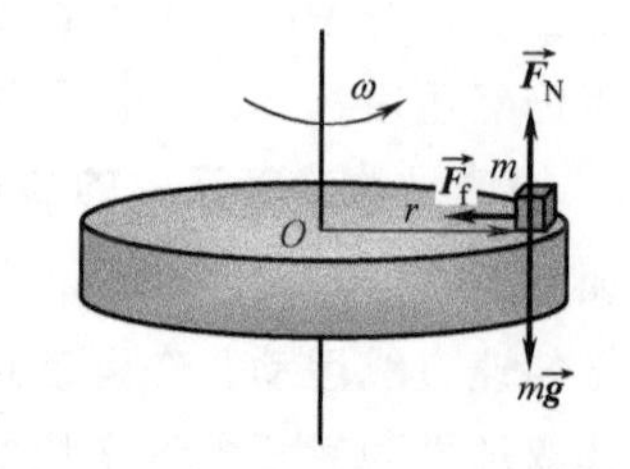

图 1.2-5 惯性离心力示意图

在这样的非惯性系中分析木块的运动情况时，我们设想有一个虚拟的力 $\vec{F}^*$ 作用于木块上，此力的方向与木块的位矢方向相同，大小等于木块质量与向心加速度的乘积，即

$$\vec{F}^*=m\omega^2\vec{r} \tag{1.2-5}$$

此虚拟的力称为**惯性力**。由于其方向沿着圆的位矢方向指向外，因此也称为**惯性离心力**。此时，木块受重力、支持力、静摩擦力和惯性离心力的作用，木块所受合外力为零，木块相对于转盘静止。因此，非惯性系中加入惯性离心力后，仍然可以沿用牛顿定律的形式来分析木块的力学问题。应当注意，静摩擦力和惯性离心力都是作用在同一木块上，且大小相等、方向相反，但这两个力不是作用力和反作用力，它们不符合牛顿第三定律。静摩擦力是真实的力，是转盘对木块的力，它可以出现在惯性系和非惯性系中；而惯性离心力则是虚拟的力，只能出现在非惯性系中。

在非惯性系中观察和处理物体的运动现象时，为了应用牛顿定律而引入惯性力。惯性力和真实的力不同。真实力是由物体间相互作用产生的，既有施力物体，又有受力物体，而惯性力是假想的虚拟力，是由参考系加速运动引起的，本质上是物体惯性的体现，只有受力物体，没有施力物体。

例 1.2-4 一质量为 60kg 的人，站在电梯中的磅秤上，当电梯以 0.5m/s^2 的加速度匀加速下降时，磅秤上指示的读数是多少？试用惯性力的方法求解（取 $g=9.8\text{m/s}^2$）。

解： 以电梯为参考系，电梯相对于地面匀加速下降，故电梯为非惯性系，如图 1.2-6 所示。人受到竖直向下的重力 $m\vec{g}$、竖直向上的支持力 $\vec{F}_N$ 和竖直向上的惯性力 $m\vec{a}$ 的作用并相对电梯保持静止，合外力为零。磅秤对人的支持力和人对磅秤的压力是一对作用力和反作用力，故磅秤上指示的读数为

$$F_N=mg-ma=558\text{N}$$

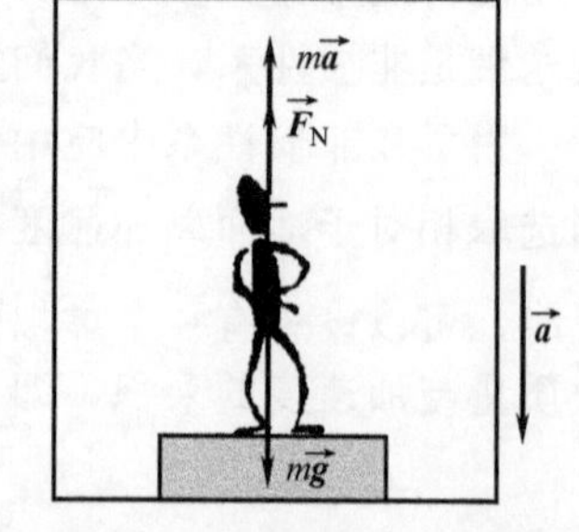

图 1.2-6 例 1.2-4 示意图

例 1.2-5 如图 1.2-7 所示，以加速度 $\vec{a}_0$ 上升的电梯内装有

一个定滑轮，其质量忽略不计。将定滑轮悬挂在电梯的天花板上，其两端分别挂质量为 m' 和 m 的物体，且 $m'>m$，忽略一切摩擦，求绳中的张力。

解： 以电梯作为参考系，电梯相对于地面匀加速上升，故电梯是非惯性系。两个物体的受力如图 1.2-7 所示。

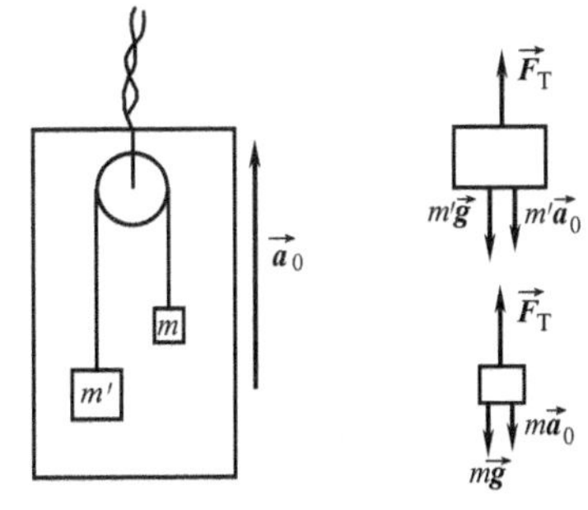

图 1.2-7 例 1.2-5 图

由于 $m'>m$，质量为 m' 的物体向下运动，根据牛顿第二定律，有 $m'g+m'a_0-F_T=m'a_1$；

质量为 m 的物体向上运动，根据牛顿第二定律，有 $F_T-mg-ma_0=ma_2$；

由于两物体相对于电梯的加速度相等，所以有 $a_1=a_2$，联立各式，解得绳中的拉力

$$F_T=\frac{2m'(g+a_0)}{m'+m}$$

例 1.2-6 如图 1.2-8 所示系统置于以 $g/2$ 的加速度上升的电梯内，定滑轮和轻绳的质量忽略不计，A、B 两木块的质量均为 m，A 所处桌面是水平的。问：

(1) 若忽略一切摩擦，那么绳中拉力为多少？

(2) 若 A 与桌面间的摩擦系数为 μ（系统仍加速滑动），那么绳中拉力为多少？

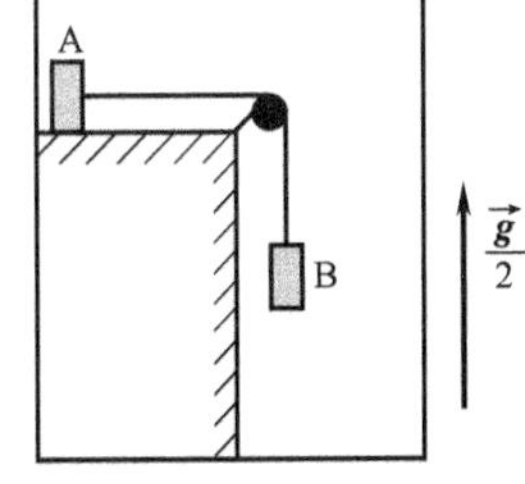

图 1.2-8 例 1.2-6 图

解： (1) 以电梯为参考系，电梯相对于地面匀加速上升，故电梯是非惯性系。A 物体受重力、支持力、拉力和惯性力作用，B 物体受重力、拉力和惯性力作用。

设 A 物体相对于电梯的加速度为 a_1，根据牛顿第二定律可知，对于 A 物体，有 $F_T=ma_1$；

设 B 物体相对于电梯的加速度为 a_2，根据牛顿第二定律，有 $mg+m\frac{g}{2}-F_T=ma_2$；

因不考虑绳子质量时，绳两端拉力相等 $F_T=F'_T$；不考虑定滑轮的质量，所以 A、B 两物体相对于电梯的加速度相等，有 $a_1=a_2$，各式联立解得绳中拉力为

$$F_T=\frac{3}{4}mg$$

(2) 以电梯为参考系，电梯是非惯性系。A 物体受重力、支持力、拉力、摩擦力和惯性力作用，B 物体受重力、拉力和惯性力作用。

对于 A 物体，有 $F_T-F_f=ma_1$，$F_f=\mu F_N=\mu\frac{3}{2}mg$；

对于 B 物体，有 $mg+m\frac{g}{2}-F_T=ma_2$；

不考虑绳子质量时，绳两端拉力相等 $F_T=F'_T$；A、B 两物体相对于电梯的加速度相等，即有 $a_1=a_2$，各式联立解得绳中拉力为

$$F_T=\frac{3(1+\mu)mg}{4}$$

例 1.2-7 如图 1.2-9 所示，一个楔形物体具有光滑的斜面，质量为 m'，斜面倾角为 θ，位于光滑的水平面上。另有一个质量为 m 的小木块，沿斜面无摩擦地滑下，求斜面相对地

面的加速度的大小。

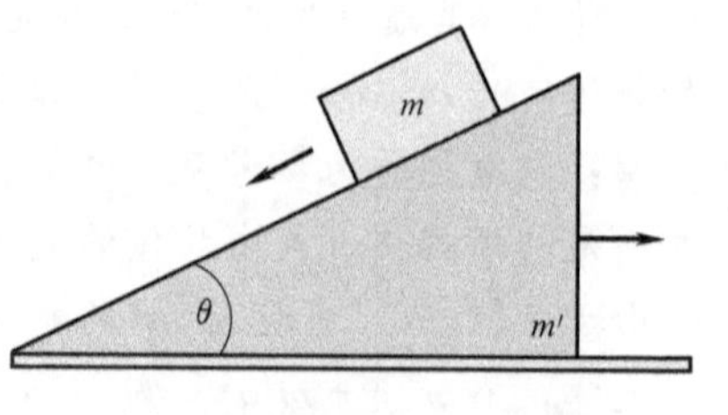

图 1.2-9 例 1.2-7 示意图

解：以斜面为参考系，当小木块从斜面上滑下时，楔形物体水平向右做匀加速直线运动，故楔形物体为非惯性系。

设楔形物体相对于地面水平向右的加速度为 a_1，对楔形物体进行受力分析，如图 1.2-10a 所示，楔形物体受重力 $m'g$、支持力 $\vec{F}_{N2}$、小木块的压力 $\vec{F}_{N'1}$ 和惯性力 $\vec{F}_2^*$ 的作用。对小木块进行受力分析，如图 1.2-10b 所示，小木块受重力 mg、支持力 $\vec{F}_{N1}$ 和惯性力 $\vec{F}_1^*$ 的作用。

对于楔形物体选择水平向右的方向为 x 轴正方向，竖直向上的方向为 y 轴正方向，建立如图 1.2-10a 所示的坐标系；对于小木块，选择沿斜面向下的方向为 x'轴正方向，垂直斜面向上的方向为 y'轴正方向，建立如图 1.2-10b 所示的坐标系。

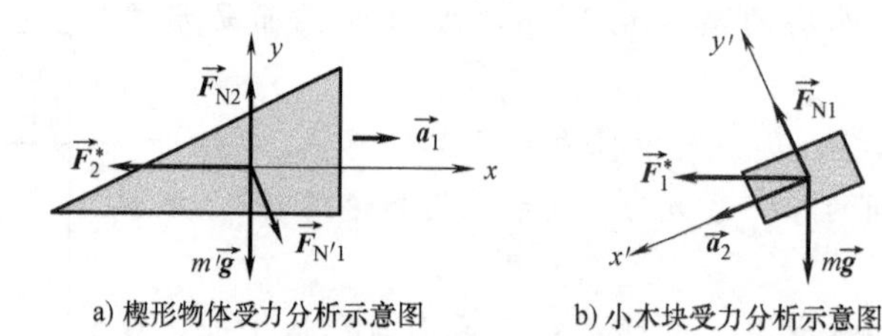

图 1.2-10 例 1.2-7 示意图

考虑到以楔形物体为参考系，楔形物体相对于楔形物体的加速度为零，根据牛顿第二定律列方程，故 x 方向，$F_{N_1'}\sin\theta-F_2^*=0$，$y$ 方向，$F_{N2}-F_{N_1'}\cos\theta-m'g=0$；

设小木块相对于楔形物体的加速度为 a_2，根据牛顿第二定律列方程，故 x' 方向，$mg\sin\theta+F_1^*\cos\theta=ma_2$，$y'$方向，$F_{N1}-mg\cos\theta+F_1^*\sin\theta=0$；

楔形物体对小木块的支持力与小木块对斜面的压力相等，有 $F_{N1}=F_{N_1'}$

根据惯性力的定义，有 $F_1^*=ma_1$，$F_2^*=m'a_1$；

上述各式联立，解得楔形物体相对地的加速度大小为

$$a_1=\frac{mg\sin\theta\cos\theta}{m'+m\sin^2\theta}$$

应用 1.2-1 计步器的工作原理是什么？

运动手环（见应用 1.2-1 图）、运动手表或者有计步功能的手机均配备三轴加速度传感器来记录步数。加速度传感器是利用牛顿第二定律，通过对其所受惯性力的测量来获得加速度值的。以运动者为参考系，运动时加速度传感器处于非惯性系中，通过测量和计算可以得到加速度矢量。运动者每迈出一步，加速度矢量将发生一系列变化，周而复始，将加速度矢量变化周期数量记录下来，就是运动者的步数。

应用 1.2-1 图

小节概念回顾：两种非惯性系中引入的惯性力的数学表达式分别是什么？惯性力的实质是什么？

*1.2.5 科里奥利力

当木块静止于转盘上，与转盘一起相对地面以恒定角速度 ω 绕中心轴 O 轴转动时，在转盘上观测木块，其受到惯性离心力的作用。若木块相对于匀角速转动的转盘沿径向做匀速直线运动，则木块除了受到惯性离心力外，还会受到另一种惯性力——科里奥利力的作用。

如图 1.2-11 所示，选取地面为参考系。若转盘不动，木块做匀速直线运动，则经过 Δt 时间后，木块将由 A 点运动到 B 点；若转盘相对地面以恒定角速度 ω 绕中心轴 O 轴转动，木块相对转盘不动，木块与转盘一起相对地面转动，经过 Δt 时间后，木块将由 A 点运动到 A'点；若转盘相对地面以恒定角速度 ω 绕中心轴 O 轴转动，同时木块沿径向做匀速直线运动，经过 Δt 时间后，木块将由 A 点运动到 B'点，而不是由 A 点运动到 B 点和由 A 点运动到 A'点运动的叠加。此时木块多走了 CB'这一段距离。故木块一定受外力的作用，使得木块获得了与半径垂直的附加加速度，才能多走 CB'这一段距离。以 a_{k} 表示此附加加速度，以 Δt 表示木块自 C 点运动到 B'点的时间，则 $\overline{CB'}=\dfrac{1}{2}a_{\text{k}}(\Delta t)^2$。由图 1.2-11 可知，在 Δt 时间内，转盘转过的角度为 $\Delta\varphi=\omega\Delta t$，且 $\overline{CB'}=\overline{AB}\cdot\Delta\varphi=\overline{AB}\cdot\omega\Delta t$。考虑木块沿径向做直线运动，用 $v_{相}$ 表示其相对于转盘的速率，则 $\overline{AB}=v_{相}\Delta t$，故 $\overline{CB'}=v_{相}\omega(\Delta t)^2$。联立各式，得附加加速度 $a_{\text{k}}=2v_{相}\omega$，则木块受到的外力为 $F=2mv_{相}\omega$。

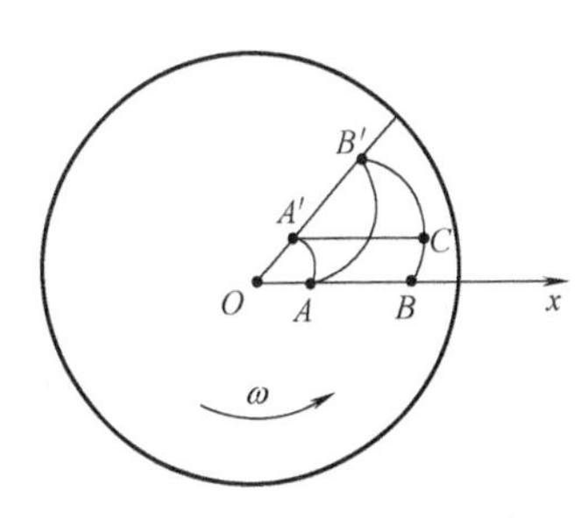

图 1.2-11 科里奥利力示意图

选取转盘为参考系，木块做匀速直线运动，故其受到的合外力为零。这样，必存在一个惯性力与力 $\vec{F}$ 大小相等、方向相反，即 $F^*=2mv_{相}\omega$，称为科里奥利力。用矢量式描述的科里奥利力为

$$\vec{F}^*=2m\vec{v}_{相}\times\vec{\omega} \tag{1.2-6}$$

法国科学家傅科于 1851 年在巴黎做单摆演示实验，通过科里奥利力验证了地球的自转。

小节概念回顾：科里奥利力的实质是什么？

1.3 动量定理和动量守恒定律

迄今为止，我们研究的一直是单个质点的运动情况。在实际生活中，我们会遇到多个质点组成的系统，所以只研究单个质点的运动是远远不够的。我们可以在牛顿运动定律的基础上研究多个质点所组成系统的运动情况。此时需要建立新的、理想化的力学模型，我们把这个模型称为质点系。

1.3.1 质点系 质心运动定理

1. 质点系

由多个质点组成的系统（研究对象）称为质点系。质点系以外的其他物体称为外界。外

界对质点系内物体的作用力称为外力，一般用 $\vec{F}$ 表示外力。质点系内各个质点之间的相互作用力称为内力，一般用 $\vec{f}$ 表示内力。由牛顿第三定律可知，系统的内力都是成对出现的，一对内力的和为零，质点系内所有内力的和必为零。内力不影响质点系的整体运动。

如甲、乙两人分别拉着一条轻绳的两端在冰面上运动，可以将两人整体组成的系统视为质点系。地球施加的重力和冰面施加的支持力属于外力，甲对乙的力和乙对甲的力属于一对系统内力，其和为零。

2. **质心**

理论和实践都证明，在如图 1.3-1 所示的投掷手榴弹的过程中，手榴弹上一点 C 的运动轨迹为抛物线，而手榴弹上其他各点既随 C 点做抛物线运动，又绕通过 C 点的轴线转动。这时手榴弹的运动可看成是手榴弹的平动与其上各点绕 C 点转动的合成。若我们仅考虑手榴弹的运动轨迹，就可以忽略手榴弹上其余各点绕 C 点的转动，只考虑手榴弹的平动。因此，可用 C 点的运动来代表整个手榴弹的平动，C 点就是手榴弹的质心。手榴弹可以看作**无数微质量元（简称质元）**组成的质点系。在研究质点系的运动时，质心是个很重要的概念，质心的运动反映了质点系的整体运动趋势。

如图 1.3-2 所示，研究 N 个质点组成的质点系。设质点系中各质点的质量分别为 m_1，m_2，…，m_N，质点系的总质量为 $m=m_1+m_2+\cdots+m_N$。根据牛顿第二定律，各质点的动力学方程可用 $\vec{F}_i+\vec{f}_i=\dfrac{\mathrm{d}\vec{P}_i}{\mathrm{d}t}$ 表示，将各质点的动力学方程叠加起来，考虑到质点系内力之和为零，可得

$$\sum\vec{F}_i=\sum\frac{\mathrm{d}\vec{P}_i}{\mathrm{d}t}=\frac{\mathrm{d}}{\mathrm{d}t}(\sum m_i\vec{v}_i)=\frac{\mathrm{d}^2}{\mathrm{d}t^2}(\sum m_i\vec{r}_i)=m\frac{\mathrm{d}^2}{\mathrm{d}t^2}\left(\frac{\sum m_i\vec{r}_i}{m}\right) \tag{1.3-1}$$

式中，$\dfrac{\sum m_i\vec{r}_i}{m}$ 是具有长度的量纲，用来描述与质点系质量相关的某一空间点的位置，我们把此空间点称为**质点系的质量中心，简称质心**，并用 $\vec{r}_C$ 来表示质心的位矢，即

$$\vec{r}_C=\frac{\sum m_i\vec{r}_i}{m} \tag{1.3-2}$$

则质心位置的三个直角坐标可表示为

$$x_C=\frac{\sum m_ix_i}{m},\quad y_C=\frac{\sum m_iy_i}{m},\quad z_C=\frac{\sum m_iz_i}{m} \tag{1.3-3}$$

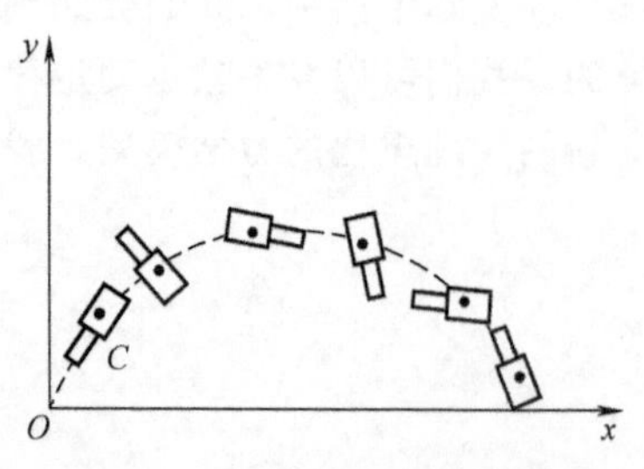

图 1.3-1 投掷手榴弹的过程

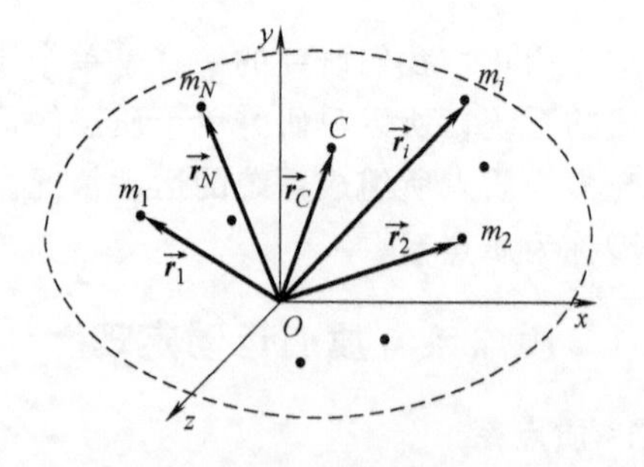

图 1.3-2 质心示意图

而手榴弹是质量连续分布的物体，可视为无数质元组成的质点系，则其质心位矢的数学表达式为

$$\vec{r}_C=\frac{\int \vec{r}\,\mathrm{d}m}{m} \tag{1.3-4}$$

由式（1.3-2）可知，坐标系选择的不同，质心位矢的大小和方向均不相同，因此质心具有相对性，依赖于参考系的选取。但质心的位置相对质点系本身而言是确定和唯一的，不会因坐标系选取的不同而不同。因此，在找寻质点系的质心时，以方便质心的求解为标准来选取坐标系。

例 1.3-1　如图 1.3-3 所示，将一段质量为 m 的匀质铁丝弯成半圆形，其半径为 R，求此半圆形铁丝的质心。

解： 建立如图 1.3-3 所示的直角坐标系，铁丝是质量连续线分布的物体，在其上任取一小段长度为 $\mathrm{d}l$ 的微元，其质量为 $\mathrm{d}m=\lambda\,\mathrm{d}l=\frac{m}{\pi R}\mathrm{d}l$，由对称性，得 $x_C=0$，由质心位矢的定义，得 $y_C=\frac{\int y\lambda\,\mathrm{d}l}{m}=\frac{\int_0^{\pi}R\sin\theta\cdot\lambda\cdot R\,\mathrm{d}\theta}{m}=\frac{2\lambda R^2}{m}=\frac{2\lambda R^2}{\pi R\lambda}=\frac{2R}{\pi}$。

例 1.3-2　如图 1.3-4 所示，求腰长为 a 的等腰直角三角形均匀薄板的质心位置。

解： 建立如图 1.3-4 所示的直角坐标系，设三角板的质量为 m。薄板是质量连续面分布的物体，在离原点 x 处取长为 $2y$，宽为 $\mathrm{d}x$ 的小矩形作为微面元，其面积为 $\mathrm{d}S=2y\,\mathrm{d}x=2x\,\mathrm{d}x$。设薄板单位面积的质量为 σ，则此微面元的质量为 $\mathrm{d}m=\sigma 2x\,\mathrm{d}x$，由对称性，得 $y_C=0$，

由质心位矢的定义，得

$$x_C=\frac{\int x\,\mathrm{d}m}{M}=\frac{\int_0^{a/\sqrt{2}}2\sigma x^2\,\mathrm{d}x}{\sigma\,\frac{1}{2}a^2}=\frac{\sqrt{2}}{3}a$$

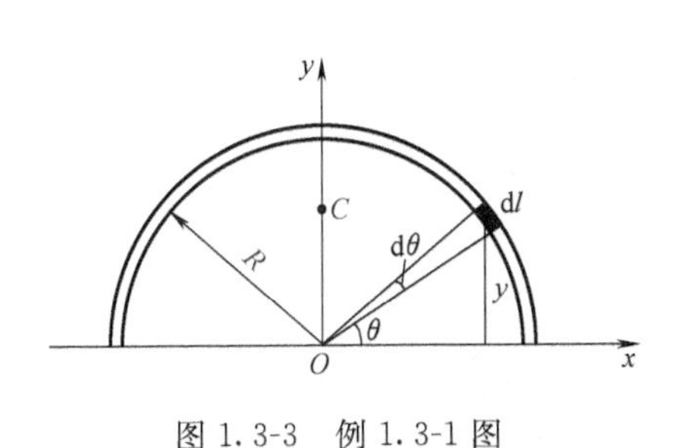

图 1.3-3　例 1.3-1 图

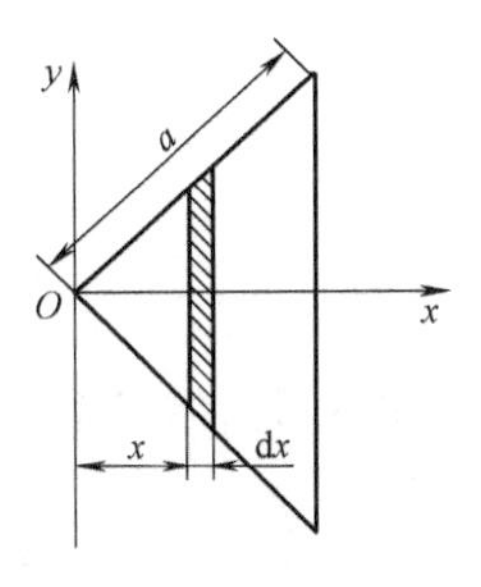

图 1.3-4　例 1.3-2 图

例 1.3-3　如图 1.3-5 所示，在由质量相同的木块 1、2 和绕过定滑轮的轻绳连接的系统中，木块 1 离地面足够高，木块 2 与水平桌面间无摩擦，且与桌面侧棱相距 L。定滑轮质量忽略不计，它与轻绳间也无摩擦。将系统从图示静止状态自由释放后，系统质心加速度的大小为多少？当木块 2

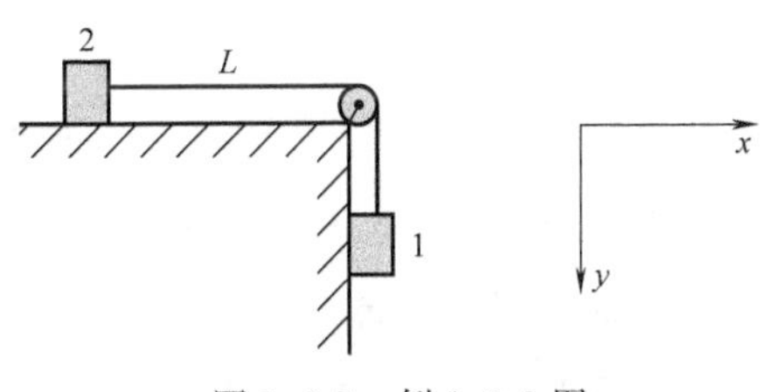

图 1.3-5　例 1.3-3 图

将到桌边时，系统质心速度的大小为多少？

解：设木块的质量为 m，把木块 1、木块 2、定滑轮和轻绳组成的系统看作质点系。以水平向右的方向为 x 轴正方向，竖直向下的方向为 y 轴正方向，建立如图 1.3-5 所示的直角坐标系。由牛顿第二定律，对于木块 1，有 $mg-F_T=ma$，对于木块 2，有 $F_T=ma$，两式联立，可得 $a=\frac{g}{2}$，则质点系的质心加速度为

$$\vec{a}_C=\frac{m\vec{a}_1+m\vec{a}_2}{m+m}=\frac{\frac{g}{2}\vec{j}+\frac{g}{2}\vec{i}}{2}=\frac{g}{4}\vec{j}+\frac{g}{4}\vec{i}$$

故质点系的质心加速度的大小为 $a_C=\frac{\sqrt{2}g}{4}$；由机械能守恒定律，有 $mgL=\frac{1}{2}(2m)v^2$，解得木块 1 和木块 2 的速率为 $v_1=v_2=\sqrt{gL}$，则质点系的质心速度为 $\vec{v}_C=\frac{m\vec{v}_1+m\vec{v}_2}{m+m}=\frac{\sqrt{gL}\vec{j}+\sqrt{gL}\vec{i}}{2}$，故质点系的质心速度的大小为

$$v_C=\frac{\sqrt{2gL}}{2}$$

3. 质心运动定律

考虑 N 个质点组成的质点系，由式（1.3-2）可知其质心的位矢为

$$\vec{r}_C=\frac{\sum m_i\vec{r}_i}{m}=\frac{m_1\vec{r}_1+m_2\vec{r}_2+\cdots+m_N\vec{r}_N}{m_1+m_2+\cdots+m_N} \tag{1.3-5}$$

式（1.3-5）对时间求导，可得质心的速度为

$$\vec{v}_C=\frac{d\vec{r}_C}{dt}=\frac{\sum m_i\frac{d\vec{r}_i}{dt}}{\sum m_i}=\frac{\sum m_i\vec{v}_i}{\sum m_i} \tag{1.3-6}$$

再次对时间求导，可得质心的加速度为

$$\vec{a}_C=\frac{d\vec{v}_C}{dt}=\frac{\sum m_i\frac{d\vec{v}_i}{dt}}{\sum m_i}=\frac{\sum m_i\vec{a}_i}{\sum m_i} \tag{1.3-7}$$

由牛顿第二定律可写出质点系内各质点的动力学方程为

$$\begin{gathered}m_1\vec{a}_1=\vec{f}_{12}+\vec{f}_{13}+\cdots+\vec{f}_{1N}+\vec{F}_1\\ m_2\vec{a}_2=\vec{f}_{21}+\vec{f}_{23}+\cdots+\vec{f}_{2N}+\vec{F}_2\\ \vdots\\ m_N\vec{a}_N=\vec{f}_{N1}+\vec{f}_{N2}+\cdots+\vec{f}_{N(N-1)}+\vec{F}_N\end{gathered}$$

式中，$\vec{f}_{12}$，$\vec{f}_{13}$，…，$\vec{f}_{1N}$ 表示质点系内各质点作用于质点 m_1 的内力；$\vec{f}_{21}$，$\vec{f}_{23}$，…，$\vec{f}_{2N}$ 表示质点系内各质点作用于质点 m_2 的内力；……$\vec{F}_1$，$\vec{F}_2$，…，$\vec{F}_N$ 表示外界作用于质点系内各质点的外力。对上述 N 个式子求和，考虑到质点系的内力和为零，得

$$\sum m_i \vec{a}_i = \sum \vec{F}_i \tag{1.3-8}$$

式（1.3-7）与式（1.3-8）联立，可得

$$\sum \vec{F}_i = \sum m_i \frac{\sum m_i \vec{a}_i}{\sum m_i} = (\sum m_i)\vec{a}_c = m\vec{a}_c \tag{1.3-9}$$

式（1.3-9）表明，作用于质点系的合外力等于质点系的总质量与质点系质心加速度的乘积，称为**质心运动定律**。质心运动定律表明，不管质点系的质量如何分布，也不管外力作用在质点系的什么位置上，质心的运动就像是质点系的质量全部都集中于此，而且所有外力也都集中作用在其上的一个质点的运动一样，即质心运动可看成是把质量和力都集中在质心上的一个质点的运动。其数学形式与牛顿第二定律相似，但其适用于质点系。一般来说，用质心分析质点系的运动较为简便。如图1.3-1所示的手榴弹在运动过程中手榴弹一面翻转，一面前进，而我们考虑质心的运动时，其运动就是一个抛物线运动。当质点系所受到的合外力为零时，质心保持静止或做匀速直线运动。

例1.3-4 直升机的每片旋翼长 $l=5.97\text{m}$。若将旋翼视为宽度一定、厚度均匀的薄片，当旋翼以400r/min的转速旋转时，其旋翼所受的拉力为其重力的几倍？

解： 直升机旋翼可视为无数质元组成的质点系，设旋翼的质量为 m，由质心运动定理，得 $F_{\text{n}}=ma_{C\text{n}}=m\omega^2 r_C=m(2\pi n)^2\dfrac{l}{2}$，则拉力与重力之比为

$$\frac{F_{\text{n}}}{mg}=\frac{m(2\pi n)^2\dfrac{l}{2}}{mg}=534$$

故旋翼根部所受拉力为其重力的534倍。

例1.3-5 如图1.3-6所示，一艘质量为 m 的船浮于静水中，船长5m。一个质量亦为 m 的人从船尾走到船头，不计水和空气的阻力，则在此过程中船将如何运动？

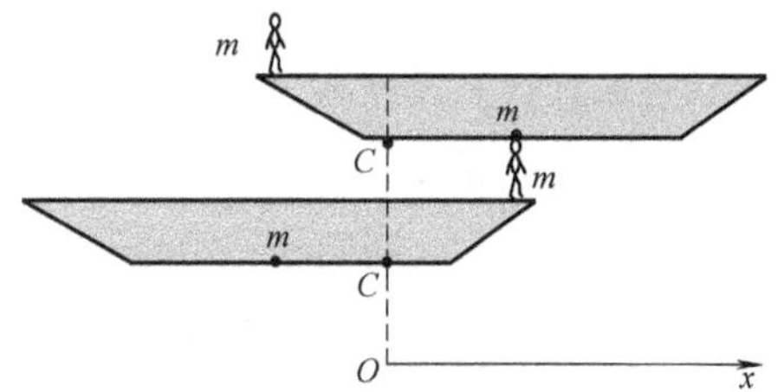

图1.3-6 例1.3-5图

解： 把人和船组成的系统看作质点系，在人运动的过程中，合外力为零，质心静止不动图中以 C 表示质心位置。以地面为参考系，质心为坐标原点，建立如图1.3-6所示的坐标系。

人在船尾时，$m_{人}x_{人}+m_{船}x_{船}=2mx_C=0$，$m\times(-1.25)+m\times1.25=0$；

人运动到船头后，$m_{人}x'_{人}+m_{船}x'_{船}=2mx_C=0$，$m\times1.25+m\times(-1.25)=0$，则 $x'_{人}=-x'_{船}=1.25\text{m}$；$|x'_{人}-x'_{船}|=2.5\text{m}$，故船将后退2.5m。

小节概念回顾：为什么要引入质心的概念？

1.3.2 质点的动量定理

牛顿第二定律给出了动量的概念：动量等于质量与速度的乘积，数学表达式为 $\vec{p}=m\vec{v}$。因此，动量既包含了物体的固有属性（质量），也与物体的运动有关（速度），它包含了惯性和运动两方面的信息，是描述质点运动的一个重要物理量。在国际单位制中，动量的单位是kg·m/s。

在牛顿第二定律中的式（1.2-1）：$\vec{F}=\frac{\mathrm{d}\vec{p}}{\mathrm{d}t}$ 两边都乘以 dt，得

$$\vec{F}\mathrm{d}t=\mathrm{d}\vec{p} \tag{1.3-10}$$

式（1.3-10）左边的$\vec{F}\mathrm{d}t$ 表示质点所受的合外力与时间的乘积，称为力$\vec{F}$ 在 dt 时间内的元冲量。上式表明，合外力在 dt 时间内的元冲量等于质点动量的增量，这就是质点的**动量定理的微分形式**。

若质点在 t_1 到 t_2 时间间隔内在合外力的作用下运动，对式（1.3-10）两边同时积分，可得质点**动量定理的积分形式**：

$$\int_{t_1}^{t_2}\vec{F}\mathrm{d}t=\int\mathrm{d}\vec{p}=\vec{p}_2-\vec{p}_1 \tag{1.3-11}$$

式（1.3-11）左边的 $\int_{t_1}^{t_2}\vec{F}\mathrm{d}t$ 表示在 t_1 到 t_2 时间间隔内质点所受的合外力对时间的积分，称为力$\vec{F}$ 在这段时间内的**冲量**。用数字符号$\vec{I}$ 表示数学表达式为$\vec{I}=\int_{t_1}^{t_2}\vec{F}\mathrm{d}t$，动量定理也可写为

$$\vec{I}=\int_{t_1}^{t_2}\vec{F}\mathrm{d}t=\vec{p}_2-\vec{p}_1 \tag{1.3-12}$$

式（1.3-12）表明，物体在运动过程中所受的合外力的冲量，等于该物体动量的增量。我们在应用动量定理时需要注意冲量$\vec{I}$ 的方向一般不是某一瞬时力$\vec{F}$ 的方向，而是所有元冲量$\vec{F}\mathrm{d}t$ 的合矢量 $\int_{t_1}^{t_2}\vec{F}\mathrm{d}t$ 的方向。

在打击或碰撞问题中可以用动量定理求一段时间内的平均冲力。由于在打击或碰撞问题中，平均冲力的方向一般不发生改变，所以在 t_1 到 t_2 这段时间内，平均冲力的冲量的大小可用动量的增量来等效表示，则平均冲力为 $\overline{\vec{F}}=\frac{1}{t_2-t_1}\int_{t_1}^{t_2}\vec{F}\mathrm{d}t=\frac{m\vec{v}_2-m\vec{v}_1}{t_2-t_1}$。这种求平均冲力的方法是以作用的结果来等效地度量相互作用的过程，是物理学研究中常用的一种方法，大大简化了复杂的计算过程。在实际生活中，人们依据动量定理保护身体不受伤害。例如，用双手去接对方猛掷过来的篮球时，手接触球后会顺着篮球飞来的方向稍微移动，以延长作用时间，这样就可以缓和篮球对手的平均冲力。人从高处跳下时，通常脚尖着地后会弯曲一下膝盖，增大与地面的作用时间，减少地面对人的平均支持力，从而更好地保护身体。

我们也可以利用动量定理来解释帆船逆风行舟的问题。设帆船沿如图 1.3-7a 所示的前进方向行驶，风吹来时的初始速度为$\vec{v}_0$。风的初速度方向与船前进方向的夹角为 $\pi-\theta$，且 $\theta<90°$，可近似认为船逆风而行。风吹到风帆后以速度$\vec{v}$ 沿着与船前行的相反方向运动。我们任意选取其中的一小团风为研究对象，设其质量为 Δm。如图 1.3-7b 所示，则这团风在与风帆作用的过程中其动量的增量为 $\Delta\vec{p}=\vec{p}-\vec{p}_0=\Delta m\vec{v}-\Delta m\vec{v}_0$。由动量定理，这团风受到的平均冲力为$\overline{\vec{F}}=\frac{\Delta\vec{p}}{\Delta t}$，平均冲力的方向与动量增量的方向相同。由牛顿第三定律，风帆对风的力和风对风帆的力是作用力和反作用力。因此，风帆受到的平均冲力与风受到的平均冲力大小相等、方向相反。如图 1.3-7c 所示，风帆受到的平均冲力的一个分力指向船前进

的方向，这样船才能逆风而行。

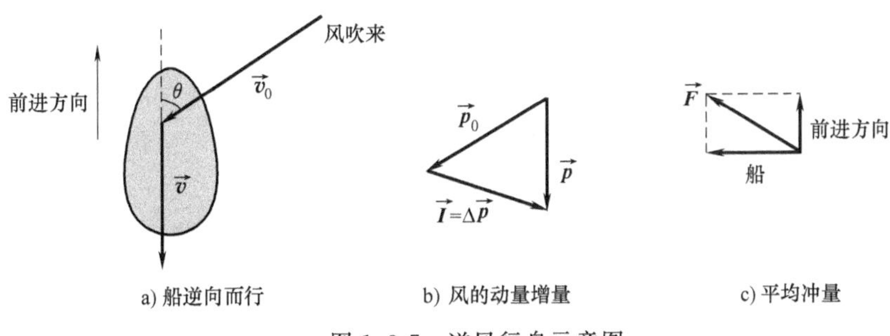

图 1.3-7 逆风行舟示意图

例 1.3-6 质量为 m 的重锤，从高度为 h 处自由落到受锻压的工件上，工件发生形变。如果重锤与工件作用的时间为 Δt，试求锤对工件的平均冲力。

解： 取重锤为研究对象，重锤和工件在作用过程中受到重力和平均冲力两个力的作用，取竖直向上的方向为正方向。重锤与工件接触初态时的动量为 $mv_0=-m\sqrt{2gh}$，末态时动量 $mv=0$。应用动量定理，得（$\overline{F}_{\mathrm{N}}-mg$）$\Delta t=mv-mv_0=0+m\sqrt{2gh}$，解得工件对锤的平均冲力为 $\overline{F}_{\mathrm{N}}=mg+\dfrac{m\sqrt{2gh}}{\Delta t}$，由牛顿第三定律，锤对工件的平均冲力与工件对锤的平均冲力大小相等、方向相反。故锤对工件的平均冲力为 $\overline{F}_{\mathrm{N}}=mg+\dfrac{m\sqrt{2gh}}{\Delta t}$，方向竖直向下。

小节概念回顾： 质点动量定理都有哪些应用？

1.3.3 质点系的动量定理

1. 质点系的动量定理分析

考虑 n 个质点组成的质点系，根据质点的动量定理，我们可以写出质点系中每个质点的动量定理的数学表达式，即

$$(\vec{f}_{12}+\vec{f}_{13}+\cdots+\vec{f}_{1n}+\vec{F}_1)\mathrm{d}t=\mathrm{d}\vec{p}_1$$
$$(\vec{f}_{21}+\vec{f}_{23}+\cdots+\vec{f}_{2n}+\vec{F}_2)\mathrm{d}t=\mathrm{d}\vec{p}_2$$
$$\vdots$$
$$(\vec{f}_{n1}+\vec{f}_{n2}+\cdots+\vec{f}_{n(n-1)}+\vec{F}_n)\mathrm{d}t=\mathrm{d}\vec{p}_n$$

式中，$\vec{f}_{12}$，$\vec{f}_{13}$，…，$\vec{f}_{1n}$ 表示质点系内各质点作用于质点 m_1 的内力；$\vec{f}_{21}$，$\vec{f}_{23}$，…，$\vec{f}_{2n}$ 表示质点系内各质点作用于质点 m_2 的内力；$\vec{F}_1$，$\vec{F}_2$，…，$\vec{F}_n$ 表示外界作用于质点系内各质点的外力。对上述 n 个方程求和，考虑到质点系内力的和为零，得

$$\sum\vec{F}_i\mathrm{d}t=\sum(\mathrm{d}\vec{p}_i)=\mathrm{d}(\sum\vec{p}_i)=\mathrm{d}\vec{p} \tag{1.3-13}$$

式中，$\vec{p}=\sum\vec{p}_i=\sum m_i\vec{v}_i$ 为质点系内各质点的动量之和，我们称之为质点系的总动量。

式（1.3-13）表明，作用于质点系的合外力的冲量等于质点系总动量的增量，这称为质点系的**动量定理**。式（1.3-13）是质点系动量定理的微分形式，对此式两边积分，可得质点系动量定理的积分形式，即

$$\int_{t_1}^{t_2}\vec{F}\mathrm{d}t=\vec{p}_2-\vec{p}_1 \tag{1.3-14}$$

由式（1.3-13）和式（1.3-14）可以看出，只有外力的作用才会对质点系的总动量变化有贡献，不论内力以什么形式出现，系统内力的作用不能改变整个系统的总动量。

***2. 质心参考系中质点系的总动量**

由于质心的特殊性，在分析力学问题时，采用质心参考系有时能使问题简化。以质点系的质心为坐标原点，坐标轴与惯性参考系的坐标轴平行，这样的参考系称为**质心参考系**，简称**质心系**。在质心系中，由质心的定义可知质心的位矢为$\vec{r}_C=\frac{\sum m_i\vec{r}_i}{m}=\vec{0}$。质点系的总动量为$\vec{p}=\sum m_i\vec{v}_i=(\sum m_i)\vec{v}_C=(\sum m_i)\frac{\mathrm{d}\vec{r}_C}{\mathrm{d}t}=\vec{0}$。相对于质心系中的观测者而言，质心系的质心速度始终为零，即相对于质心系，质点系的总动量为零。因此，质心系又称为零动量参考系。如果考虑一个由两个质点组成的质点系，则在该质心系中观察时，两者的动量总是大小相等、方向相反。

小节概念回顾：为什么质点的动量定理和质点系的动量定理的数学形式完全相同？

1.3.4 动量守恒定律

由式（1.3-13）和式（1.3-14）可知，如果质点系所受合外力为零，则系统的总动量不随时间变化，系统的总动量守恒，这就是**动量守恒定律**。其数学表达式为

$$\vec{p}=\sum\vec{p}_i=\text{恒矢量} \tag{1.3-15}$$

质点系的总动量不变是指质点系内各质点动量的矢量和不变，但质点系中某一质点的动量是可以改变的。也就是说，质点系动量守恒时，在保持质点系总动量不变的前提下，质点系内各质点的动量是可以相互转换和转移的。

在直角坐标系中，动量守恒定律的分量式分别为

当$\sum F_{ix}=0$时，

$$p_x=\sum m_iv_{ix}=C_1 \tag{1.3-16}$$

当$\sum F_{iy}=0$时，

$$p_y=\sum m_iv_{iy}=C_2 \tag{1.3-17}$$

当$\sum F_{iz}=0$时，

$$p_z=\sum m_iv_{iz}=C_3 \tag{1.3-18}$$

式中，C_1、C_2、C_3为常量。若质点系所受的合外力不为零，但某个方向上合外力的分量为零，则该方向的动量守恒。自然界中几乎没有不受外力作用的质点系。有时质点系所受的合外力不为零，但合外力与质点系的内力相比，合外力远远小于内力，如碰撞、爆炸、子弹入射等就可视为这类情况。此时可忽略外力对质点系的作用，可用动量守恒方程求近似解。我们也可以想象，如果把所有相互作用的物体都看作一个系统，则系统无外力作用，整个系统的总动量守恒。

由于动量定理和动量守恒定律是由牛顿定律推导出来的，所以只适用于惯性系。动量守恒定律虽然是由牛顿定律推导出来的，但近代的科学实验和理论分析都表明，在自然界中，大到天体间的相互作用，小到质子、电子等基本粒子间的相互作用，都遵守动量守恒定律。因此，动量守恒定律比牛顿定律更加基本，是自然界中最普遍、最基本的定律之一。

例 1.3-7 甲、乙两人穿旱冰鞋面对面站在一起，他们的质量分别是m_1和m_2。甲推乙

使乙后退，求在推的过程中甲、乙两人各自获得的速度之比。

解：由题意知，水平方向合外力为零，动量守恒，有 $0=m_1v_1+m_2v_2$。

因此，甲、乙各自获得的速度之比为$\frac{v_1}{v_2}=-\frac{m_2}{m_1}$。

例 1.3-8　炮车以仰角 θ 发射一枚炮弹，已知炮弹初速为$\vec{v}_0$，且炮弹到达最高点后爆炸成质量相等的两块碎片，如图 1.3-8 所示，其中一块碎片以速率 v_1 竖直下落（不计阻力），求另一块碎片的速度大小和方向。

解：以水平向右的方向为 x 轴正方向，竖直向上的方向为 y 轴正方向，建立如图 1.3-8 所示的坐标系，炮弹飞到最高位置时，$v_x=v_0\cos\theta$，$v_y=0$。

设炮弹的质量为 m，在最高位置炮弹爆炸成质量相等的两块，此时合外力远远小于内力，可用动量守恒定律求近似解，有

$$m\vec{v}=\frac{m}{2}\vec{v}_1+\frac{m}{2}\vec{v}_2,$$

动量守恒定律沿 x 轴方向的分量式为：$mv_0\cos\theta=\frac{m}{2}v_2\cos\varphi$，

动量守恒定律沿 y 轴方向的分量式为：$0=-\frac{m}{2}v_1+\frac{m}{2}v_2\sin\varphi$，

两式联立，解得另一块碎片的速度大小为

$$v_2=\sqrt{v_1^2+4v_0^2\cos^2\theta}$$

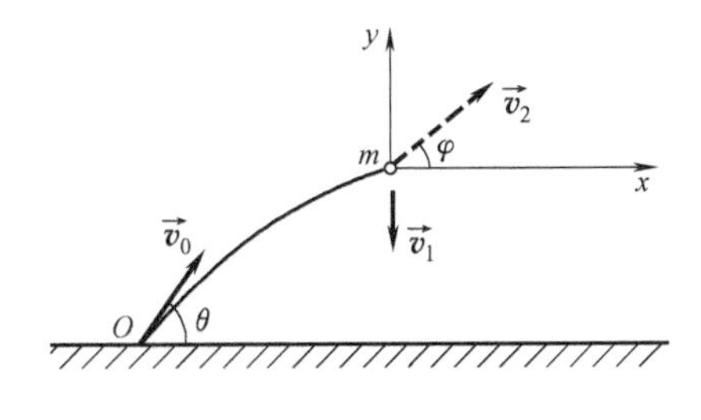

图 1.3-8　例 1.3-8 图

该速度与 x 轴的夹角为 φ，则 $\varphi=\arctan\frac{v_1}{2v_0\cos\theta}$。

应用 1.3-1　放烟花时烟花碎片为何近似是球形的？

烟花在空中的爆炸一般发生在抛物线运动轨迹的最高点，此时质心速度较小，在水平方向可看作是动量守恒，在竖直方向上只受到重力作用，故所有碎片的运动趋势一致，在爆炸作用下对称向外发射，不断互相远离，从而在空中形成一个近似球体（见应用 1.3-1 图）。

应用 1.3-1 图

小节概念回顾：动量守恒的条件是什么？

*1.3.5　变质量物体的运动

在以上对物体运动过程的研究中，我们假定物体的

质量是不变的。但在实际生活中，当研究某些物理过程时，所研究对象的质量会发生改变，此时就不能将其质量视为恒定的量。如运输过程中沙土不断掉落，装卸车时车上货物的质量不断变化等。因此，我们有必要研究变质量物体的运动问题。在经典力学中有两类变质量物体的运动问题。第一类是物体在运动过程中不断释放某些物体，其质量不断减少的变质量物体的运动问题；第二类是物体在运动过程中不断俘获其他物体而共同运动，其质量不断增加的变质量物体的运动问题。火箭在运动过程中，其内部的燃料燃烧，产生大量气体粒子，这些气体粒子不断地从火箭的末端沿着与火箭运动相反的方向喷出，火箭质量不断减少就属于第一类变质量物体的运动问题。2017 年 4 月 22 日天舟一号货运飞船与天宫二号空间实验室顺利完成自动交会对接，对接后共同体的质量增大就属于第二类变质量物体的运动问题。下面我们以火箭的运动为例来讨论变质量物体的运动问题。

如图 1.3-9 所示，我们研究一个在空间飞行的火箭。设 t 时刻火箭的质量为 m，相对地面的速度为$\vec{\boldsymbol{v}}$。在 $\mathrm{d}t$ 时间内，火箭向后喷射出质量为 $\mathrm{d}m'$的气体，气体相对于火箭的速度为$\vec{\boldsymbol{u}}$。在 $t+\mathrm{d}t$ 时刻火箭的质量为 $m+\mathrm{d}m$（其中 $\mathrm{d}m=-\mathrm{d}m'$），火箭相对于地面的速度为 $\vec{\boldsymbol{v}}+\mathrm{d}\vec{\boldsymbol{v}}$，气体相对于地面的速度为$\vec{\boldsymbol{v}}+\mathrm{d}\vec{\boldsymbol{v}}+\vec{\boldsymbol{u}}$ 在 $\mathrm{d}t$ 时间内火箭的动量增量为

$$
\begin{aligned}
\mathrm{d}\vec{\boldsymbol{p}} &= (m+\mathrm{d}m)(\vec{\boldsymbol{v}}+\mathrm{d}\vec{\boldsymbol{v}})+\mathrm{d}m'(\vec{\boldsymbol{v}}+\mathrm{d}\vec{\boldsymbol{v}}+\vec{\boldsymbol{u}})-m\vec{\boldsymbol{v}} \\
&= (m+\mathrm{d}m)(\vec{\boldsymbol{v}}+\mathrm{d}\vec{\boldsymbol{v}})-\mathrm{d}m(\vec{\boldsymbol{v}}+\mathrm{d}\vec{\boldsymbol{v}}+\vec{\boldsymbol{u}})-m\vec{\boldsymbol{v}}
\end{aligned}
$$

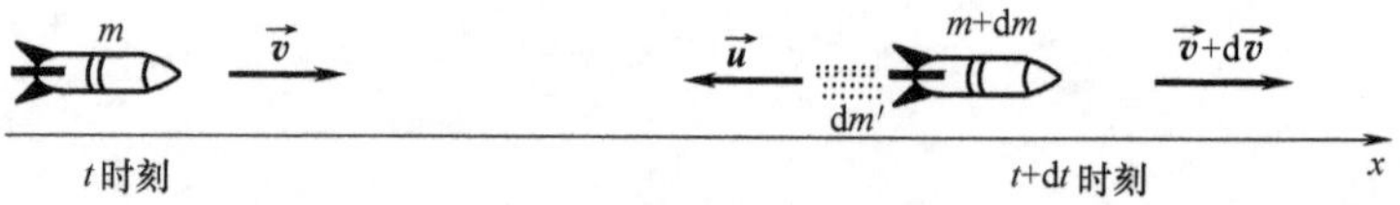

图 1.3-9 火箭运动示意图

将等式右侧展开，并忽略高阶无穷小，得 $\mathrm{d}\vec{\boldsymbol{p}}=m\mathrm{d}\vec{\boldsymbol{v}}-\vec{\boldsymbol{u}}\mathrm{d}m$，两边同时除 $\mathrm{d}t$，可得动量对时间的变化率为$\frac{\mathrm{d}\vec{\boldsymbol{p}}}{\mathrm{d}t}=m\frac{\mathrm{d}\vec{\boldsymbol{v}}}{\mathrm{d}t}-\vec{\boldsymbol{u}}\frac{\mathrm{d}m}{\mathrm{d}t}$。与牛顿第二定律联立，有$\vec{\boldsymbol{F}}=m\frac{\mathrm{d}\vec{\boldsymbol{v}}}{\mathrm{d}t}-\vec{\boldsymbol{u}}\frac{\mathrm{d}m}{\mathrm{d}t}$，可写为

$$
\vec{\boldsymbol{F}}+\vec{\boldsymbol{u}}\frac{\mathrm{d}m}{\mathrm{d}t}=m\frac{\mathrm{d}\vec{\boldsymbol{v}}}{\mathrm{d}t} \tag{1.3-19}
$$

式（1.3-19）中，$\vec{\boldsymbol{F}}$ 为火箭运动过程中所受的外力；$\vec{\boldsymbol{u}}\frac{\mathrm{d}m}{\mathrm{d}t}$称为火箭发动机的推力。上式表明，火箭所受到的合外力（外力+推力）提供了火箭运动的加速度，称为**变质量物体的运动方程**。在一定外力的作用下，推力越大，火箭获得的加速度$\frac{\mathrm{d}\vec{\boldsymbol{v}}}{\mathrm{d}t}$ 就越大。而要获得更大的推力，则需要有较大的气体排出速度$\vec{\boldsymbol{u}}$ 和较大的气体质量排出率$\frac{\mathrm{d}m}{\mathrm{d}t}$。

当我们研究一个不受引力、空气阻力等影响的、在自由空间飞行的火箭时，合外力$\vec{\boldsymbol{F}}=\vec{\mathbf{0}}$。即火箭在 $\mathrm{d}t$ 时间内向后喷射出质量为 $\mathrm{d}m'$的气体的过程可近似看作动量守恒过程，则有 $\mathrm{d}\vec{\boldsymbol{v}}=\frac{\vec{\boldsymbol{u}}\mathrm{d}m}{m}$。设火箭点火前的质量为 m_{i}，初始速度为$\vec{\boldsymbol{v}}_{\mathrm{i}}$；燃料烧完后火箭的质量为 m_{f}，此

时火箭速度为$\vec{v}_f$，对上式两边同时积分，有$\int_{\vec{v}_i}^{\vec{v}_f} d\vec{v} = \int_{m_i}^{m_f} \frac{\vec{u} dm}{m}$，可得

$$\vec{v}_f - \vec{v}_i = \vec{u} \ln \frac{m_f}{m_i} \tag{1.3-20}$$

由于气体相对于火箭的速度$\vec{u}$总是与火箭的飞行速度相反，所以上式也可用分量式表示为$v_f - v_i = -u\ln\frac{m_f}{m_i} = u\ln\frac{m_i}{m_f}$。此式表明，火箭的速度增量与喷出气体的相对速度成正比，与使用火箭燃料前后的始末质量的自然对数成正比。由此可见，增大火箭速度有两种方法，一是选用优质燃料，增大火箭的喷气速度$\vec{u}$；二是采用多级火箭，增大火箭始末的质量比。

例 1.3-9　如图 1.3-10 所示，质量为 m、长为 L 的均质柔软链条，手提链条的上端，使其下端离地面的高度为 h，然后松手使链条自由下落到地面上。求链条落到地上的长度为 l 时，地面所受链条作用力的大小。

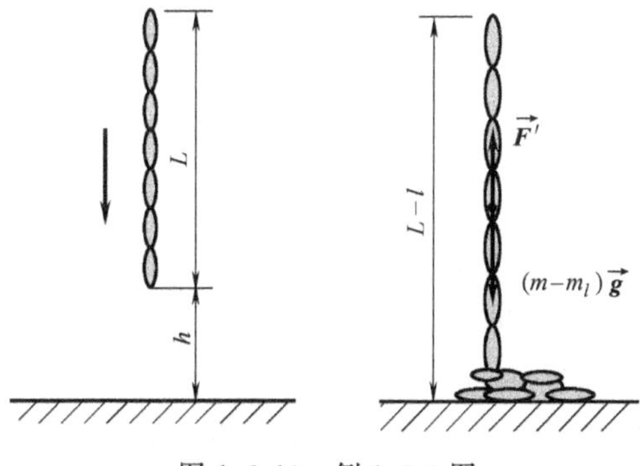

图 1.3-10　例 1.3-9 图

解：以链条为研究对象，竖直向下的方向为正方向。设 t 时刻，落到地面上链条的质量为 m_l，速度大小为零，即 $u=0$。还处于空中链条的质量为$m-m_l$，速度大小为 v。处于空中的链条其受力情况如图 1.3-10 所示。

由动量定理得$\frac{d}{dt}[(m-m_l)v]=(m-m_l)g-F'$，

由于$\frac{d}{dt}[(m-m_l)v]=v\frac{d}{dt}(m-m_l)+(m-m_l)\frac{dv}{dt}=v\frac{d}{dt}(m-m_l)+(m-m_l)g$，

两式联立，得$v\frac{d}{dt}(m-m_l)=-F'$，

由题意知，$m_l=m\frac{l}{L}$，$v=\frac{dl}{dt}$，且$v^2=2g(l+h)$，

所以，$F'=\frac{m}{L}v^2=\frac{2m(l+h)}{L}g$，

因此，地面所受链条作用力的大小为 $F=F'+m_lg=\frac{2m(l+h)}{L}g+m\frac{l}{L}g=\frac{m}{L}(3l+2h)g$。

小节概念回顾：变质量物体的运动方程是什么？

1.4 角动量定理和角动量守恒定律

1.4.1 力矩和角动量

1. 力矩

作用在门上的力使门转动，作用在杠杆上的力使杠杆转动，这说明力可以使物体转动。力作用在物体上，物体是否转动或转动的快慢不仅与力的大小和方向有关，还与力臂的大小有关，这三个因素综合起来，就是力矩的概念。作用在门或杠杆上的力矩是与物体绕固定轴转动相联系的，这部分内容我们将在刚体力学中学习。不仅仅是对于固定转轴才能讨论力矩，对于空间一点也会用到力矩的概念。为简便起见，我们先来研究力对点的力矩。

如图 1.4-1 所示，力$\vec{F}$作用于C点，在空间任取一点O作为参考点，由参考点O到力的作用点C的有向线段为力的作用点的位矢，位矢$\vec{r}$与力$\vec{F}$的矢积称为力$\vec{F}$对O点的力矩，其数学表达式为

$$\vec{M}=\vec{r}\times\vec{F} \tag{1.4-1}$$

力矩的大小为：$|\vec{M}|=|\vec{r}\times\vec{F}|=|\vec{r}|\cdot|\vec{F}|\sin\theta=F\cdot\overline{ON}$。力矩的大小与力的大小，力的作用点的位矢的大小和力的作用点的位矢方向与力方向夹角的正弦成正比。由图 1.4-1 可知，$\overline{ON}$是由参考点O到力的延长线所做的垂线，称为力臂。因此，力矩的大小等于力乘以力臂，力矩的方向垂直于力的作用点的位矢$\vec{r}$和力$\vec{F}$所组成的平面，其指向为位矢$\vec{r}$经小于$180°$的角转到$\vec{F}$的右手螺旋前进的方向。图 1.4-1 中力矩的方向垂直纸面向里。

由力矩的定义可知，所选择的O点不同，力矩的大小和方向均不相同。因此，力$\vec{F}$对O点的力矩具有相对性，依赖于参考点的位置。

2. 质点的角动量

在自然界中经常会遇到物体绕一个给定的中心转动的情况，如，行星围绕太阳公转，原子中的电子围绕着原子核转动等，在这种情况下我们需要引入新的物理量——角动量来描述物体的运动状态。

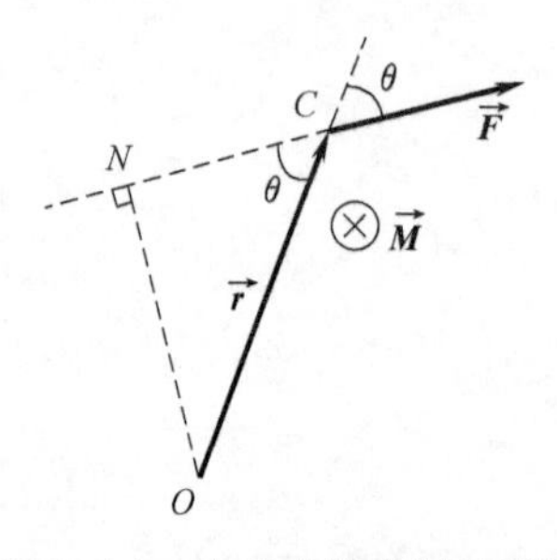

图 1.4-1 力对点的力矩示意图

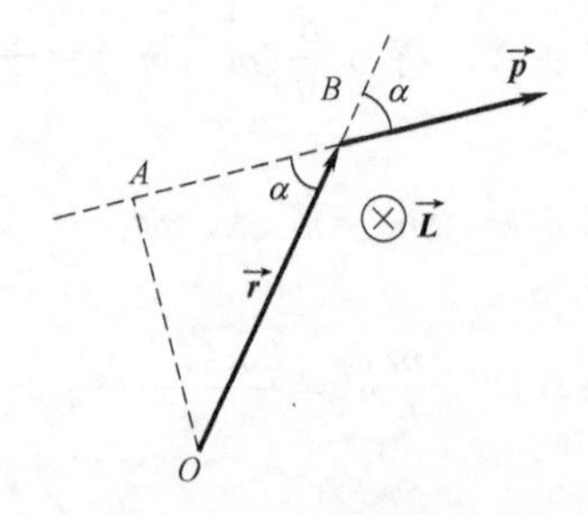

图 1.4-2 力对点的角动量示意图

如图 1.4-2 所示，设t时刻，质量为m的质点位于B点，其在B点的速度为$\vec{v}$，则其在B点的动量为$\vec{p}$。在空间任取一点O作为参考点，由参考点O到质点所在处B点的有向

线段为质点的位矢，位矢$\vec{r}$与质点动量$\vec{p}$的矢积称为质点对O点的角动量，其数学表达式为

$$\vec{L}=\vec{r}\times\vec{p} \tag{1.4-2}$$

角动量的大小为$|\vec{L}|=|\vec{r}\times\vec{p}|=|\vec{r}|\cdot|\vec{p}|\sin\alpha=\overline{OA}\cdot P$，角动量的大小与位矢的大小，动量的大小和位矢方向与动量方向夹角的正弦成正比。由图1.4-2可知，$\overline{OA}$是由参考点O到动量的延长线所做的垂线，因此，角动量的大小等于此垂线与动量的乘积。角动量的方向垂直于位矢$\vec{r}$和动量$\vec{p}$所组成的平面，其指向是$\vec{r}$经小于180°的角转到$\vec{p}$的右手螺旋前进的方向。图1.4-2中角动量的方向垂直纸面向里。

由角动量的定义可知，所选择的O点不同，角动量的大小和方向均不相同。因此，质点对O点的角动量具有相对性，依赖于参考点的位置。

由于力矩和角动量都具有相对性，所以我们在说明质点的力矩和角动量时，必须指明是相对哪个参考点而言的。

例1.4-1　如图1.4-3所示，长为l的轻杆，其两端分别固定着质量为m和$3m$的物体，取与杆垂直的固定轴O，重物m与O轴的距离为$\frac{3}{4}l$，其绕轴转动的线速度的大小为v，方向垂直纸面指向外。求它们对转轴的总角动量。

图1.4-3　例1.4-1图

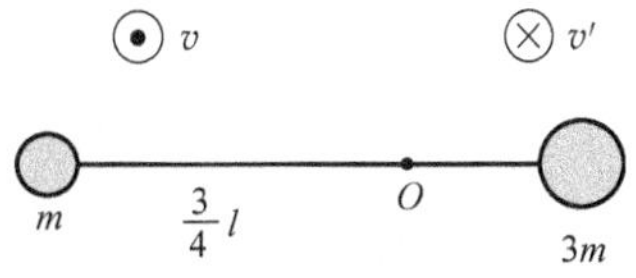

解： 由右手螺旋法判断系统总角动量的方向竖直向上，角动量的大小为

$$L=\frac{3l}{4}mv+\frac{l}{4}3mv'$$

转动时两物体的角速度大小相等，则质量为$3m$物体的线速度的大小为

$$v'=\frac{l}{4}\omega=\frac{l}{4}\cdot\frac{v}{\frac{3l}{4}}=\frac{v}{3}$$

代入可得总角动速度大小为

$$L=\frac{3l}{4}mv+\frac{l}{4}3m\ \frac{v}{3}=mvl$$

总角动量的方向竖直向上。

例1.4-2　人造卫星绕地球做半径为R的逆时针圆周运动，如图1.4-4a所示，设地球质量为m_E，人造卫星质量为m，求：

(1) 当卫星运动到图中位置1时，卫星所受万有引力相对于P点的力矩和卫星相对于P点的角动量；

a) 卫星与地球位置示意图　b) 位置1示意图　c) 位置2示意图

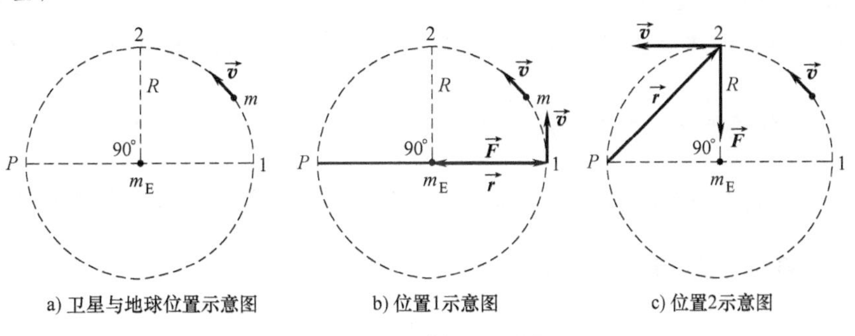

图1.4-4　例1.4-2图

(2) 当卫星运动到图中位置 2 时，卫星所受万有引力相对于 P 点的力矩和卫星相对于 P 点的角动量。

解： 由万有引力定律 $F=G\dfrac{mm_{\mathrm{E}}}{R^2}=m\dfrac{v^2}{R}$，解得卫星的运动速度大小为 $v=\sqrt{\dfrac{Gm_{\mathrm{E}}}{R}}$。

(1) 当卫星在位置 1 时，如图 1.4-4b 所示，其位矢 $\vec{r}$ 由 P 点指向位置 1，大小为 $2R$，方向水平向右；地球对卫星的万有引力 $\vec{F}$ 的方向水平指向左，位矢 $\vec{r}$ 与万有引力 $\vec{F}$ 之间夹角为 180°，故卫星所受万有引力相对 P 点的力矩为零。

当卫星在位置 1 时，如图 1.4-4b 所示，其位矢 $\vec{r}$ 由 P 点指向位置 1，大小为 $2R$，方向水平向右；卫星速度 $\vec{v}$ 的方向沿切向竖直向上，位矢 $\vec{r}$ 与速度 $\vec{v}$ 之间的夹角为 90°，故卫星相对于 P 点的角动量大小为 $L=2Rmv\sin 90°=2Rm\sqrt{\dfrac{Gm_{\mathrm{E}}}{R}}=2m\sqrt{Gm_{\mathrm{E}}R}$，方向垂直纸面指向外。

(2) 当卫星运动到位置 2 时，如图 1.4-4c 所示，其位矢 $\vec{r}$ 由 P 点指向位置 2，大小为 $\sqrt{2}R$，方向与水平方向夹角为 45°；地球对卫星的万有引力 $\vec{F}$ 的方向竖直向下，位矢 $\vec{r}$ 与万有引力 $\vec{F}$ 之间的夹角为 135°，故卫星所受万有引力相对 P 点的力矩大小为 $M=\sqrt{2}RG\dfrac{mm_{\mathrm{E}}}{R^2}\sin 135°=G\dfrac{mm_{\mathrm{E}}}{R}$，方向垂直纸面指向里。

在位置 2 时，如图 1.4-4c 所示，卫星的位矢 $\vec{r}$ 由 P 点指向位置 2，大小为 $\sqrt{2}R$，方向与水平方向的夹角为 45°；卫星的速度 $\vec{v}$ 方向水平向左，位矢 $\vec{r}$ 与速度 $\vec{v}$ 之间的夹角为 135°，故卫星相对于 P 点的角动量大小为 $L=\sqrt{2}Rm\sqrt{\dfrac{Gm_{\mathrm{E}}}{R}}\sin 135°=m\sqrt{Gm_{\mathrm{E}}R}$；方向垂直纸面指向外。

由此题可以看出，质点的力矩和角动量具有相对性，依赖于参考点的位置。

小节概念回顾： 力矩和角动量是否具有相对性？我们在应用这两个物理量时需要注意些什么？

1.4.2 质点的角动量定理和角动量守恒定律

1. 质点的角动量定理

本节我们来研究作用于质点的合外力对 O 点的力矩与该质点对同一固定点 O 的角动量之间的关系。

设质量为 m 的质点在合外力作用下开始运动。根据牛顿第二定律，某一时刻其动力学方程为 $\vec{F}=\dfrac{\mathrm{d}\vec{p}}{\mathrm{d}t}$。建立直角坐标系，由坐标原点 O 到质点所在位置的有向线段就是质点的位矢 $\vec{r}$，用位矢 $\vec{r}$ 叉乘动力学方程两边，得

$$\vec{r}\times\vec{F}=\vec{r}\times\frac{\mathrm{d}\vec{p}}{\mathrm{d}t}$$

由于$\frac{d}{dt}(\vec{r}\times\vec{p})=\frac{d\vec{r}}{dt}\times\vec{p}+\vec{r}\times\frac{d\vec{p}}{dt}=\vec{v}\times m\vec{v}+\vec{r}\times\frac{d\vec{p}}{dt}=\vec{r}\times\frac{d\vec{p}}{dt}$，所以，上式可写为

$$\vec{M}=\vec{r}\times\vec{F}=\frac{d}{dt}(\vec{r}\times\vec{p})=\frac{d\vec{L}}{dt} \tag{1.4-3}$$

上式表明，质点对参考点O的角动量的时间变化率等于作用于质点的合外力对同一固定点O的力矩，称为质点对参考点O的**角动量定理**。由于在推导过程中应用了牛顿第二定律，所以角动量定理只适用于惯性系。因此，角动量定理中的力矩和角动量，都是对惯性系中同一固定点而言的。

例 1.4-3　一个质量为m的质点由静止开始绕半径为R的圆O做逆时针的圆周运动，如图 1.4-5 所示。若质点相对于圆心O的角动量的大小随时间变化的关系式为$L=3t^2$，求：

(1) 质点相对于圆心O的力矩大小；

(2) 质点角速度的大小随时间的变化关系式。

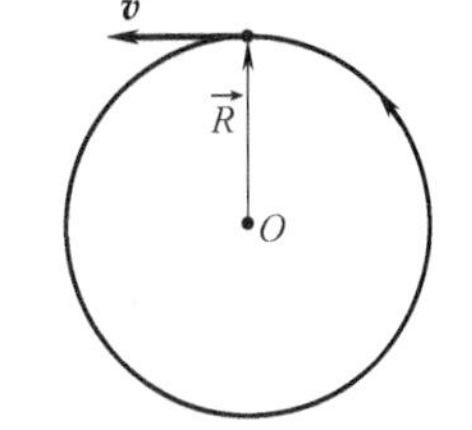

图 1.4-5　例 1.4-3 图

解：(1) 由质点的角动量定理，质点对圆心的力矩大小为$M=\frac{dL}{dt}=6t$ (N·m)；

(2) 如图 1.4-5 所示，当质点绕圆O做逆时针的圆周运动时，在任一位置处，其位矢$\vec{R}$与速度$\vec{v}$之间夹角均为 90°，则质点对圆心O的角动量为$L=mvR=m\omega R^2=3t^2$，故质点的角速度大小随时间的变化关系为

$$\omega=\frac{3t^2}{mR^2}\left(\frac{\text{rad}}{s}\right)$$

2. 质点的角动量守恒定律

由式 (1.4-3) 可知，若作用在质点上的合外力对参考点O的合外力矩$\vec{M}$为零，则质点对该点的角动量在运动过程中保持不变，这称为质点对参考点O的**角动量守恒定律**，即

$$\vec{M}=\vec{0},\quad \vec{L}=\text{恒矢量} \tag{1.4-4}$$

当质点做匀速直线运动时，其受到的合外力为零，对任意点的合外力矩均为零，故做匀速直线运动的质点相对任意固定点的角动量守恒。

如图 1.4-6 所示，当质点在绳的拉力作用下在光滑水平桌面上绕圆心O做半径为r的匀速率圆周运动时，质点在水平方向上受到的合外力为指向圆心的绳的拉力。质点相对圆心O的力矩大小为$|\vec{M}|=|\vec{r}\times\vec{F}_{外}|=rF_{外}\sin\pi=0$。因此，质点对圆心$O$的角动量不随时间变化，角动量大小为$|\vec{L}|=|\vec{r}\times\vec{p}|=rmv=mr^2\omega$，角动量的方向竖直向上。也就是说，质点做匀速率圆周运动时，虽然动量不守恒，但质点相对圆心的角动量守恒。

如图 1.4-7 所示，当行星围绕太阳做椭圆运动时，设太阳所在处为参考点O，行星在任意位置的位矢$\vec{r}$为由O点指向其所在处的有向线段，行星所受的万有引力$\vec{F}$指向太阳（这样的力称为有心力），则位矢$\vec{r}$与万有引力$\vec{F}$之间的夹角均为 180°，行星对太阳的合外力矩为零，故行星相对于太阳的角动量守恒。当行星绕太阳公转时，由角动量守恒定律可知，行星在近日点的线速度大于其在远日点的线速度。

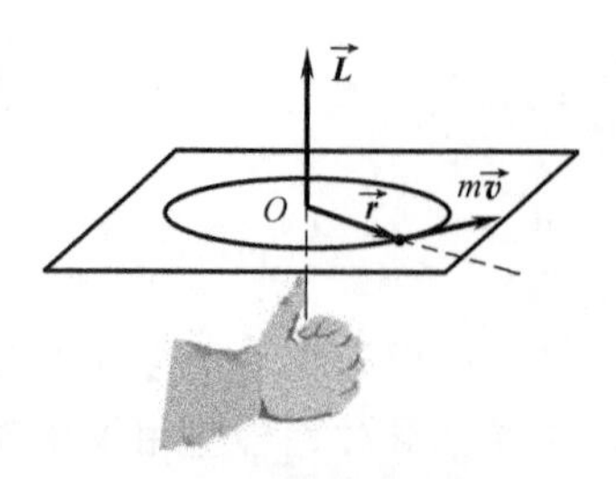

图 1.4-6 圆周运动角动量守恒示意图

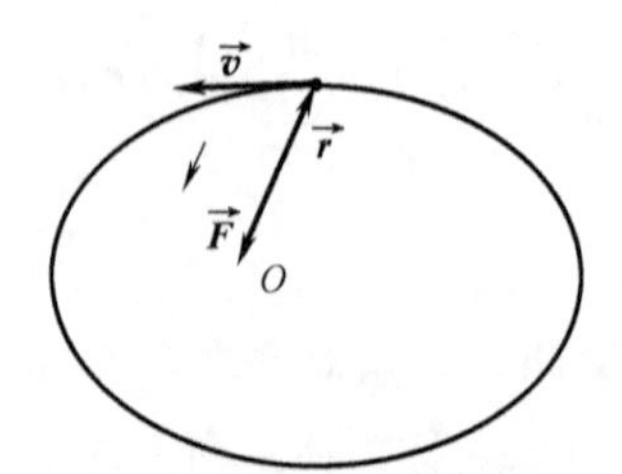

图 1.4-7 椭圆运动角动量守恒示意图

例 1.4-4 如图 1.4-8 所示，长为 l 的轻绳一端固定在 O' 点，另一端连接一质量为 m 的摆锤，且摆锤在水平面内做匀速率圆周运动，其速率为 v。问：

(1) 摆锤相对于 O 点和 O' 点的角动量是否守恒？

(2) 摆锤从 A 点绕行半周运动到 B 点，绕行半周时间内绳的张力的冲量是多少？

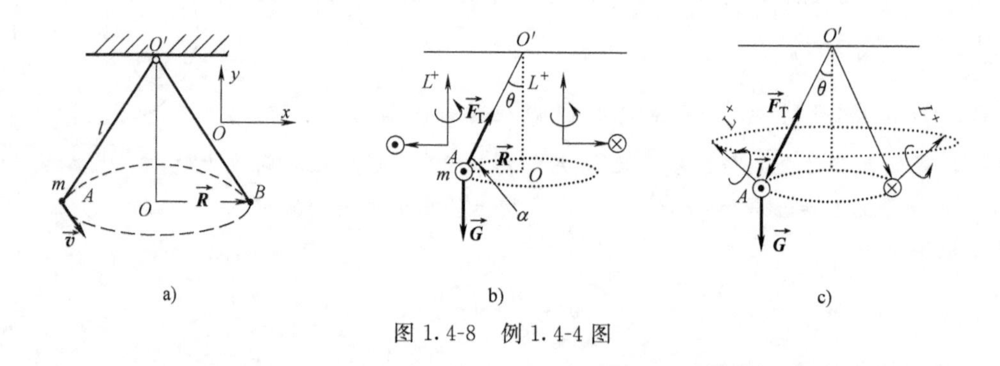

图 1.4-8 例 1.4-4 图

解：(1) 运动中摆锤受重力$\vec{G}$、拉力$\vec{F}_T$ 两个力的作用。

以摆锤在 A 点为例进行讨论，对固定点 O，如图 1.4-8b 所示，摆锤的位矢为 O 点指向 A 点的有向线段$\vec{R}$，摆锤所受的合外力矩为：$\vec{M}=\vec{R}\times(\vec{G}+\vec{F}_T)$。根据右手螺旋法则，重力矩$\vec{R}\times\vec{G}$ 的方向垂直纸面指向外，大小为 GR；拉力矩$\vec{R}\times\vec{F}_T$ 的方向垂直纸面指向里，大小为 $F_TR\sin(\pi-\alpha)$。以垂直纸面向外的方向为正方向，则摆锤相对于 O 点的合外力矩的大小为 $M=GR-F_TR\sin(\pi-\alpha)=GR-F_TR\sin\alpha=mgR-F_TR\cos\theta=0$，故摆锤对 O 点的角动量守恒。

仍以摆锤在 A 点为例进行讨论，对固定点 O'，如图 1.4-8c 所示，摆锤的位矢为 O'点指向 A 点的有向线段$\vec{l}$，摆锤所受的合外力矩为：$\vec{M}=\vec{l}\times(\vec{G}+\vec{F}_T)$。由于摆锤的位矢$\vec{l}$ 与绳的拉力$\vec{F}_T$ 之间夹角为 180°，故拉力矩为零；根据右手螺旋法则，重力矩垂直$\vec{l}$ 和$\vec{G}$ 组成的平面垂直纸面向外，如图 1.4-8c 所示，重力矩的大小为 $Gl\sin\theta$，故摆锤所受的合外力矩为$\vec{M}=\vec{l}\times\vec{G}\neq0$，故摆锤对 O'点的角动量不守恒。

(2) 摆锤从 A 点绕行半周运动到 B 点所用的时间为 $\Delta t=\dfrac{\pi R}{v}$，建立如图 1.4-8a 所示的坐标系 Oxy，可知摆锤绕行半周动量的增量为 $\Delta\vec{p}=-mv\vec{k}-mv\vec{k}=-2mv\vec{k}$，由动量定理

得：$-mg\dfrac{\pi R}{v}\vec{j}+\vec{I}_{\mathrm{T}}=-2mv\,\vec{k}$，故摆锤绕行半周时间内绳的张力的冲量为$\vec{I}_{\mathrm{T}}=mg\dfrac{\pi R}{v}\vec{j}-2mv\vec{k}$。

例 1.4-5　如图 1.4-9 所示，用角动量守恒定律推导行星运动的开普勒第二定律：行星对太阳的位置矢量在相等的时间内扫过相等的面积。

解：设行星在 A 点的位矢为$\vec{r}$，经过 Δt 时间，它从 A 点运动到 B 点的位移为 $\Delta\vec{r}$，位矢$\vec{r}$与位移 $\Delta\vec{r}$ 之间的夹角为 α。行星的位矢在 Δt 时间内扫过扇形面积 ΔS，且 $\Delta S=\dfrac{1}{2}r|\Delta\vec{r}|\sin\alpha=\dfrac{1}{2}|\vec{r}\times\Delta\vec{r}|$，引入面积速度（单位时间扫过的面积）

$$\frac{\mathrm{d}S}{\mathrm{d}t}=\lim_{\Delta t\to 0}\frac{\Delta S}{\Delta t}=\lim_{\Delta t\to 0}\frac{1}{2}\frac{|\vec{r}\times\Delta\vec{r}|}{\Delta t}=\frac{1}{2}\left|\vec{r}\times\frac{\mathrm{d}\vec{r}}{\mathrm{d}t}\right|=\frac{1}{2}|\vec{r}\times\vec{v}|$$

由于行星绕太阳运动时受到了有心力的作用，所以行星对太阳的角动量守恒，$\vec{L}=\vec{r}\times m\vec{v}=$恒矢量，故

$$\frac{\mathrm{d}S}{\mathrm{d}t}=\frac{1}{2}|\vec{r}\times\vec{v}|=\text{恒量}$$

因此，行星对太阳的位置矢量在相等的时间内扫过相等的面积。

例 1.4-6　当质子以初速 v_0 通过质量较大的原子核时，原子核可看作不动，质子受到原子核的斥力作用而引起了散射，它运行的轨迹将是双曲线，如图 1.4-10 所示。试求质子和原子核最接近的距离 r_{s}。

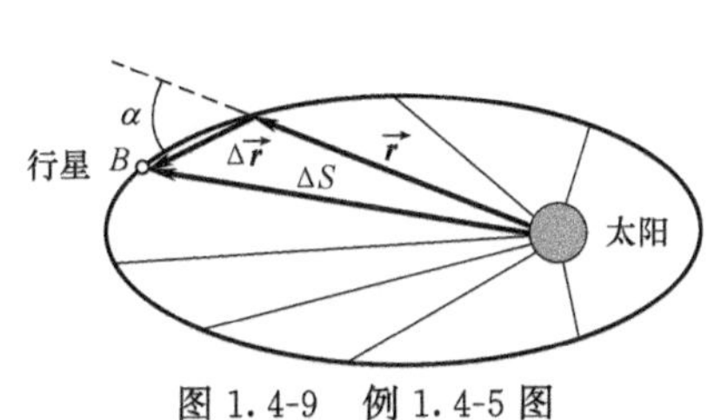

图 1.4-9　例 1.4-5 图

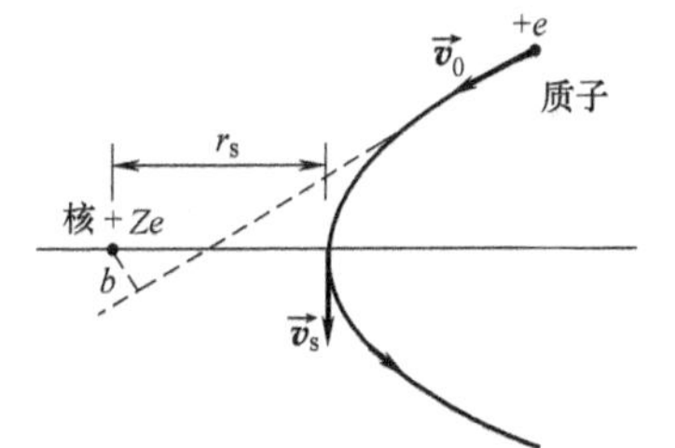

图 1.4-10　例 1.4-6 图

解：将质量比质子质量大得多的原子核看作静止不动，并选取原子核所在处作为坐标原点。设质子质量为 m，v_0 是质子在无限远处的初速度，v_{s} 是质子在离原子核最近处的速度，b 是初速度的方向线与原子核间的垂直距离。如图 1.4-10 所示，以垂直纸面向外为正方向，由角动量守恒定律，得 $mv_0b=m\,v_{\mathrm{s}}r_{\mathrm{s}}$；

在无限远处，质子的动能为$\dfrac{1}{2}mv_0^2$，而电势能为零，此时，质子的总能量为$\dfrac{1}{2}mv_0^2$；

在离原子核最近处，质子的动能为$\dfrac{1}{2}mv_{\mathrm{s}}^2$，而电势能为 $k\dfrac{Ze^2}{r_{\mathrm{s}}}$，所以，总能量为$\dfrac{1}{2}m\,v_{\mathrm{s}}^2+k\dfrac{Ze^2}{r_{\mathrm{s}}}$；

若不考虑质子在飞行过程中的能量损失，则总能量守恒，即$\dfrac{1}{2}mv_0^2=\dfrac{1}{2}mv_{\mathrm{s}}^2+k\dfrac{Ze^2}{r_{\mathrm{s}}}$；

各式联立，解得 $r_s=2k\frac{Ze^2}{mv_0}+\sqrt{\left(2k\frac{Ze^2}{mv_0}\right)^2+4b^2}$。

小节概念回顾：质点角动量守恒的条件是什么？

1.4.3 质点系的角动量定理和角动量守恒定律

1. 质点系的角动量定理

我们把质点的角动量定理推广到质点系。为简便起见，如图 1.4-11 所示，以两个质点组成的质点系为例进行讨论，对每个质点应用角动量定理，得

$$\vec{r}_1\times\vec{F}_1+\vec{r}_1\times\vec{f}_1=\frac{d\vec{L}_1}{dt}$$

$$\vec{r}_2\times\vec{F}_2+\vec{r}_2\times\vec{f}_2=\frac{d\vec{L}_2}{dt}$$

两式左右两边相加，得

$$\vec{r}_1\times\vec{F}_1+\vec{r}_2\times\vec{F}_2+\vec{r}_1\times\vec{f}_1+\vec{r}_2\times\vec{f}_2=\frac{d\vec{L}_1}{dt}+\frac{d\vec{L}_2}{dt}$$

其中，$\vec{r}_1\times\vec{F}_1+\vec{r}_2\times\vec{F}_2$ 表示质点系对坐标原点的合外力矩；$\vec{r}_1\times\vec{f}_1+\vec{r}_2\times\vec{f}_2$ 表示质点系对坐标原点的内力矩的和，由于 $\vec{r}_1\times\vec{f}_1+\vec{r}_2\times\vec{f}_2=(\vec{r}_1-\vec{r}_2)\times\vec{f}_1$，且由图 1.4-11 可知，$(\vec{r}_1-\vec{r}_2)$ 与 $\vec{f}_1$ 的夹角为 180°，故此项为零，即一对内力矩的和为零；$\frac{d\vec{L}_1}{dt}+\frac{d\vec{L}_2}{dt}=\frac{d(\vec{L}_1+\vec{L}_2)}{dt}$表示质点系对同一固定点的总角动量的时间变化率，则上式可写为 $\vec{M}_{外}=\frac{d\vec{L}}{dt}$。把两个质点组成的质点系得出的结论推广到多个质点组成的质点系，得到：质点系所受的合外力矩等于该质点系对同一参考点的总角动量对时间的变化率，这个结论称为**质点系的角动量定理**。它的数学表达式为

$$\vec{M}_{外}=\frac{d\vec{L}}{dt} \tag{1.4-5}$$

2. 质点系的角动量守恒定律

由式（1.4-5）可知，若作用在质点系上的合外力对参考点 O 的合外力矩为零，则质点系对该点的角动量在运动过程中保持不变，这称为质点系的**角动量守恒定律**，即

$$\vec{M}_{外}=\vec{0},\quad \vec{L}=恒矢量 \tag{1.4-6}$$

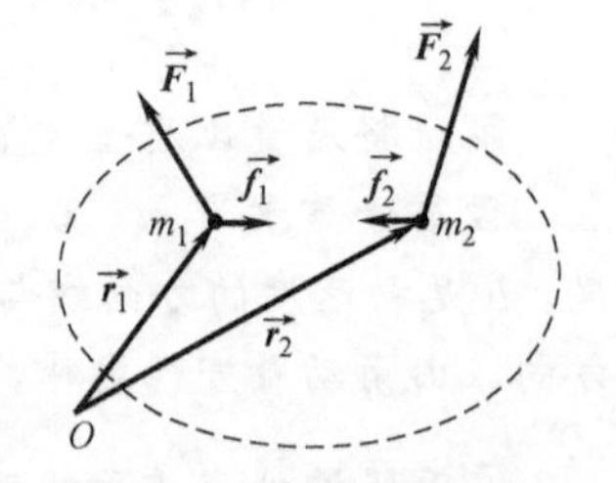

图 1.4-11 质点系角动量定理示意图

若质点系所受的合外力矩不为零，但在某方向上所受的合外力矩为零，则在此方向上角动量守恒。例如，z 方向所受合外力矩为零，则有

$$\sum M_{iz}=0,\quad L_z=恒量 \tag{1.4-7}$$

如果两质点受到大小相等、方向相反的合外力的作用，那么相对于同一参考点，它们的角动量是否一定相同呢？如图 1.4-12 所示，质量分别为 m_1、m_2 的两个物体组成一个质点系。质量为 m_1 的物体受到合外力 $\vec{F}_1$ 的作用，质量为m_2 的物体受到合外力 $\vec{F}_2$ 的作用，且

$\vec{F}_1+\vec{F}_2=0$。选取 O 点为参考点，根据右手螺旋法则，$\vec{F}_1$ 对 O 点的力矩方向垂直纸面向里。由 O 点向力的延长线做垂线交于 B 点，故力臂大小为 OB 的长度，故 $\vec{F}_1$ 对 O 点的力矩的大小为 F_1 与力臂 $\overline{OB}$ 的乘积，即 $F_1\cdot\overline{OB}$。同理可知，$\vec{F}_2$ 对 O 点的力矩的方向垂直纸面向外，大小为 $F_2\cdot\overline{OA}$。因此可知，虽然两个外力 $\vec{F}_1$、$\vec{F}_2$ 对于参考点 O 点的力矩的方向相反，但由于两力臂大小不相等，故两力对参考点 O 点的合外力矩的和不为零。因此，质点系对参考点 O 点的角动量不守恒。即对于质点系而言，合外力为零时，合外力矩不一定为零。

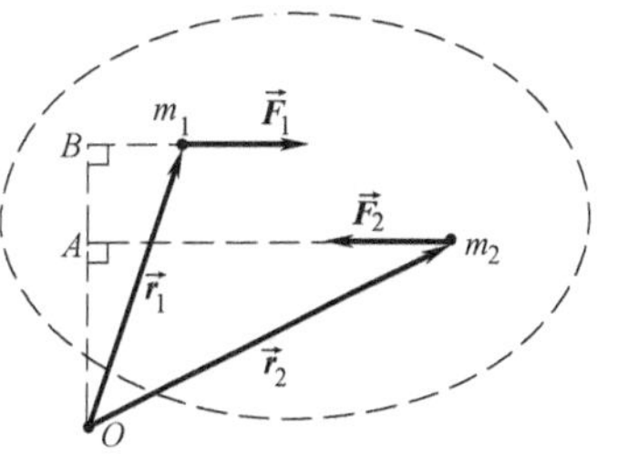

图 1.4-12　质点系合外力矩示意图

例 1.4-7　如图 1.4-13 所示，一轻绳绕过一轻滑轮，质量为 m 的人抓住了绳的一端 A，绳的另一端 B 系了一个与人等重的重物。设人从静止开始向上爬，如不计摩擦，求当人相对于绳以匀速 u 向上爬时，B 端的重物上升的速度大小是多少？

解： 以滑轮的中心轴 O 作为参考点，人和重物组成的系统为质点系。设绳相对于地面速度的大小为 v。则在运动过程中，质点系相对于 O 点的合外力矩为人相对于 O 点的重力矩和重物相对于 O 点的重力矩之和。人相对于 O 点的重力矩的大小为 $M_1=mgR$，方向垂直纸面指向外；重物相对于 O 点的重力矩的大小为 $M_2=mgR$，方向垂直纸面指向里。故运动过程中质点系所受的合外力矩为零，质点系相对于 O 点的角动量守恒。

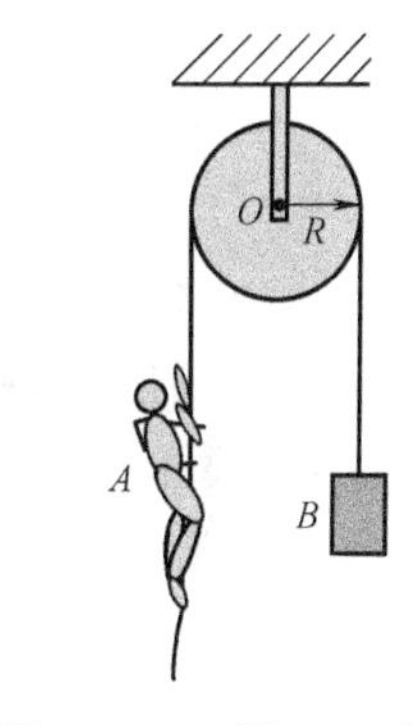

图 1.4-13　例 1.4-7 图

当人相对于绳以匀速 u 向上爬时，由伽利略速度变换，人相对于地面的速度大小为 $u-v$，人相对于 O 点的角动量的大小为 $L_1=Rm(u-v)$，方向垂直纸面指向里；重物相对于 O 点的角动量的大小为 $L_2=Rmv$，方向垂直纸面指向外。以垂直纸面向里的方向为正方向，由角动量守恒定律，得 $0=Rm(u-v)-Rmv$，解得 $v=u/2$。

***3. 质心系中的角动量**

相对于定点与相对于质心的角动量的关系

当一架飞机在空中飞行时，飞机机翼相对于地面参考系中坐标原点的角动量与相对于飞机质心的角动量之间有没有联系呢？下面我们就详细推导一下。我们把地面视为一个参考系，设其坐标原点为 O 点；以飞机的质心 C 点为坐标原点建立质心系。如图 1.4-14 所示，t 时刻在地面参考系（简称地面系）中，C 点的位矢为 $\vec{r}_C$，速度为 $\vec{v}_C$。机翼上某质点 m_i 相对于 O 点和 C 点的位矢分别为 $\vec{r}_i$ 和 $\vec{r}_i'$。相对于地面系和质心系的速度分为 $\vec{v}_i$ 和 $\vec{v}_i'$。由伽利略坐标变换式可知 $\vec{r}_i=\vec{r}_C+\vec{r}_i'$，由伽利略速度变换式可知 $\vec{v}_i=\vec{v}_C+\vec{v}_i'$，则机翼相对于 O 点的角动量为

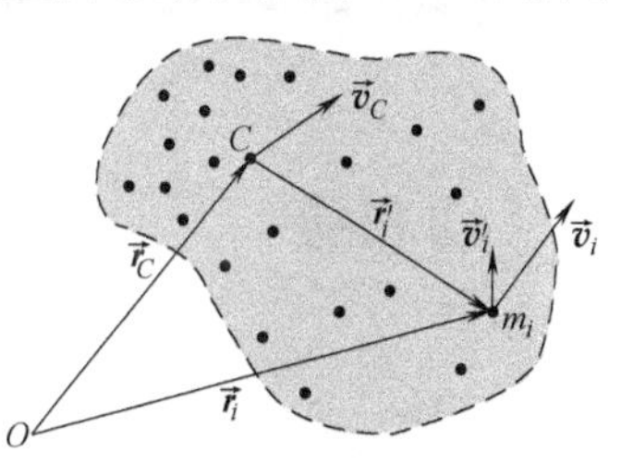

图 1.4-14　相对于质心的角动量示意图

$$\vec{L}=\sum(\vec{r}_i\times m_i\vec{v}_i)=\sum m_i(\vec{r}_C+\vec{r}_i{}')\times(\vec{v}_C+\vec{v}_i{}')$$

$$=\vec{r}_C\times\sum m_i\vec{v}_C+\vec{r}_C\times\sum m_i\vec{v}_i'+\sum m_i\vec{r}_i'\times\vec{v}_C+\sum m_i\vec{r}_i'\times\vec{v}_i'$$

式中，$\sum m_i\vec{v}_C$ 是机翼的总动量或称为质心的动量，$\vec{r}_C\times\sum m_i\vec{v}_C$ 相当于机翼的总质量集中于质心时对 O 点的角动量；由于质心系是零动量参考系，$\sum m_i\vec{v}_i'$是质心系中的总动量，所以 $\sum m_i\vec{v}_i'=0$，故 $\vec{r}_C\times\sum m_i\vec{v}_i'=\mathbf{0}$；由于$\sum m_i\vec{r}'_i/m$ 为机翼的质心在质心系中的表示式（其中 $m=\sum m_i$ 表示机翼的总质量），而质心系的原点在质心上，所以 $\sum m_i\vec{r}'_i=\mathbf{0}$，故 $\sum m_i\vec{r}_i'\times\vec{v}_C=\vec{0}$；$\sum m_i\vec{r}_i'\times\vec{v}_i$ 为机翼在质心系中对质心的角动量，可用 $\vec{L}_C$ 表示。因此，上式可写为

$$\vec{L}=\vec{r}_C\times m\vec{v}_C+\vec{L}_C=\vec{r}_C\times\vec{p}+\vec{L}_C \tag{1.4-8}$$

把机翼视为质点系，上式表明，质点系对地面系（惯性系）O 点的角动量等于质点系质心对 O 点的角动量与质点系对质心的角动量之和。

对式（1.4-8）求导，可得

$$\frac{\mathrm{d}\vec{L}}{\mathrm{d}t}=\vec{r}_C\times\frac{\mathrm{d}\vec{p}}{\mathrm{d}t}+\frac{\mathrm{d}\vec{L}_C}{\mathrm{d}t} \tag{1.4-9}$$

对于 O 点，质点系所受的合外力矩为 $\vec{M}=\sum\vec{r}_i\times\vec{F}_i=\vec{r}_C\times\sum\vec{F}_i+\sum\vec{r}_i'\times\vec{F}_i$，其中，$\sum\vec{r}_i'\times\vec{F}_i$ 表示质点系所受合外力对质心的力矩。在质心系中，$\vec{r}_C\times\frac{\mathrm{d}\vec{p}}{\mathrm{d}t}=\vec{r}_C\times\sum\vec{F}_i=0$，故有

$$\vec{M}_{外}=\sum\vec{r}_i'\times\vec{F}_i=\frac{\mathrm{d}\vec{L}_C}{\mathrm{d}t} \tag{1.4-10}$$

式（1.4-10）称为质心系的角动量定理。表示在质心系中，质点系中各质点所受合外力对质心的力矩等于质点系对质心的角动量的变化率。

应用 1.4-1　天体对接

2017 年 4 月 22 日，天舟一号货运飞船与天宫二号空间实验室顺利完成自动交会对接（见应用 1.4-1 图）。由于受到有心力的作用，在对接的过程中，飞船和实验室相对于地球球心的合外力矩为零，对球心的角动量守恒，即对接前天舟一号和天宫二号相对于地球球心的角动量等于它们对接后所组成的共同体相对于地球球心的角动量。

应用 1.4-1 图

小节概念回顾： 质点的角动量定理和质点系的角动量定理数学表达式一样的原因是什么？

1.5　功和能

1.5.1　功

在 1.1 节质点运动学部分，我们运用基本物理概念，如位矢、速度和加速度等，分析物体的运动。这部分内容既适用于天体运行，也可用来描述微小的电子在电磁场中的运动，它

们都符合基本的运动规律。同时人们意识到，仅有上述物理概念还远远不够。例如，如果想让静止的物体开始运动，或者让运动的物体改变速度的大小和方向，需要施加外力，因此，我们学习了 1.2～1.4 节中介绍的质点动力学部分的内容。但在力的作用过程中，施力者需要付出代价。如果让电动汽车或者高铁运行，就会消耗电能；如果让燃油车运行，就需要燃烧燃料产生热能。事实上，在物体的运动过程中，总是伴随着能量的产生、传递和转化。

在我们的周围存在着各种形式的能量，如电能、热能、风能、太阳能、核能、生物能等，其各自发挥着作用。随着科技的发展，我们可以对各种能量进行储存，并在必要时使之转化成有用的形式。能量的概念不仅在物理学中非常重要，在整个科学和技术领域也是最重要的概念之一。运用能量的方法来分析力学系统的动力学问题，特别是复杂的力学体系的动力学问题时，要比运用牛顿定律分析更简单有效。因此，掌握能量的概念和用能量法分析问题是非常重要的。

能量有各种各样不同的形式。我们在中学物理学过的动能概念。动能是描述物体运动时所对应的能量，它是标量，其定义式为$E_{\mathrm{k}}=\frac{1}{2}mv^2$。由定义可知，动能与物体的质量成正比，与速度大小的二次方成正比。这与我们的日常经验相符，在速度大小相同的情况下，物体质量越大，动能也越大。例如，在物体质量相同的情况下，速度大小每增加 10 倍，动能会增加 100 倍。换言之，如果想让同一火箭的速率从 1m/s 增加为 10m/s，后者需要消耗前者约 100 倍的燃料。而让运动速率相同的自行车和汽车停下来，后者需要付出更大的代价。

由动能的定义式可以得到一个结论：物体在受到外力时，速度大小的变化伴随着动能的增减。那么，动能的增减与物体所受外力之间是如何联系的？为了解释这个问题，我们需要引入一个新的物理量——功。

1. 恒力的功

如图 1.5-1 所示，在恒力 $\vec{F}$ 作用下木箱沿一条直线运动，在 Δt 时间内经过位移 $\Delta\vec{r}$ 时，恒力所做的功为力沿位移方向的投影与木箱位移大小的乘积，我们以数学符号 A 表示功，则功的数学表达式为

$$A=\vec{F}\cdot\Delta\vec{r}=F\Delta r\cos\theta \qquad (1.5\text{-}1)$$

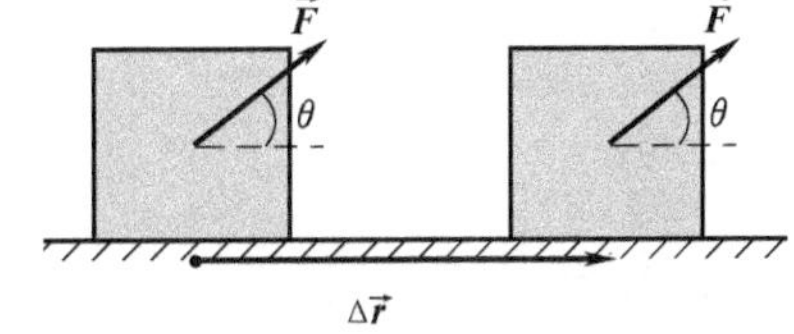

图 1.5-1　功的定义示意图

由式（1.5-1）可以看出，功描述了在木箱运动过程中恒定外力 $\vec{F}$ 的作用效果。功是力和位移的点积，它是标量，但功有正负之分。当力和位移方向相同或相反，二者夹角为零或 π 时，作用效果最显著；当外力和位移方向垂直，二者夹角为$\pm\frac{\pi}{2}$时，作用效果为零。当$0<\theta<\frac{\pi}{2}$时，$A>0$，功为正值，我们把这种情况称为外力对物体做正功；当$\frac{\pi}{2}<\theta<\pi$时，$A<0$，功为负值，把这种情况称为外力对物体做负功。功的单位是焦耳，符号为 J，且 1J＝1N・m。

如图 1.5-1 所示，站在地面的观测者观测到在恒力 $\vec{F}$ 作用下木箱做直线运动，经过 Δt 时间所经过的位移为 $\Delta\vec{r}$，由式（1.5-1）得到力 $\vec{F}$ 对木箱所做的功为 $A=F\Delta r\cos\theta$；而站在木箱上与木箱一起运动的观测者观测到木箱静止不动，木箱的位移为零，由式（1.5-1）得

到力 $\vec{F}$ 对木箱所做的功为 $A=0$。因此，功具有相对性，依赖参考系的选择。所以我们在计算功时，要明确指出所选择的参考系。

当有若干力 $\vec{F}_1$，$\vec{F}_2$，…，$\vec{F}_n$ 作用于物体上时，需要求合力对物体所做的功。设在合力的作用下物体经过的位移为 $\Delta\vec{r}$，则合力所做的功为 $A=(\sum\vec{F}_i)\cdot\Delta\vec{r}=\sum(\vec{F}_i\cdot\Delta\vec{r})=\sum A_i$，即合力对物体所做的功等于各分力做功的代数和。

2. 变力的功

如图 1.5-2 所示，若质点在力 $\vec{F}$ 作用下沿曲线由 a 运动到 b，在这个过程中作用在质点上的力 $\vec{F}$ 的大小和方向随时间变化。显然，在这个过程中力的功不是恒力的功，而是变力所做的功。我们可以把质点所经过的路径分为无数段微位移元（简称元位移）$\mathrm{d}\vec{r}$，在每段元位移 $\mathrm{d}\vec{r}$ 中，力的大小和方向可近似看成不变的量。质点在力的作用下运动一段元位移时，力对其做的元功为 $\mathrm{d}A=\vec{F}\cdot\mathrm{d}\vec{r}$。因此，质点在变力 $\vec{F}$ 作用下沿曲线由 a 运动到 b，变力 $\vec{F}$ 对其所做的总功为

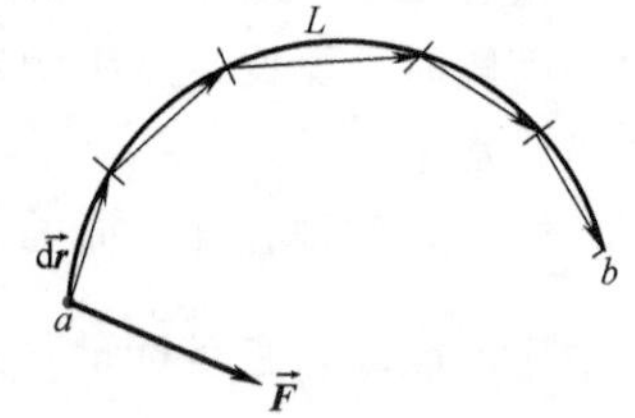

图 1.5-2 变力的功示意图

$$A=\int_a^b \mathrm{d}A=\int_a^b \vec{F}\cdot\mathrm{d}\vec{r} \tag{1.5-2}$$

式（1.5-2）表明，力做的功就等于力 $\vec{F}$ 沿路径 L 从 a 运动到 b 时的线积分。因此，力的功与路径有关，功是过程量，是力的空间累积。在直角坐标系中，力的数学表达式可写为 $\vec{F}=F_x\vec{i}+F_y\vec{j}+F_z\vec{k}$，元位移的数学表达式可写为 $\mathrm{d}\vec{r}=\mathrm{d}x\vec{i}+\mathrm{d}y\vec{j}+\mathrm{d}z\vec{k}$，则元功为 $\mathrm{d}A=F_x\mathrm{d}x+F_y\mathrm{d}y+F_z\mathrm{d}z$ 变力所做的总功为

$$A_{ab}=\int_{x_a}^{x_b}F_x\mathrm{d}x+\int_{y_a}^{y_b}F_y\mathrm{d}y+\int_{z_a}^{z_b}F_z\mathrm{d}z \tag{1.5-3}$$

在自然坐标系中，力的数学表达式可写为 $\vec{F}=F_\tau\boldsymbol{\tau}+F_n\boldsymbol{n}$，元位移的数学表达式可写为 $\mathrm{d}\vec{r}=\mathrm{d}s\boldsymbol{\tau}$，则元功为 $\mathrm{d}A=F_\tau\mathrm{d}s$，变力所做的总功为

$$A_{ab}=\int_{s_a}^{s_b}F_\tau\mathrm{d}s \tag{1.5-4}$$

3. 功率

我们不仅关心力做了多少功，还关心力做功的快慢。若 Δt 时间间隔内力所做的功为 ΔA，则单位时间内力做的功称为 Δt 时间间隔内的**平均功率**，以数学符号 $\overline{P}$ 表示，其数学表达式为

$$\overline{P}=\frac{\Delta A}{\Delta t} \tag{1.5-5}$$

当时间间隔 Δt 趋于零时，平均功率的极限称为力的**瞬时功率**，简称**功率**，即

$$P=\lim_{\Delta t\to 0}\frac{\Delta A}{\Delta t}=\frac{\mathrm{d}A}{\mathrm{d}t} \tag{1.5-6}$$

将元功 $\mathrm{d}A=\vec{F}\cdot\mathrm{d}\vec{r}$ 代入式（1.5-6），得 $P=\frac{\mathrm{d}A}{\mathrm{d}t}=\frac{\vec{F}\cdot\mathrm{d}\vec{r}}{\mathrm{d}t}=\vec{F}\cdot\vec{v}$，即力的瞬时功率等于力与质点速度的点积。一般在机械设计时就设定好了机械的最大功率，当机械运行需要较

大的牵引力时，其运行速度必定较小。因此，货车、工程机械等在空载时运动速度可以较大，满载时运动速度相应地要减小。

在国际单位制中，功率的单位是瓦特，符号为 W，1W=1J/s。

例 1.5-1　一辆汽车沿 x 轴做直线运动，作用在汽车上作用力的大小为 $F=1+2x+3x^2$ (N)，求汽车从 $x_1=0$ 运动到 $x_2=2\text{m}$ 的过程中力对其所做的功。

解： 在汽车沿 x 轴从 $x_1=0$ 运动到 $x_2=2\text{m}$ 的过程中力对其所做的功为

$$A=\int F\mathrm{d}x=\int_0^2(1+2x+3x^2)\mathrm{d}x=14\text{J}$$

例 1.5-2　如图 1.5-3 所示，光滑的水平桌面上有一环带，环带与小木块的摩擦系数为 μ，在外力作用下质量为 m 的小木块以速率 v 沿环带内壁做匀速率圆周运动，求小木块转一周摩擦力所做的功。

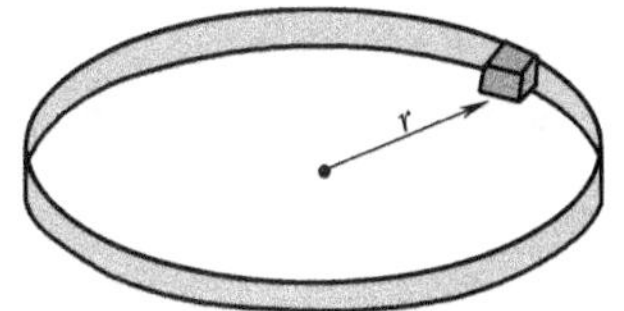

图 1.5-3　例 1.5-2 图

解： 小木块对环带的压力为 $F_{\mathrm{N}}=m\dfrac{v^2}{r}$，小木块运动中所受摩擦力为 $F_{\mathrm{f}}=\mu F_{\mathrm{N}}=\mu m\dfrac{v^2}{r}$，小木块经过一段元位移时，摩擦力对其做的功为 $\mathrm{d}A=-\mu m\dfrac{v^2}{r}\mathrm{d}s$，则小木块运动一周时摩擦力对其做的总功为

$$A=\int\mathrm{d}A=-\int\mu m\frac{v^2}{r}\mathrm{d}s=-\mu m\frac{v^2}{r}\int_0^{2\pi r}\mathrm{d}s=-2\pi\mu m v^2$$

小节概念回顾： 功和功率的概念是什么？

1.5.2　质点的动能定理

下面我们将功的定义和牛顿第二定律结合，在自然坐标系下推导外力的功与动能增量之间的定量关系。读者可以自己尝试推导一下在直角坐标系下外力的功与动能增量的关系。

$$\begin{aligned}A_{ab}&=\int_a^b\vec{F}\cdot\mathrm{d}\vec{r}=\int_a^b F_\tau\mathrm{d}s=\int_a^b ma_\tau\mathrm{d}s\\&=\int_a^b m\frac{\mathrm{d}v}{\mathrm{d}t}\mathrm{d}s=\int_{v_a}^{v_b}mv\mathrm{d}v=\frac{1}{2}mv_b^2-\frac{1}{2}mv_a^2\end{aligned}$$

即

$$A_{ab}=\int_a^b\vec{F}\cdot\mathrm{d}\vec{r}=\frac{1}{2}mv_b^2-\frac{1}{2}mv_a^2\tag{1.5-7}$$

式中，$\dfrac{1}{2}mv^2$ 称为物体的动能。动能是由物体的运动状态决定的，是状态的函数，称为状态量。式（1.5-7）表明，合外力对质点所做的功等于质点动能的增量，称为质点的**动能定理**。因此，动能定理是用状态量（动能）的增量来反映过程量（功），也就是说，通过作用的结果来等效地量度相互作用的过程，从而避开计算复杂的积分过程，有助于简化问题。

例 1.5-3　质量为 $m=10\text{kg}$ 的物体，从静止开始在力 $F=5\mathrm{e}^x$ 的作用下沿 x 轴做直线运动。设其初始位置位于原点处，求物体移动到 L 处时速度的大小。

解： 力 F 所做的功为 $A=\int_0^L F\mathrm{d}x=\int_0^L 5\mathrm{e}^x\mathrm{d}x=5\mathrm{e}^L-5$，

由动能定理，$A=\frac{1}{2}mv^2-0$，

两式联立，解得 $v=\sqrt{e^L-1}$ (m/s)。

小节概念回顾： 质点的动能与功的关系是什么？

1.5.3 保守力 势能

由功的定义式（1.5-2）可知，一般情况下力对质点所做的功取决于质点运动的始末位置及所经历的路径。然而，也存在这样的一类力，它们对质点所做的功仅取决于质点运动的始末位置，而与质点经历的路径无关。下面我们将讨论这类力，正是由于这类力的存在，我们才能引入势能的概念。

我们将从重力、万有引力、弹性力做功的特点出发，引出保守力和非保守力的概念，并引入相应的势能。

1. 重力做功 重力势能

如图 1.5-4 所示，我们从窗口扔出一质量为 m 的物体，此物体在重力作用下从 a 点沿曲线运动到 b 点，建立如图所示的直角坐标系，则重力对物体所做的功为

$$A=\int_a^b \vec{F}\cdot d\vec{r}=\int_a^b mg\,|d\vec{r}|\cos\theta=\int_{z_1}^{z_2}-mg\,dz=-mg(z_2-z_1) \tag{1.5-8}$$

由式（1.5-8）可知，重力做功只与物体的始末位置有关，而与经历的路径无关。因此，在重力做功过程中存在与位置有关的函数，称为重力势能。重力势能定义为重力 mg 和高度 z 的乘积，其数学表达式为 $E_p=mgz$。式（1.5-8）表明，重力的功与物体水平方向的位移无关，只和竖直方向的位移有关，重力做功等于物体始末位置势能的差值，即等于重力势能增量的负值。可以进一步证明，物体在重力作用下以任何轨迹运动时，上式同样成立，即运动物体重力势能的变化只与始末位置有关，而与过程无关。

2. 万有引力做功 万有引力势能

如图 1.5-5 所示，质量为 m 的行星在绕质量为 m_S 的太阳公转的过程中，由于 $m_S \gg m$ 万有引力对太阳的运动的影响甚微，可将太阳视为静止。行星在万有引力作用下从 a 点沿曲线运动到 b 点。根据万有引力定律，在行星运动过程中，万有引力所做的元功为

$$dA=\vec{F}\cdot d\vec{r}=-G\frac{m_S m}{r^2}|\vec{r}^{\circ}|\cdot|d\vec{r}|\cos\theta=-G\frac{m_S m}{r^2}dr$$

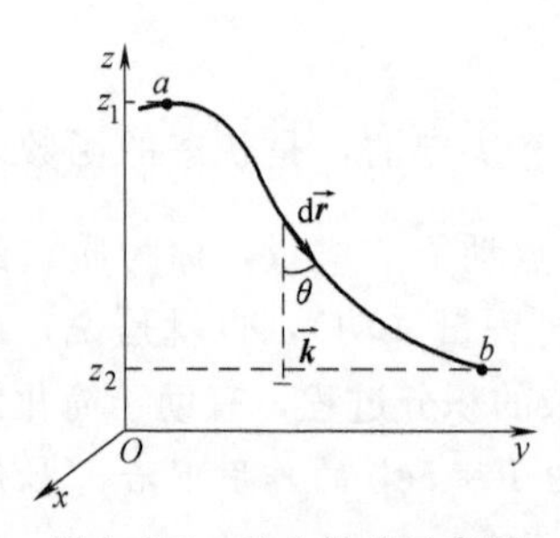

图 1.5-4 重力做功示意图

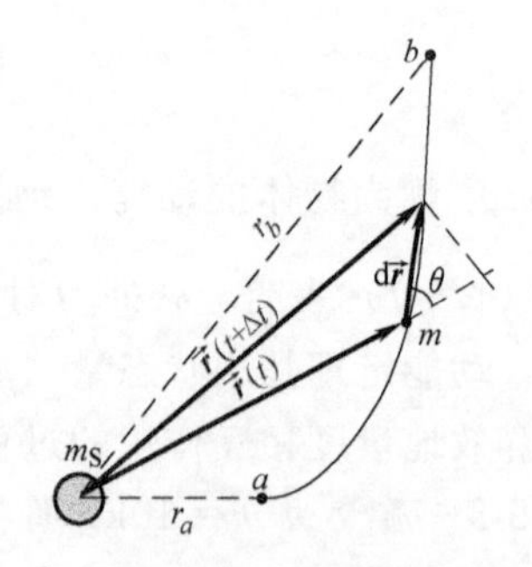

图 1.5-5 万有引力做功示意图

在万有引力作用下行星从 a 点沿曲线运动到 b 点，万有引力对其所做的总功为

$$A=\int_a^b \vec{F}\cdot \mathrm{d}\vec{r}=-Gm_{\mathrm{S}}m\int_{r_a}^{r_b}\frac{1}{r^2}\mathrm{d}r=-\left[\left(-\frac{Gm_{\mathrm{S}}m}{r_b}\right)-\left(-\frac{Gm_{\mathrm{S}}m}{r_a}\right)\right] \tag{1.5-9}$$

由式（1.5-9）可知，万有引力所做的功只与始末位置有关，而与经历的路径无关。因此，在万有引力做功过程中存在与位置有关的函数，称为万有引力势能。通常，我们选择 r 趋于无穷远时为万有引力势能零点，其数学表达式为 $E_{\mathrm{p}}=-\frac{Gm_{\mathrm{S}}m}{r}$，则万有引力做功等于万有引力势能增量的负值。

3. **弹性力做功　弹性势能**

如图 1.5-6 所示，将一根劲度系数为 k 的轻质弹簧一端固定，另一端连接一个放置在光滑水平面上质量为 m 的物体。以弹簧的原长处为坐标原点 O，点 O 也是物体的平衡位置处。根据胡克定律，在物体运动过程中，物体受到的弹性力为 $F=-kx$，弹性力所做的元功为

$$\mathrm{d}A=\vec{F}\cdot \mathrm{d}\vec{r}=-kx\,\mathrm{d}x$$

在弹性力作用下，振子从 a 点运动到 b 点的过程中弹性力所做的总功为

$$A=-k\int_{x_a}^{x_b}x\,\mathrm{d}x=-\frac{1}{2}k(x_b^2-x_a^2) \tag{1.5-10}$$

由式（1.5-10）可知，弹性力做功只与始末位置有关，而与经历的路径无关，因此在弹性力做功的过程中存在与位置有关的函数，称为弹性势能，其数学表达式为 $E_{\mathrm{p}}=\frac{kx^2}{2}$，则弹性力做功等于弹性势能增量的负值。

以上讨论表明，重力、万有引力和弹性力的做功具有共同的特点，做功只与始末位置有关，而与经历的路径无关。如果有一个力 $\vec{F}$，它对物体所做的功只决定于做功的起点和终点而与做功路径无关，我们称具有这样性质的力为**保守力**（conservative force）或**有势力**。除了重力、万有引力和弹性力是保守力外，以后在电学中学到的静电力也是保守力。相对应地，如果力做的功不仅取决于运动物体的始末位置，还与物体经过的路径有关，我们称其为**非保守力**。例如，摩擦力就是非保守力，其做功的路程越长，做功越多。

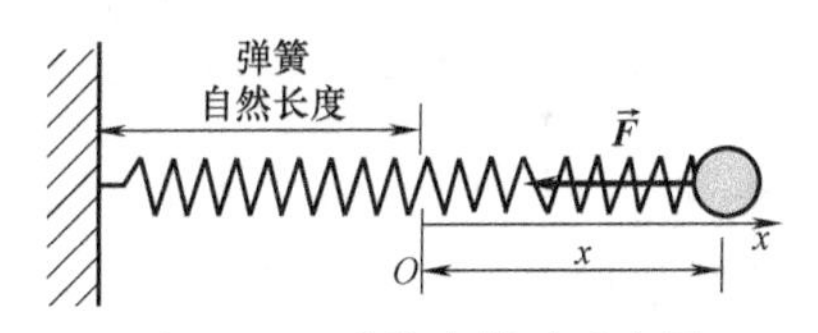

图 1.5-6　弹性力做功示意图

若物体从某一位置出发，在保守力作用下开始运动，运动结束时又返回出发点，此时，保守力对其所做的功恒为零，即运动前后同一位置物体的势能不变。这样我们就可以得到保守力的判别式：

$$\oint_L \vec{F}\cdot \mathrm{d}\vec{r}=0 \tag{1.5-11}$$

在保守力做功中引入了重力势能、万有引力势能和弹性势能的概念，在电学里我们还会引入电势能的概念。势能的物理意义从英文名称上更容易理解，即 potential energy，指潜在的、能够转化为其他形式并用来做功的能量。例如，当物体远离地面时，我们称物体具有重力势能。如果保持在同一高度，物体的势能不变，这种能量蕴藏起来。但是随着高度的降低，物体的势能释放出来，可以转化为动能，动能可以用来做功。引入势能的一个重要目的

是为了简化保守力做功的计算。

如上所述，在重力场、引力场和弹性力场等保守力场中可以引入势能的概念，由于保守力是一对内力，当一对内力做功时，势能就是施力物体和受力物体由于相对位置发生变化而改变的能量，所以势能是属于系统的。重力势能是物体和地球组成的系统所具有的势能，引力势能是相互吸引的物体所具有的势能，弹性势能是轻弹簧和相连物体组成的系统所具有的势能。

在保守力场中能引入势能的概念，是由于在这样的力场中当受力物体的始末位置一定时，保守力所做的功便唯一地确定，也就是说功是受力物体始末位置的函数，即保守力所做的功等于相应势能增量的负值。例如，在力的作用下质点由 a 点运动到 b 点，由力的功与势能增量的关系式，有 $A=-(E_{pb}-E_{pa})=E_{pa}-E_{pb}$。如果我们令 b 位置处的势能函数 $E_{pb}=0$，由 $E_{pa}=A=\int_a^{势能零点}\vec{F}\cdot d\vec{r}$ 可确定 a 位置处的势能函数。也就是说，任意位置处的势能函数等于在保守力作用下质点从此位置运动到势能零点时保守力对其所做的功。因此，在保守力场中存在与位置有关的函数，确定了质点的位置，也就确定了此函数，也就是说，势能是系统内各物体位置坐标的单值函数，即 $E_p(r)$。在确定势能函数时，任意位置处的势能函数的数值都与势能零点的选择有关。势能只有相对意义，只有在选定零势能的参考点之后，势能才具有唯一的表达式。一般情况下，我们可视方便与否任意选取势能零点。通常我们以地面为重力势能零点，以弹簧自然长度处为弹性势能零点，两物体无穷远处为引力势能零点。

我们通过保守力做功引入势能的概念，而对于非保守力则不能引入势能的概念。

4. 由势能求得相应的保守力

以上我们由保守力做功定义了势能函数。反过来，我们也应该能从势能函数求得相应的保守力。如上所述，在力 $\vec{F}$ 作用下物体在 dt 时间内所经过的位移为 $d\vec{r}$，力所做的元功等于相应势能增量的负值，即 $A=\vec{F}\cdot d\vec{r}=-dE_p$，则 $dE_p=-\vec{F}\cdot d\vec{r}$。若选取直角坐标系，则上式可写为

$$dE_p=-\vec{F}\cdot d\vec{r}=-(F_x dx+F_y dy+F_z dz)$$

$$F_x=-\frac{\partial E_p}{\partial x},\quad F_y=-\frac{\partial E_p}{\partial y},\quad F_z=-\frac{\partial E_p}{\partial z}$$

上式表明，势能沿任意方向的空间变化率的负值等于保守力沿该方向的分量。在直角坐标系下，由势能求保守力的公式为

$$\vec{F}=F_x\vec{i}+F_y\vec{j}+F_z\vec{k}=-\left(\frac{\partial}{\partial x}\vec{i}+\frac{\partial}{\partial y}\vec{j}+\frac{\partial}{\partial z}\vec{k}\right)E_p \tag{1.5-12}$$

式（1.5-12）右侧的势能函数的空间变化率称为势能的梯度。式（1.5-12）表明，保守力等于相应的势能函数的梯度的负值。

例 1.5-4 已知万有引力势能函数为 $E_p=-G\frac{mm'}{r}$，求万有引力。

解： 势能求保守力的公式为

$$F_r=-\frac{\partial E_p}{\partial r}=-\frac{\partial}{\partial r}\left(-G\frac{mm'}{r}\right)=-G\frac{mm'}{r^2}$$

，

则万有引力为 $\vec{F}_r=-G\dfrac{mm'}{r^2}\vec{r}^0=-G\dfrac{mm'}{r^3}\vec{r}$。

小节概念回顾：保守力做功的特点是什么？为什么要引入保守力？

1.5.4　功能原理

1. 质点系的动能定理

（1）成对力的功　为简便起见，以地球和人造卫星两个质点组成的质点系为例进行讨论。如图 1.5-7 所示，设两个质点的质量分别为 m_1、m_2，考虑质点 m_1 作用于质点 m_2 的作用力 $\vec{f}_2$ 与质点 m_2 作用于质点 m_1 的反作用力 $\vec{f}_1$ 所做功的和。显然，$\vec{f}_1$ 与 $\vec{f}_2$ 是一对内力，也是一对作用力和反作用力，$\vec{f}_1+\vec{f}_2=0$。设 t 时刻两质点相对于坐标原点 O 的位矢分别为 $\vec{r}_1$、$\vec{r}_2$，在 $\vec{f}_1$ 和 $\vec{f}_2$ 这对内力的作用下，质点 m_1、m_2 的元位移分别为 $\mathrm{d}\vec{r}_1$、$\mathrm{d}\vec{r}_2$，则在 $\mathrm{d}t$ 时间内，两质点间一对内力所做元功的和为

$$\mathrm{d}A=\vec{f}_1\cdot\mathrm{d}\vec{r}_1+\vec{f}_2\cdot\mathrm{d}\vec{r}_2=\vec{f}_1\cdot\mathrm{d}\vec{r}_1+(-\vec{f}_1)\cdot\mathrm{d}\vec{r}_2=\vec{f}_1\cdot\mathrm{d}\vec{r}_{12}$$

设 m_1 相对于 m_2 的元位移为 $\mathrm{d}\vec{r}_{12}$，则在 $\mathrm{d}t$ 时间内，一对内力做的功等于作用在 m_1 上的力与它相对于 m_2 的元位移 $\mathrm{d}\vec{r}_{12}$ 的点积。力作用一段时间后，这对内力做的总功为

$$A=\int\mathrm{d}A=\int\vec{f}_1\cdot\mathrm{d}\vec{r}_{12}\qquad(1.5\text{-}13)$$

式（1.5-13）表明，两个质点间的一对内力所做的功的和等于其中一个质点所受的力乘以该质点相对于另一质点所移动的位移。也就是说，只要两个质点间有相对位移，则成对内力的功的和就不为零。因此，在计算一对力的功的和时可以视一质点静止并取其为坐标原点，计算另一质点在此坐标系运动过程中受力所做的功。由于内力都是成对出现的，我们可以把这个结论推广到多个质点组成的质点系，只要各质点间有相对位移，则质点系中内力做功的和一般也不为零。

（2）质点系动能定理的内函　为简便起见，如图 1.5-8 所示，仍以两个质点组成的质点系为例进行讨论，既考虑两个质点间的相互作用力（内力）$\vec{f}_{12}+\vec{f}_{21}$，又考虑外界对质点系的外力 $\vec{F}_1+\vec{F}_2$ 作用。

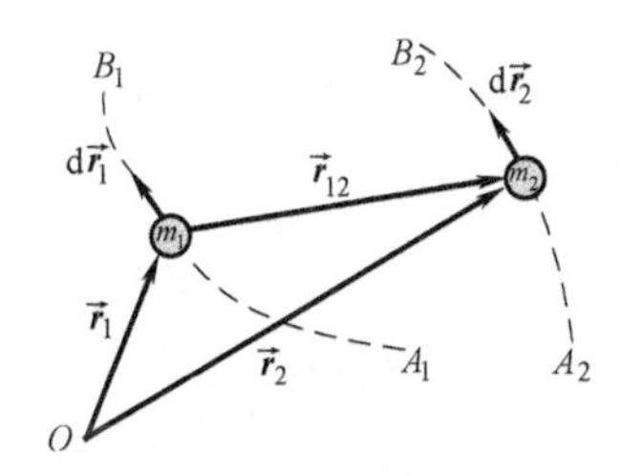

图 1.5-7　成对力的功示意图

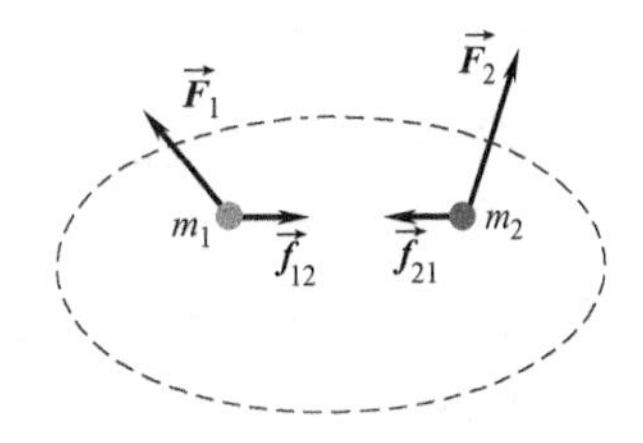

图 1.5-8　质点系的动能定理示意图

对质点 m_1 应用质点的动能定理，可得

$$\int_{a_1}^{b_1}\vec{F}_1\cdot\mathrm{d}\vec{r}_1+\int_{a_1}^{b_1}\vec{f}_{12}\cdot\mathrm{d}\vec{r}_1=\frac{1}{2}m_1v_{b1}^2-\frac{1}{2}m_1v_{a1}^2$$

对质点 m_2 应用质点的动能定理，可得

$$\int_{a_2}^{b_2}\vec{F}_2\cdot d\vec{r}_2+\int_{a_2}^{b_2}\vec{f}_{21}\cdot d\vec{r}_2=\frac{1}{2}m_2v_{b2}^2-\frac{1}{2}m_2v_{a2}^2$$

两式相加，得

$$\int_{a_1}^{b_1}\vec{F}_1\cdot d\vec{r}_1+\int_{a_2}^{b_2}\vec{F}_2\cdot d\vec{r}_2+\int_{a_1}^{b_1}\vec{f}_{12}\cdot d\vec{r}_1+\int_{a_2}^{b_2}\vec{f}_{21}\cdot d\vec{r}_2$$
$$=\left(\frac{1}{2}m_1v_{b1}^2+\frac{1}{2}m_2v_{b2}^2\right)-\left(\frac{1}{2}m_1v_{a1}^2+\frac{1}{2}m_2v_{a2}^2\right)$$

此式等号左侧的前两项是合外力对质点系所做功的和，用 A_e 表示；等号左侧的后两项是内力对质点系所做功的和，用 A_i 表示；等号右侧则是质点系总动能的增量。上式表明，所有外力与所有内力对质点系做功之和等于质点系总动能的增量，即

$$A_e+A_i=E_{kb}-E_{ka}=\Delta E_k \tag{1.5-14}$$

这一结论可以推广到多个质点组成的质点系，称为**质点系的动能定理**。

2. 质点系的功能原理

质点系的内力可分为保守内力和非保守内力。因此，内力的功等于保守内力的功和非保守内力的功的和。以 A_{ic} 表示保守内力的功，A_{id} 表示非保守内力的功，则内力的功可表示为 $A_i=A_{ic}+A_{id}$，结合质点系的动能定理，得 $A_e+A_{ic}+A_{id}=\Delta E_k$，且保守内力所做的功等于相应势能增量的负值，即 $A_{ic}=-\Delta E_p$。动能与势能之和称为机械能。即得质点系的功能原理

$$A_e+A_{id}=\Delta E_k+\Delta E_p=\Delta E \tag{1.5-15}$$

式（1.5-15）表明，合外力与非保守内力对质点系所做的功等于质点系机械能的增量。

小节概念回顾：功能原理和质点系动能定理之间有什么关系？

1.5.5 机械能守恒定律

由式（1.5-15）可知，如果一个质点系中合外力与非保守内力所做的总功为零，或者只有保守内力做功，则系统内各物体的动能和势能可以互相转化，但机械能的总值保持不变。这一结论称为**机械能守恒定律**，即

$$A_e+A_{id}=0, E=\text{常量} \tag{1.5-16}$$

机械能守恒定律是自然界能量守恒定律的一个特例，它是由牛顿第二定律推导出来的结论，只适用于惯性系。而自然界中物质遵从的普遍规律为，一个孤立系统在经历任何变化时，该系统的所有能量的总和是不变的，能量只能从一种形式变化为另外一种形式，或从系统内一个物体传给另一个物体。这就是普遍的能量守恒定律。

例 1.5-5 如图 1.5-9 所示，从地球表面在与竖直方向成 α 角的方向发射一个质量为 m 的抛射体，其初速度大小为 $v_0=\sqrt{\frac{Gm_E}{R}}$，$m_E$ 和 R 分别为地球的质量和半径，求抛射体上升的最大高度。

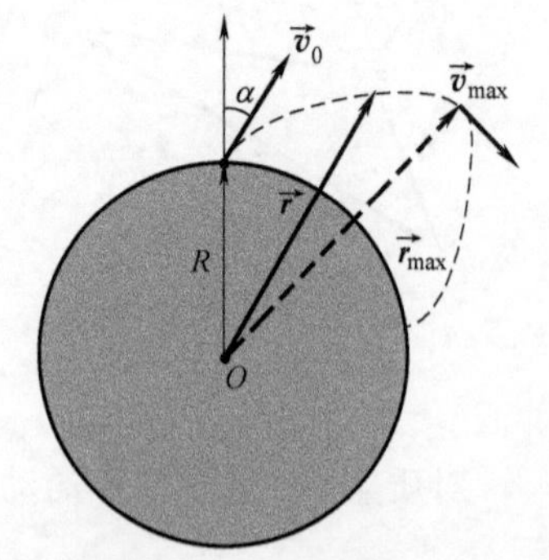

图 1.5-9 例 1.5-5 图

解：设抛射体上升的最大高度为 r_{max}，在最高处的速度

大小为 v_{max}，以抛射体和地球为一个系统，在抛射体运动过程中，仅受万有引力作用，故系统的机械能守恒，

$$\frac{1}{2}mv_{max}^2-G\frac{mm_E}{r_{max}}=\frac{1}{2}mv_0^2-G\frac{mm_E}{R}$$

抛射体在运动过程中受到了有心力的作用，其相对于地球球心的角动量守恒，即

$$mr_{max}v_{max}=mRv_0\sin\alpha$$

且初速度的大小为 $v_0=\sqrt{\frac{Gm_E}{R}}$，三式联立，解得 $r_{max}=R(1+\cos\alpha)$。

例 1.5-6 如图 1.5-10 所示，在水平光滑平面上有一轻质弹簧，一端固定，另一端系一质量为 m 的小球。弹簧的劲度系数为 k，最初静止，其自然长度为 l_0。若一质量为 m_1 的子弹沿水平方向垂直于弹簧轴线以速度 $\vec{v}_0$ 射中小球而不弹出。求此后当弹簧长度为 l 时，小球速度 $\vec{v}$ 的大小和它的方向与弹簧轴线的夹角 θ。

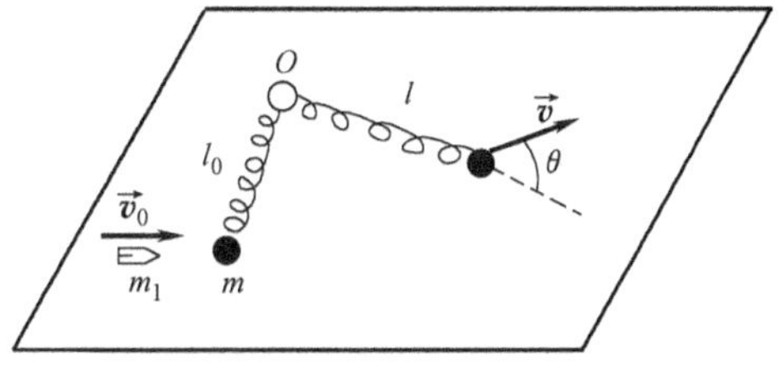

图 1.5-10 例 1.5-6 图

解：设子弹射入小球后，小球和子弹的共同速度为 v_0'，在子弹以初速 v_0 射入小球的过程中，内力远远大于外力，此过程动量守恒，即 $m_1v_0=(m+m_1)v_0'$，解得小球和子弹的共同速度大小为 $v_0'=\frac{m_1v_0}{m+m_1}$，方向仍与弹簧轴线方向垂直；

从子弹射入到弹簧长度变为 l 的运动过程中，只有弹簧的弹力作用，小球和子弹对 O 点的合外力矩为零，故对 O 点角动量守恒。射入前后小球和子弹对 O 点的角动量方向均垂直于水平面竖直向上，选取竖直向上的方向为正方向，有 $(m+m_1)v_0'l_0=(m+m_1)lv\sin\theta$，

从子弹射入后到弹簧长度为 l 运动过程中只有弹簧的弹力做功，小球-弹簧系统的机械能守恒，即

$$\frac{1}{2}(m+m_1)v_0'^2=\frac{1}{2}k(l-l_0)^2+\frac{1}{2}(m+m_1)v^2$$

以上各式联立，解得小球的速度大小 $v=\sqrt{\left(\frac{m_1v_0}{m+m_1}\right)^2-\frac{k(l-l_0)^2}{m+m_1}}$，

小球速度 $\vec{v}$ 的方向与弹簧轴线的夹角为 $\theta=\arcsin\frac{v_0'l_0}{vl}=\arcsin\frac{m_1v_0l_0}{l\sqrt{m_1^2v_0^2-k(m+m_1)(l-l_0)^2}}$。

小节概念回顾：当合外力为零时，合外力所做的功是否为零？

1.5.6 碰撞

碰撞，一般是指物体在运动中相互靠近或发生接触时，在很短的时间内发生强烈相互作用的过程。例如，大型强子对撞机中质子的相互碰撞，台球桌上台球间的相互碰撞，子弹以一定的速度打到靶上，铁锤击打铁钉使其进入木板等均属于碰撞。由以上例子可以看出，碰撞有两个特点：一是碰撞期间，物体碰撞过程包括压缩阶段、最大形变瞬间和恢复阶段，且物体间相互的作用时间很短，碰撞时物体间的相互作用力却很强。二是碰撞前后会使两个物

体或其中的一个物体的运动状态发生突然且明显的变化。

在日常生活中，我们通常只需要了解物体碰撞前后运动状态的变化情况，因此先从碰撞的理想模型——两球对心碰撞开始研究。若两球碰撞前的速度矢量连线与沿着两球球心的连心线平行，则在碰撞后它们的速度矢量连线也必然与沿着两球球心的连心线平行，这样的碰撞称为球的对心碰撞或正碰。反之，称之为非对心碰撞或斜碰。

如图 1.5-11 所示，质量为 m_1 和 m_2 的两个小球，碰撞前的速度分别为$\vec{v}_{10}$和$\vec{v}_{20}$，碰撞后两球的速度分别为$\vec{v}_1$和$\vec{v}_2$。由于碰撞时两个小球间的相互作用力（内力）远远大于外界其他物体作用于碰撞小球上的力（外力），此时外力可忽略不计，因此两个小球的碰撞过程可近似看作动量守恒的过程。由动量守恒定律可得 $m_1\vec{v}_{10}+m_2\vec{v}_{20}=m_1\vec{v}_1+m_2\vec{v}_2$，由于图中所示小球碰撞前后速度的方向均沿同一条直线，动量守恒定律也可写为 $m_1v_{10}+m_2v_{20}=m_1v_1+m_2v_2$。对压缩过程和恢复过程分别应用动量定理可推导出牛顿碰撞定律，碰撞后两球的分离速度与碰撞前两球的接近速度成正比，其数学表达式为

$$e=\frac{v_2-v_1}{v_{10}-v_{20}} \tag{1.5-17}$$

式中，e 称为恢复系数，即分离速度与接近速度的比值等于恢复系数。恢复系数 e 只与发生碰撞的材料的种类有关，由材料的弹性决定，可通过实验测定。若已知恢复系数的值，则可确定碰撞的类型。

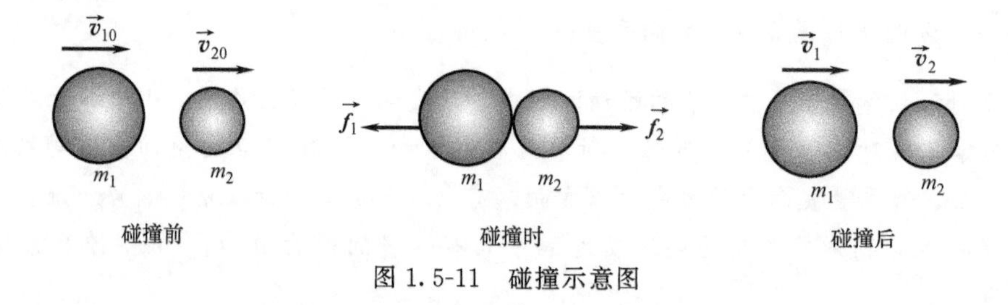

图 1.5-11　碰撞示意图

若 $e=0$，这种碰撞称为完全非弹性碰撞；

若 $0<e<1$，碰撞后机械能有损失，这种碰撞称为非完全弹性碰撞；

若 $e=1$，分离速度等于接近速度，这种碰撞称为完全弹性碰撞。

1. 完全非弹性碰撞

若恢复系数 $e=0$，碰撞后两球以同一速度运动，且不分开，这种碰撞就是完全非弹性碰撞。例如，子弹嵌入木块后两个物体一起运动，不再分开，则子弹与木块的碰撞就是完全非弹性碰撞。

设质量分别为 m_1、m_2 的两个物体，碰撞前的初始速率分别为 v_{1i}、v_{2i}，碰撞后物体系统的速率为 v_f。由动量守恒定律，有

$$m_1v_{1i}+m_2v_{2i}=(m_1+m_2)v_f \tag{1.5-18}$$

解得

$$v_f=\frac{m_1v_{1i}+m_2v_{2i}}{m_1+m_2} \tag{1.5-19}$$

以子弹与木块的碰撞为例讨论碰撞前后的能量是否有损失。为简单起见，假设碰撞前子

弹的速率为 v_{1i}，木块静止不动，即 $v_{2i}=0$，碰撞后两者的速率为 v_f。由动量守恒，可知 $v_f=\frac{m_1 v_{1i}}{m_1+m_2}$。假设碰撞发生在一个平面上，势能不发生改变，则碰撞前后的动能损失为

$$\Delta E_k=\frac{1}{2}m_1 v_{1i}^2-\frac{1}{2}(m_1+m_2)v_f^2=\frac{m_1 m_2 v_{1i}^2}{2(m_1+m_2)}>0$$

此时子弹的动能一部分转化为木块的动能，另一部分转化为热能。因此，完全非弹性碰撞的动能是有损失的。

2. 非完全弹性碰撞

若恢复系数 $0<e<1$，物体碰撞后彼此分开，且机械能还有一定损失，碰撞就是非完全弹性碰撞。物体发生碰撞时通常伴随着物体的形变，形变会导致其能量转化为内能、弹性势能等，从而导致机械能损失。例如，乒乓球自由下落到地毯上，弹起来时的反弹高度要低于开始下落时的高度，这表明一部分机械能损失掉了，乒乓球与地毯的碰撞可以看作非完全弹性碰撞。此时损失的机械能相对于完全非弹性碰撞要少。

设质量分别为 m_1、m_2 的两个物体，碰撞前的初始速率分别为 v_{1i}、v_{2i}，碰撞后的速率分别为 v_{1f} 和 v_{2f}。由动量守恒定律，有

$$m_1 v_{1i}+m_2 v_{2i}=m_1 v_{1f}+m_2 v_{2f} \tag{1.5-20}$$

由牛顿碰撞定律可知

$$e=\frac{v_{2f}-v_{1f}}{v_{1i}-v_{2i}} \tag{1.5-21}$$

两式联立，可得

$$v_{1f}=v_{1i}-\frac{(1+e)m_2(v_{1i}-v_{2i})}{m_1+m_2} \tag{1.5-22}$$

$$v_{2f}=v_{2i}+\frac{(1+e)m_1(v_{1i}-v_{2i})}{m_1+m_2} \tag{1.5-23}$$

碰撞前后损失的机械能为

$$\Delta E_k=\frac{1}{2}m_1 {v_{1i}}^2+\frac{1}{2}m_2 {v_{2i}}^2-\left(\frac{1}{2}m_1 {v_{1f}}^2+m_2 {v_{2f}}^2\right)=\frac{m_1 m_2(1-e^2)}{2(m_1+m_2)}(v_{1i}-v_{2i})^2>0 \tag{1.5-24}$$

3. 完全弹性碰撞

若恢复系数 $e=1$，物体碰撞后分离速度等于接近速度，则碰撞前后的总能量守恒，这种碰撞称为完全弹性碰撞。在实际生活中，当物体碰撞前后能量损失可以忽略不计时，可以近似看作完全弹性碰撞。例如，微观的原子和分子之间的碰撞可以看作理想的完全弹性碰撞；原子、分子与容器壁的碰撞通常也可以看作完全弹性碰撞；乒乓球自由下落到地板上，弹起来时的反弹高度等于开始下落时的高度，乒乓球与地板的碰撞可以看作完全弹性碰撞。

设质量分别为 m_1、m_2 的两个物体，碰撞前的初始速率分别为 v_{1i}、v_{2i}，碰撞后的速率分别为 v_{1f} 和 v_{2f}。由动量守恒定律，有

$$m_1 v_{1i}+m_2 v_{2i}=m_1 v_{1f}+m_2 v_{2f} \tag{1.5-25}$$

$$v_2-v_1=v_{10}-v_{20} \tag{1.5-26}$$

解得两物体的末速率分别为

$$v_{1f}=\frac{m_1-m_2}{m_1+m_2}v_{1i}+\frac{2m_2}{m_1+m_2}v_{2i} \tag{1.5-27}$$

$$v_{2f}=\frac{2m_1}{m_1+m_2}v_{1i}+\frac{m_2-m_1}{m_1+m_2}v_{2i} \tag{1.5-28}$$

将式（1.5-25）和式（1.5-26）联立也可以导出我们非常熟悉的能量守恒公式 $\frac{1}{2}m_1 v_{1i}^2+\frac{1}{2}m_2 v_{2i}^2=\frac{1}{2}m_1 v_{1f}^2+\frac{1}{2}m_2 v_{2f}^2$。

观察发现式（1.5-27）和式（1.5-28）在形式上是对称的。考虑以下三种特例。

（1）$m_1=m_2$　考虑两质量相同的物体1和物体2碰撞的情况，即 $m_1=m_2$，由式（1.5-27）和式（1.5-28）计算可得 $v_{1f}=v_{2i}$ 和 $v_{2f}=v_{1i}$，即质量相等的两物体碰撞后彼此交换速度。若物体2最初处于静止的情况，物体1与物体2碰撞后可得 $v_{1f}=v_{2i}=0$ 和 $v_{2f}=v_{1i}$。即用物体1去碰静止的物体2后，物体1突然停止，物体2接过物体1的速度后继续前进。如图1.5-12所示，各小球质量相等，且小球2、3、4、5静止不动。当小球1释放之后，碰撞的结果是小球1、2、3、4静止，而最右端的小球5获得小球1的速度并开始运动。

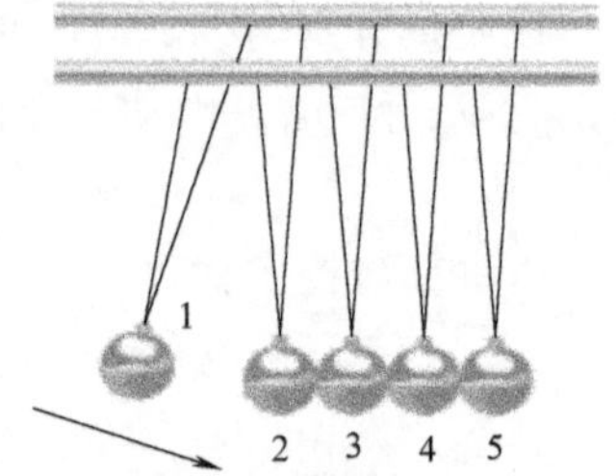

图1.5-12　完全弹性碰撞示意图

（2）$m_1 \ll m_2$ 且 $v_{2i}=0$　考虑物体1的质量 m_1 远远小于物体2的质量 m_2，且物体2的初速度为零的情况，则在式（1.5-27）和式（1.5-28）中，可认为 $m_1=0$，$v_{2i}=0$，解得 $v_{1f}=-v_{1i}$，同时 $v_{2f}=v_{2i}=0$，碰撞后物体1的速度大小不变，反向运动，而物体2仍保持静止。这相当于用质量极小的物体去碰静止的、质量极大的物体时，质量极大并且静止的物体经碰撞后几乎仍静止不动，而质量极小的物体在碰撞前后的速度方向相反，速度大小几乎不变。例如，篮球与篮板的碰撞，在与篮板垂直的方向上篮球速度反向运动，而篮板却保持静止。

（3）$m_1 \gg m_2$ 且 $v_{2i}=0$　考虑物体1的质量 m_1 远远大于物体2的质量 m_2，且物体2的初速度为零，则在式（1.5-27）和式（1.5-28）中，可认为 $m_2=0$，$v_{2i}=0$，那么 $v_{1f}=v_{1i}$，同时 $v_{2f}=2v_{1i}$，即碰撞后物体1的速度大小不变，方向也不变，而物体2的速度为物体1的速度的2倍。这相当于用质量极大的物体去碰静止的、质量极小的物体，质量极大的物体几乎以原速前进，质量极小的物体则以二倍于质量极大物体的速度前进。例如，用铅球去碰皮球，铅球像没有受到任何障碍那样前进，而皮球却会很快地跑开。

例1.5-7　平面上两个相同的球做非对心完全弹性碰撞，其中一球开始时处于静止状态，另一球速度为 $\vec{v}$。求证：碰撞后两球速度总是互相垂直。

证明： 设球的质量为 m，碰撞后两球速度分别为 $\vec{v}_1$、$\vec{v}_2$。

两球完全弹性碰撞，动量守恒，得 $m\vec{v}=m\vec{v}_1+m\vec{v}_2$，两边消去 m，可得 $\vec{v}=\vec{v}_1+\vec{v}_2$，因动能守恒，得 $\frac{1}{2}mv^2=\frac{1}{2}mv_1^2+\frac{1}{2}mv_2^2$，两边消去 $\frac{1}{2}m$，得 $v^2=v_1^2+v_2^2$，两式联立可得 $v^2=\vec{v}\cdot\vec{v}=(\vec{v}_1+\vec{v}_2)\cdot(\vec{v}_1+\vec{v}_2)=v_1^2+2\vec{v}_1\cdot\vec{v}_2+v_2^2=v_1^2+v_2^2$，则 $\vec{v}_1\cdot\vec{v}_2=0$，且小球做的是非对心碰撞，故两球速度相互垂直。

例 1.5-8　如图 1.5-13 所示，质量为 m_1 的子弹以速率 v 射入木块后不再弹出，木块的质量为 m_2，求动能损失。

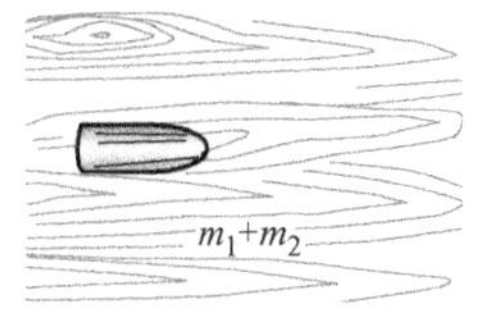

图 1.5-13　例 1.5-8 图

解：子弹射入木块的过程动量守恒，得 $m_1v=(m_1+m_2)v'$，此过程中动能损失为

$$\Delta E_k=\frac{1}{2}(m_1+m_2)v'^2-\frac{1}{2}m_1v^2=-\frac{m_1m_2v^2}{2(m_1+m_2)}$$

小节概念回顾：如何区分弹性碰撞和非弹性碰撞？

课后作业

质点运动学

1-1. 一辆汽车沿 x 轴做直线运动，其运动方程为 $x=3t+2t^2-t^3$(SI)。求 $t=0$s、$t=4$s 时的位置矢量以及此时间间隔内汽车的位移和经过的路程。

1-2. 一艘轮船在 xOy 平面内运动，其运动方程为 $\vec{r}=(2t^2-t)\vec{i}+(3t+5)\vec{j}$(SI)。求在任意时刻轮船运动的速度和加速度，以及切向加速度的大小和法向加速度的大小。

1-3. 一辆汽车在平面上运动，其运动方程为 $x=3t-4t^2$(m)，$y=-6t^2+t^3$(m)。求

(1) $t=3$s 时汽车的位置矢量；

(2) 从 $t=0$s 到 $t=3$s 这段时间内汽车的位移；

(3) $t=3$s 时汽车的速度和加速度。

1-4. 一列火车沿 x 轴运动，其加速度 $a=4t+9$(SI)。已知 $t=0$ 时，火车的初始位置为 x_0，且火车的初速为 $v_0=0$。求其位置与时间的关系式。

1-5. 一列火车在京广铁路上由北向南以速率 v_0 做匀速直线运动时，列车员突然发现铁轨上有异物而紧急制动。已知制动时火车的加速度为 $a=-kvt$(SI)，其中 k 为常量，从紧急制动时开始计时，求任意时刻火车的速度。

1-6. 质点沿半径 $R=0.1$m 的圆周运动，其相对圆心的位矢转动的角度随时间变化的函数为 $\theta=5+2t+3t^3$(rad)，求质点的角速度、角加速度，以及 $t=2$s 时的切向加速度和法向加速度的大小。

1-7. 一列火车在圆弧形轨道上行驶，其运动学方程为 $s=5t-2t^2$(SI)，其中 s 表示路程，圆弧的半径为 R，求火车在任意时刻的加速度。

1-8. 某物体从静止开始以匀角加速度 a 绕半径为 R 的圆周做匀加速转动，求经过多长时间，其加速度与该点处的速度方向夹角成 45°。

1-9. 质点做圆周运动，总加速度在运动过程中始终与半径成 30°角。取质点开始转动时，转角 $\theta=0$，初始角速度为 ω_0。

(1) 试用角量表示质点的运动方程；

(2) 求角速度与角位置的关系式。

1-10. 一艘轮船在湖中以 25km/h 的速率向东航行，有人在船上看见一小汽艇以 40km/h 的速率向北航行。相对于静止在岸上的观察者来说，小汽艇在以多大的速率向什么方向航行？

1-11. 一艘轮船在湖中以 25km/h 的速率向东航行，一小汽艇以 40km/h 的速率向北航行，则对于坐在小汽艇上的观测者看来，轮船的速度是多少？对于坐在轮船上的观测者看来，小汽艇的速度是多少？

1-12. 一个下雨天，雨相对地竖直下落，一列火车以 120km/h 的速率行驶，坐在火车内的乘客看到玻璃窗上雨滴下落的方向与铅直方向成 60°角，求雨滴下落的速率。

牛顿运动定律

1-13. 质量为 m 的质点，在力 $F=12t+4$ 的作用下，沿 x 轴做直线运动。在 $t=0$ 时，质点在 x_0 处，其初始速率为 v_0，求任意时刻质点的速度和位置。

1-14. 设电梯内有一个质量可以忽略的定滑轮。滑轮悬挂在电梯的天花板上，在滑轮的两侧用轻绳悬

挂着质量分别为 m_1 和 m_2 的重物 A 和 B，已知 $m_1 > m_2$。求：

(1) 当电梯匀速上升时，绳中的张力和物体 A 以及物体 B 相对于电梯的加速度；

(2) 当电梯以加速度 a_0 匀加速上升时，绳中的张力和物体 A 以及物体 B 相对于电梯的加速度。

1-15. 一块光滑的斜面，质量为 m'，斜面倾角为 θ，位于光滑的水平面上。另一块质量为 m 的木块，沿斜面无摩擦地滑下，求斜面对水平面的加速度。

1-16. 一热气球和它的载荷的总质量为 m'，其在空气中以加速度 a 匀加速下降。如果要使热气球以 $a/2$ 的加速度匀加速上升，则需要扔掉多少载荷？

1-17. 一电梯以 $g/2$ 的加速度匀加速上升时，有一个螺钉从电梯的顶棚上落下来，已知电梯的高度为 h，螺钉开始掉落时电梯速度的大小为 v_0，问：

(1) 螺钉下落到电梯地板所需时间是多少？

(2) 螺钉相对于地面下落的高度是多少？

1-18. 如题 1-18 图所示，一倾角为 θ、质量为 m'的斜面物体放在光滑的地面上，斜面上放一个质量为 m 的木块，木块与斜面之间的摩擦系数为 μ，且 $\mu < \tan\theta$。为使木块相对于斜面静止，那么木块的加速度需要满足的条件是什么？

动量定理和动量守恒定律

1-19. 一个质量为 m 的网球以 v_0 的速率沿水平方向飞向击球手，网球被球拍反击后以相同速率沿反方向飞回。如果球拍与球的接触时间是 1ms，求网球受到的打击力。

1-20. 质量为 $m'=1.5\text{kg}$ 的物体，用一根长为 $L=1.25\text{m}$ 的细绳悬挂在顶棚上，现有一质量为 $m=10\text{g}$ 的子弹以 $v_0=500\text{m/s}$ 的水平速率射穿物体。子弹刚穿出时的速度大小 $v=30\text{m/s}$，设穿透时间极短，求：

(1) 子弹刚穿出时绳中的张力；

(2) 子弹在穿透过程中所受的冲量。

1-21. 轻绳一端系一个质量为 m 的小球，手拿轻绳另一端，挥动绳子使小球以速率 v 在水平面内做逆时针的匀速率圆周运动。如题 1-21 图所示，求小球由 A 点运动到 B 点这段时间内，作用在小球上外力的冲量。

1-22. 已知作用在质量 $m=2\text{kg}$ 的物体上的力为 $F=(10t-2)$，该力能够使物体从静止开始沿 x 轴做直线运动，问在开始的 2s 内，此力的冲量是多少？

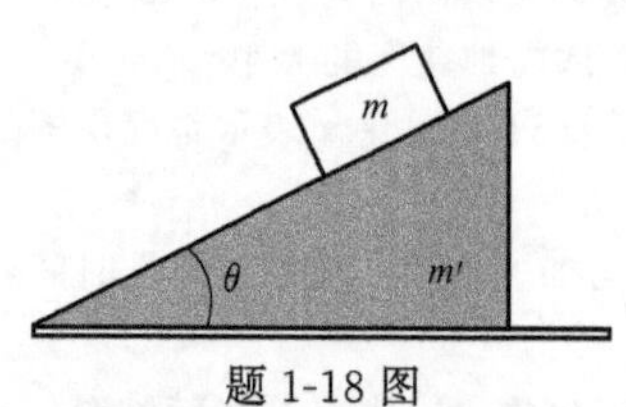

题 1-18 图

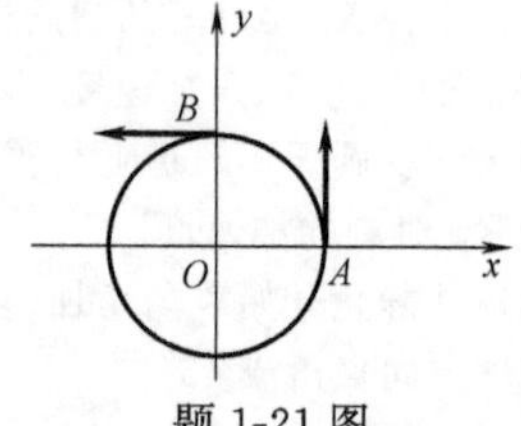

题 1-21 图

角动量定理和角动量守恒定律

1-23. 行星绕太阳运动的轨道是一个椭圆。行星的近日点距离是 r_1，速率是 v_1。已知行星处于远日点时的速率是 v_2，求远日点的距离。

1-24. 质量为 m 的人造卫星绕地球做半径为 R 的匀速率圆周运动，其运动的速率是 v_0。在某一时刻，卫星上脱落一质量为 m'的碎片，设卫星的新轨道仍可视为圆轨道，则卫星的轨道半径变为多少？

1-25. 质量为 m 的质点在 xOy 平面内运动，其运动方程为 $\vec{r}=a\sin\omega t\,\vec{i}+b\cos\omega t\,\vec{j}$ (SI)，其中 a、b、ω 为正的常量。求证：该质点对坐标原点的角动量守恒。

1-26. 一长为 L 的轻杆，可绕过中心的竖直轴在光滑水平面上转动。有两个质量为 m 的小球装在轻杆上，且可沿杆滑行。在初始时刻，两小球在中心两侧，距轻杆质心 $L/4$，整个系统以角速度 ω_0 转动。此后，两小球同时沿杆向外滑，求两小球滑到轻杆边缘时整个系统的角速度。

功和能

1-27. 质量为 m 的汽车在水平地面上运动，其运动方程为 $\vec{r}=a\sin\omega t\vec{i}+b\cos\omega t\vec{j}$（SI），其中 a、b、ω 为正的常量。求：

(1) 汽车在 A 点（a，0）和 B 点(0，b)时的动能；

(2) 汽车所受的作用力 $\vec{F}$；

(3) 力 $\vec{F}$ 是保守力吗？为什么？

1-28. 质点的运动函数为 $\vec{r}=5t^2\vec{i}$（m），作用在质点上的一个力为 $\vec{F}=3t\vec{i}+3t^2\vec{j}$（N）。问 $t=0$ 时刻到 $t=2\text{s}$ 时刻此力使质点获得的动能为多少？

1-29. 质量为 m 的人造卫星沿半径为 $3R$ 的圆轨道绕地球转动，已知地球的质量为 m_E，地球半径为 R，求：

(1) 人造卫星的动能；

(2) 人造卫星的势能；

(3) 人造卫星的机械能。

1-30. 人造卫星在某保守力场中的势能为 $E_p=\dfrac{k}{x^2}$，势能只是坐标 x 的函数，其中 k 为大于零的常量。求作用在卫星上的保守力 $\vec{F}$。

1-31. 有一质量为 m 的静止质点，受到一个方向不变的外力 $F=2t$ 的作用，证明此力对质点做的功为 $A=\dfrac{t^4}{2m}$。

1-32. 质量为 m 的物体以速率 v_1 沿 x 轴正方向运动，另一质量为 m' 的物体以速率 v_2 沿 x 轴负方向运动。两物体碰撞后粘在一起，求它们碰撞后的速度。

1-33. 质量为 m 的物体以速率 v_0 运动，撞到了质量为 $2m$ 且静止的物体。碰撞后，质量为 m 的物体偏转了 45°，速率为 $\dfrac{v_0}{2}$，求质量为 $2m$ 的物体的速度。

自主探索研究项目——牛顿摆

项目简述： 牛顿摆是一种常被用来演示动量和能量守恒的经典装置。

研究内容： 设计实验方案，研究牛顿摆运动的衰减过程，例如小球数量、小球材质、起始拉偏角度等因素对牛顿摆衰减运动的影响。

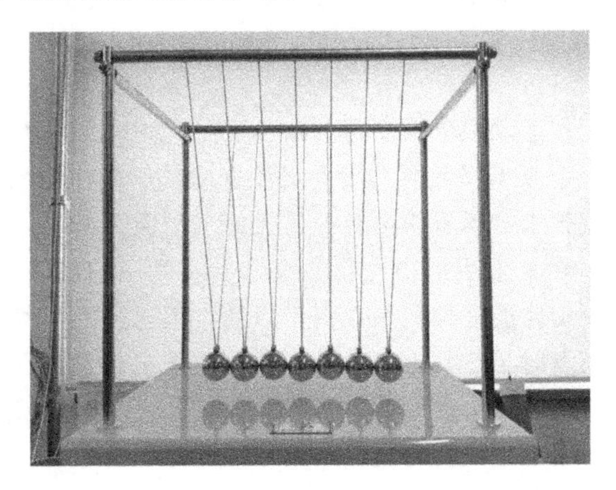

第2章 刚体力学

在第 1 章中，我们把物体抽象为只有质量而没有形状和大小的质点，这一理想模型在物体的各个部分运动规律完全相同或者物体自身的尺寸远小于运动轨道的尺寸时是合理的。但是，自然界中所有物体都有一定的形状和大小，并且在力和运动的影响下物体的形状和大小会发生变化，即产生形变。在我们讨论物体运动时，若物体的形状和大小起重要作用，这时我们就不能忽略物体的形状和大小以及物体的形状大小发生的变化。即使尺寸只有微米、纳米的微观原子和分子，在很多情形下，它们的组成单元也有不同的运动规律。如图 2.0-1 所示的水分子，当在宏观尺度下研究水的蒸发、汽化、凝聚、凝结时，可以把水分子视为质点。当从微观上研究水分子和其他物质（例如光子、电子等）的相互作用时，质点的概念就不再适用了，此时应当认真考虑水分子中 H—O 键的键长、键角以及氢原子和氧原子所表现出的不同运动特点。事实上，水分子虽然只是由 3 个原子核和 10 个电子构成的，但是其运动描述的复杂程度却远远超出了我们的想象。在这种情况下，我们需要建立新的理想模型来研究物体的运动。

值得庆幸的是，在很多情况下，物体在受力和运动时形变很小，基本上保持原来的形状和大小不变。为了便于研究及抓住问题的主要方面，人们忽略了物体形状和大小的变化，提出了刚体这一理想模型。**刚体**就是在任何情况下形状和大小都不发生变化的力学研究对象。在讨论刚体力学时，可以把刚体分成许多部分，每一部分都可看作质点，称这些部分为刚体的质量微元，简称质元，因此刚体可看作质点系。由于刚体不变形，组成刚体的各个质元之间的距离保持不变，所以刚体又可以称为特殊质点系或不变质点系，即各质元间距离保持不变的质点系。因此，有关质点系的定理和定律都可以用来讨论刚体的运动。

图 2.0-1 水分子模型示意图

例如，若上述水分子在运动中的形变可忽略不计时，则可以认为由两个氢原子和一个氧原子组成的水分子中的每个原子都可视为质点（没有内部结构），并且原子之间的距离不会发生改变。这样，我们就把水分子看作由轻杆连接的三个质元组成，且各质元之间的相对位置不会发生变化的刚体。在日常生活中，我们经常会看到飞速旋转的火车车轮、飞行的铅球、直升机机翼的转动等物体的运动现象。由于运动时车轮、铅球和机翼的形变很小，可忽略不计，在研究它们的运动时虽然其上各点的运动轨迹各不相同，但是彼此的距离是固定不变的。我们可以将它们视为由无穷多的质元组成，且各质元之间的相对位置不发生变化的刚体。简而言之，刚体就是不发生形变的物体。刚体可以是如上述水分子一样由若干轻杆连接的、有限个分立质元构成的质点系，也可以是像车轮、铅球、机翼等那样由无穷多个连续的质元构成的质点系。

2.1 刚体的运动

刚体最基本的运动形式是平动和转动，而转动又可分为定轴转动和定点转动。一般刚体的运动可以看成平动和转动的合运动。

2.1.1 刚体的平动

如图 2.1-1 所示，在运动过程中，平板和汽车上所有的质元都有完全相同的运动轨迹。在任意一段时间内，所有质元的位移都是相同的，在任意时刻，所有质元的速度和加速度都是相同的，或者说，平板和汽车上任意两点间的连线在运动过程中始终保持平行。这样的运动称为**平动**。平动的特点就是刚体上所有质元的运动（速度和加速度）完全相同。因此，刚体内任何一个质元的运动，都可代表整个刚体的运动。通常，我们选择刚体质心的运动来描述整个刚体的运动。

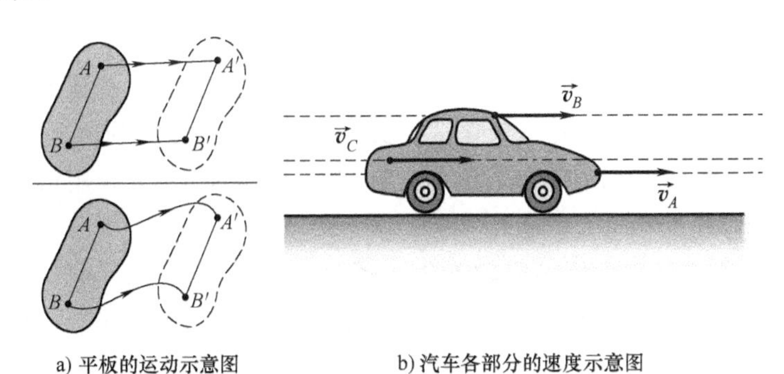

图 2.1-1 平板和汽车的运动

小节概念回顾： 刚体的平动是如何定义的？

2.1.2 刚体的转动

当我们考虑机器上飞轮的运动、钟摆的运动、地球的自转等运动时，可以看出，在运动中飞轮、钟摆及地球的形变都很小，可以将它们视为刚体，它们运动时刚体中所有质元都绕同一直线做圆周运动，这种运动称为**转动**，这条直线叫作转轴。若转轴的位置或方向是固定不动的，则这种转轴称为固定转轴，此时刚体的运动称为刚体的**定轴转动**。如图 2.1-2a 所示的门绕门轴的转动时，门的形变可忽略不计，可将其视为刚体，其绕门轴的转动可称为刚体的定轴转动。如图 2.1-2b 所示的旋转陀螺在绕轴转动时，其形变也可忽略不计，可将其视为刚体。旋转陀螺转动时，转轴的方向是随时间改变的，这个转轴为瞬时转轴。旋转陀螺转动时转轴上有一个点始终不动，其余各点分别在以该固定点为中心的同心球面上运动，这种转动称为刚体的**定点转动**。

a) 刚体定轴转动示意图

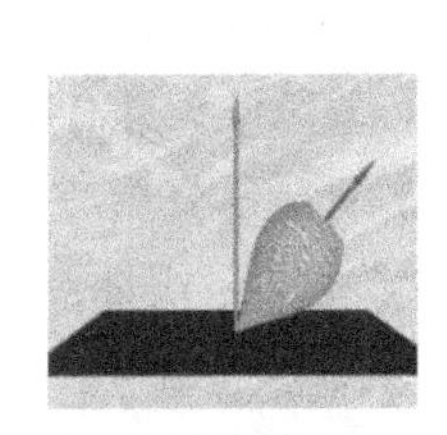

b) 刚体定点转动示意图

图 2.1-2 刚体的转动

刚体的一般运动可看成平动和转动的合成。如火车车轮的转动就可看作两种运动的叠加。在刚体的转动中，刚体的定轴转动是比较简单的一种运动形式。作为基础，本章只讨论刚体的定轴转动。

小节概念回顾：什么样的运动可以称为刚体的定轴转动？

2.2 刚体定轴转动的转动定律

由牛顿第二定律可知，作用在质点上的合外力提供了其运动的加速度，即 $\vec{F}=m\vec{a}$。如果我们研究由 N 个分立的质元构成的刚体，是否需要将 N 个动力学方程 $\vec{F}_i=m_i\vec{a}_i$（$i=1$，2，…，N）联立才能知道整个刚体的运动特征？显然不是。否则，当我们研究由无穷多个质元构成的刚体时，岂不是需要无穷多个动力学方程？本节我们从最简单的刚体定轴转动出发，学习如何来描述刚体运动。

2.2.1 描述刚体转动的物理量

当刚体绕某一固定轴转动时，在任意时刻刚体上各质元的位矢、线速度、加速度一般是不同的。但由于刚体上各质元的相对位置保持不变，同一时刻描述各质元运动的角位置、角位移、角速度和角加速度都是相同的。因此，在描述刚体整体的运动时，用角量描述最为方便。

1. 角位置

如图 2.2-1a 所示，某刚体绕固定轴 z 轴转动，除轴上各点外，刚体上的各质元都绕固定轴 z 轴做不同半径的圆周运动。在刚体内任意截一个垂直于固定轴 z 轴的平面作为**转动平面**，实际上在刚体内垂直于转轴可以截出无限多个转动平面，选取其中任意一个转动平面进行讨论即可。如图 2.2-1b 所示为任意选取的一个转动平面的俯视图，取转动平面与固定轴 z 的交点作为坐标原点 O，建立坐标系 $Oxyz$，z 轴垂直平面指向外。在转动平面上选取位于 P 点的质元作为研究对象。由 O 点指向 P 点的有向线段表示质元的位矢 $\vec{r}$，自坐标轴 Ox 转向位矢 $\vec{r}$ 所转过的角度 θ 称为绕定轴转动刚体的**角位置**。规定面向 z 轴观察，自 Ox 轴逆时针转向位矢 $\vec{r}$ 时 θ 为正，反之 θ 为负。我们在描述给定刚体的定轴转动时，若选择不同的 Ox 轴，则角位置 θ 的大小和方向均不相同，故角位置具有相对性。当刚体绕固定轴 z 转动时，角位置 θ 要随时间 t 改变，即 $\theta=\theta(t)$，这就是刚体绕定轴转动的**运动方程**。

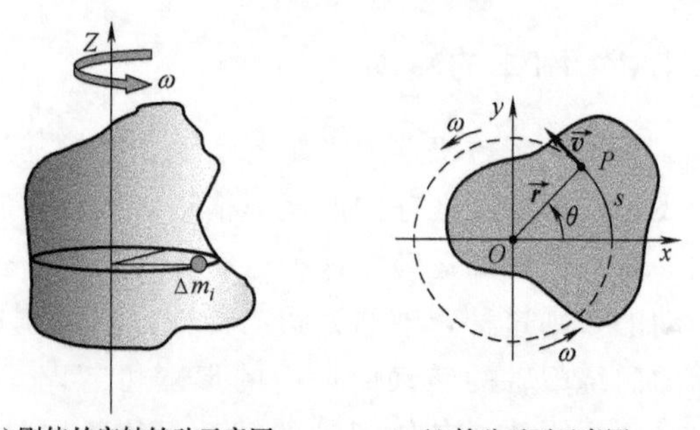

图 2.2-1 刚体的定轴转动及其转动平面

2. 角位移

刚体绕固定轴 z 轴转动，某一质元在 t 时刻位于 P 点，在 $t+\Delta t$ 时刻位于 P'点，由 OP 转向 OP'所转过的角度 $\Delta\theta$ 称为在这段时间内的**角位移**。也就是说，绕定轴转动的刚体在 Δt 时间间隔内角位置的增量称为在该时间间隔内的角位移。规定面向 z 轴观察，由 OP 逆时针

转向 OP' 时 $\Delta\theta>0$，由 OP 顺时针转向 OP' 时 $\Delta\theta<0$。

3. 角速度

绕定轴转动的刚体在 Δt 时间间隔内转过的角位移为 $\Delta\theta$，当 Δt 趋近于零时，角位移 $\Delta\theta$ 与发生这段角位移所经历的时间间隔 Δt 之比的极限值为

$$\omega=\lim_{\Delta t\to 0}\frac{\Delta\theta}{\Delta t}=\frac{\mathrm{d}\theta}{\mathrm{d}t} \tag{2.2-1}$$

ω 就是刚体对转轴的**瞬时角速度**（简称**角速度**）的大小，即角速度等于角位置的时间变化率。

角速度的方向可由右手螺旋法则确定：右手握住固定轴 z 轴的轴线，并让四指弯曲的方向与刚体的转动方向一致，此时大拇指沿轴线的指向就是角速度矢量的方向。

4. 角加速度

绕定轴转动的刚体在 Δt 时间间隔内角速度的增量为 $\Delta\omega$，在 Δt 趋近于零时，角速度增量 $\Delta\omega$ 与发生这段角速度增量所经历的时间间隔 Δt 之比的极限值为

$$\alpha=\lim_{\Delta t\to 0}\frac{\Delta\omega}{\Delta t}=\frac{\mathrm{d}\omega}{\mathrm{d}t}=\frac{\mathrm{d}^2\theta}{\mathrm{d}t^2} \tag{2.2-2}$$

α 就是刚体对转轴的**瞬时角加速度**（简称**角加速度**）的大小，即角加速度的大小等于角速度的时间变化率。

对于定轴转动的刚体，若角加速度的符号与角速度相同，则刚体做加速转动；若角加速度的符号与角速度相反，则刚体做减速运动。

小节概念回顾：四个角量之间有什么关系？

2.2.2 刚体定轴转动的转动定律

牛顿第二定律指出，力使质点产生加速度。那么，刚体绕定轴转动的角加速度是怎么产生的呢？

对于关闭的门窗，如果不施加外力作用，门窗是不会自动打开的。而外力对门窗转动的影响，不仅与外力的大小有关，还与外力作用点的位置和力的方向有关。例如，用同样大小的力推门，当作用点远离门轴时，就容易把门推开；当力的作用点靠近门轴时，很难把门推开；而当力的作用点在门轴上或力的作用线通过门轴时，就不能把门推开。力的大小、力的作用点和力的方向这三个因素综合起来，就是我们在 1.4.1 节中学到的力矩的概念。因此，我们可以用力矩这个物理量来描述力对刚体转动的作用。

1. 刚体对转轴的力矩

日常生活中推关门时，有时用垂直于门的力推关门，有时用斜向上或斜向下的力推关门。根据转动平面的定义，前者属于力在转动平面内的情况，后者属于力不在转动平面内的情况。我们仍从简单情况开始讨论，首先讨论力在转动平面内时，力对转轴的力矩。

图 2.2-2a 为在刚体上任意选取的一个转动平面，垂直于刚体的外力 $\vec{F}$ 作用于转动平面内任一质元处。选择竖直向上的方向为固定轴 z 的正方向，在 z 轴上任取一点 O，由 O 点指向力的作用点的有向线段是力的作用点的位矢 $\vec{r}'$，根据第 1 章中力矩的定义可知，力 $\vec{F}$ 对 O 点的力矩为 $\vec{M}=\vec{r}'\times\vec{F}$。位矢 $\vec{r}'$ 可沿平行于固定轴 z 轴和垂直于固定轴 z 轴分解为 $\vec{r}_{/\!/}$ 和 $\vec{r}$，且 $\vec{r}'=\vec{r}_{/\!/}+\vec{r}$，则力 $\vec{F}$ 对 O 点的力矩可写为

$$\vec{M}=\vec{r}'\times\vec{F}=(\vec{r}_{/\!/}+\vec{r})\times\vec{F}=\vec{r}_{/\!/}\times\vec{F}+\vec{r}\times\vec{F}=\vec{r}\times\vec{F} \tag{2.2-3}$$

式中，$\vec{r}_{/\!/}\times\vec{F}$ 的方向垂直于 z 轴，它在 z 轴方向的分量为零，对刚体绕 z 轴的定轴转动没有贡献。因此，力矩的大小为 $M=|\vec{r}\times\vec{F}|=rF\sin\theta$，其中 r 为转动平面与转轴的交点到力作用点的距离，θ 为 $\vec{r}$ 与 $\vec{F}$ 之间的夹角，$r\sin\theta$ 为转动平面与转轴的交点到力作用线的垂线距离，即力臂。因此，力矩的大小仍等于力乘以力臂。由右手螺旋法则可知，力矩的方向指向固定轴 z 轴的方向。

下面讨论力不在转动平面内时，力对转轴的力矩。如图 2.2-2b 所示，在刚体上任取一转动平面，斜向上的外力 $\vec{F}$ 作用于转动平面内的任一质元处。在固定轴 z 轴上任取一点 O，由 O 点指向力的作用点的有向线段为力的作用点的位矢 $\vec{r}'$，力 $\vec{F}$ 对 O 点的力矩为 $\vec{M}=\vec{r}'\times\vec{F}$。位矢 $\vec{r}'$可沿平行于固定轴 z 轴和垂直于固定轴 z 轴分解为 $\vec{r}_{/\!/}$和 $\vec{r}$，且 $\vec{r}'=\vec{r}_{/\!/}+\vec{r}$。斜向上的外力 $\vec{F}$ 可沿平行于固定轴 z 轴和垂直于固定轴 z 轴分解为$\vec{F}_{/\!/}$和$\vec{F}_{\perp}$，$\vec{F}_{/\!/}$表示外力 $\vec{F}$ 垂直于转动平面的分力，$\vec{F}_{\perp}$表示外力在转动平面内的分力，且 $\vec{F}=\vec{F}_{/\!/}+\vec{F}_{\perp}$，则力 $\vec{F}$ 对 O 点的力矩可写为

$$\vec{M}=\vec{r}'\times\vec{F}=(\vec{r}_{/\!/}+\vec{r})\times(\vec{F}_{/\!/}+\vec{F}_{\perp})=\vec{r}_{/\!/}\times\vec{F}_{/\!/}+\vec{r}_{/\!/}\times\vec{F}_{\perp}+\vec{r}\times\vec{F}_{/\!/}+\vec{r}\times\vec{F}_{\perp}=\vec{r}\times\vec{F}_{\perp}$$

其中，$\vec{r}_{/\!/}\times\vec{F}_{/\!/}=\vec{0}$，$\vec{r}_{/\!/}\times\vec{F}_{\perp}$及 $\vec{r}\times\vec{F}_{/\!/}$这两项的方向都垂直于 z 轴，它们在 z 轴方向的分量为零，对刚体绕 z 轴的定轴转动没有贡献。$\vec{r}\times\vec{F}_{\perp}$的方向沿 z 轴。因此，力矩的大小为 $M=|\vec{r}\times\vec{F}|=rF_{\perp}\sin\theta$，其中 r 为转动平面与转轴的交点到力作用点的距离；$r\sin\theta$ 为转动平面与转轴的交点到力作用线的垂线距离，即力臂；$F_{\perp}$为斜向上的外力在转动平面内的分力，表明力矩大小仅与力在转动平面内的分力有关，与垂直于转动平面的分力无关。因此，力矩的大小等于力在转动平面内的分力乘以力臂。由右手螺旋法则可知力矩的方向指向固定轴 z 轴的方向。

$$\vec{M}=\vec{r}\times\vec{F}_{\perp} \tag{2.2-4}$$

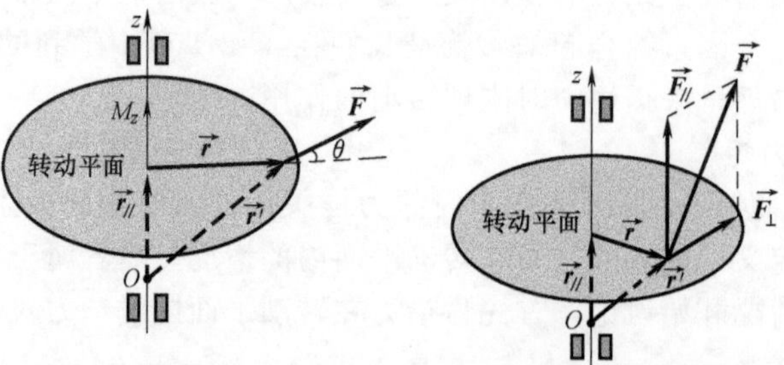

a) 力在转动平面内的力矩示意图　　b) 力不在转动平面内的力矩示意图

图 2.2-2　刚体对转轴的力矩

上述两种情形的力矩均沿 z 轴方向，且与参考点 O 无关，只与转动平面和转轴的交点有关。因此，在刚体的定轴转动问题中，所指的力矩是指力在转动平面内的分力对转动平面与转轴交点的力矩。可以简称为力在转动平面内的分力对转轴的力矩。由于力矩的方向是指

向固定轴 z 轴的正方向或其反方向，若刚体在转动过程中不只受到一个力的作用，则合外力在转动平面内的分力对转轴的力矩的代数和为，$M=\sum_i M_i=\sum_i r_i F_{i\perp}\sin\theta_i$。

由此可见，当我们施加外力推关门时，外力的方向应垂直于力臂和门轴组成的平面，并且当力的作用点尽量远离门轴时最为省力。

2. **刚体对转轴的角动量**

刚体在绕定轴转动过程中，刚体上的各质元都绕固定轴 z 轴做不同半径的圆周运动。如图 2.2-3 所示，在刚体的转动平面上任取质元 Δm_i，由右手螺旋法则可知各质元对转轴的角动量的方向均与 z 轴平行，故整个刚体对转轴的角动量的大小为

$$L_z=\sum(\Delta m_i r_i v_i)=(\sum\Delta m_i r_i^2)\omega \quad (2.2\text{-}5)$$

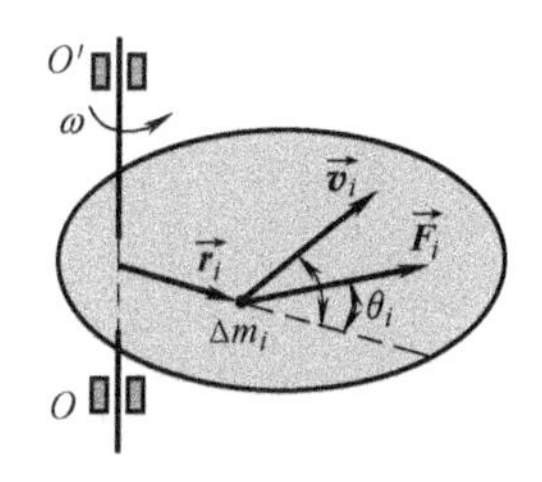

图 2.2-3 刚体的角动量示意图

令 $J=\sum\Delta m_i r_i^2$，称其为刚体绕定轴转动的转动惯量，则刚体对转轴的角动量大小为

$$L_z=J\omega \quad (2.2\text{-}6)$$

3. **刚体定轴转动的转动定律**

如图 2.2-4 所示，在刚体上任取质元 Δm_i，用 $\vec{F}_i$ 表示质元所受的外力，用 $\vec{f}_i$ 表示质元所受的内力。根据牛顿第二定律，可得 $\vec{F}_i+\vec{f}_i=\Delta m_i\vec{a}_i$。$\vec{F}_i$ 和 $\vec{f}_i$ 均沿切向和法向方向分解。质元所受的法向力的方向由质元处沿法向指向轴，质元的位矢方向由轴指向质元，且位矢与法向力的夹角为 180°，故法向力对转轴的力矩为零；上式的切向分量式可写为 $F_i\sin\varphi_i+f_i\sin\theta_i=\Delta m_i a_{i\tau}=\Delta m_i r_i\alpha$。上式两边同乘 r_i，得 $F_i r_i\sin\varphi_i+f_i r_i\sin\theta_i=\Delta m_i r_i^2\alpha$。此式第一项表示外力对转轴的力矩，第二项表示内力对转轴的力矩。

刚体是由无数质元组成的，每个质元都满足上面的切向分量式，将每个质元的上述方程叠加到一起，可得

$$\sum_i F_i r_i\sin\varphi_i+\sum_i f_i r_i\sin\theta_i=\sum_i(\Delta m_i r_i^2)\alpha=J\alpha \quad (2.2\text{-}7)$$

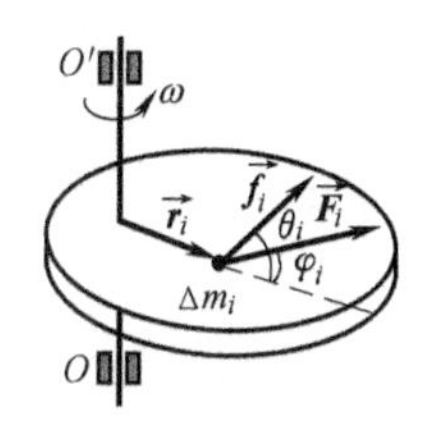

图 2.2-4 刚体转动定律示意图

由于内力都是成对出现的，每一对内力都是大小相等，方向相反，作用在一条直线上，且力臂相等，所以一对内力对同一转轴的力矩之和为零。因此，质点系的内力矩的和为零。故式（2.2-7）第二项为零，第一项表示刚体所受的合外力对转轴的力矩的代数和，称为刚体的合外力矩，用数学符号 M_z 表示，则有

$$M_z=\sum_i F_i r_i\sin\varphi_i=J\alpha \quad (2.2\text{-}8)$$

式（2.2-8）表明，刚体在绕定轴转动时，刚体对转轴的合外力矩等于刚体对该转轴的转动惯量与角加速度的乘积，此式称为刚体定轴转动的**转动定律**。

由刚体定轴转动定律可以看出，合外力矩的作用使刚体绕定轴转动的状态发生变化，即产生角加速度，且当刚体所受的合外力矩一定时，转动惯量越大，刚体获得的角加速度就越小，这意味着刚体越难改变其原来的转动状态；反之，转动惯量越小，刚体获得的角加速度就越大，这意味着刚体越易改变其原来的转动状态。因此，转动惯量是刚体转动时惯性大小的量度。

在刚体定轴转动的转轴方向确定后，力对转轴的力矩方向可用正负号来表示。使刚体向规定转动正方向加速的力矩为正，称为动力矩，反之称为阻力矩。

小节概念回顾： 如何理解刚体对轴的力矩和角动量？转动定律的内容是什么？

2.2.3 转动惯量和转动定律的应用

1. 转动惯量

由刚体绕定轴转动的转动惯量的定义可知，刚体对一固定转轴的转动惯量等于组成刚体各质元的质量 Δm_i 与各质元至转轴距离 r_i 二次方的乘积之和，即

$$J=\sum \Delta m_i r_i^2 \tag{2.2-9}$$

若刚体的质量是连续分布的，则转动惯量的公式可写成积分形式：

$$J=\int r^2 \mathrm{d}m \tag{2.2-10}$$

式中，$\mathrm{d}m$ 为质元的质量；r 为质元到转轴的距离。

由以上两式可知，在总质量一定的条件下，刚体绕固定轴的转动惯量与刚体的质量分布有关。此外，对于一给定的刚体，转轴位置的改变也会改变各质元到转轴的距离，转动惯量就会发生改变。因此，转动惯量的大小与刚体的总质量、质量分布和转轴位置有关。

例 2.2-1 一根轻质细杆两端分别系着质量为 m_1 和 m_2 的小球，如图 2.2-5 所示，求轻质细杆和小球组成的系统对图中两种转轴的转动惯量。

解： 小球的形状大小与轻质细杆相比，可以忽略不计，则小球可视为质点。

在如图 2.2-5a 所示的系统中，已知质量为 m_1 的小球到转轴的距离为 r_1，质量为 m_2 的小球到转轴的距离为 r_2。由式 (2.2-9) 可知，轻质细杆和小球组成的系统对转轴的转动惯量为 $J=m_1r_1^2+m_2r_2^2$。

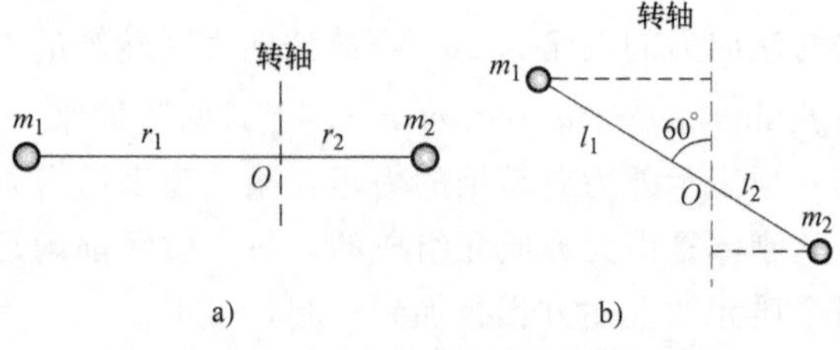

图 2.2-5 分立质点系统转动惯量的求解

在如图 2.2-5b 所示的系统中，已知质量为 m_1 的小球到 O 点的距离为 l_1，质量为 m_2 的小球到 O 点的距离为 l_2。当轻质细杆和小球组成的系统绕转轴转动时，质量为 m_1 的小球绕转轴的转动半径为 $r_1=l_1\sin 60°$，质量为 m_2 的小球绕转轴的转动半径为 $r_2=l_2\sin 60°$，故系统对转轴的转动惯量为

$$J=m_1r_1^2+m_2r_2^2=m_1(l_1\sin 60°)^2+m_2(l_2\sin 60°)^2=\frac{3}{4}(m_1l_1^2+m_2l_2^2)$$

例 2.2-2 如图 2.2-6 所示，求质量为 m、长度为 L 的均质细杆对下述两种转轴的转动惯量：

(1) 转轴通过杆的一端并和杆垂直（边缘轴）；

(2) 转轴通过杆的中心并和杆垂直（质心轴）。

解： (1) 以转轴为坐标原点，建立如图 2.2-6a 所示的坐标系，细杆是质量连续分布的物体，设细杆的质量线密度为 λ，在杆上任取微线元 $\mathrm{d}x$，则微线元的质量为 $\mathrm{d}m=\lambda\mathrm{d}x=\frac{m}{L}\mathrm{d}x$，微线元对转轴的转动惯量为 $\mathrm{d}J=x^2\mathrm{d}m=\frac{m}{L}x^2\mathrm{d}x$，故均质细杆对边缘转轴的转动惯量为 $J=$

$\int_0^L \frac{m}{L}x^2\mathrm{d}x = \frac{1}{3}mL^2$。

（2）如图 2.2-6b 所示，同理可求得均质细杆对中心轴（质心轴）的转动惯量为 $J = \int_{-L/2}^{L/2} \frac{m}{L}x^2\mathrm{d}x = \frac{1}{12}mL^2$。

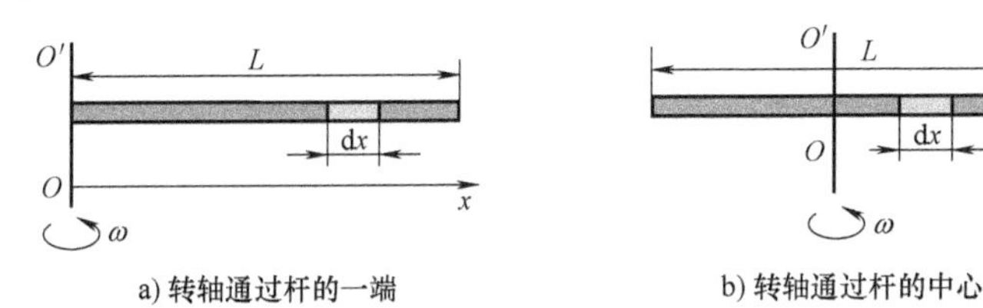

a) 转轴通过杆的一端　　　b) 转轴通过杆的中心

图 2.2-6　例 2.2-2 图

这个例题表明，同一刚体对不同位置的转轴，转动惯量并不相同，因此，转动惯量与转轴的位置有关。本例题还表明，刚体对质心轴的转动惯量是最小的，同一个刚体对于与质心轴平行的其他转轴的转动惯量大于刚体对质心轴的转动惯量。

例 2.2-3　如图 2.2-7 所示，分别求出质量为 m、半径为 R 的均质细圆环和均质圆盘对其中心轴（质心轴）的转动惯量。

解：（1）如图 2.2-7a 所示，细圆环是质量连续分布的物体，在均质细圆环上任取微线元 $\mathrm{d}l$，则微线元的质量为 $\mathrm{d}m=\lambda\mathrm{d}l$，微线元对转轴的转动惯量为 $\mathrm{d}J=R^2\mathrm{d}m$，任意微线元到轴的距离均相等，均为 R，故均质细圆环对中心轴的转动惯量为 $J = \int_0^m R^2\mathrm{d}m = mR^2$；

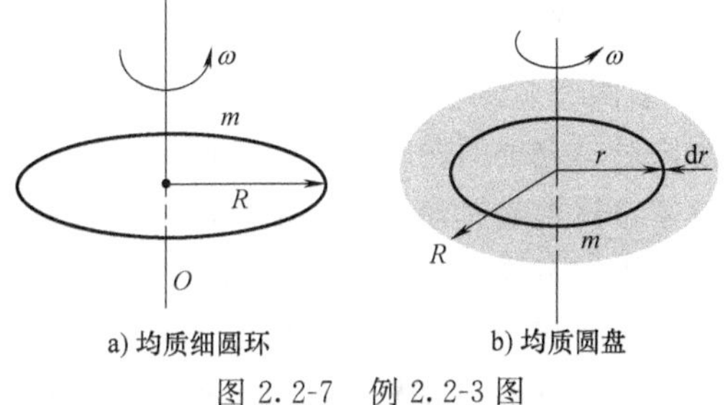

a) 均质细圆环　　　b) 均质圆盘

图 2.2-7　例 2.2-3 图

（2）圆盘是质量连续分布的物体，设圆盘的质量面密度为 σ，如图 2.2-7b 所示，在均质圆盘上任取半径为 r、宽为 $\mathrm{d}r$ 的微圆环面元，其面积为 $\mathrm{d}S=2\pi r\mathrm{d}r$，微面元的质量为 $\mathrm{d}m=\sigma\mathrm{d}S=\frac{m}{\pi R^2}2\pi r\mathrm{d}r$，微面元对中心轴的转动惯量为 $\mathrm{d}J=r^2\mathrm{d}m=\frac{2mr^3\mathrm{d}r}{R^2}$，故均质圆盘对中心轴的转动惯量为 $J=\int_0^R \frac{2mr^3\mathrm{d}r}{R^2}=\frac{1}{2}mR^2$。

例 2.2-3 表明，同样质量、同样半径的均质细圆环和均质圆盘，对于同一个转轴（质心轴）的转动惯量不相同。因此，转动惯量不仅与刚体的总质量有关，还与刚体的质量分布有关，即与刚体的形状大小和各部分的密度有关。本例题还表明，当刚体的质量全部分布在边缘时，对质心轴的转动惯量最大。

表 2.2-1 给出了一些常见刚体的转动惯量。

表 2.2-1　常见刚体的转动惯量

刚体形状	轴的位置	转动惯量
细杆	通过一端垂直于杆	$\frac{1}{3}mL^2$
细杆	通过中点垂直于杆	$\frac{1}{12}mL^2$

（续）

刚 体 形 状	轴的位置	转动惯量
薄圆环（或薄圆筒）	通过环心垂直于环面（或中心轴）	mR^2
圆盘（或圆柱体）	通过盘心垂直于盘面（或中心轴）	$\frac{1}{2}mR^2$
薄球壳	直径	$\frac{2}{3}mR^2$
球体	直径	$\frac{2}{5}mR^2$

2. 转动惯量的性质

（1）叠加性　由式（2.2-9）和式（2.2-10）可知，刚体对转轴的转动惯量等于组成刚体各质元的质量与质元至转轴距离二次方的乘积之和，因此转动惯量具有叠加性。由例2.2-2和例2.2-3可知，刚体的转动惯量是刚体上各质元相对于转轴的转动惯量叠加得到的，即刚体对给定轴的转动惯量等于刚体各部分对同一转轴的转动惯量之和。由几部分物体组成的整体对转轴的转动惯量等于各部分物体对同一转轴的转动惯量之和。例如，一颗子弹打到均质细棒中不弹出，而后子弹和细棒一起绕固定转轴转动时，整个系统对轴的转动惯量等于细棒绕转轴转动的转动惯量加上子弹绕转轴转动的转动惯量。

（2）平行轴定理　平行轴定理：两转轴相互平行，相距为 d，其中一个转轴过质心，若刚体的质量为 m，刚体相对于质心轴的转动惯量为 J_C，则刚体对另一个转轴的转动惯量为

$$J=J_C+md^2 \tag{2.2-11}$$

式（2.2-11）表明刚体对各平行轴有不同的转动惯量，对质心轴的转动惯量最小。例2.2-2就是一个很好的证明。如果已知刚体相对于过质心轴的转动惯量，我们可以通过平行轴定理计算得到刚体相对任意平行于质心轴的转轴的转动惯量。

如图2.2-8所示，C 点为刚体的质心，刚体可绕过 C 点且垂直于 xy 平面的垂直轴转动。O 点为刚体上任意一点，刚体也可绕过 O 点且垂直于 xy 平面的垂直轴转动。C 轴和 O 轴相互平行，设两转轴之间的距离为 d。已知刚体的质量为 m，刚体相对质心轴的转动惯量为 J_C，证明刚体相对于 O 轴的转动惯量为 $J=J_C+md^2$。

证明如下：建立如图2.2-8所示的坐标系，质心的位矢为 $\vec{r}_C$，其在 x 轴和 y 轴的投影分别为 x_C 和 y_C。在刚体上任取质元 dm，其位矢为 $\vec{r}$，位矢在 x 轴和 y 轴的投影分别为 x 和 y。质元 dm 在质心系中的位矢为 $\vec{r}'$，在 x 轴和 y 轴的投影分别为 x' 和 y'，且 $x=x_C+x'$，$y=y_C+y'$。两转轴之间的距离为 $d=\sqrt{x_C^2+y_C^2}$。由转动惯量的定义，刚体对 O 轴的转动惯量为

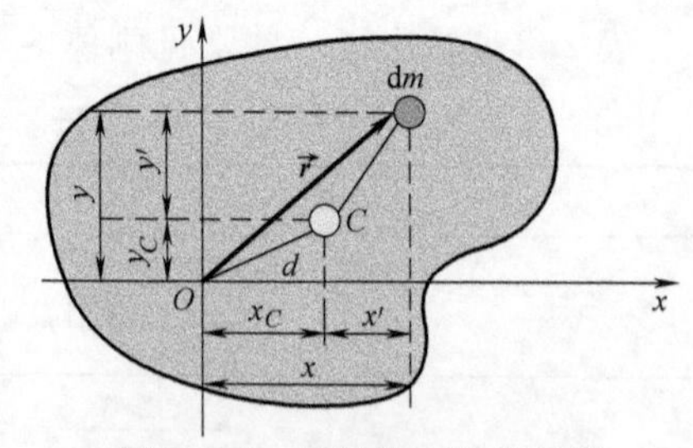

图 2.2-8　平行轴定理的证明

$$J=\int r^2\mathrm{d}m=\int(x^2+y^2)\mathrm{d}m=\int[(x_C+x')^2+(y_C+y')^2]\mathrm{d}m$$
$$=\int[x_C^2+y_C^2+x'^2+y'^2+2x_Cx'+2y_Cy']\mathrm{d}m$$
$$=\int(x_C^2+y_C^2)\mathrm{d}m+\int(x'^2+y'^2)\mathrm{d}m+2\int(x_Cx'+y_Cy')\mathrm{d}m$$

上式中第一项可写为 $\int(x_C^2+y_C^2)\mathrm{d}m=md^2$，第二项可写为 $J_C=\int(x'^2+y'^2)\mathrm{d}m$。根据质心位矢的定义式，第三项中 $\int x'\mathrm{d}m=mx'_C$，$\int y'\mathrm{d}m=my'_C$，x'_C 和 y'_C 分别表示质心在质心坐标系中的坐标，因为质心坐标系的原点在质心处，故 $x'_C=y'_C=0$。因此，第三项 $2\int(x_Cx'+y_Cy')\mathrm{d}m=0$。即证明 $J=J_C+md^2$。

若已知均质细杆绕中心转轴的转动惯量 $J_C=\frac{1}{12}mL^2$，由平行轴定理可求得绕过端点转轴的转动惯量 $J=\frac{1}{12}mL^2+m\frac{L^2}{4}=\frac{1}{3}mL^2$。与例 2.2-2 的计算结果相同。

(3) 垂直轴定理

如图 2.2-9 所示的平面刚体，如果已知刚体相对平面内相互垂直的两个固定转轴 Ox 轴和 Oy 轴的转动惯量分别为 J_x 和 J_y，则刚体相对于与其垂直的固定轴 Oz 轴的转动惯量为

$$J_z=J_x+J_y \tag{2.2-12}$$

上式称为**垂直轴定理**，其简单证明如下。

如图 2.2-9 所示，在平面刚体中任意选取质元 $\mathrm{d}m$，其相对 z 轴的转动惯量 $J_{iz}=r_i^2\mathrm{d}m=x_i^2\mathrm{d}m+y_i^2\mathrm{d}m=J_{ix}+J_{iy}$，该关系式对任意质元都成立，因此，对整个刚体也成立。垂直轴定理得证。

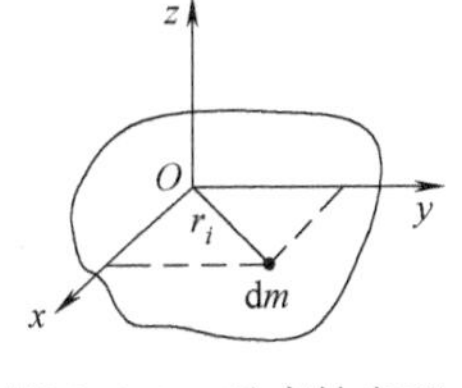

图 2.2-9 垂直轴定理的证明示意图

例 2.2-4 一质量为 m、长为 L 的均质细杆，可以绕一端水平轴（边缘轴）自由转动。

(1) 当细杆处于水平位置时，求细杆所受到的外力对转轴的力矩；

(2) 当细杆在水平位置时，求由重力矩产生的细杆绕边缘轴转动的角加速度。

解：(1) 细杆所受到的外力矩就是重力矩，$M=\frac{1}{2}mgL$；

(2) 细杆在重力矩作用下转动，由转动定律，$M=J\alpha=\frac{1}{3}mL^2\alpha$，均质细杆相对于边缘轴的转动惯量为 $J=\frac{1}{3}mL^2$，代入转动定律可得 $\frac{1}{2}mgL=\frac{1}{3}mL^2$，解得

$$\alpha=\frac{3g}{2L}$$

例 2.2-5 如图 2.2-10 所示，一质量为 m、半径为 r 的定滑轮其上绕有轻绳，定滑轮可

视为均质圆盘。绳的两端分别系着质量为 m_1 和 m_2 的物体，且 $m_2>m_1$，忽略轴处摩擦。求当整个系统顺时针转动时，物体的加速度和滑轮的角加速度。

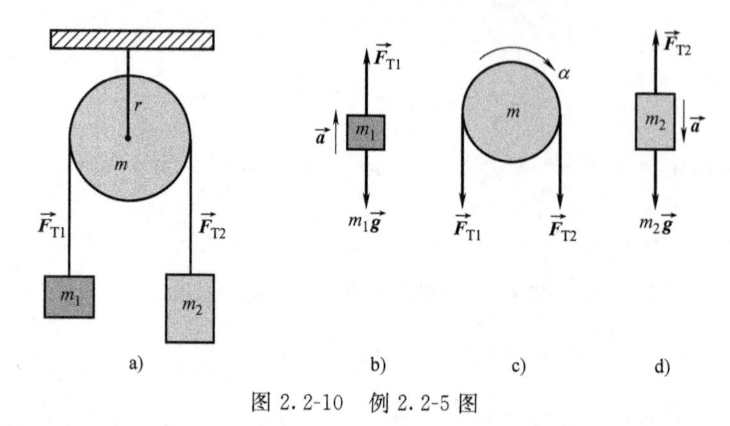

图 2.2-10 例 2.2-5 图

解：对定滑轮进行受力分析，如图 2.2-10c 所示，定滑轮受四个力作用：重力$\vec{G}$、支撑力 $\vec{F}_N$，绳的拉力 $\vec{F}_{T1}$ 和 $\vec{F}_{T2}$，其中重力和支撑力在轴上，对转轴的力矩为零，仅考虑绳的拉力产生的力矩。定滑轮顺时针转动，由右手螺旋法则，拉力 $\vec{F}_{T2}$ 对转轴的力矩为动力矩，拉力 $\vec{F}_{T1}$ 对转轴的力矩为阻力矩，由转动定律得 $F_{T2}r-F_{T1}r=J\alpha$；

对物体 m_1 进行受力分析，如图 2.2-10b 所示，物体 m_1 受重力和绳的拉力 F_{T1} 作用向上运动，由牛顿第二定律，得 $F_{T1}-m_1g=m_1a$；

对物体 m_2 进行受力分析，如图 2.2-10d 所示，物体 m_2 受重力和绳的拉力 F_{T2} 作用向下运动，由牛顿第二定律，得 $m_2g-F_{T2}=m_2a$；

定滑轮可视为均质圆盘，其转动惯量为 $J=\frac{1}{2}mr^2$；

切向加速度与角加速度之间的关系为 $a=r\alpha$；

上述各式联立，可得物体的加速度为

$$a=\frac{(m_2-m_1)g}{\left(m_2+m_1+\frac{m}{2}\right)}$$

定滑轮的角加速度为

$$\alpha=\frac{(m_2-m_1)g}{\left(m_2+m_1+\frac{m}{2}\right)r}$$

例 2.2-6 如图 2.2-11 所示，有一均质细直杆在粗糙的水平面上可绕一条通过其一端的竖直轴旋转，它与水平面之间的摩擦系数为 μ。设细杆质量为 m、长度为 l，其初始转速为 ω_0。试求当它的转速为原来的一半时所用的时间。

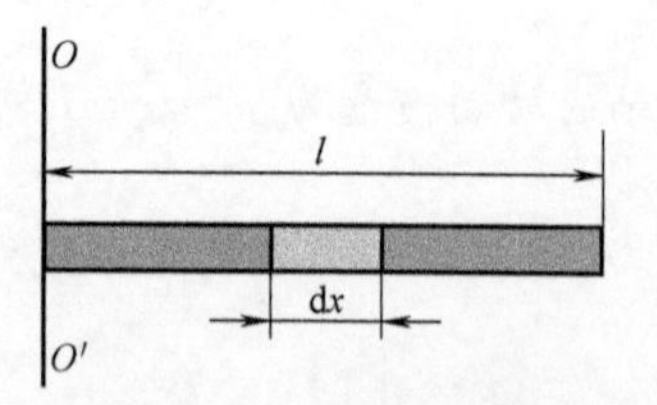

图 2.2-11 例 2.2-6 图

解：以细杆边缘为坐标原点，水平向右的方向为正方向，建立如图 2.2-11 所示的坐标系。由于摩擦力不是集中作用于一点，而是分布在整个细杆与水平面的接触面上，所以需要利用微元法计算摩擦力和摩擦力矩。

在细杆上任取微线元 $\mathrm{d}x$，则微线元的质量为：$\mathrm{d}m=\lambda\,\mathrm{d}x=\frac{m}{l}\mathrm{d}x$，

微线元所受的摩擦力为 $\mathrm{d}F_{\mathrm{f}}=\mu g\,\mathrm{d}m$，

微线元转动时受到的摩擦力矩为 $\mathrm{d}M=-x\,\mathrm{d}F_{\mathrm{f}}=-x\mu g\,\mathrm{d}m=-x\mu g\,\frac{m}{l}\mathrm{d}x$，

细杆转动时受到的总的摩擦力矩为 $M=\int\mathrm{d}M=\int_0^l\left(-x\mu g\,\frac{m}{l}\right)\mathrm{d}x=-\frac{1}{2}\mu mgl$，

由转动定律，有 $M=-\frac{1}{2}\mu mgl=J\,\frac{\mathrm{d}\omega}{\mathrm{d}t}=\frac{1}{3}ml^2\,\frac{\mathrm{d}\omega}{\mathrm{d}t}$，

两边乘以 $\mathrm{d}t$，同时积分 $-\frac{3\mu g}{2l}\int_0^t\mathrm{d}t=\int_{\omega_0}^{\frac{\omega_0}{2}}\mathrm{d}\omega$，

解得 $t=\frac{\omega_0 l}{3\mu g}$。

例 2.2-7　如图 2.2-12 所示，质量为 m、半径为 R、厚度不计的均质圆盘，可绕过盘中心且垂直于盘面的光滑轴 O 转动，在转动过程中单位面积所受的空气阻力为 $F=-kv$（其中 k 为大于零的常数，v 为盘上任意一点运动时的线速度），且 $t=0$ 时刻，圆盘的角速度为 ω_0，求圆盘在任意时刻的角速度。

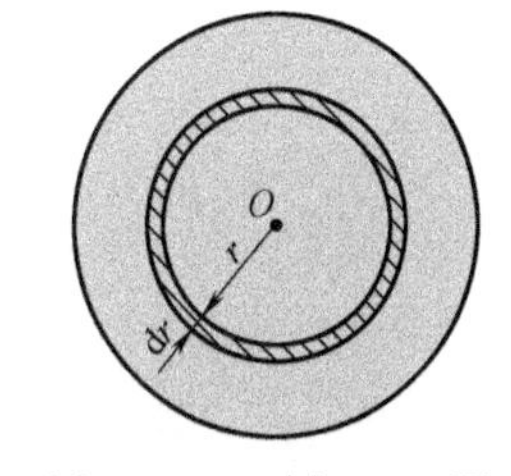

图 2.2-12　例 2.2-7 图

解： 如图 2.2-12 所示，在圆盘上任取半径为 r、宽为 $\mathrm{d}r$ 的圆环带作为微面元，微面元的面积为 $\mathrm{d}S=2\pi r\,\mathrm{d}r$，

由于半径相同，故同一个圆环带上的各质元具有相同的速率，$v=r\omega$，

微面元转动时其两面均受到空气阻力的作用，则微面元所受阻力为 $2F2\pi r\,\mathrm{d}r$，

微面元转动时受到的阻力矩为 $\mathrm{d}M=2rF2\pi r\,\mathrm{d}r=-4\pi kvr^2\,\mathrm{d}r=-4\pi k\omega r^3\,\mathrm{d}r$，

圆盘转动时受到的总的阻力矩为 $M=\int\mathrm{d}M=\int_0^R-4\pi k\omega r^3\,\mathrm{d}r=-\pi k\omega R^4$，

均质圆盘相对于中心轴的转动惯量为 $J=\frac{1}{2}mR^2$，

由转动定律，有 $M=-\pi k\omega R^4=J\,\frac{\mathrm{d}\omega}{\mathrm{d}t}=\frac{1}{2}mR^2\,\frac{\mathrm{d}\omega}{\mathrm{d}t}$，

两边乘以 $\mathrm{d}t$，同时积分得 $-\frac{2\pi kR^2}{m}\int_0^t\mathrm{d}t=\int_{\omega_0}^{\omega}\frac{\mathrm{d}\omega}{\omega}$，

解得 $\omega=\omega_0\mathrm{e}^{-\frac{2\pi kR^2}{m}t}$。

应用 2.2-1　猫为何会从窗台掉下？

猫经常爬到窗台等高处玩耍、睡觉，有时在无意之中掉落下来。当猫的质心在窗台上时，猫不会掉下来。当猫的质心处于窗台之外时，随着距离的增大，重力矩随之增大，若重力矩过大，猫将从窗台上掉下。

小节概念回顾： 如何理解转动惯量这个物理量？

2.3 刚体定轴转动的角动量定理和角动量守恒定律

2.3.1 刚体定轴转动的角动量定理

1. 刚体对轴的角动量

刚体在绕定轴转动过程中，刚体上的各质元都绕固定轴 z 轴做圆周运动，由式（2.2-6）可知，刚体对转轴的角动量大小为 $L_z=J\omega$，可利用右手螺旋法则判断角动量的方向。

2. 刚体定轴转动的角动量定理及其分析

将式（2.2-6）代入质点系的角动量定理，可得 $M_z=\dfrac{\mathrm{d}L_z}{\mathrm{d}t}=\dfrac{\mathrm{d}}{\mathrm{d}t}(J\omega)$，两边乘 $\mathrm{d}t$，得

$$M_z\mathrm{d}t=\mathrm{d}(J\omega)=\mathrm{d}L_z \tag{2.3-1}$$

在质点的动量定理中我们引入了冲量的概念，力的冲量表示力对时间的累积效应。与此类似，用冲量矩表示力矩对时间的累积效应。力矩 M_z 与作用时间 $\mathrm{d}t$ 的乘积称为力矩对固定转轴的元冲量矩。式（2.3-1）表示，刚体所受到的对某给定轴的冲量矩等于刚体对该轴的角动量的增量，称为刚体定轴转动的角动量定理，式（2.3-1）也被称为角动量定理的微分形式。

对式（2.3-1）两边同时积分，得

$$\int_{t_1}^{t_2}M_z\mathrm{d}t=\int\mathrm{d}L_z=L_2-L_1 \tag{2.3-2}$$

式中，$\int_{t_1}^{t_2}M_z\mathrm{d}t$ 表示刚体在时间间隔 t_2-t_1 内的冲量矩；L_1 和 L_2 分别为刚体在时刻 t_1 和 t_2 对固定转轴的角动量。因此，式（2.3-2）的物理意义是刚体对固定转轴合外力矩的冲量矩等于刚体对同一转轴的角动量的增量，这就是刚体定轴转动的角动量定理的积分形式。

例 2.3-1 轻绳绕过一半径为 R、质量为 $m/4$ 的定滑轮，滑轮可视为均质圆盘。定滑轮可绕 O 轴转动。质量为 m 的人抓住了绳的一端，在绳的另一端系一个质量为 $m/2$ 的重物，如图 2.3-1 所示。问当人相对于绳以匀速 u 上爬时，重物上升的加速度是多少？

解： 选择人、定滑轮与重物组成的系统为研究对象。

对于 O 轴，由于定滑轮的重力矩为零，支撑力矩为零（重力、支撑力作用在轴上），拉力矩为内力矩，所以系统所受的合外力矩为人的重力矩加重物的重力矩。根据右手螺旋法则，人对轴的重力矩垂直纸面向外，人对轴的重力矩的大小为力乘力臂，即 Rmg；同理，重物的重力矩垂直纸面向里，大小为 $R\dfrac{m}{2}g$。选择垂直纸面向外的方向为正方向，则系统的合外力矩 $M=Rmg-R\dfrac{m}{2}g=\dfrac{1}{2}mgR$。

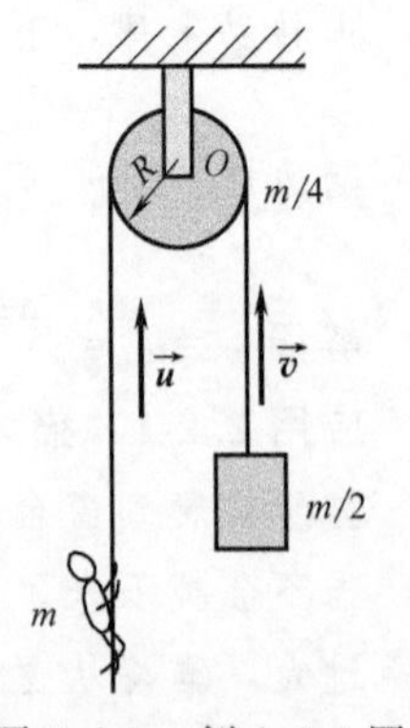

图 2.3-1 例 2.3-1 图

设重物上升的速度为 v，即重物相对于地面的速度为 v；人相对于地面的速度等于人相对于绳的速度加上绳相对于地面的速度，即 $u-v$；设定滑轮转动的角速度为 ω，由线速度和角速度之间的关系 $\omega=\dfrac{v}{R}$，则系统对 O 轴的角动量为人对 O 轴的角动量加重物对 O

轴的角动量加定滑轮对 O 轴的角动量。人对 O 轴的角动量大小为 $Rm(u-v)$，方向垂直纸面指向里；重物对 O 轴的角动量大小为 $R\dfrac{m}{2}v$，方向垂直纸面指向外；定滑轮对 O 轴的角动量大小为 $J\omega$（定滑轮对 O 轴的转动惯量为 $\dfrac{1}{2}\cdot\dfrac{m}{4}\cdot R^2$），方向垂直纸面指向外。同样选择垂直纸面向外的方向为正方向，系统的总角动量为

$$L=R\frac{m}{2}v-Rm(u-v)+J\omega=R\frac{m}{2}v-Rm(u-v)+\frac{1}{2}\cdot\frac{m}{4}R^2\omega=\frac{13}{8}mRv-mRu$$

由角动量定理，有 $M\mathrm{d}t=dL$，

且人相对于绳以匀速 u 上爬，则有 $\dfrac{1}{2}mgR\,\mathrm{d}t=d\left(\dfrac{13}{8}mRv-mRu\right)=\dfrac{13}{8}mR\,\mathrm{d}v$，

故重物上升的加速度为 $a=\dfrac{\mathrm{d}v}{\mathrm{d}t}=\dfrac{4}{13}g$。

例 2.3-2 两摩擦轮对接。如例 2.3-2 图所示，若对接前左轮的角速度为 ω_1、右轮静止不动，求对接后两轮无相对滑动时的角速度是多少？

解： 设两轮间摩擦力为 f，如例 2.3-2 图所示，两轮运动时所受的合外力矩只有摩擦力矩。左轮摩擦力矩为阻力矩，根据角动量定理，可得 $-fr_1\mathrm{d}t=J_1\mathrm{d}\omega_1$，对于右轮摩擦力矩为动力矩，则有 $fr_2\mathrm{d}t=J_2\mathrm{d}\omega_2$。两式相比，可得：$\dfrac{J_1\mathrm{d}\omega_1}{J_2\mathrm{d}\omega_2}=-\dfrac{r_1}{r_2}$，即 $J_1r_2\mathrm{d}\omega_1=-J_2r_1\mathrm{d}\omega_2$。设对接后左轮的角速度为 ω_1'，右轮角速度为 ω_2'。代入初始条件，上式两边同时积分，可得：$\int_{\omega_1}^{\omega_1'}J_1r_2\mathrm{d}\omega_1=-\int_0^{\omega_2'}J_2r_1\mathrm{d}\omega_2$，解得 $J_1r_2(\omega_1'-\omega_1)=-J_2r_1\omega_2'$；

两轮无相对滑动，则对接处两轮的线速度大小相等，$r_1\omega_1'=r_2\omega_2'$；

以上两式联立，解得对接后左轮的角速度为 $\omega'_1=\dfrac{r_2^2J_1}{r_1^2J_2+r_2^2J_1}\omega_1$；对接后右轮的角速度为 $\omega'_2=\dfrac{r_1r_2J_1}{r_1^2J_2+r_2^2J_1}\omega_1$。

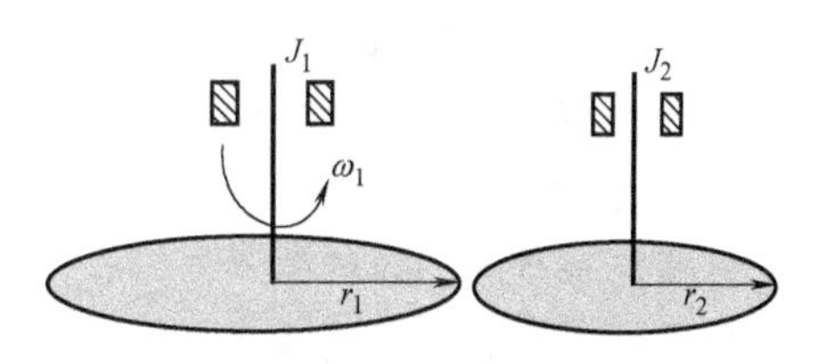

图 2.3-2 例 2.3-2 示意图

小节概念回顾： 刚体对轴的角动量和质点对点的角动量的定义式分别是什么？

2.3.2 刚体定轴转动的角动量守恒定律

根据式（2.3-1）和式（2.3-2）可知，当刚体绕定轴转动所受的合外力矩为零时，刚体对转轴的角动量保持不变。这就是刚体定轴转动的角动量守恒定律，即

$$\text{若 } M_z=\sum M_{iz}=0,\quad \text{则 } J\omega=\text{恒量} \tag{2.3-3}$$

对于绕固定转轴转动的刚体，如果其转动惯量 J 保持不变，当合外力矩为零时，其角速度 ω 恒定，刚体做匀角速转动。若系统由若干个刚体构成，且都绕同一个轴转动。当合外力矩为零时，如果各刚体的转动惯量 J 可以改变，则刚体的转动惯量 J 增大，角速度减小；转动惯量 J 减小，角速度增大。即刚体定轴转动的角动量守恒时，系统的总角动量 $J\omega$ 守恒，但各部分的角动量可以在系统内部相互传递。

在日常生活中，有很多事例都可以用角动量守恒定律来说明。如我们在电视上看到的花样滑冰运动员做旋转动作时，先将两臂张开，并绕身体的垂直轴旋转。旋转起来后，迅速将两臂和腿收回，因为身体某些部分离轴近了，转动惯量减少，角速度增大，转速迅速增加；停止时，重新将两臂伸开，转动惯量增加，角速度减小，降低转速，运动员就平稳地停下来了。

例 2.3-3 有一半径为 R 的水平圆转台，可绕通过其中心的竖直轴以匀角速度 ω_0 转动，转动惯量为 J。当质量为 m 的人从转台中心沿半径向外跑到转台边缘时（转台的直径很大，人可视为质点），转台的角速度变为多少？

解： 选择人和转台组成的系统为研究对象。当质量为 m 的人从转台中心沿半径向外跑到转台边缘时，人对转轴的重力矩垂直于转轴，对系统的定轴转动没有贡献。因为水平圆转台的重力和支撑力作用在轴上，其对转轴的力矩为零。人和转台之间的作用力属于内力，故系统的合外力矩为零，系统对转轴的角动量守恒。

当人在转台中心时，人对转轴的转动惯量为零，则人对转轴的角动量也为零，转台对转轴的角动量 $J\omega_0$；当人跑到转台边缘时，系统对转轴的转动惯量为人对转轴的转动惯性 mR^2 与转台对转轴的转动惯量 J 的和，系统对转轴的角动量为 $(J+mR^2)\omega$。人跑动前后系统的角速度的方向不变，则系统对转轴的角动量方向也不变。

根据角动量守恒，有 $J\omega_0=(J+mR^2)\omega$，所以，转台的角速度为

$$\omega=\frac{J\omega_0}{J+mR^2}$$

例 2.3-4 如图 2.3-3 所示，人和转盘的转动惯量为 J_0，哑铃的质量为 m，初始时刻人和转盘以相同的初始转速 ω_1 绕中心轴转动，问：当人的双臂由 r_1 收缩为 r_2 时，人和转盘的角速度是多少？

解： 以人、转盘和哑铃组成的系统为研究对象，在人的双臂收回的过程中，没有外力矩的作用，系统对于中心轴的角动量守恒。

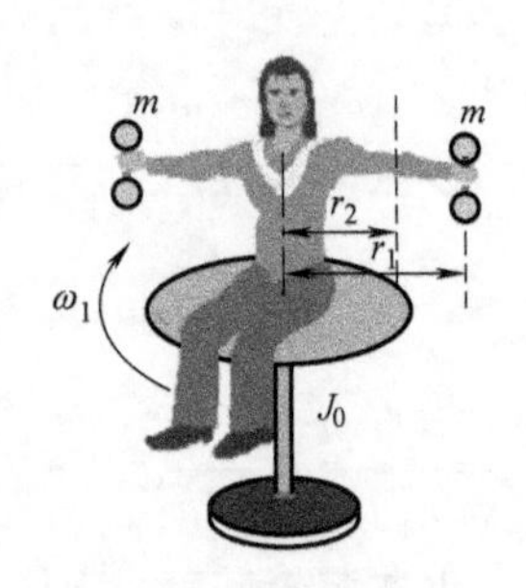

图 2.3-3 例 2.3-4 图

哑铃的形状大小与人和转盘的形状大小相比可忽略不计，所以可视哑铃为质点。如图 2.3-3 所示，人的双臂收回前后，人手臂部分对中心轴的转动惯量发生了变化，但与转盘和人其余部分对中心轴的转动惯量相比，其手臂部分对中心轴转动惯量的变化可以忽略不计。人的双臂收回前，系统的转动惯量为人和转盘对中心轴的转动惯量 J_0 与两个哑铃对中心轴的转动惯量 $2mr_1^2$ 之和；人的双臂收回后，系统的转动惯量为人和转盘对中心轴的转动惯量 J_0 与两个哑铃对中心轴的转动惯量 $2mr_2^2$ 之和。

根据角动量守恒定律，可得

$$(J_0+2mr_1^2)\omega_1=(J_0+2mr_2^2)\omega_2$$

解得人的双臂收回后，人和转盘的角速度为

$$\omega_2=\frac{(J_0+2mr_1^2)}{(J_0+2mr_2^2)}\omega_1$$

例 2.3-5 如图 2.3-4 所示，质量为 m'、长度为 L 的均质细杆可绕水平轴 O 自由转动。开始时细杆处于铅垂静止状态。现有一块质量为 m 的橡皮泥以速率 v 碰撞到细杆 $\frac{3}{4}L$ 处，

若橡皮泥和细杆发生完全非弹性碰撞并且和细杆粘在一起，求碰撞后细杆和橡皮泥组成的系统的角速度和所能上摆的最大角度。

解：以细杆和橡皮泥组成的系统为研究对象，系统所受的外力有重力和轴对细杆的约束力，在橡皮泥和细杆发生碰撞的极短时间内，由于水平方向有轴的约束力的作用，故水平方向的动量不守恒。但重力和约束力对于水平轴 O 轴的力矩均为零，合外力矩为零，系统对 O 轴的角动量守恒。

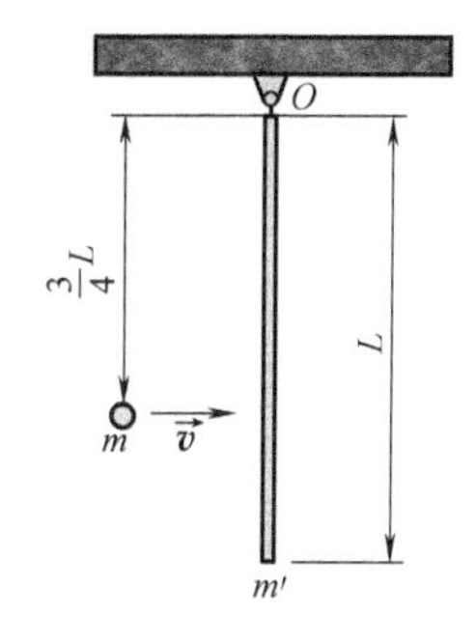

图 2.3-4　例 2.3-5 图

如图 2.3-4 所示，碰撞前只有橡皮泥对水平轴 O 的角动量，角动量的大小为力乘力臂，即 $mv\dfrac{3}{4}L$，根据右手螺旋法则，角动量的方向垂直纸面向外。设碰撞后系统的角速度为 ω。碰撞后系统对水平轴 O 的角动量为细杆和橡皮泥对水平轴 O 的转动惯量与角速度 ω 的乘积，其中细杆对水平轴 O 的转动惯量为 $\dfrac{1}{3}m'L^2$，橡皮泥对水平轴 O 的转动惯量为 $m\left(\dfrac{3}{4}L\right)^2$。根据右手螺旋法则，角动量的方向垂直纸面向外。以垂直纸面向外为正方向。根据角动量守恒定律，可得

$$mv\frac{3}{4}L=(J_m+J_{m'})\omega=\left[m\left(\frac{3}{4}L\right)^2+\frac{1}{3}m'L^2\right]\omega$$

解得系统的角速度为

$$\omega=\frac{\frac{3}{4}mv}{\frac{9}{16}mL+\frac{1}{3}m'L}=\frac{36mv}{27mL+16m'L}$$

橡皮泥粘到细杆后，系统在摆动过程中只有重力做功，系统的机械能守恒，则有

$$\frac{1}{2}(J_m+J_{m'})\omega^2=mg\frac{3}{4}L(1-\cos\theta)+m'g\frac{1}{2}L(1-\cos\theta)$$

解得系统所能上摆的最大角度为

$$\theta=\arccos\frac{\left(\frac{3}{4}m+\frac{1}{2}m'\right)\left(\frac{9}{16}m+\frac{1}{3}m'\right)gL-\frac{9}{16}m^2v^2}{\left(\frac{3}{4}m+\frac{1}{2}m'\right)gL}$$

应用 2.3-1　银河系、太阳系等星系为何呈盘状？

星系形成之初是混沌的星云，同一团星云组成的物体在碰撞、合并过程中的总角动量守恒，故整体叠加后形成一个整体的旋转方向，沿着这团星云旋转的方向就形成了盘状（见应用 2.3-1 图）。云团形成之初，中心地带引力坍塌，星云中的粒子在引力作用下向里收缩，半径变小，旋转速度变大。当引力等于向心力时，半径就稳定不变了。

应用 2.3-1 图

小节概念回顾：角动量守恒的条件是什么？

2.4 刚体定轴转动的功和能

质点在外力作用下经过一段位移后，力对质点做了功。当刚体在外力矩的作用下绕定轴转动而产生角位移时，我们就说力矩对刚体做了功。

2.4.1 力矩的功

如图 2.4-1 所示，刚体在垂直于转轴平面内的外力 $\vec{F}$ 的作用下绕固定轴 O 轴转动。外力的作用点为 P 点，其方向与受力点位矢 $\vec{r}$ 之间的夹角为 ϕ。当刚体在力 $\vec{F}$ 的作用下转过的角位移为 $\mathrm{d}\theta$ 时，力的作用点 P 经过的位移大小为 $\mathrm{d}s$，且 $\mathrm{d}s=r\mathrm{d}\theta$。根据元功的定义，在该转动过程中，外力 $\vec{F}$ 所做元功为

$$\mathrm{d}A=\vec{F}\cdot\mathrm{d}\vec{s}=F\mathrm{d}s\cos\left(\frac{\pi}{2}-\phi\right)=Fr\mathrm{d}\theta\sin\phi=M\mathrm{d}\theta$$

上式表明，刚体转动时力对刚体做的元功 $\mathrm{d}A$ 等于力矩 M 与角位移 $\mathrm{d}\theta$ 的乘积。因此，力对刚体做的功也可以称为力矩对刚体做的功。

若刚体在此力矩作用下转过一定角度，则力矩所做的总功为

$$A=\int\mathrm{d}A=\int_{\theta_1}^{\theta_2}M\mathrm{d}\theta \tag{2.4-1}$$

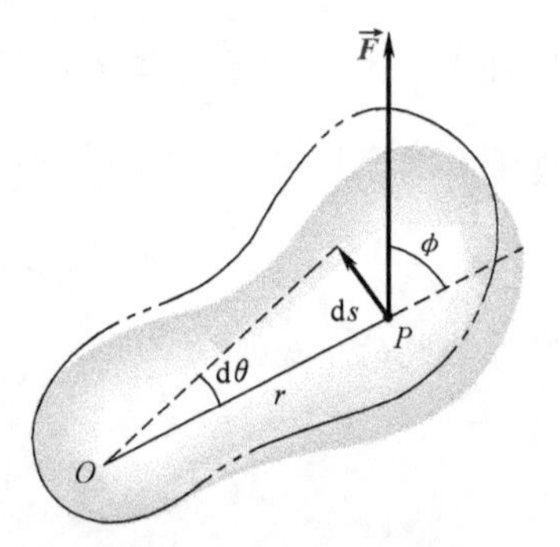

图 2.4-1 力矩的功示意图

由此可见，当刚体转动时，力矩对其所做的功等于该力对转轴的力矩与角位移乘积的积分。但需要注意的是，力矩的功并不是新概念，本质上仍然是力做的功。力矩的功是力做的功的另一种表达形式，在讨论刚体转动时，采用这种表达形式比较方便。

小节概念回顾：力矩的功是怎么定义的？

2.4.2 刚体定轴转动的动能定理

1. 刚体的转动动能

刚体可看作由许许多多的质元组成的质点系，因此，刚体做定轴转动时，刚体上所有质元都在绕轴做不同半径的圆周运动，则刚体上所有质元做圆周运动的动能之和即为整个刚体的动能。设刚体上各质元的质量分别为 Δm_1，Δm_2，…，Δm_i，各质元到转轴的距离分别为 r_1，r_2，…，r_i，各质元的线速度大小分别为 v_1，v_2，…，v_i，当刚体绕 z 轴转动时，第 i 个质元的动能为$\frac{1}{2}\Delta m_i v_i^2=\frac{1}{2}\Delta m_i r_i^2\omega^2$，则整个刚体的动能为

$$E_\mathrm{k}=\sum_i\left(\frac{1}{2}\Delta m_i r_i^2\omega^2\right)=\frac{1}{2}\left(\sum_i\Delta m_i r_i^2\right)\omega^2=\frac{1}{2}J\omega^2 \tag{2.4-2}$$

由于上式中的动能是用角速度表示的，所以此动能可称为**转动动能**。也就是说，刚体对固定轴的转动惯量与角速度二次方乘积的一半称为刚体绕定轴转动的转动动能。

2. 刚体定轴转动的动能定理

刚体定轴转动的动能定理可以用两种方式推导出来。

(1) 将质点系动能定理应用于刚体的定轴转动，可得到刚体定轴转动的动能定理

在质点力学中，我们学习了质点系的动能定理，也就是所有外力和所有内力对质点系所做的总功等于质点系动能的增量，即 $A_e+A_i=E_{kb}-E_{ka}=\Delta E_k$。对于质点系而言，当任意两个质点之间有相对位移时，成对内力的功的和一般不为零，因此，所有内力所做功的和一般不为零。而刚体内任意两质元间的距离保持不变，刚体内任何一对作用力和反作用力所做功的和为零，所以刚体内所有内力做功的和恒等于零，故刚体定轴转动的动能定理为

$$A=\sum A_{外}=\frac{1}{2}J\omega_2^2-\frac{1}{2}J\omega_1^2 \tag{2.4-3}$$

上式表明，当刚体绕定轴转动时，合外力矩对一个绕固定轴转动的刚体所做的功等于刚体转动动能的增量。

(2) 利用转动定律推导刚体定轴转动的动能定理

当刚体在合外力矩的作用下绕 z 轴转过 $\mathrm{d}\theta$ 的角位移时，合外力矩对其所做的元功为 $\mathrm{d}A=M\mathrm{d}\theta$。与转动定律联立，元功为 $\mathrm{d}A=M\mathrm{d}\theta=J\alpha\mathrm{d}\theta=J\dfrac{\mathrm{d}\omega}{\mathrm{d}t}\mathrm{d}\theta=J\omega\mathrm{d}\omega$，等式左右两边同时积分可得

$$A=\sum A_{外}=\int_{\omega_1}^{\omega_2}J\omega\,\mathrm{d}\omega=\frac{1}{2}J\omega_2^2-\frac{1}{2}J\omega_1^2 \tag{2.4-4}$$

此为刚体定轴转动的动能定理。由此可见，两种方法得到的刚体定轴转动的动能定理完全相同。

例 2.4-1 质量为 m'、半径为 R 的定滑轮上面绕有细绳，滑轮可看作均质圆盘。滑轮一端挂有质量为 m 的物体，如图 2.4-2 所示，忽略轴摩擦，请用动能定理求解物体由静止开始下落 h 高时速度的大小。

解： 质量为 m 的物体运动时受到重力和绳的拉力的作用，由动能定理，得

$$mgh-F_Th=\frac{1}{2}mv^2$$

定滑轮运动时受到重力、支撑力和绳的拉力作用，其中只有绳的拉力产生力矩，由动能定理，得 $\int_0^{h/R}F_TR\mathrm{d}\theta=F_TR\dfrac{h}{R}=F_Th=\dfrac{1}{2}J\omega^2$，且 $J=\dfrac{1}{2}m'R^2$，$v=R\omega$；

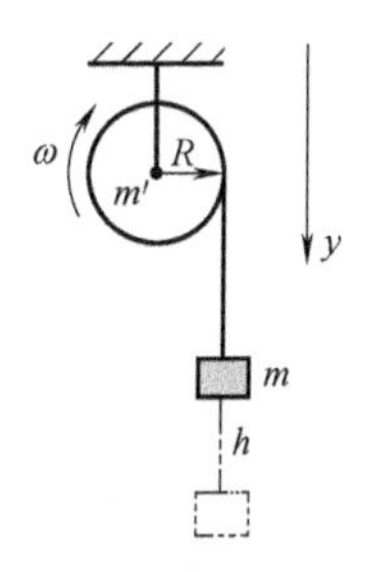

图 2.4-2 例 2.4-1 图

以上各式联立，解得

$$v=\sqrt{\frac{4mgh}{2m+m'}}$$

小节概念回顾： 刚体的动能定理的内容是什么？

2.4.3 刚体的势能

1. 刚体的重力势能

刚体的重力势能等于刚体内各质元的重力势能之和。如图 2.4-3 所示的木板，当考虑木板

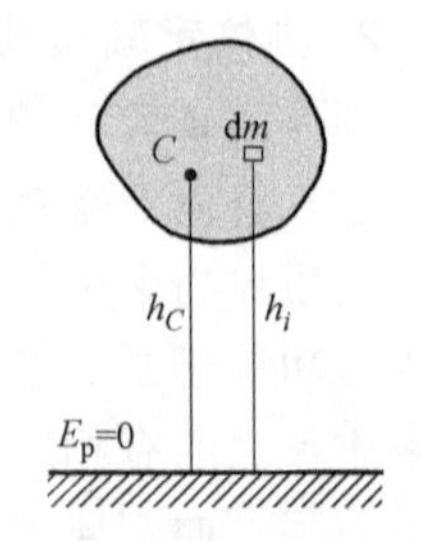

图 2.4-3 刚体的重力势能示意图

的形状大小时可将其视为刚体，在木板上任取质元 dm，选择水平地面为重力势能零点，质元的重力势能为 $gh_i\mathrm{d}m$。图中的 h_i 为该质元距离地面的高度。与质心位矢的定义式联立，可得刚体的总势能为

$$E_\mathrm{p}=\int gh_i\mathrm{d}m=mg\frac{\int h_i\mathrm{d}m}{m}=mgh_C \qquad (2.4\text{-}5)$$

式中，h_C 为木板质心距离地面的高度。在刚体的尺寸不太大的情况下，刚体所在处的重力加速度 g 可视为常量。此时，刚体的重力势能与它的全部质量都集中在质心位置时所具有的重力势能是一样的。如果在外力作用下，刚体的高度发生了变化，则其重力势能的改变等于 $\Delta E_\mathrm{p}=mg\Delta h_C$。

2. 刚体的弹性势能

如图 2.4-4 所示，轻弹簧一端系着刚体，另一端固定在墙壁上。在弹性力作用下，刚体绕平衡位置来回往复运动，具有弹性势能。需要注意的是，弹性势能是由轻弹簧储存，并可以转化为其他形式的能量。由于在弹性力作用下，刚体本身并不能发生形变，所以刚体本身不会拥有弹性势能。因此，此处刚体的弹性势能依然是轻弹簧的弹性势能

$$E_\mathrm{p}=\frac{1}{2}kx^2 \qquad (2.4\text{-}6)$$

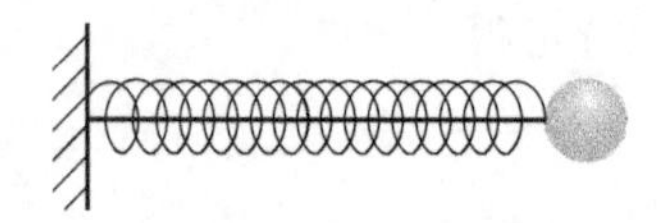
图 2.4-4 刚体的弹性势能示意图

由此，我们也可以理解在弹簧振子的研究中把物体视为质点是合理的。

小节概念回顾： 刚体的势能与质点的势能一样吗？

2.4.4 刚体的机械能守恒

定轴转动刚体的机械能等于其转动动能和势能的和，即

$$E=E_\mathrm{k}+E_\mathrm{p}=\frac{1}{2}J\omega^2+mgh_C \qquad (2.4\text{-}7)$$

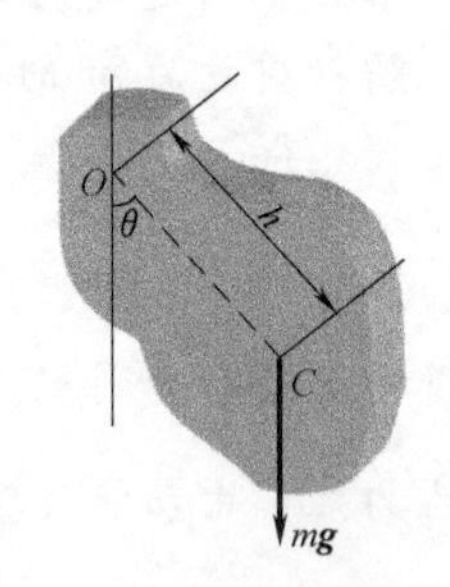

图 2.4-5 复摆示意图

在如图 2.4-5 所示的复摆问题中，复摆绕竖直轴摆动。复摆在运动中受到重力和轴的支持力的作用。而转轴处的支持力对轴的力矩为零，不做功。因此，复摆运动中只有重力做功或只有重力矩做功。由于重力为保守力，对应的重力力矩做功全部转化为刚体的转动动能，所以总机械能守恒。因此，对于包含刚体的系统，如果在运动过程中只有保守内力做功，则该系统的机械能守恒。或合外力与非保守内力做的功的和为零，系统的机械能守恒。

例 2.4-2 质量为 m'、半径为 R 的定滑轮上面绕有细绳，滑轮可看作均质圆盘。滑轮一端挂有质量为 m 的物体，如图 2.4-6 所示，忽略轴摩擦，请用机械能守恒求物体由静止开始下落 h 高时速度的大小。

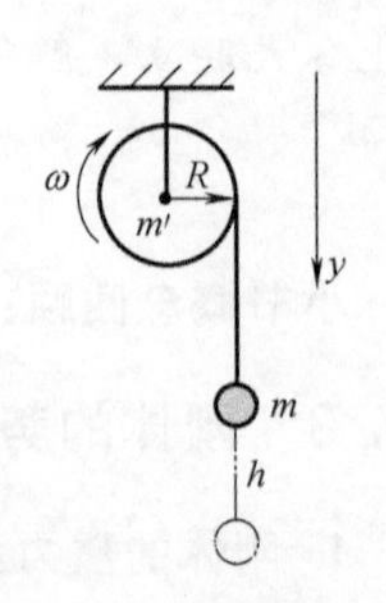

图 2.4-6 例 2.4-2 图

解： 把物体、滑轮和地球看作一个系统，下落过程中只有重力做功，系统的机械能守恒，有

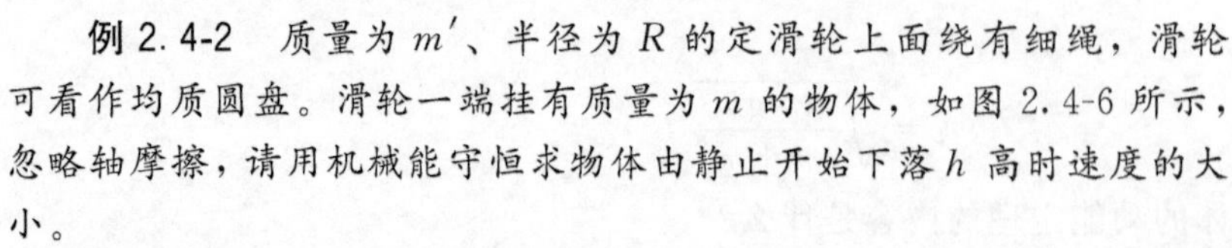

$$mgh=\frac{1}{2}J\omega^2+\frac{1}{2}mv^2$$

其中 $J=\frac{1}{2}m'R^2$，$v=R\omega$，则物体由静止开始下落 h 高的速度为

$$v=\sqrt{\frac{4mgh}{2m+m'}}$$

此例题除了用动能定理和机械能守恒定律外，是否还可以用其他方法求解？

例 2.4-3 如图 2.4-7 所示，质量为 m，长为 l 的均质细杆绕 O 轴转动，$OA=\frac{l}{4}$，忽略轴摩擦，初始时细杆水平静止。求细杆下摆 θ 角时，细杆角速度的大小及轴对细杆的作用力。

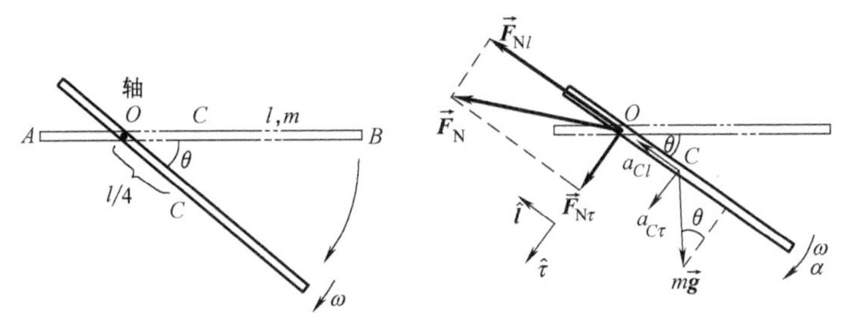

图 2.4-7 例 2.4-3 图

解： 由平行轴定理，细杆对 O 轴的转动惯量为

$$J=\frac{1}{12}ml^2+m\left(\frac{l}{4}\right)^2=\frac{7}{48}ml^2$$

取细杆和地球为一个系统，在细杆下摆过程中只有重力矩做功，系统的机械能守恒，选择水平位置为重力势能零点，有 $\frac{1}{2}J\omega^2-mg\frac{l}{4}\sin\theta=0$，解得细杆下摆 θ 角时，细杆角速度的大小为

$$\omega=2\sqrt{\frac{6g\sin\theta}{7l}}$$

细杆运动过程中受到重力和轴的支持力的作用，应用质心运动定理，沿细杆方向，有

$$-mg\sin\theta+F_{Nl}=ma_{Cl}$$

沿垂直细杆方向，有

$$mg\cos\theta+F_{N\tau}=ma_{C\tau}$$

且 $a_{Cl}=\frac{l}{4}\omega^2=\frac{6}{7}g\sin\theta$，$a_{C\tau}=\frac{l}{4}\alpha$，

根据转动定律，$\alpha=\frac{mg\frac{l}{4}\cos\theta}{J}$，则 $a_{C\tau}=\frac{3g\cos\theta}{7}$，

其中，$\hat{\boldsymbol{l}}$ 和 $\hat{\boldsymbol{\tau}}$ 分别为 l 方向和 τ 方向的单位矢量。

联立上述各式，可解得轴对细杆的作用力为

$$\boldsymbol{F}_N=\frac{13}{7}mg\sin\theta\hat{\boldsymbol{l}}-\frac{4}{7}mg\cos\theta\hat{\boldsymbol{\tau}}$$

例 2.4-4 如图 2.4-8 所示，质量为 m'、半径为 R 的均质圆盘静止不动，有一质量为 m

的黏土块从高 h 处下落，与圆盘碰撞后粘在圆盘的边缘 P 点处随圆盘一起绕 O 轴转动。已知 $m'=2m$，OP 与 Ox 轴的夹角 $\theta=60°$，问：

（1）碰撞后瞬间圆盘的角速度 ω_0 为多少？

（2）当 P 点转到 x 轴时圆盘的角速度 ω 和角加速度 α 分别为多少？

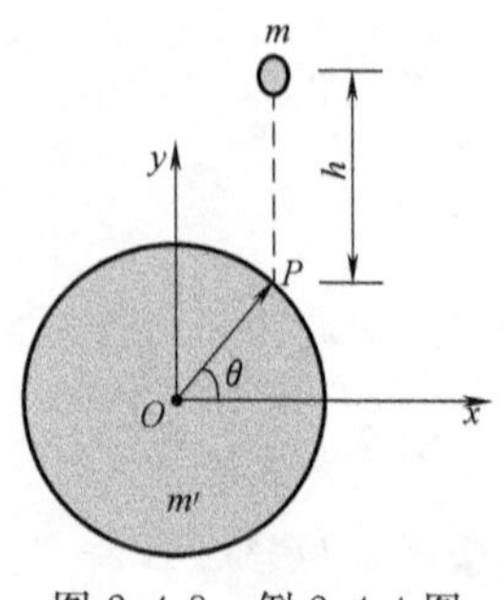

图 2.4-8　例 2.4-4 图

解：（1）当黏土块从高 h 处自由下落时，只有重力做功，故

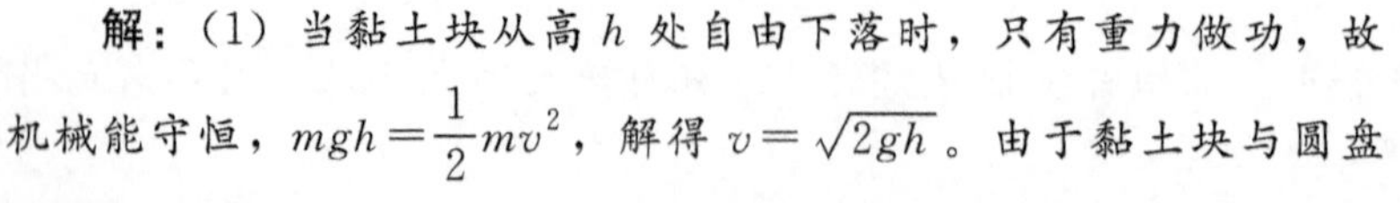
机械能守恒，$mgh=\frac{1}{2}mv^2$，解得 $v=\sqrt{2gh}$。由于黏土块与圆盘碰撞时间极短，对于黏土块和圆盘组成的系统，冲力远远大于重力，所以重力对 O 的力矩可忽略不计，碰撞过程可近似用角动量守恒定律来求解，故 $mvR\cos\theta=J\omega_0$，其中转动惯量为 $J=\frac{1}{2}m'R^2+mR^2=2mR^2$，联立以上各式解得碰撞后瞬间圆盘的角速度为

$$\omega_0=\frac{\sqrt{2gh}}{2R}\cos\theta$$

（2）在黏土块与圆盘一起转动的过程中，对于黏土块、圆盘和地球组成的系统，只有重力做功，系统的机械能守恒，令 P 点转到 x 轴时为重力势能零点，则有 $mgR\sin\theta+\frac{1}{2}J\omega_0^2=\frac{1}{2}J\omega^2$，解得 P 点转到 x 轴时圆盘的角速度为

$$\omega=\sqrt{\frac{gh}{2R^2}\cos^2\theta+\frac{g}{R}\sin\theta}=\frac{1}{2R}\sqrt{\frac{g}{2}(h+4\sqrt{3}R)}$$

由转动定律，P 点转到 x 轴时圆盘的角加速度为

$$\alpha=\frac{m'}{J}=\frac{mgR}{2mR^2}=\frac{g}{2R}$$

小节概念回顾：刚体的机械能守恒与质点系的机械能守恒有何区别？

*2.5　刚体的平面运动

不同于刚体的定轴转动，一般的刚体运动比较复杂，转轴也可能随时间改变。本节将学习较为简单的情形，即刚体的运动可看作质心的平动和刚体上各质元绕质心转动的叠加，且质心被限制在一个平面上，这样的运动称为刚体的平面运动。

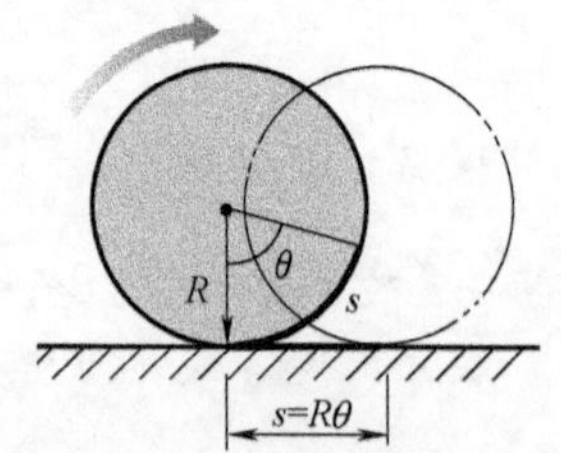

图 2.5-1　刚体的无滑滚动示意图

如图 2.5-1 所示，我们考虑一种质量分布均匀的铁质圆柱体做平面运动的特例，运动中圆柱体可视为刚体。设刚体的质量为 m'，若刚体只在平面内沿直线滚动，在滚动过程中刚体与接触面之间没有相对滑动，刚体的这种运动称为纯滚动，或无滑滚动。在滚动过程中，刚体的转轴总是同初始时刻平行。纯滚动意味着

刚体在滚动过程中如果转过角度 θ，则刚体前进的距离 r_C 等于 θ 对应的弧长 $s=R\theta$，由 $r_C=s=R\theta$ 可以得到纯滚动条件为

$$v_C=R\frac{\mathrm{d}\theta}{\mathrm{d}t}=R\omega \tag{2.5-1}$$

上式两边同时求导数，可得

$$a_C=R\frac{\mathrm{d}\omega}{\mathrm{d}t}=R\alpha \tag{2.5-2}$$

即当质心速度或质心加速度满足式（2.5-1）和式（2.5-2）时，刚体做无滑滚动。

无滑动滚动的刚体上各质点相对于质心具有相同的角速度，但是各质点的线速度各不相同。由于刚体上各质点的运动可视为质心的平动和各质点相对质心转动的合成，所以刚体上任一点的线速度为$\vec{v}=\vec{v}_C+\vec{v}_{相}=\vec{v}_C+\vec{\omega}\times\vec{R}$，其中，$\vec{v}_{相}$为各质点相对于质心的速度。如图 2.5-2 所示，在滚动过程中，刚体上各质点的平动速度的大小等于质心的平动速度的大小 v_C。而根据纯滚动条件，刚体边缘各质点相对质心的线速度大小为 $v_C=R\omega$，方向沿切线方向。因此可得，刚体与平面的接触点 0 处的线速度为零，与纯滚动的要求一致；2 处的线速度最大，其大小为 $2v_C$；1 和 3 处的线速度大小为 $\sqrt{2}v_C$。

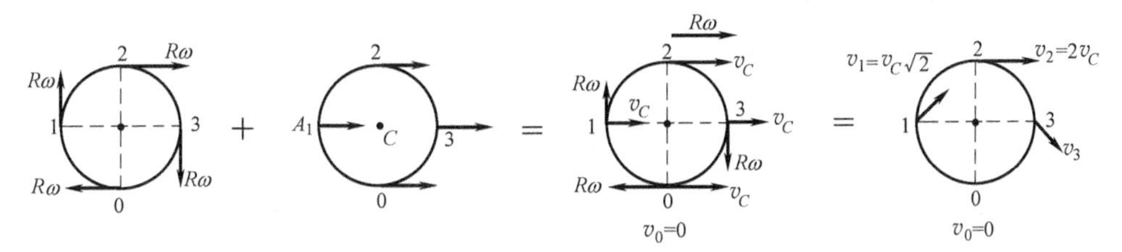

图 2.5-2　刚体的平面运动示意图

如图 2.5-2 所示的刚体做无滑滚动时，若某时刻刚体与地面的接触点恰好为 0 点，则此时刻刚体的动能可以视为刚体绕过 0 点的转轴做定轴转动的转动动能，其数学表示式为 $E_k=\frac{1}{2}J_0\omega^2$。由平行轴定理，可得 $J_0=J_C+m'R^2$。代入上式可得 $E_k=\frac{1}{2}(J_C+m'R^2)\omega^2=\frac{1}{2}J_C\omega^2+\frac{1}{2}m'R^2\omega^2$。根据无滑滚动条件 $v_C=R\omega$，可得 $E_k=\frac{1}{2}m'v_C^2+\frac{1}{2}J_C\omega^2$，故刚体做无滑滚动时，其转动动能等于质心的平动动能与刚体相对质心转动的动能之和，即

$$E_k=\frac{1}{2}m'v_C^2+\frac{1}{2}J_C\omega^2 \tag{2.5-3}$$

小节概念回顾：无滑滚动是如何定义的？

*2.6　刚体的进动

当陀螺不转动时，在重力矩作用下它将倾倒在地面上。而当陀螺绕自身对称轴高速旋转时，即使轴线倾斜，陀螺也不会倾倒在地面上。如图 2.6-1 所示，陀螺的自转轴在重力矩作

用下将沿图中虚线所示的路径画出一个圆锥面来，即自转轴围绕圆锥面的中心轴旋转。陀螺可看作刚体。这种高速自旋物体的自转轴在空间转动的现象称为刚体的进动。

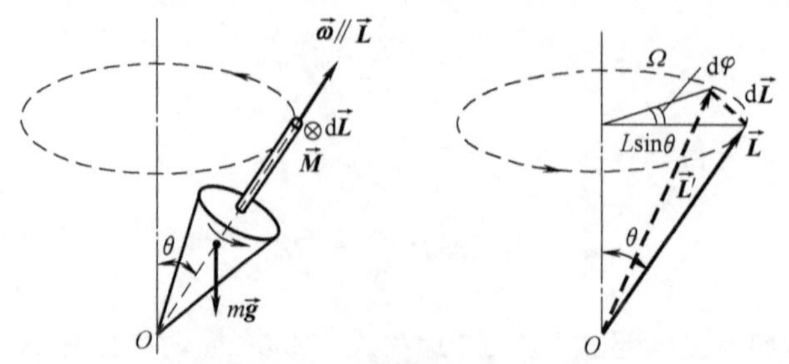

图 2.6-1 刚体的进动示意图

当陀螺绕固定的对称轴转动时，其角动量的方向和角速度的方向都是沿对称轴方向。若同时还受到如图 2.6-1 所示的重力矩作用，显然重力矩的方向垂直于对称轴（自旋轴）和圆锥面的中心轴组成的平面。因此，重力矩只能改变陀螺角动量的方向，不能改变其角动量的大小。此时，陀螺的角动量包括了陀螺绕其自旋轴高速旋转产生的自旋角动量和进动角动量。在陀螺绕自旋轴高速旋转时，自旋角速度远远大于进动角速度，故陀螺的角动量可近似用自旋角动量表示。由角动量定理 $\vec{M}dt=d\vec{L}$ 可知，$d\vec{L}$ 的方向与重力矩的方向相同。若陀螺在 dt 时间间隔内进动的角位移为 $d\varphi$，设陀螺的自旋轴与圆锥面的中心轴之间的夹角为 θ，则 $dL=L\sin\theta d\varphi$，代入上式得 $Mdt=L\sin\theta d\varphi$，则进动角速度为

$$\Omega=\frac{d\varphi}{dt}=\frac{M}{L\sin\theta}=\frac{M}{J\omega\sin\theta} \tag{2.6-1}$$

式中，Ω 表示进动角速度。由上式可知，$\theta=90°$时，$\Omega=\frac{M}{J\omega}$。在合外力矩一定的情况下，当刚体的转动惯量越大、自旋角速度越大时，进动角速度就越小。

技术上利用上述陀螺进动原理的一个实例是炮弹在空中的飞行。如图 2.6-2 所示，炮弹在飞行过程中，要受到空气阻力的作用。其阻力的方向总是与炮弹质心的速度方向相反，但其合力不一定通过质心 C。此时，若炮弹没有绕自身的对称轴高速旋转，则阻力对质心的力矩就会使炮弹在空中翻转。这样，当炮弹射中目标时，就有可能是炮弹尾部先接触目标而不引爆。为避免这种情况，就在炮筒内壁上刻出螺旋线，称为来复线。当炮弹被强力推出炮筒时，还会同时绕自身的对称轴高速旋转。由于自旋，空气阻力对于质心的力矩仅能使炮弹绕飞行方向进动，使炮弹的弹头与飞行方向不会有过大偏离。

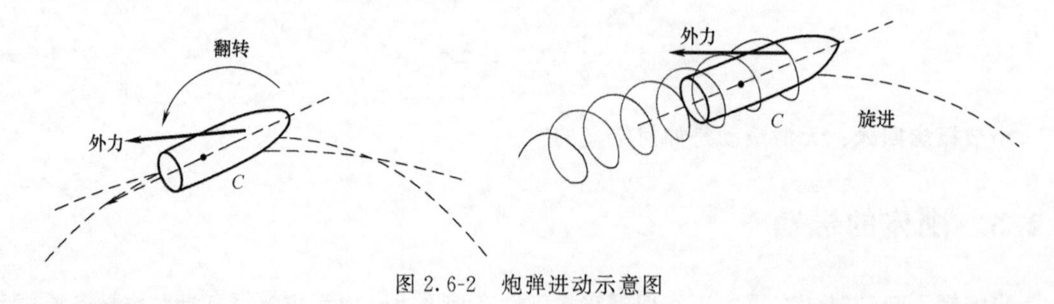

图 2.6-2 炮弹进动示意图

小节概念回顾：进动是怎么定义的？

课后作业

刚体定轴转动的转动定律

2-1. 一绕质心轴转动的圆盘在 t 时刻的角位置为 $\theta=2t+4t^2-9$，求其在 t 时刻的角速度和角加速度。

2-2. 一汽车发动机曲轴的转速在 10s 内由每分钟 1000 转均匀地增加到每分钟 2500 转，问曲轴转动的角加速度是多少？

2-3. 一辘轳由静止开始绕其中心轴做匀角加速转动，测得辘轳边缘上某点的切向加速度为 a_τ，法向加速度为 a_n，若辘轳在任意时间内转过的角度为 θ，求证：$\dfrac{a_n}{a_\tau}=2\theta$。

2-4. 证明：质量为 m'、半径为 R 的均质球，绕质心轴的转动惯量为 $\dfrac{2}{5}m'R^2$；如果以与球相切的转动轴为边缘轴，则均质球相对边缘轴的转动惯量为多少？

2-5. 如题 2-5 图所示，半径为 R、体密度为 ρ 的均质大球体被挖去一个半径为 a 的小球，求剩余部分对如题 2-5 图所示的轴的转动惯量。

2-6. 质量为 M、半径为 R 的定滑轮，滑轮可视为均质圆盘，滑轮上绕有轻绳，一端系一质量为 m 的物体，物体由静止运动。忽略轴的摩擦，求物体下落过程中绳中的张力。

2-7. 如题 2-7 图所示，质量为 m_1 和 m_2 的两个物体分别用轻绳悬挂在定滑轮的两侧，且 $m_2>m_1$。定滑轮的质量为 m、半径为 r，滑轮可视为均质圆盘。轮与绳间的摩擦可忽略不计，求两物体的加速度和绳的张力。

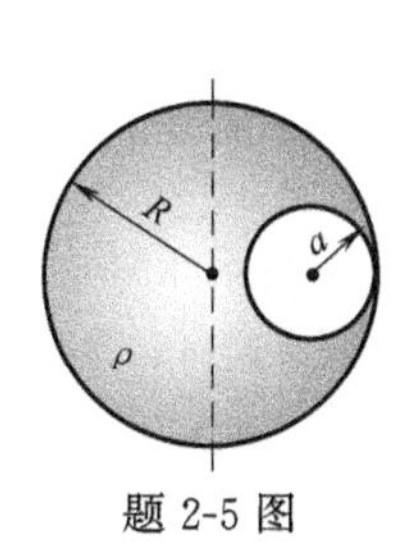

题 2-5 图

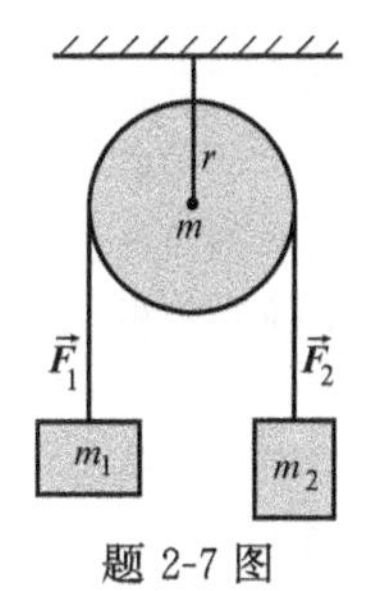

题 2-7 图

2-8. 一转动惯量为 J 的圆盘绕一固定轴转动，起初角速度为 ω_0。设它所受的阻力矩与转动角速度成正比，即 $M=-k\omega$（k 为正的常数）。求圆盘的角速度从 ω_0 变为 $\omega_0/2$ 时所需的时间。

刚体定轴转动的角动量定理

2-9. 有一半径为 R 的水平圆转台，可绕通过其中心的竖直轴以匀角速度 ω_0 转动，转动惯量为 J。当两个质量为 m 的人从转台边缘沿半径向内跑到转台中心时，转台的角速度变为多少？

2-10. 长为 l 的均匀直棒，其质量为 M，上端用光滑水平轴吊起而静止下垂。今有一质量为 m 的子弹，以水平速度 v_0 射入距杆的悬点下方 $l/2$ 处而不弹出。问子弹刚停在杆中时，系统的角速度多大？

2-11. 质量为 m'、长为 L 的细杆，可绕过中心的竖直轴在光滑水平面上转动。有两个质量为 m 的小球装在细杆上，可沿杆滑行。初始时刻，两个小球在中心两侧，距细杆质心 $L/4$，整个系统以角速度 ω_0 转动。此后，两个小球同时沿杆向外滑，求两个小球滑到细杆边缘时整个系统的角速度。

2-12. 如题 2-12 图所示，两摩擦轮对接，它们的转动惯量分别为 J_1、J_2，若对接前两轮的角速度分别为 ω_1、ω_2。问对接后两轮共同的角速度 ω 为多少？

2-13. 如题 2-13 图所示，两个均质圆盘的转动惯量分别为 J_1、J_2，开始时左边圆盘以 ω_{10} 的角速度旋转，右边圆盘静止不动，然后使两盘水平轴接近，问当接触点处无相对滑动时，两圆盘的角速度是多少？

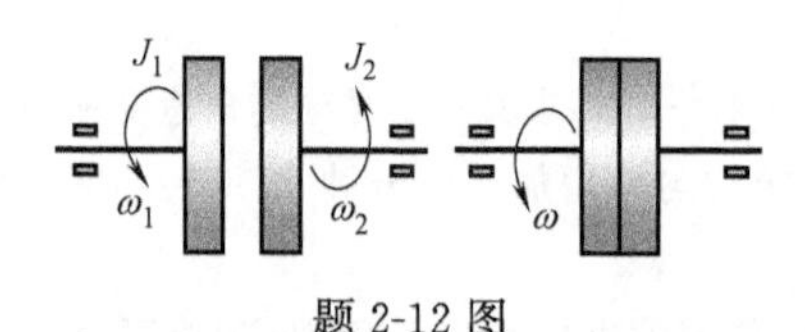

题 2-12 图

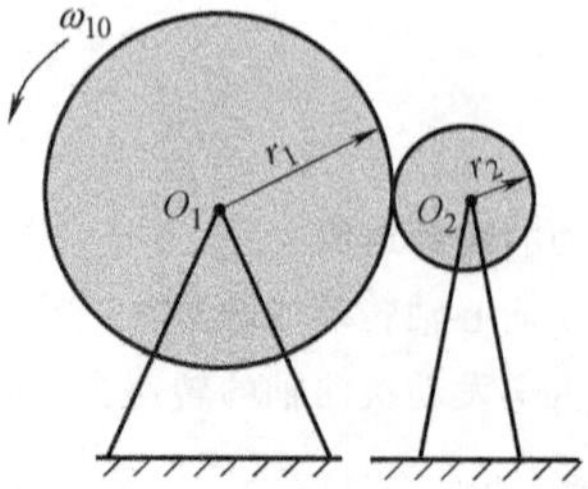

题 2-13 图

刚体定轴转动的功和能

2-14. 质量为 m_1、半径为 R_1 的均质水平圆盘可绕铅直中心轴旋转，初始时刻此圆盘静止不动。在其上方有一质量为 m_2 半径为 R_2 的均质水平圆盘绕铅直中心轴旋转，角速度为 ω_0，且两圆盘相互平行，圆心在同一铅直线上，$R_1<R_2$ 两圆盘之间的摩擦系数为 μ，如使上方圆盘落下，两盘合成一体。问：

（1）上方圆盘落下时，两圆盘间的摩擦力矩是多少？

（2）两圆盘合成一体后系统的角速度？

（3）上方圆盘落下后，两盘的总动能增量为多少？

2-15. A 和 B 两飞轮的轴杆在同一中心线上。A 轮的转动惯量为 J_A，B 轮的转动惯量为 J_B。开始时，A 轮的转速为 ω_0，B 轮静止。两轮通过一摩擦离合器 C 而接触，摩擦离合器 C 的质量忽略不计，通过摩擦二者最终将具有同样的转速，求这共同的角速度。在此过程中，两轮的机械能有何变化？

2-16. 质量为 m、长为 L 的均质细杆，可绕垂直于杆的水平边缘轴转动。初始时刻杆处于水平位置，然后任其下落，求：

（1）开始转动时的角加速度；

（2）下落到竖直位置时的动能；

（3）下落到竖直位置时的角速度。

2-17. 质量为 M、半径为 R 的均质圆盘，通过其中心且与盘面垂直的水平轴转动，转动的角速度为 ω_0，若在某时刻，一质量为 m 的小碎块从盘边缘裂开，且恰好沿竖直方向向上飞出，求：

（1）小碎块可能达到的最大高度；

（2）破裂后圆盘的角动量。

2-18. 一质量为 m、长为 l 的均匀细棒，一端铰接于水平地板，且竖直直立着。若让其自由倒下，则杆以角速度 ω_0 撞击地板。如果把此棒切成长度为 $l/2$，棒仍由竖直自由倒下，问棒撞击地板时的角速度应为多少？

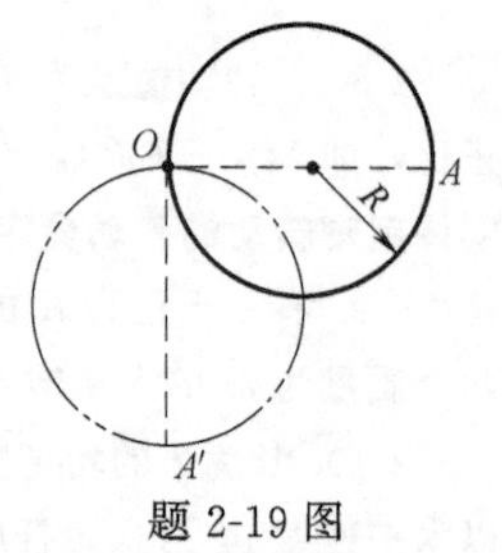

题 2-19 图

2-19. 半径为 R 的均匀细圆环，可绕通过环上 O 点且垂直于环面的水平光滑轴在竖直平面内转动，若环最初静止时直径 OA 沿水平方向（见题 2-19 图）。环由此位置下摆，求 A 到达最低位置 A' 时的速度。

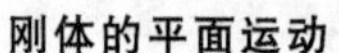

刚体的平面运动

2-20. 质量为 m、半径为 R 的均质圆盘，从倾角为 θ 的斜面上无滑动地滚下，求其质心的加速度。

自主探索研究项目——拉线陀螺

项目简述：拉线陀螺是将一根线穿过中间有双孔的圆盘（可以用纽扣代替）的两个穿孔，如下图所示，拉动这根线纽扣就会旋转起来。

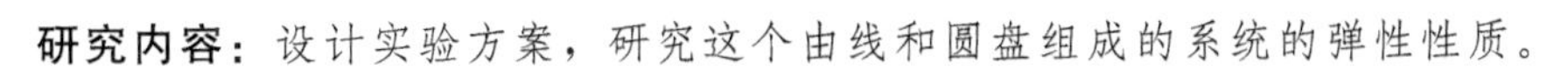

研究内容： 设计实验方案，研究这个由线和圆盘组成的系统的弹性性质。

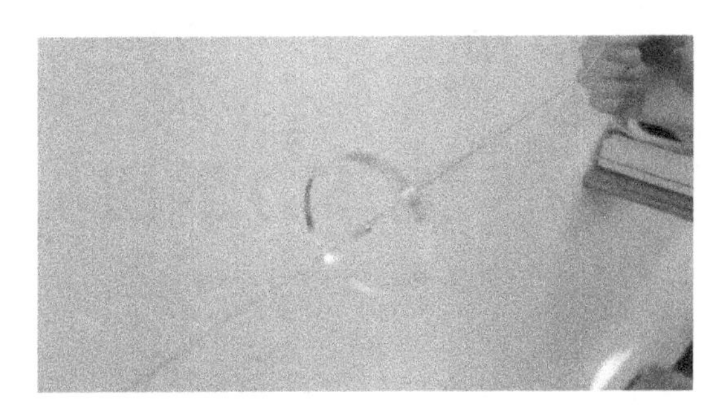

第3章　流体力学初步

流体包括气体和液体。在日常生活中，我们喝的水、呼吸的空气、身体中流淌着的血液等都是流体。人们对于流体的研究从很早就开始了，据史料记载，大约公元前400年，墨子就研究了浮沉现象、虹吸现象等，认识到了浮力的原理，还发明了风筝。公元前200多年，阿基米德发现了浮力定律，即阿基米德原理。2014年，第38届世界遗产大会宣布，中国的大运河入选世界文化遗产名录，成为我国第46个入选的世界遗产。世界遗产委员会认为，大运河作为世界上最长、最古老的人工水道体现出了东方文明在水利技术方面的杰出成就。

流体力学作为一门严密的科学是从牛顿建立了经典力学之后逐步形成的。由于流体力学主要是研究没有固定形状的流体，相对于刚体而言流体的情况更为复杂多变，可以说流体力学是力学中最复杂的一个分支之一。在本章中，我们使用一些理想化的模型来分析流体力学中一些常见的问题，并且介绍一些流体力学中基本的概念和结论，为将来有可能介入这一领域的读者打下一定的基础。

3.1　流体静力学

3.1.1　流体中的压强与帕斯卡定律

在静止的流体中，流体会对浸没在其中的表面施加一个垂直于表面的力，这个力我们称之为静压力。实际上静压力是由于组成流体的分子不停地与该表面碰撞所致。如果我们用这个静压力除以该表面的面积，可得到单位面积上的静压力，这就是静压强（压强），如式(3.1-1)所示。

$$p=\frac{\mathrm{d}F_{\perp}}{\mathrm{d}A} \tag{3.1-1}$$

式中，p为压强；$\mathrm{d}A$为流体内某一点的小面元；$\mathrm{d}F_{\perp}$为垂直于小面元$\mathrm{d}A$上的压力。当然，如果在一个面积为A的、有限大的面上各个小面元上的压力都相同，则压强可以表示为

$$p=\frac{F_{\perp}}{A} \tag{3.1-2}$$

在国际单位制中，压强的单位为帕斯卡，简称帕，用符号Pa表示。在实际应用中压强还有一些其他的常用单位，如表3.1-1所示。

表 3.1-1　表示压强的另外几种非法定计量单位及其与帕之间的换算关系

单位名称	符号	换算
巴	bar	$1\text{bar}=10^5\text{Pa}$
托	Torr	$1\text{Torr}=133.322\text{Pa}$
毫米汞柱	mmHg	$1\text{mmHg}=133.322\text{Pa}$
标准大气压	atm	$1\text{atm}=1.01325\times10^5\text{Pa}$
磅力每平方英寸	lbf/in^2 或 PSI	$1\text{PSI}=1\text{lbf/in}^2=6.895\times10^3\text{Pa}$

应用 3.1-1　压力表

指针式压力表使用弹簧管，如应用 3.1-1 图所示，弹簧管与压力表接头相连，当管内外的压强发生变化时，弹簧管会推动指针发生偏转，从而指示出压力表接头处的内外压力差。

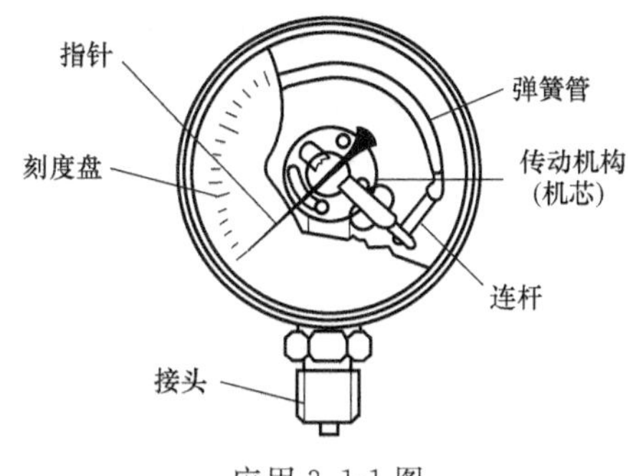

应用 3.1-1 图

如果我们忽略流体的重量，那么流体内部的压强应处处相等，大多数气体的情况都是这样的。但当我们要考虑液体的情况时，就不能忽略流体重力的影响了。假设液体中有一个面积为 A、厚度为 $\mathrm{d}y$ 的薄层液体，我们称之为液体元，如图 3.1-1 所示。液体元的下表面位置为 y，上表面位置为 $y+\mathrm{d}y$。很明显，如果液体处于平衡态，液体元所受到的合力应为 0，即

$$pA-(p+\mathrm{d}p)A-\rho gA\mathrm{d}y=0 \quad (3.1\text{-}3)$$

式中，第一项 pA 表示液体元下表面所受到的压力；第二项 $(p+\mathrm{d}p)A$ 表示液体元上表面所受到的压力；第三项 $\rho gA\mathrm{d}y$ 表示液体元的重力。对式 (3.1-3) 整理，可得

$$\frac{\mathrm{d}p}{\mathrm{d}y}=-\rho g \quad (3.1\text{-}4)$$

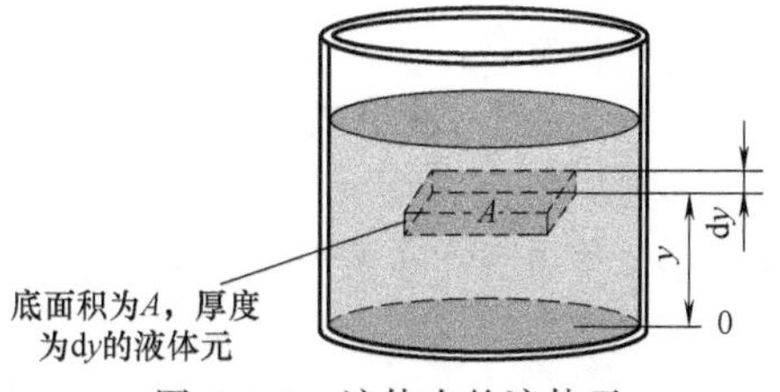

图 3.1-1　液体内的液体元

如果把液体表面处的位置设为 y_0，其压强设为 p_0，则液体中任意位置 y_x 处的压强 p_x 可以表示为

$$p_0-p_x=-\rho g(y_0-y_x)=-\rho gh \quad (3.1\text{-}5)$$

式中，$h=y_0-y_x$ 表示任意一点 x 的深度。

式 (3.1-5) 还表明，液体内部的压强随着深度的增加而增加，同时如果增加液体表面的压强 p_0，则液体内部的压强也会随之增加，这就是著名的帕斯卡定律，它是由法国物理学家帕斯卡在 1653 年发现。

帕斯卡定律的完整表述为：作用在密闭容器内的流体上的压强等值地传到流体各处和容器壁上。

帕斯卡定律现在已经广泛应用于升降椅、液压升降装置等诸多领域。如图 3.1-2 所示的液压升降机可以很好地演示帕斯卡定律。具有小横截面积 A_1 的小活塞受到工作液体（一般用油来充当工作液体）表面施加的向下的力 F_1。该力所产生的压强 F_1/A_1 通过连通的管道传到具有较大截面积 A_2 的大活塞上。根据帕斯卡定律，液体施加在大活塞上的压强相同，因此

$$p=F_1/A_1=F_2/A_2\Rightarrow F_2=\frac{A_2}{A_1}F_1$$

由此可见，力通过液压升降机被放大了，且放大的比值等于大小活塞的面积比。

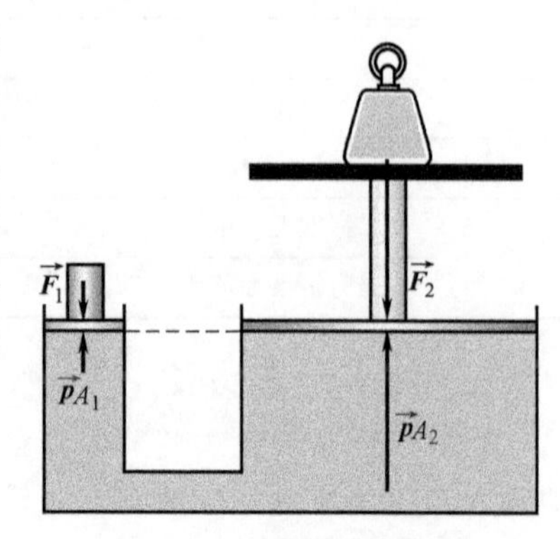

图 3.1-2 液压升降机中的帕斯卡定律

例 3.1-1 蛟龙号是我国自主研发设计的载人深水潜水器，其设计潜水深度可以达到 7000m（最大潜水深度略微深于 7000m）。假设蛟龙号船体的表面积为 $60\mathrm{m}^2$，海面的大气压强为 $1.01\times10^5\mathrm{Pa}$，海水的平均密度为 $1.03\times10^3\mathrm{kg/m}^3$。问蛟龙号在 7000m 的深海需要承受海水施加的多大压力？

解：根据式（3.1-5），有

$$\begin{aligned}p&=p_0+\rho gh\\&=(1.01\times10^5\mathrm{Pa})+(1.03\times10^3\mathrm{kg/m^3})\times(9.8\mathrm{m/s^2})\times(7\times10^3\mathrm{m})\\&=7.07\times10^7\mathrm{Pa}\end{aligned}$$

$$F=pA=(7.07\times10^7\mathrm{Pa})\times(60\mathrm{m}^2)=4.25\times10^9\mathrm{N}$$

评价：根据本题的计算，当蛟龙号潜到水下 7000m 的深度时需要承受海水 $4.25\times10^9\mathrm{N}$ 的压力，如果我们假设一个成年人的体重是 700N，那么此时蛟龙号所承受的压力就相当于约有 6 百万人均匀地“站”在该潜水器上。当然，本例题在计算时并没有考虑海水的密度随海水深度的变化。

应用 3.1-2 液压式千斤顶

液压式千斤顶是利用帕斯卡定律制成的用于顶起车辆等重物的机械装置。根据帕斯卡定律，在如应用 3.1-2 图所示的平衡系统中，截面面积较小的活塞上所施加的压力较小，而较

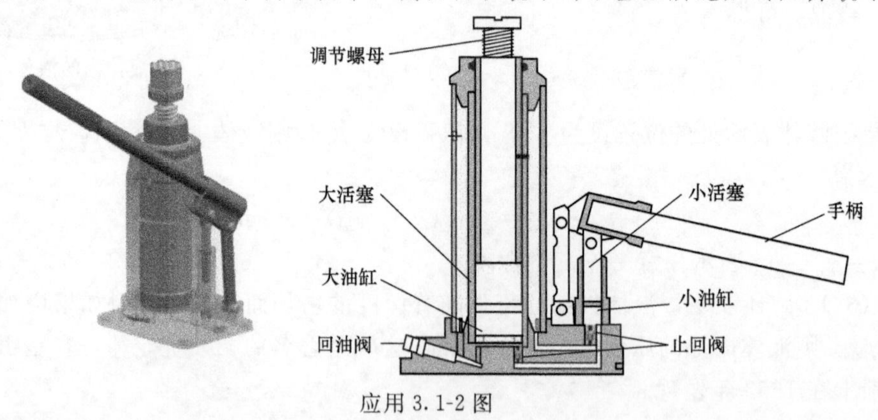

应用 3.1-2 图

大截面面积活塞上所施加的压力较大。液压式千斤顶通过一根手柄不断地将油从小活塞端的油缸压入到大活塞端的油缸内，以抬起大活塞端的重物。同时，液压式千斤顶中的油除了起到传递和转换能量的作用外，还可以起到润滑、防腐、冷却等作用。

应用 3.1-3 大型模锻压机

模锻压机是利用帕斯卡定律通过液压的工作方式对需要锻压的工件施加巨大的压力，从而改变金属原材料形状以获得具有一定力学性能、一定形状和尺寸的锻件的重型设备。超过 4 万吨级压力的模锻压机才能称为大型模锻压机，它是航空、航天等领域生产重要锻件的关键设备。大型模锻件对于飞机主承力框、梁等整体构件的加工制造具有重要作用。迄今为止，仅有中国、美国、俄罗斯、法国 4 个国家拥有类似设备，而其中世界最大吨级的模锻压机是中国第二重型机械集团公司（简称“中国二重”）生产的 8 万吨级模锻压机（见应用 3.1-3 图）。该机总高约 42m，总重约 22000t，可在 800MN 压力以内任意吨位无级实施锻造，最大模锻压制力可达 1000MN，为我国的大型客机 C919 的研制立下了汗马功劳。

应用 3.1-3 图

3.1.2 阿基米德原理

人们很早就发现，浸入到液体中的物体会受到一个向上的浮力作用，这个力可以使物体漂浮在液体上。而且，不光没入到液体中的物体会受到浮力的作用，气体也可以，例如氦气球可以飘浮在空气中。

假设一个体积为 V、形状任意的物体完全没入到密度为 ρ 的液体中。在讨论该没入物体所受到液体的浮力之前，我们先以一个体积、形状均与之相同的液体来替代它，替代的液体我们暂且称之为替代液，如图 3.1-3a 所示。由于替代液与被没入的液体相同，所以整个液体处于平衡态，即施加在替代液上的合外力为零。因此，作用在替代液上的向上的力的总和应与其重力 ρgV 相等。现在我们换回原来没入到液体中的物体，如图 3.1-3b 所示，由于在液体内一定的深度处压强一定，物体表面每个微元所受到的液体施加的压力与替代液均相等，因此物体受到的被没入液体所施加的向上的力之和与替代液受到的向上力之和相同，也等于 ρgV，即物体所排开液体的重力。这个作用在物体上的向上的力即为液体施加给物体的浮力。这就是著名的阿基米德原理。阿基米德原理不仅可以应用于液体中，在气体中也一样适用。

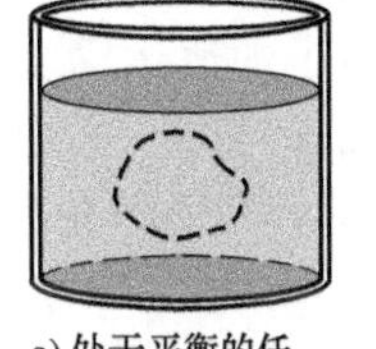

a) 处于平衡的任意形状的替代液

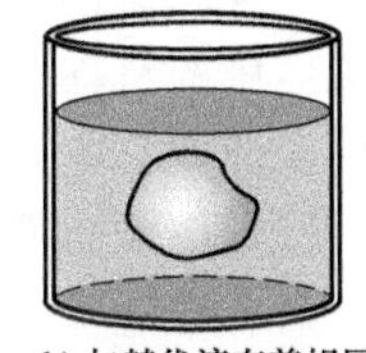

b) 与替代液有着相同形状和尺寸的物体

图 3.1-3 阿基米德原理

阿基米德原理可以完整地表述为：当物体全部或部分没入在流体中时，流体对物体施加一个向上的力，力的大小等于物体排开的流体的重量。

小节概念回顾：什么是帕斯卡定律？什么是阿基米德原理？

3.2 流体的稳定流动与伯努利方程

流体的流动极为复杂，本节中我们只讨论较为简单的理想化的情况，即理想流体的运动。理想流体是没有内摩擦（即无黏滞性）的不可压缩流体（即流体在压强作用下体积不会改变）。大多数的液体只有在很大压强作用下才可以被压缩，所以通常情况下我们可以把液体当作不可压缩的流体。相对而言，气体更容易被压缩，但如果不同区域间的压强差别不是很大，我们也可以把气体当作不可压缩的流体。

3.2.1 连续性方程

如果流体在流动过程中是稳定流动的，即在流动过程中，流过各点的流体元的速度不随时间改变，则这种流动通常称为稳定流动（稳流），有些书上也称之为定常流动。流动的流体中一个粒子的路径，称为迹线。而对于流场中每一个点上都与速度矢量相切的曲线称为流线。对于流动模式随时间变化的流动，流线与迹线不重合；而稳定流动情况下，流线与迹线重合。假设稳定流动的流体流过如图 3.2-1 所示的粗细不均匀的管道（称为流管）。v_1 和 v_2 分别表示流体流过 A_1 处和 A_2 处的速率（流体力学中常称作流速）。在时间间隔 Δt 内流过 A_1 和 A_2 的流体的体积分别为 $A_1 v_1 \Delta t$ 和 $A_2 v_2 \Delta t$。由于质量守恒，即当稳定流动时管内的流体总质量是恒定的，所以在同一时间间隔内从 A_1 处流入的流体质量与从 A_2 处流出的流体质量相同，即

$$\rho A_1 v_1 \Delta t = \rho A_2 v_2 \Delta t \tag{3.2-1}$$

简化后可得

$$A_1 v_1 = A_2 v_2 \tag{3.2-2}$$

式（3.2-2）称为理想流体稳定流动的连续性方程。在日常生活中，我们有时为了使水管出口处的流速更快，会特意用手堵住部分出口，这就正是在日常生活中应用了连续性方程。

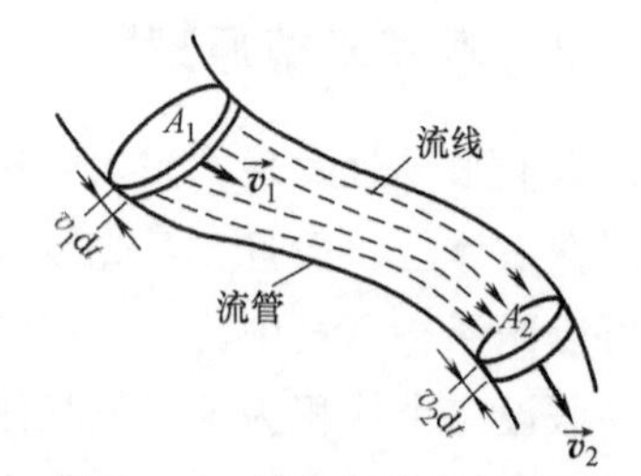

图 3.2-1 粗细不均匀的流管

当然，我们也可以把理想流体定常流动的连续性方程推广到可压缩流体的情况，对于可压缩流体来说，其连续性方程可以写为

$$\rho_1 A_1 v_1 = \rho_2 A_2 v_2 \tag{3.2-3}$$

3.2.2 伯努利方程

当理想流体沿粗细不均匀的水平流管流动时，根据连续性方程，其流速必然发生变化，即流体中的流体元做了加速运动。由于流管是水平的，引起流体元的这种加速运动的力必然是由于流体自身施加而产生。也就是说，在同一流管的不同横截面处，流体的压强必然不同。这就要求我们寻找一个流速与压强之间的关系方程。然而，如果把流体作为质点系看待，对每个流体元直接应用牛顿定律来分析其运动规律，这将是一项非常繁杂而且困难的工作。1738 年，丹尼尔·伯努利（Daniel Bernoulli）将能量守恒原理引入流体力学，成功地建立起伯努利方程，从而将理想流体的压强、流速和高度联系了起来。

现在，我们来推导一下伯努利方程。如图 3.2-2 所示，考虑粗细不均匀的流管中 t 时刻左右截面分别为 A_1（面积为 S_1）和 A_2（面积为 S_2）的一段流体，经过 Δt 时间，流体左

右截面分别到达了 B_1 和 B_2 的位置。左截面处流体元流速为 v_1，右截面处流体元流速为 v_2，根据流体的连续性方程可以得到，在时间间隔 Δt 内通过任何截面的流体体积 $\mathrm{d}V$ 都是相同的，即 $\mathrm{d}V=S_1v_1\Delta t=S_2v_2\Delta t$。

对于理想流体而言，除了重力以外的对流体元做功的力来源于周围流体的压力。假设在 A_1 截面上的压强为 p_1，A_2 截面上的压强为 p_2，在时间间隔 Δt 内，A_1A_2 两截面间的这段流体做的功分别为 $p_1S_1v_1\Delta t$ 和 $-p_2S_2v_2\Delta t$，即净功为

$$\mathrm{d}W=(p_1-p_2)\mathrm{d}V \tag{3.2-4}$$

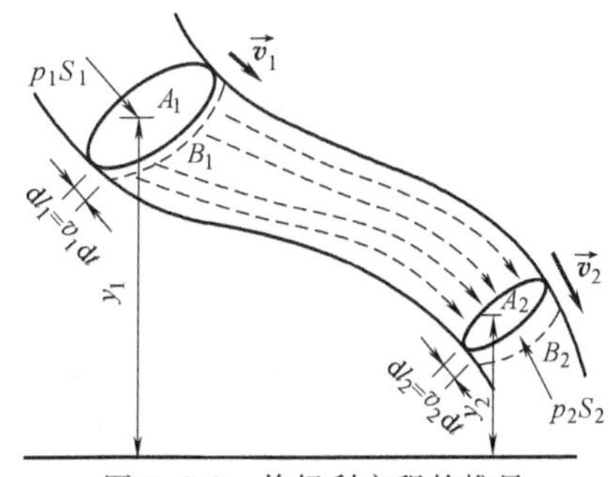

图 3.2-2　伯努利方程的推导

当流体在流管中流动时，每一流体元的动能、势能都将因位置的变化而随时间发生变化。但当理想流体做稳定流动时，只要到达流管中的同一位置，流体元在此位置的动能和势能都应相同。因此，在 Δt 时间内截面 A_1A_2 间的一段流体到达 B_1B_2 位置时，A_2B_1 间的流体的机械能保持不变，整段流体机械能的变化就相当于 A_1B_1 间的一小段流体和 A_2B_2 间的一小段流体的机械能之差，其动能变化为

$$\mathrm{d}E_{\mathrm{k}}=\frac{1}{2}\rho\mathrm{d}V(v_2^2-v_1^2) \tag{3.2-5}$$

这两小段流体的势能分别为 $\rho\mathrm{d}Vgy_1$ 和 $\rho\mathrm{d}Vgy_2$，经过时间间隔 Δt 势能变化为

$$\mathrm{d}E_{\mathrm{p}}=\rho\mathrm{d}Vg(y_2-y_1) \tag{3.2-6}$$

根据功能定理，$\mathrm{d}W=\mathrm{d}E_{\mathrm{k}}+\mathrm{d}E_{\mathrm{p}}$，将式（3.2-4）代入到式（3.2-6），得到

$$(p_1-p_2)\mathrm{d}V=\frac{1}{2}\rho\mathrm{d}V(v_2^2-v_1^2)+\rho\mathrm{d}Vg(y_2-y_1)$$

即

$$p_1+\rho gy_1+\frac{1}{2}\rho v_1^2=p_2+\rho gy_2+\frac{1}{2}\rho v_2^2 \tag{3.2-7}$$

通常，我们还可以将式（3.2-7）写为

$$p+\rho gy+\frac{1}{2}\rho v^2=\text{常数} \tag{3.2-8}$$

而如果流管内的流体是不流动的，即 $v_1=v_2=0$，此时式（3.2-8）就可以写成静流体中的压强关系式（3.1-5）。

如果流管的高度不变化，即 $y_1=y_2$，则伯努利方程可以写为 $p_1+\frac{1}{2}\rho v_1^2=p_2+\frac{1}{2}\rho v_2^2$，该式表明，在水平的管道内流动的流体，在流速大处其压强小；反之，在流速小处其压强大。

伯努利方程在分析管道系统、飞机飞行等诸多方面都有着广泛的应用，但需要强调的是伯努利方程只适用于理想流体的稳定流动情况。

应用 3.2-1　喷雾器

喷雾器是医院、家庭常用的一种装置，其结构如应用3.2-1图所示，位于吸管上方的喷气口是一个细小的气孔，

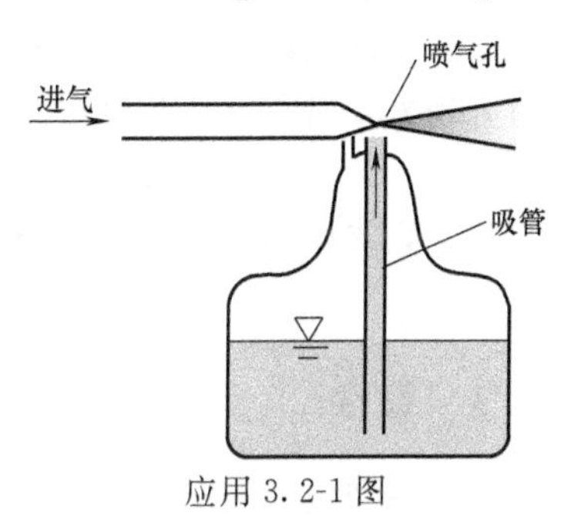

应用 3.2-1 图

当按压吹气球时，气体从气管流过，再经细小的喷气孔喷出，被喷出的气体速率较快，因而喷出口气体压强较低，这种高速气流所形成的负压对药液会产生抽吸作用。抽吸上来的药液与高速的气流混合，就形成喷雾。

例 3.2-1 如 3.2-3 图所示，有一个圆柱形的油罐，其底面的直径为 D，其内部装有高度为 h 的汽油。油罐的顶面上有一个直径为 d 的圆形开孔，且 $d \ll D$。现将油罐倒立而使汽油流出，求汽油从圆形开孔流出的速率（本题中的汽油可以视作理想流体）。

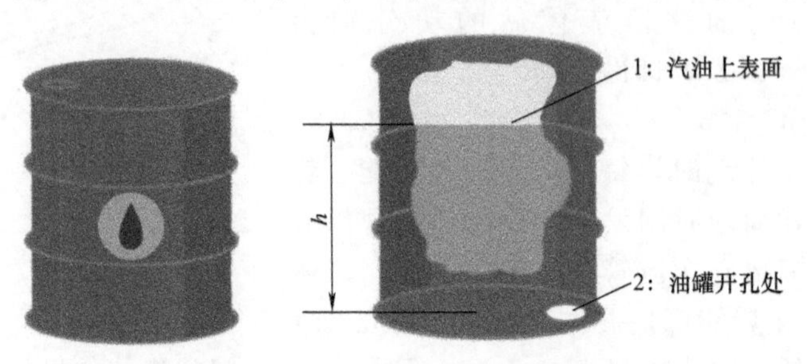

图 3.2-3 例 3.2-1 图

解：我们把汽油视作理想流体，设点 1 和点 2 分别为油罐倒立后油罐内汽油的上表面和开孔处，设点 1 处的压强为 p_1，而点 2 处的压强为大气压，设为 p_{atm}；点 1 的高度为 h，点 2 的高度为 0；由于 $D \gg d$，所以汽油流出时汽油液面的下降速率很慢，近似认为下降速率为 0，即 $v_1=0$。

所以，根据伯努利方程，得

$$p_1+\rho gh=p_{\text{atm}}+\frac{1}{2}\rho v_2^2$$

整理可得

$$v_2=\sqrt{2\left(\frac{p_1-p_{\text{atm}}}{\rho}\right)+2gh}$$

评价：根据以上的计算结果可以得到汽油流出的速率与 p_1-p_{atm} 的压强差有关，也与油罐内的高度有关。刚刚开始将油罐倒立使汽油流出时，可以认为此时油罐内汽油顶部的压强 p_1 与大气压相等，此时的流出速率为 $v_2=\sqrt{2gh}$，即液体的上表面之下 h 处开口的流出速率与一个物体自由下落 h 高度所获得的流出速率相同，这一结果被称为托里拆利定理。随着汽油的流出，其上表面的压强逐渐降低，流出速率也将逐渐降低，理论上当 $p_1=p_{\text{atm}}-\rho gh$ 时，汽油将无法再流出，而在日常生活中我们常常可以观察到倒立的油罐或倒立的水瓶的开口处会吸进空气，以保证其中的液体继续流出。

小节概念回顾：什么是伯努利方程？伯努利方程中各个物理量的物理意义是什么？在应用伯努利方程时需要注意哪些适用条件？

3.3 流体的黏性与牛顿黏性定律

3.3.1 黏性

在前一节的讨论中，我们假定的理想流体是没有内摩擦的，即没有黏滞性。但是，实际上在很多情况下我们都需要考虑流体的黏滞性，而且这种黏滞性在这些物理场合中都起到了非常重要的作用。日常生活中，我们必须不停地划船才能使船前进，如果湖水真的没有黏滞性，那么我们就可以不用划船而让船凭借惯性自己前行。

在流体中，当相邻的两层流体之间存在相对运动时，运动快的流层对运动慢的流层有拖拽的作用；相反，运动慢的流层对流动快的流层有阻滞的作用，这实际上就是流体的内摩擦力。而这种流体所具有的阻滞流体内两个流层发生相对滑动的性质称为流体的黏性或黏滞性。由于流体具有黏性，所以流体总是趋向于“粘在”与它相接触的固体表面，即在固体表面始终有一个薄的流体边界层。在这个边界层中，流体相对于固体表面几乎可以认为是静止的。图 3.3-1 展示了管道中的流体流速分布。由于流体存在黏性，管壁处的流体附着在管壁上，其流速为零，而管道中心处的流体流速最大。

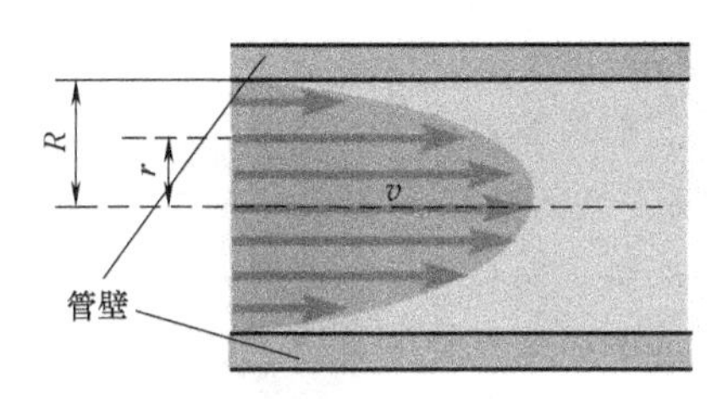

图 3.3-1　管道中的流体流速分布

应用 3.3-1　场流分离技术

应用 3.3-1 图显示了管道内流体的流速 v 随 r 的分布呈现抛物线形状的分布特点，在工业上经常利用这一特点实现大小颗粒的分离。由于在重力场作用下尺寸较大的颗粒通常位于管道壁附近，而尺寸较小的颗粒则位于管道靠近中心的位置。因此，在流体的作用下，小颗粒被流体快速地带走，而大颗粒的移动速率则慢很多，从而实现颗粒尺寸的分离。

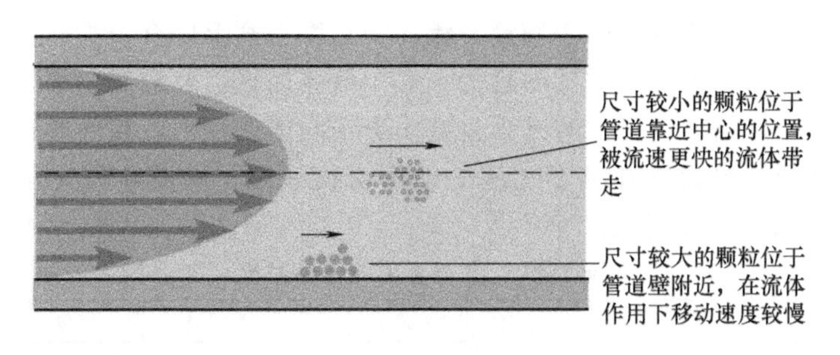

应用 3.3-1 图

3.3.2　牛顿黏性定律

为了表征流体的黏性，我们可以考虑这样一个实验，在两块表面积为 A、水平放置的平行平板间充满某种流体，两平行板间的间距为 h，如图 3.3-2 所示。现将下板固定，用力 F 沿 x 方向以速率 u 匀速拖拽上板。设流体的流速为 v，由于流体的黏性，与上板接触的流体与上板一起以速率 u 沿 x 方向运动，而与下板接触的流体的流速为零。当上板的速率不是很快时，两板间的流体在上板的带动下会一层一层地做平行于平板的流动，而流体的流速由上层至下层逐层递减，近似成线性分布。1678 年，牛顿首先通过这样的实验研究了流体

中运动物体所受的阻力，并建立了牛顿黏性定律，即

$$\tau=\eta\frac{\mathrm{d}v}{\mathrm{d}y} \tag{3.3-1}$$

式中，τ 表示作用在单位接触面积上流体的内摩擦力；η 为流体的黏度；$\frac{\mathrm{d}v}{\mathrm{d}y}$为流体的流速梯度。式(3.3-1)中流体的黏度是一个常数，即流体的内摩擦力与流速梯度成正比，在流体力学中将这一类流体称为牛顿流体，如水、润滑油、各种气体等都属于牛顿流体。但有些流体，例如牛奶、蜂蜜、油脂、高分子聚合溶液等不能满足牛顿黏性定律，这一类流体称为非牛顿流体。

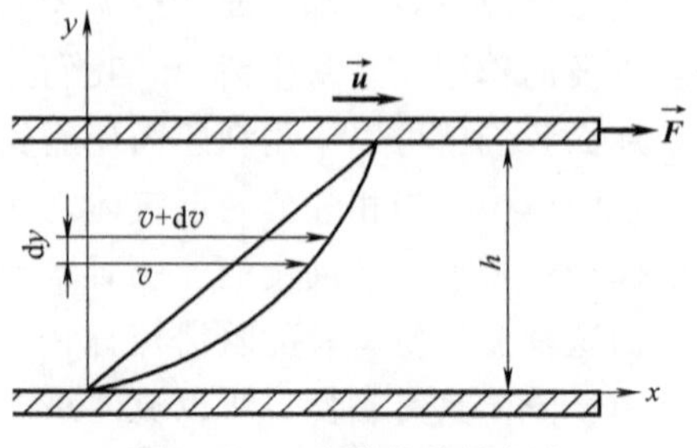

图 3.3-2 流体的黏性实验

应用 3.3-2 填充非牛顿流体的减速带

在日常生活中，我们总是可以在路上见到各种减速带，它们的作用就是迫使车辆减速通过，以免发生更为严重的交通事故。目前，已经有人将非牛顿流体填充到柔性的减速带中（见应用 3.3-2 图），如果车辆慢速通过，所填充的非牛顿流体会表现出较低的黏滞性，可以使车辆顺畅地通过。但如果车辆快速通过，则减速带中所填充的非牛顿流体将表现出较高的黏滞性，车辆就会产生明显的颠簸，以起到警示减速的效果。

应用 3.3-2 图

3.3.3 黏度与泊肃叶定律

流体的黏度是一个非常重要的物理量，流体的黏度与其温度有很大的关系，而且液体和气体的黏度随温度的变化呈现出相反的趋势。对于液体而言，其黏度主要来自于分子间的动量交换和分子之间的作用力。温度的升高会减小分子间的作用力，从而导致黏度下降。而气体随着温度的升高则会导致气体分子之间的动量交换加剧，从而导致气体的黏度增大。表 3.3-1 给出了几种常见流体的黏度。

表 3.3-1 几种常见流体的黏度

流体	温度/K	黏度 η/(Pa·s)
空气	300	1.846×10^{-5}
水蒸气	400	1.344×10^{-5}
水	293	1.005×10^{-3}
汞	300	1.532×10^{-3}
汽油	293	0.310×10^{-3}
润滑油	300	0.486

当我们需要考虑管道中的液体流动时，液体的黏度就会变得很重要。假设有一个长度为 L 的水平长直圆筒管道，根据伯努利方程，管道的两端不需要有压强差就可以维持液体持续流动，这显然是不正确的。其原因在于，伯努利方程仅适用于理想流体，即黏度为零、不可压缩流体。实际上，如果想维持这样一个长直圆筒管道内的液体保持一定的流量流动，必须

给管道的两端提供一定的压强差。这是因为，管道内的液体由于存在着黏滞性而会像图 3.3-1 所展示的那样，管壁处的液体流速为零，而管道中央的流速最快，而这种液体之间的速度差所产生的内摩擦力恰恰在阻碍着液体的前进。因此，如果要保持液体的流动就需要我们为管道的前后两端提供一定的压强差。这一关系可以用泊肃叶定律来描述，即

$$\Delta p=\frac{8\eta LQ}{\pi R^4} \tag{3.3-2}$$

式中，Δp 为直圆筒管道两端的压强差；L 为直圆筒管道的长度；η 为流体的黏度；Q 为液体的流量；R 为直圆筒管道的半径。由泊肃叶定律可知，要维持长度为 L、半径为 R 的圆筒管道内的液体有一定的流量，所需的管道两端的压强差正比于$\frac{L}{R^4}$。如果管道的半径变为原来的一半，则所需要的压强差变为原来的 16 倍。

小节概念回顾：什么是流体的黏性？什么是牛顿流体和非牛顿流体？什么是泊肃叶定律？

3.4　层流与湍流

3.4.1　雷诺实验

在本节中，我们将讨论黏性液体的流动状态，为了简单起见，本节中所讨论的流体都是带有黏性的不可压缩的流体。这种黏性流体存在着两种流动状态，即层流状态和湍流状态。最早是雷诺于 1883 年在他所做的圆筒内的流体流动实验中观察到了这两个状态。雷诺实验装置如图 3.4-1 所示，实验装置中有一个控制流体流速的阀门 A 和一个控制染色液体流速的阀门 B。实验时，阀门 A 开启，为了便于观察玻璃管内流体的流动状态，需要将阀门 B 也略微开启，使一股很细的染色液体注入玻璃管内，这样透过玻璃管就可以明显地观察到一条清晰且颜色鲜明的有色流束。

如果阀门 A 开启得不是很大，此时管中的流体流速较慢，我们将会在玻璃管中观察到一条呈直线状的有色束流，说明此时管内流体的流动呈现一种稳定的状态，我们称之为层流，如图 3.4-2a 所示；随着阀门 A 逐渐开大，管中的流体流速增加，玻璃管内的有色流束开始出现弯曲、颤动的现象，说明管内的流体流动不再稳定，如图 3.4-2b 所示；如果阀门

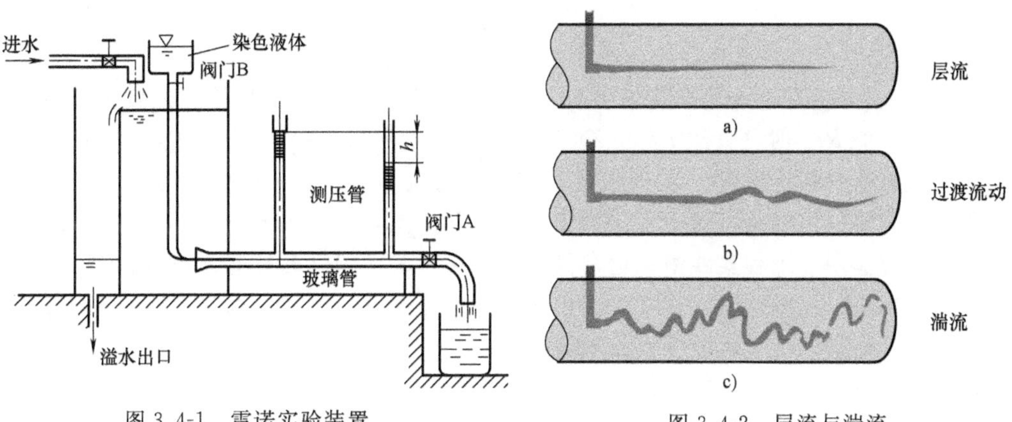

图 3.4-1　雷诺实验装置

图 3.4-2　层流与湍流

A 继续开大，玻璃管内的有色液体由于与周围液体发生混杂而不能维持流束的状态，如图3.4-2c 所示，此时管内的流体将做复杂的、无规则的、随机的不定常运动，我们称这种流动行为为湍流。

应用 3.4-1 流体的流动

应用 3.4-1 图展示了流体从左向右流动绕过几种不同的障碍物时的流动。当流速较慢时，相邻的流体之间彼此平滑地流过，流动是稳定的，如应用 3.4-1a 图中的三种情况都是典型的层流；当流速较快时，流动就会变得不规则、紊乱，也就是说形成了湍流，如应用 3.4-1b 图所示。

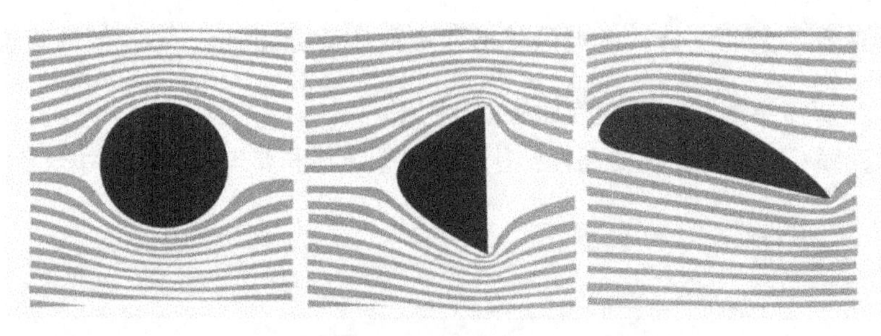

a) 当流速较慢时，流体的流动模式表现为层流

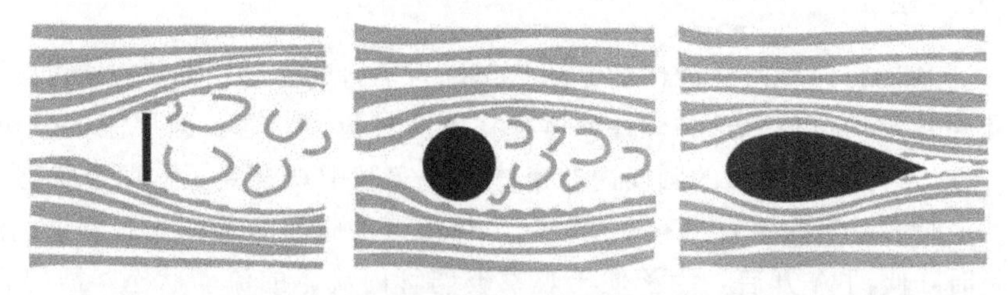

b) 当流速较快时，流体的流动模式表现为湍流，而且外形不同的物体其湍流的剧烈程度也有所差别，流线型的物体只在尾部有较为轻微的湍流

应用 3.4-1 图

3.4.2 雷诺数

雷诺通过大量的实验发现，管内流体的流动状态与一个无量纲参数，即后来所说的雷诺数 Re 有关。雷诺数的表达式为

$$Re=\frac{2\rho r v}{\eta} \tag{3.4-1}$$

式中，ρ 是流体的密度；r 是圆管的半径；v 是流体的流速；η 是流体的黏度。当雷诺数小于某一个临界值 Re_c 时（大约 $Re_c=2000$），有色流束都呈现一条清晰的直线，即流体呈现层流状态。而这个临界值 Re_c 称为临界雷诺数，与流体的流速、管径大小或者流体的其他属性无关。需要指出的是，对于雷诺数相同的两种流动，其流动行为“看起来”是一样的，这一点经常被应用于工程实践中。通常我们制造一个缩小的机翼模型，利用提供相同雷诺数的气流流速来进行风洞实验，这样，我们就可以大致知道气流绕过真实机翼的流动情况，而为飞机在进行危险的试飞之前提供参考数据。

例 3.4-1 假设一个内径为 2.0cm 的光滑不锈钢直管（截面为圆形）内有水流过，已知水的密度为 1.0×10^3kg/m^3，水的黏度为 1.005×10^{-3}Pa·s。(1) 如果水的流速为 1.0cm/s,

问管内水的流动状态；（2）如果水的流速为 1.0m/s，问管内水的流动状态又如何？

解：（1）$$Re=\frac{2\rho rv}{\eta}=\frac{2\times(1.0\times10^{3}\,\mathrm{kg/m^{3}})\times(2.0\times10^{-2}\,\mathrm{m})\times(1.0\times10^{-2}\,\mathrm{m/s})}{1.005\times10^{-3}\,\mathrm{Pa\cdot s}}=4.0\times10^{2}$$

由于 $Re=4.0\times10^{2}\ll2000$，因此可以判断此时管内水的流动状态为层流。

（2）$$Re=\frac{2\rho rv}{\eta}=\frac{2\times(1.0\times10^{3}\,\mathrm{kg/m^{3}})\times(2.0\times10^{-2}\,\mathrm{m})\times(1.0\,\mathrm{m/s})}{1.005\times10^{-3}\,\mathrm{Pa\cdot s}}=4.0\times10^{4}$$

由于 $Re=4.0\times10^{4}\gg2000$，因此可以判断此时管内水的流动状态为湍流。

应用 3.4-2 风洞实验

风洞是一种人工产生特定流速气流的管道，在飞机制造行业中，经常将飞机的模型置于风洞中，通过实验手段观察模型与气体流动之间的关系，并由此来判断飞行器的空气动力学特性（见应用 3.4-2 图）。风洞除了应用于飞机的设计领域外，还广泛应用于汽车、导弹、高速列车、船舰甚至建筑物的设计领域。

应用 3.4-2 图

3.4.3 流体中的阻力

物体在流体中运动时，会受到流体施加的阻力作用。这个阻力既有可能是由于流体的黏滞性造成的，也可能与流体的相对流动状态有关。不同形状、不同速率的物体在流体中运动时所受到的阻力也不尽相同。

我们考虑物体很小且运动速率不是很快的情况，这种情况下把物体近似看成一个小球是合理的。我们考虑一个半径为 r 的小球在有黏性的不可压缩的流体中运动，其速率为 v，假设小球相对较小，且小球的运动速率不快，即小球相对于流体的运动的雷诺数很小，可以认为小球周围的流体为层流状态，那么小球在运动过程中所受到流体的黏滞阻力作用可以表示为

$$F=6\pi\eta rv \tag{3.4-2}$$

式（3.4-2）称为斯托克斯公式。如果考虑小球在自身重力作用下在流体中的下落，则下落的最终速率（又称为收尾速率）可以表示为

$$v_{\mathrm{s}}=\frac{2r^{2}g(\rho_{1}-\rho_{0})}{9\eta} \tag{3.4-3}$$

式中，ρ_1 为小球的密度；ρ_0 为流体的密度。如果小球的运动速率稍快，就需要考虑流体的运动状态对小球运动的影响，此时式（3.4-2）需要改写为

$$F=6\pi\eta rv\left(1+\frac{3}{16}Re-\frac{19}{1080}Re^{2}+\cdots\right) \tag{3.4-4}$$

式（3.4-4）称为奥西思-果尔斯公式，它反映了流体运动状态对斯托克斯公式的影响。从公式中可以看出斯托克斯公式是奥西思-果尔斯公式的零级近似。一般地，当雷诺数小于 0.1 时，使用式（3.4-2）；而当雷诺数在 0.1 和 1 之间时，就要用式（3.4-4）中的 1 级修正；如

果雷诺数更大，则还须考虑使用更高次的修正项。

例 3.4-2 一个细菌在水中游动，假设该细菌为球形，其直径为 1.0μm 并以 10μm/s 的速率游过，计算细菌游动过程中所受到的水的阻力。

解：$Re=\dfrac{2\rho rv}{\eta}=\dfrac{2\times(1.0\times10^{3}\mathrm{kg/m^{3}})\times(0.50\times10^{-6}\mathrm{m})\times(1.0\times10^{-5}\mathrm{m/s})}{1.005\times10^{-3}\mathrm{Pa\cdot s}}$

$=1.0\times10^{-5}$

由于 $Re=1.0\times10^{-5}\ll0.1$，所以可直接使用斯托克斯公式进行计算，即

$$F=6\pi\eta rv=6\times3.14\times(1.005\times10^{-3}\mathrm{Pa\cdot s})\times(0.50\times10^{-6}\mathrm{m})\times(1.0\times10^{-5}\mathrm{m/s})$$
$$=9.5\times10^{-14}\mathrm{N}$$

评价：细菌游过水中所受到的阻力约为 0.095pN，通过这个结果也可以知道细菌通过鞭毛游动的力量大约也是 0.1pN 的数量级。

如果物体在流体中以较高的速率运动，则这个阻力将与其运动速率的二次方成正比，因此该阻力也称为二次阻力或平方阻力，可表达为

$$F=\frac{1}{2}C_{\mathrm{d}}\rho_0 Av^2 \tag{3.4-5}$$

式中，C_{d} 为阻力系数，如果在流体中运动的物体不是球体，则阻力系数还与物体的形状有关，对于球形的物体 $C_{\mathrm{d}}\approx0.47$，而对于流线型的物体 $C_{\mathrm{d}}\approx0.04$；$A$ 为小球的过球心的截面面积，如果在流体中运动的物体不是球体，则 A 为物体在运动方向上的正交投影面积。式 (3.4-5) 最先由英国物理学家约翰·斯特拉特（瑞利勋爵）导出，一般用于雷诺数大于 1000 的情况。

例 3.4-3 假设雨滴的半径为 1mm，空气的黏度为 1.846×10^{-5} Pa·s，空气的密度为 $1.29\mathrm{kg/m^3}$。试计算雨滴下落的收尾速率（雨滴落地前的速率）。

解：由于空气密度远远小于水的密度，在本题中忽略空气浮力对水滴的作用。

$$mg=\frac{1}{2}C_{\mathrm{d}}\rho_0 Av^2\Rightarrow\rho g\ \frac{4}{3}\pi r^3=\frac{1}{2}C_{\mathrm{d}}\rho_0\pi r^2v^2\Rightarrow v=\sqrt{\frac{8\rho gr}{3C_{\mathrm{d}}\rho_0}},$$

其中，雨滴近似看成球形，因此 C_{d} 取 0.47。

$$v=\sqrt{\frac{8\rho gr}{3C_{\mathrm{d}}\rho_0}}=\sqrt{\frac{8\times(1.0\times10^{3}\mathrm{kg/m^{3}})\times(9.8\mathrm{m/s^{2}})\times(1\times10^{-3}\mathrm{m})}{3\times0.47\times(1.29\mathrm{kg/m^{3}})}}=6.6\mathrm{m/s}$$

评价：雨滴落到地面前的速率又称为收尾速率，不同大小的雨滴其收尾速率不同，其范围大约为 2～10m/s。如果我们以本题的结果计算雨滴在落下时周围流体的雷诺数，可以发现其雷诺数约为 1000 左右，因此在本题中不适合使用斯托克斯公式来计算雨滴的收尾速率。通过本题的推导，物体落地的收尾速率可以表示为 $v=\sqrt{\dfrac{8\rho gr}{3C_{\mathrm{d}}\rho_0}}$，对于密度相近的物体，尺寸越小其收尾速率越小。因此，小猫从高空落地的收尾速率比人要小得多，而一只昆虫落地的收尾速率则更小。

小节概念回顾：什么是层流？什么是湍流？雷诺数在辨别层流和湍流中起到了什么作用？

课后作业

流体静力学

3-1　一个人耳朵里的鼓膜的直径大约为8.2mm，一般情况下当鼓膜的内外压力差超过1.5N时鼓膜就有可能破裂。计算当一个人潜水到多深的时候鼓膜就无法承受了。

3-2　设水的密度为ρ_0，称量一个物体（其密度大于水）在空气中的重量为G_0（空气的密度可以忽略），然后用一细绳悬挂该物体并完全浸没在水中，称量其在水中的重量为G_1，求该物体的密度。

3-3　德国物理学家盖利克在1654年做了著名的马德堡半球实验。假设，当时马德堡半球的半径大约为0.25m，当时的气压为1.0×10^5Pa，马德堡半球内的压强为0.4×10^5Pa，一匹马的拉力大约为1.6×10^3N。如果想把这样的马德堡半球拉开，问两边各需要多少匹马？

流体的稳定流动与伯努利方程

3-4　一个文丘里流量计，如题3-4图所示，如果测得流量计上点1和点2的压强差为Δp，求得点1的流体流速v_1的表达式。式中点1和点2的截面面积分别用A_1和A_2表示。

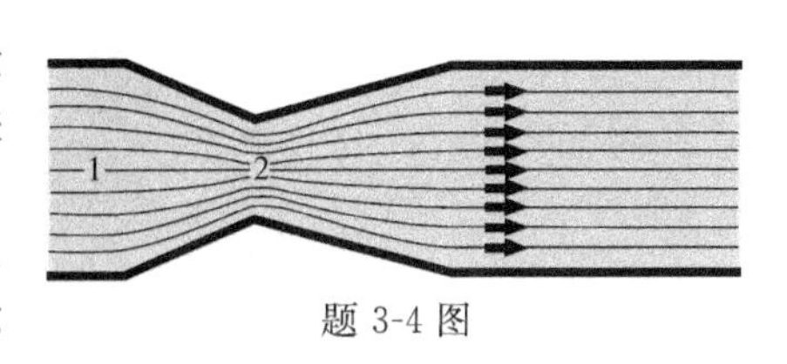

题3-4图

3-5　马格努斯效应以其发现者海因里希·马格努斯命名，是指当一个旋转物体的旋转角速度矢量与物体飞行速度矢量不重合时，在与旋转角速度矢量和移动速度矢量组成的平面相垂直的方向上将产生一个横向力，如题3-5图所示，对于向左飞行的有着逆时针旋转的球在这个横向力的作用下物体飞行轨迹发生偏转的现象。用你在本章学过的知识解释马格努斯效应，并举例说明马格努斯效应的一些实例。

3-6　如题3-6图所示，将一个漏斗倒扣在一个乒乓球上，然后用嘴用力地对着漏斗管口吹气，并慢慢地将漏斗向上抬起，你会发现乒乓球不仅没有被吹飞，反而还紧紧地贴在漏斗的锥顶，试用本章学过的知识解释该现象。

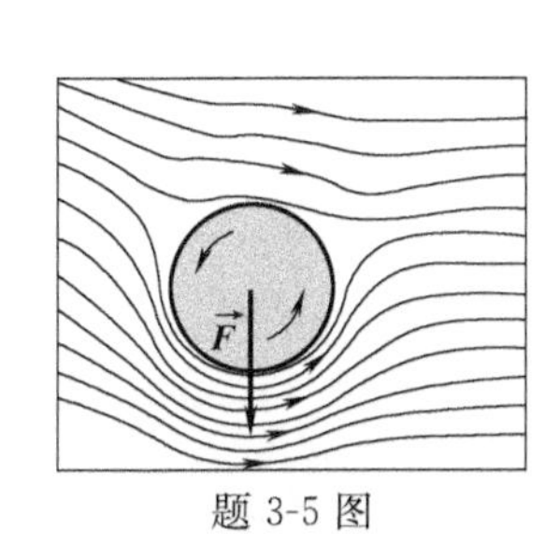

题3-5图

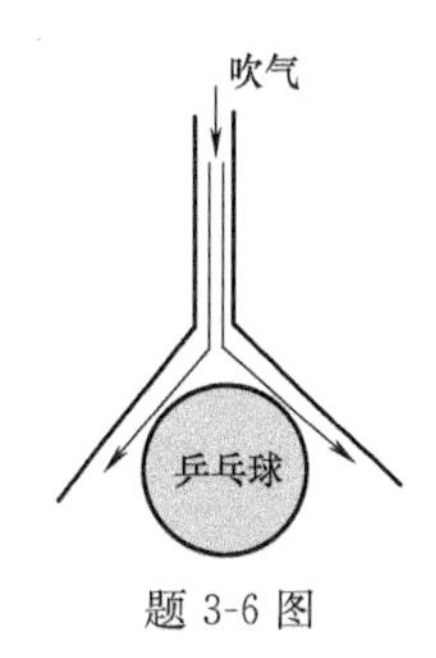

题3-6图

3-7　当轮船在浅水区域快速航行时，往往比在深水航行时有更深的吃水深度，试用本章学过的知识解释该现象。

流体的黏性与牛顿黏性定律

3-8　有黏性的不可压缩液体流过一个水平放置的、半径为R的圆筒形管道，如果保持体积流量Q所需要的压强差为p，现在将管道半径减小到$0.3R$，若要保持原有的体积流量，那么需要多大的压强差？

3-9　假设一个人身体中某处动脉的内径为4mm，血液在正常动脉中的流速为30.0cm/s，而由于病变该动脉的某处出现血栓，血栓处的动脉的有效内径变为1mm，假设动脉的压强梯度保持不变，那么此时通过血栓处的血液的流速变为多少？

层流与湍流

3-10 分别计算直径为 0.1m、0.01m、0.001m 的铁质小球（其密度为 $7.8\times10^3\,kg/m^3$）从高空落地时的收尾速率。

自主探索研究项目——被水流束缚住的小球

项目简述： 将一个轻质球体（如乒乓球、泡沫球等）放置于一束竖直向上的水的射流中，这束水流会使球体悬浮并旋转。

研究内容： 设计实验方案，研究水流速度、水流角度、球体几何尺寸、球体质量等因素对球体转动角速度、悬浮高度的影响。

电　磁　学

第4章　电磁学概论

4.1　电磁学的研究对象

电磁学是经典物理的基本组成部分。电磁学研究电磁现象和电磁相互作用的基本规律及其实际应用，主要涉及电荷、电流、电场、磁场的基本性质，电场和磁场的相互联系，以及电场、磁场和物质的相互作用等。

电磁现象是自然界存在的一种普遍现象，而电磁相互作用则是四种基本相互作用之一，它对原子和分子的结构起着关键作用。实际上，任何物质中都包含有大量的正、负电荷，物质的各种宏观或微观的电磁性质以及与此相关的其他物理性质都源于这些运动的正、负电荷。

4.2　电磁学的发展简史

4.2.1　电磁现象的早期研究

英语中的“电”和“磁”都源于希腊语，前者原意为“琥珀”，后者原意为一种灰褐色的石头。琥珀那时候用于装饰，琥珀和金子一样光亮，被称为“琥珀金”（electron），“电”（electricity）一词由此而来。古希腊人把用布摩擦过的琥珀能吸引碎屑等轻微物体的神秘性质叫作“电”，把某些石头能吸引铁皮的神秘性质称为“磁”，这些石头即为天然磁石。据说这种磁石被发现的地方是小亚细亚 Magnesia，这就是磁铁 magnet 的来源。

早期人类对电和磁的研究是相互独立进行的。对电和磁的早期认识则源于对电、磁现象的定性观察，关于磁石的记载可追溯到中国的春秋战国时期。中国古代四大发明之一的指南针（古称司南）就是人类对磁石磁性认识的结果。东汉学者王充在《论衡》一书中描述的“司南勺”被认为是最早的磁性指南工具。而对指南针的详细记载最早见于北宋科学家沈括的《梦溪笔谈》，这一记录比西方人 P. Peregrinus 在 13 世纪对磁现象的系统研究要早二百多年。英格兰的吉尔伯特（William Gilbert，1544—1603）是近代磁学的开创者，被后人誉为“关于磁的哲学之父”。吉尔伯特用观察和实验的方法科学研究了磁与电的问题，并把研究成果汇编成书。1600 年他的巨著《论磁》出版，这本书是物理学史上第一部系统阐述磁学的科学著作。吉尔伯特做了一系列科学实验，其中最有名的是关于地磁的实验。他把小磁针放在一个磁石球上面，观察小磁针的行为，发现许多跟地球类似的性质。他把这个小磁球叫作“小地球”。吉尔伯特假设地球是一个大磁石，磁石的两极位于地理南极和地理北极。他的这个假设轻易地解释了地球上磁针的指向问题。吉尔伯特对电学也有详细的研究，他是第一个引入“电”这个词的人，而且还发明了世界上第一台验电器，这是最早的静电检测装置。

由于早期人类对电和磁的认识有限，所以总是将磁石吸铁、摩擦起电以及雷电等诸多自然界的电磁现象和天上的神明联想到一起。大约在 1660 年，德国工程师格里凯（O. V. Guericke，1602—1686）发明了第一台能产生大量电荷的摩擦起电机。直到 19 世纪，这种摩擦起电机才被感应起电机所代替。起电机获得的电往往会在空气中逐渐消失，无法积累保存起来。1745 年，荷兰莱顿大学的马森布洛克（Petrus van Musschenbrock，1692—1761）教授发明了一种能储存电能的莱顿瓶。莱顿瓶的发明为电的进一步研究提供了条件，使电名声大噪。在欧洲，有一大批人靠电的实验和表演谋生。正是利用莱顿瓶，在遥远的美洲，富兰克林（B. Franklin，1706—1790）才发现了正电和负电及电荷守恒定律，并在 1752 年首次用风筝把“天电”引入实验室，实现了天电和地电的统一，消除了人类对雷电的迷信。一年后，他又制造了世界上第一枚避雷针。这是人类应用电学研究为自身服务的首个成功案例。

莱顿瓶只能用于瞬间放电，那么怎样才能获得持续的电流？1786 年，意大利的医生和动物学教授伽伐尼（Luigi Aloisio Galvani，1737—1789）在做青蛙解剖实验时发现，青蛙的肌肉与手术刀接触时会发生痉挛。伽伐尼将此归结为动物体内存在“动物电”，只要用一种以上的金属与之接触，就能将这种电激发出来。据此，伽伐尼制成了伽伐尼电池。伽伐尼的发现得到了他的同乡伏打（Count Alessandro Volta，1745—1827）的赞赏，称其为物理学和化学史上划时代的伟大发现之一。但伏打并不同意伽伐尼关于“动物电”的观点，在经过无数次的实验之后，他指出，将不同的导体，特别是金属导体接触在一起，再与湿导体接触，就会引起电激励。伏打的这种论断在 1800 年通过他发明的“电堆”而最终得到了证实。伏打电堆第一次使人们有可能获得稳定而持续的电流，从而由电的定性研究转为定量研究，开启近代电磁研究的新篇章。

4.2.2 近代电磁理论的研究

对电磁的近代研究公认为是从 18 世纪的卡文迪许（Hon. Henry Cavendish，1731—1810）和库仑（Charles Augustin de Coulomb，1736—1806）开始的，他们用测量仪器对电现象进行定量研究，并总结出定量的实验规律，促进了电磁学研究从定性到定量的飞跃。

1785 年，库仑设计制作了一台精确的扭称，研究了两个静止点电荷之间的相互作用力，建立了著名的**库仑定律**。实际上在库仑定律建立之前的 1777 年，卡文迪许就曾向英国皇家学会报告，称“电的吸引力和排斥力很可能反比于电荷间距的二次方”。只是卡文迪许的结果并未正式发表，不为大家所知。库仑定律是电磁学的基本规律，是物理学中最精确的基本实验规律之一。由于电力二次方反比律与光子的静止质量是否为零密切相关，所以为提高电力二次方反比律精度的努力持续至今。库仑定律建立以后，再通过法国数学家泊松（Simeon Denis Poisson，1781—1840）和德国物理学家高斯（Karl Friedrich Gauss，1777—1855）等人的研究形成了静电场的理论，特别是在英国数学家乔治·格林（George Green，1793—1841）提出势的概念后，促进了静电学方面不少重要结果的发现。

虽然我们现在知道电和磁是可以相互转换的，但是直到19世纪初，人们还普遍认为电和磁是相互独立的。丹麦物理学家奥斯特（Hans Christian Oersted，1777—1851）接受了康德和谢林的自然哲学思想，认为自然力是可以相互转化的，相信电与磁之间有某种联系，特别是富兰克林对于莱顿瓶放电使钢针磁化的发现更加坚定了他的想法。奥斯特长期探索着这种联系。1820年4月，他偶然发现电流附近的小磁针微微跳动了一下，随后他对“小磁针的一跳”进行了三个月的持续研究，并在同年的7月21日发表了题为《关于电冲击对磁针影响的实验》的论文，向科学界宣布了“电流的磁效应”。这一重大发现首次揭示了长期以来一直被认为是彼此独立的电现象和磁现象之间的联系，宣告了电磁学作为一个统一学科的诞生。

在奥斯特实验的启发下，一系列新的关于电磁相互联系的实验应运而生。1820年9月法国物理学家安培（Andre Marie Ampere，1771—1836）研究了圆电流对磁针的作用以及两平行直电流的相互作用，并在同年10月做了载流螺线管与磁棒等效性的实验。他不仅在实验中发现了磁针转动的方向与电流方向服从右手定则，而且通过精妙实验与数学技巧的完美结合，建立起了两电流元之间磁力的普遍定量规律——安培定律。1820年10月30日法国科学家毕奥（Jean Baptiste Biot，1774—1862）和萨伐尔（Felix Savart，1791—1841）完成了载流长直导线对磁针作用的实验，得到了载流长直导线对磁极的作用反比于距离的实验结果，后来经法国数学家拉普拉斯（Pierre Simon Laplace，1749—1827）在数学上对实验结果的提炼，建立了电流元对磁极作用力的普遍定量规律——毕奥-萨伐尔-拉普拉斯定律（又称为毕奥-萨伐尔定律）。

库仑定律的发现使人们可以测量静电力的大小，但是对于运动的电荷——电流还没有办法测定。发现电流的磁效应之后，检流计的出现为德国的欧姆（Georg Simon Ohm，1789—1854）发现欧姆定律提供了基础。欧姆于1826年发表《金属导电定律的测定》，利用实验得到了电路中的电流与电势差成正比而与电阻成反比。

自从发现电流的磁效应之日起，人们也一直关心这样一个问题：既然电能生磁，那么磁能生电吗？经过十几年的努力，1831年8月29日法拉第（Michael Faraday，1791—1867）首次发现了电流磁效应的逆效应——电磁感应现象。在总结了许多类似的实验之后，法拉第认识到电磁感应是一种在变化和运动过程中出现的非恒定的暂态效应，线圈中的感应电流是由与导体性质无关的感应电动势产生的。为了解释感应电动势产生的原因，法拉第引入了力线的概念对电磁感应现象进行了概括：当通过导体回路的磁感线根数发生变化时，就会产生感应电动势。这就是著名的法拉第电磁感应定律。遗憾的是，法拉第未能使他的定性理论上升到精确的定量理论。电磁感应定律的定量数学表达式是由德国物理学家纽曼（Franz Ernst Neumann，1798—1895）和韦伯（Wilhelm Weber，1804—1891）在1845年先后给出的。

4.2.3　麦克斯韦电磁场理论的建立

麦克斯韦（James Clerk Maxwell，1831—1879）继承了法拉第用力线描绘的近距作用观点，在库仑定律、毕奥-萨伐尔定律和安培定律以及法拉第电磁感应定律的基础上，提出了涡旋电场和位移电流假说，揭示了电场和磁场的内在联系，得出了电磁场运动变化所遵循的麦克斯韦方程组，创立了电磁场理论，进而导致电磁波概念的诞生，预言了光就是一种电磁波，完成了继牛顿力学以及能量转化和守恒定律提出以来的物理学史上的第三次理论大综合。

麦克斯韦建立电磁场理论的工作集中体现在他的三篇论文中。第一篇论文是1855—1856年发表的《论法拉第力线》。他认为电荷间及磁极间的力是靠场传递的。他分析了法拉第绘制的电流周围的磁力线图样，并将其与流体力学的理论比较，引入磁场强度矢量来描述电磁场，从而把法拉第的直观力学图像用数学形式表达了出来。1861年麦克斯韦对磁场变化产生感应电动势的现象做了深入分析，提出了涡旋电场和位移电流两个著名的假设，即变化的磁场在其周围空间激发涡旋电场，变化的电场总是有一个磁场伴随着。这些内容于1861—1862年发表在他的第二篇论文《论物理力线》中。1865年，麦克斯韦发表了第三篇著名论文《电磁场的动力学理论》。在这篇论文中，他明确地以电磁场为研究对象，建立了描绘电磁场运动变化规律的普遍方程组——麦克斯韦方程组，宣告了电磁场动力学理论的诞生。利用该方程组，麦克斯韦做出了最惊人的推断：电磁场可以脱离场源而独立存在，并且以波的形式在空间传播，其传播速度与真空中的光速相同。从而麦克斯韦预言：光波是一种波长很短的电磁波。

1888年，赫兹（Heinrich Rudolf Hertz，1857—1894）检测到了从莱顿瓶或线圈火花产生的电磁波，从而从实验上证实了麦克斯韦关于电磁波的预言。这一预言的实验证实，确认了光波和电磁波的同一性，实现了电磁学和光学的大统一，这一发展被认为是19世纪物理学最辉煌的成就。百余年后的今天，人们仍然折服于麦克斯韦方程组的完备、系统和严密，仍然处处感受到它的强大威力和广泛影响。

4.2.4 麦克斯韦方程组的现代形式

麦克斯韦最早建立的麦克斯韦方程组是包含20个变量的20个标量方程，现代教材中介绍的是经过后人简化和演绎之后的现代形式，它是关于电场强度矢量$\vec{E}$和磁感应强度矢量$\vec{B}$的四个方程。为了让大家先有一个整体的印象，这里列出了真空中麦克斯韦方程组的积分形式。方程中的$\vec{E}$指空间中总电场的电场强度，既包括电荷产生的电场，也包括变化磁场激发的感生电场（涡旋电场）；$\vec{B}$指空间中总磁场的磁感应强度，既包括电流激发的磁场，也包括变化的电场（位移电流）激发的磁场。

1. 电场的高斯定理

$$\oiint_S \vec{E}\cdot \mathrm{d}\vec{S}=\frac{1}{\varepsilon_0}\sum_{S_{内}} q_i$$

它说明总电场$\vec{E}$和电荷的联系。

2. 电场的环路定理

$$\oint_L \vec{E}\cdot \mathrm{d}\vec{l}=-\iint_S \frac{\partial \vec{B}}{\partial t}\cdot \mathrm{d}\vec{S}$$

它说明总电场$\vec{E}$和总磁场$\vec{B}$的联系。不仅电荷可以激发电场，变化的磁场也能激发电场。

3. 磁场的高斯定理

$$\oiint_S \vec{B}\cdot \mathrm{d}\vec{S}=0$$

它表明磁场是无源场。

4. **磁场的环路定理**

$$\oint_L \vec{B} \cdot d\vec{l} = \mu_0 \iint_S \left(\vec{j}_c + \varepsilon_0 \frac{\partial \vec{E}}{\partial t}\right) \cdot d\vec{S}$$

它表明总磁场 $\vec{B}$ 与运动电荷（或电流）及变化电场的联系。不仅电流（或运动电荷）可以产生磁场，变化的电场也能激发磁场。

可以说，这四个方程涵盖了本书中电磁学部分所要介绍的主要内容，从电场到磁场，从简单的特例到普适的形式，从对电场和磁场的独立研究到两者相互联系的研究。学习完这四个方程即意味着电磁学的学习告一段落。

4.3　电磁学的应用

电磁学的形成和发展，拓展和加深了人们对电磁相互作用和物质的各种电磁性质的认识，电磁学研究的各个阶段一直伴随着各种电磁新技术的不断诞生与发展。比如，法拉第电磁感应现象的发现使人类制造发电机成为可能，从而为人类开辟了一条实现电力新能源的途径；麦克斯韦电磁场理论的建立为电磁波的应用提供了理论依据。历史上这些电磁技术的应用开启了以电气化和无线电通信为标志的第二次技术革命——电力革命。

电磁学理论的发展和完善也是现代很多高新技术的基础。比如，物质磁性的研究推动了材料科学的发展；研究带电粒子受电磁作用在各种特定条件下的应用，形成了电工学、电子学、等离子体物理、磁流体力学等分支学科；电磁波的研究促进了广播、电视和通信事业的发展，移动通信、卫星通信、GPS 定位这些基于电磁科学发展起来的通信系统，为人类带来了前所未有的改变；基于不同电磁波段的天文观测将天文学由早期的光学天文发展到新世纪从 γ 射线到无线电的全波段天文学，使人类对宇宙的认识上升到了一个新的阶段。

对于 21 世纪已经到来的第四次工业革命，它以石墨烯、量子通信技术、可控热核聚变、清洁能源等技术为突破口，其发展依赖于生物、物理和数字技术的融合，涉及很多工程技术类学科，比如材料科学、信息与通信工程、生物医学等，这些学科无一不应用到以电磁学为基础发展起来的技术和方法。随着人类对这些技术方法的应用与创新发展，电磁学也会持续发展，在未来它又会给人类的科技进步带来哪些影响？让我们拭目以待。

第5章 静电场及其基本性质

5.1 电荷 库仑定律及电力叠加原理

5.1.1 电荷的基本性质

1. 两种电荷

早在公元前6世纪，人们已经发现用毛皮摩擦过的橡胶棒和用丝绸摩擦过的玻璃棒能吸引毛发等轻小物体。物体具有了这种吸引轻小物体的性质，便说它带了电，或者说带有电荷，带电的物体叫**带电体**，物体所带电荷的数量叫**电荷量**。

大量实验表明，自然界只存在两种电荷：**正电荷和负电荷**。目前国际上一直沿用历史上美国物理学家富兰克林的定义：在室温下用丝绸摩擦过的玻璃棒所带的电荷称为**正电荷**，毛皮摩擦过的橡胶棒所带的电荷称为**负电荷**。**同种电荷相斥，异种电荷相吸**。

物体所带电荷种类的不同源于物质的微观结构。物质由质子、中子和电子等微观粒子组成。电子带有负电荷，其所带电荷量的绝对值为 $e=1.602176634\times10^{-19}$C（第26届国际计量大会通过）。质子带正电荷，其电荷量与电子电荷量的绝对值精确相同。中子不带电荷。当物体由于某种原因失去或获得某些电子时便处于带电状态。用摩擦方法使物体带电称为摩擦起电。摩擦时电子从一个物体转移到另一个物体，因此两物体同时起电，电荷等量异号。物体不带电（即对外不显电性），并不是说物体中没有电荷，而是其中具有等量异号电荷，正、负电荷刚好完全抵消，即整体处于中和的状态。

检验物体是否带电的最简单仪器是验电器，其结构如图5.1-1所示。圆柱形容器中绝缘地安装着一根带有金属球的金属杆，杆的下端悬挂着一对金属箔片。当带电体与金属球接触时，就有电荷传到金属箔上，两金属箔片因得到同种电荷，相互排斥而张开。金属箔上的电荷越多，张角越大。

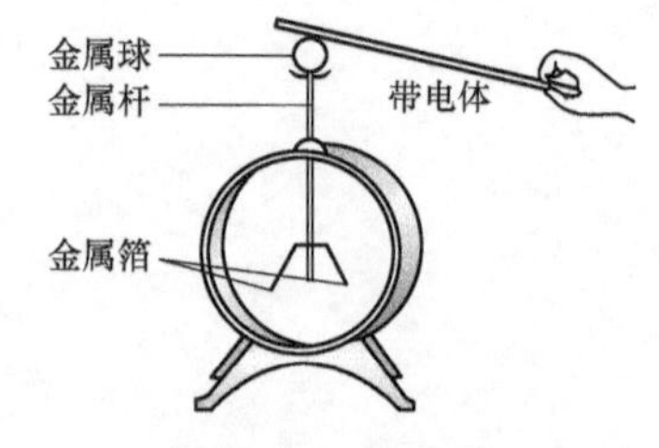

图5.1-1 验电器

2. 电荷的量子性

在自然界中，任何物体所带的电荷都是 e（称为元电荷）的整数倍，也就是说，并不是任何数值的电荷量都是可能的，或者说电荷量是不连续的。我们称这种特性为**电荷的量子性**。近代物理从理论上预言基本粒子由若干种夸克或反夸克组成，每一个夸克带有 $-e/3$ 或 $+2e/3$ 的电荷。然而，至今尚未在实验中发现自由存在的夸克。即使发现了自由的夸克，也不过是把元电荷的大小缩小到目前的 1/3，电荷的量子性仍然存在。

3. **电荷守恒定律**

对一个与外界没有电荷交换的系统，其内部正、负电荷的代数和保持不变，这一结论称为**电荷守恒定律**。它是自然界的基本定律之一，不仅在宏观过程中成立，也适用于核反应等一切微观过程。近代物理实验发现，带电粒子在一定条件下可以产生和湮没，如正、负电子相遇湮没成两个光子的过程：

$$e^{+}+e^{-}\rightarrow 2\gamma$$

由于光子不带电，正、负电子又带有等量异号电荷，所以湮没过程中尽管有粒子产生和消失，但过程前后电荷的代数总和不变。

4. **电荷的相对论不变性**

实验证明，电荷量与电荷的运动状态无关，也就是说，在不同的惯性系内观察，同一带电粒子的电荷量保持不变。电荷的这一性质叫作**电荷的相对论不变性**，即电荷是一个相对论不变量。电荷守恒定律在所有的惯性系中都成立。

小节概念回顾：电荷的基本性质有哪些？电荷守恒定律在微观领域也适用吗？

5.1.2　库仑定律

1. **库仑定律的内容**

观察表明，两个静止的带电体之间的相互作用力与带电体的相对位置和电荷的数量有关。我们能定量描述这种相互作用力吗？它如何随电荷的多少和距离改变呢？

关于带电体之间相互作用力的定量研究开始于 18 世纪后半叶，许多科学家都积极探索了这一问题，并对这种相互作用力的形式有所猜测。但最终解决这一问题的是法国科学家库仑（Charles Coulomb，1736—1806），他通过扭秤实验和单摆实验总结出了电荷之间的相互作用力与其距离的关系，建立了著名的库仑定律。这一定律可表述为：

在真空中，两个静止的点电荷之间的相互作用力（**静电力**，也称为**库仑力**）与这两个电荷所带电荷量的乘积成正比，与它们之间距离的二次方成反比，作用力的方向沿两点电荷的连线，同号电荷相斥，异号电荷相吸。用数学公式可表示为：

$$\vec{F}_{12}=k\frac{q_1q_2}{r^2}\vec{e}_{12}\tag{5.1-1}$$

式中，q_1 和 q_2 表示点电荷 1 和点电荷 2 的电荷量（带有正、负号）；r 为两点电荷之间的距离；k 是比例系数，它的数值取决于式中各量的单位；$\vec{F}_{12}$ 为电荷 1 对电荷 2 的作用力，$\vec{e}_{12}$ 为由电荷 1 指向电荷 2 的单位向量。

当 q_1 和 q_2 同号时，$\vec{F}_{12}$ 与 $\vec{e}_{12}$ 同向，q_2 受到 q_1 的斥力（见图 5.1-2）；当 q_1 和 q_2 异号时，$\vec{F}_{12}$ 与 $\vec{e}_{12}$ 方向相反，q_2 受到 q_1 的引力。当角标 1 和 2 对调时，由于 $\vec{e}_{21}=-\vec{e}_{12}$，因此 $\vec{F}_{21}=-\vec{F}_{12}$，即静止点电荷之间的作用力符合牛顿第三定律。

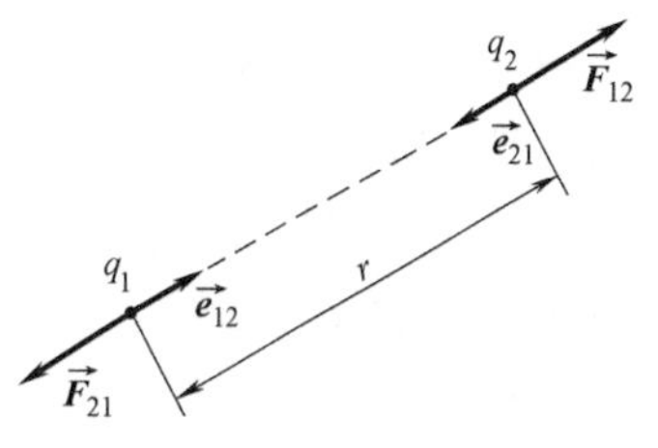

图 5.1-2　两个同号点电荷之间的静电力

2. **关于库仑定律的说明**

（1）成立条件

1）点电荷：库仑定律只适用于描述两个点电荷之间的相互作用力。什么是点电荷？它类似于力学中的质点，是物理学中的一个理想模型。一个带电体若能被看成点电荷，必须满足两个条件：一是带电体本身的几何限度相比研究的问题中所涉及的距离小得多；二是带电体的形状和电荷在其上的分布对所研究的问题无关紧要。因此，点电荷是个相对的概念。当我们在宏观意义上谈论电子、质子等带电粒子时，就完全可以把它们视为带电的“几何点”，即点电荷。

2）静止：这里的静止指两个电荷相对静止，且相对于观察者静止。

3）真空：最初给定这一条件只是为了使讨论的问题变得简单。其实这一条件是不必要的，如果空间中除了两个点电荷外，还有其他带电体，那么这些带电体只是使相互作用的电荷增加，并不会影响原来的两个点电荷之间的相互作用力。

（2）系数 k 的大小　库仑定律中 k 的大小与单位制的选择有关，常用的电磁学单位制有两种：MKSA 有理制和高斯单位制。前者是国际单位制（SI）中关于电磁学的一部分，其中有四个基本量：长度（m）、质量（kg）、时间（s）和电流（A），其他电磁学量的单位可以由一定的物理关系式导出；在高斯单位制中，只有长度、质量和时间三个基本量，电流则是一个导出量。

在 MKSA 有理制中，式（5.1-1）中所有物理量的单位均已选定：距离的单位为米（m），力的单位为牛顿（N），电荷量的单位为库仑（C），因此 k 的数值通过实验测定。这样确定的 k 值为

$$k=8.987551787\times10^{9}\,\mathrm{N\cdot m^{2}\cdot C^{-2}}\approx9\times10^{9}\,\mathrm{N\cdot m^{2}\cdot C^{-2}}$$

电磁学中通常引入另一常数 ε_0 来替代 k，写成 $k=\dfrac{1}{4\pi\varepsilon_0}$，由此库仑定律可改写为

$$\vec{F}_{12}=\frac{q_1q_2}{4\pi\varepsilon_0 r^2}\vec{e}_{12} \tag{5.1-2}$$

这种在库仑定律中引入无理数因子 4π 的做法，称为单位的有理化。从表面上看好像使库仑定律的数学式更复杂了，但在后续的学习中就会发现，正是因为库仑定律中 4π 因子的引入才会使得经常用到的其他电磁学规律的表达式中不再出现 4π，因而变得更简单。

在高斯单位制中，令 $k=1$，由 $F_{12}=k\dfrac{q_1q_2}{r^2}$ 定义电荷量的单位：当真空中两个电荷量相同、相距 1cm 的静止点电荷之间的相互作用力等于 1 达因（dyn，$1\mathrm{dyn}=10^{-5}\mathrm{N}$）时，每个电荷的电荷量为 1 静电单位电荷量，用符号表示为 1 e. s. u. 或 1 CGSE。

（3）二次方反比的验证　库仑力与距离二次方成反比是物理学中最精确的实验定律之一。两百多年来，关于电力的二次方反比的验证从未停歇，即假定分母中 r 的指数为 $2+\delta$，通过实验测定 δ 的数值。1773 年，卡文迪许的静电实验给出 $|\delta|\leqslant0.02$。麦克斯韦在约百年后利用类似的实验得到 $|\delta|\leqslant5\times10^{-5}$。随着实验精度的不断提高，测量到的 δ 值越来越小。1971 年的实验结果是 $|\delta|\leqslant|2.7\pm3.1|\times10^{-16}$。

（4）适用范围　实验表明，无论在宏观还是微观领域，库仑定律都成立。实验中涉及的 r 的取值范围也越来越大。在高能粒子散射实验中，r 低至 $10^{-17}\mathrm{m}$；而在人造卫星研究地球磁场的实验中，r 可以达到 $10^{7}\mathrm{m}$。一般认为，库仑定律的适用范围还要大得多。

3. 库仑力与万有引力的对比

静电力 $F_e=k\dfrac{q_1q_2}{r^2}$ 和万有引力 $F_g=G\dfrac{m_1m_2}{r^2}$ 是自然界中的两种基本力，两者具有完全相同的数学形式，与距离成同样的二次方反比关系。

电荷 q 和质量 m 是物质的基本属性。静电力与两电荷电荷量的乘积成正比，引力与两物体质量的乘积成正比。电荷有正负之别，因此静电力有引力和斥力两种，也可以实现静电力的屏蔽；质量却没有负质量一说，因此万有引力总是使两物体相互吸引，而且万有引力是不能被屏蔽的。

静电力和万有引力的另一区别在于它们的强度：在自然界四大相互作用力中，万有引力最弱，仅为电磁力的 10^{-39} 倍（参考例 5.1-1）；对于微观领域的原子或亚原子粒子，静电力要比万有引力重要得多。

例 5.1-1 氢原子由一个质子（氢原子核）和一个电子组成。根据经典模型，正常状态下，电子绕质子在半径为 5.29×10^{-11} m 的圆轨道上运动。求电子和质子之间的万有引力和库仑力。已知：电子静止质量为 9.11×10^{-31} kg，质子静止质量为 1.67×10^{-27} kg，电子电荷量为 1.60×10^{-19} C，万有引力常数为 $G=6.67\times10^{-11}\,\mathrm{m^3\cdot kg^{-1}\cdot s^{-2}}$。

解： 电子与质子之间的库仑力的大小为

$$F_e=k\frac{-e\cdot e}{r^2}=9\times10^9\times\frac{-(1.60\times10^{-19})^2}{(5.29\times10^{-11})^2}\mathrm{N}=-8.23\times10^{-8}\mathrm{N}$$

电子与质子之间的万有引力的大小为

$$F_g=G\frac{m_1m_2}{r^2}=6.67\times10^{-11}\times\frac{1.67\times10^{-27}\times9.11\times10^{-31}}{(5.29\times10^{-11})^2}\mathrm{N}=3.63\times10^{-47}\mathrm{N}$$

显然，$|F_e/F_g|=(8.23\times10^{-8})/(3.63\times10^{-47})=2.27\times10^{39}$。

评价： 在原子范围内，库仑力是主要因素，万有引力的作用完全可以忽略。

小节概念回顾： 什么是库仑定律？其成立的条件和适用范围是什么？库仑力和万有引力有哪些相同和不同之处？

5.1.3 电力叠加原理

库仑定律只讨论两个点电荷之间的相互作用力。若空间中有多于两个点电荷存在，则它们之间的相互作用力如何？这就必须补充一个实验事实：两个点电荷之间的相互作用力不会因为第三个电荷的存在而受到影响。体系中任意两个点电荷之间的相互作用力都满足库仑定律。任一点电荷受到的总静电力等于其他点电荷单独存在时对该电荷作用的静电力的矢量和，这一结论称为**电力叠加原理**。

由电力叠加原理，n 个点电荷 q_1，q_2，…，q_n 组成的电荷系统对另一点电荷 q_0 作用的总静电力为

$$\vec{F}=\vec{F}_{10}+\vec{F}_{20}+\cdots+\vec{F}_{n0}=\sum_{i=1}^{n}\vec{F}_{i0}=\sum_{i=1}^{n}\frac{q_iq_0}{4\pi\varepsilon_0r_{i0}^2}\vec{e}_{i0}\tag{5.1-3}$$

式中，$\vec{F}_{10}$，$\vec{F}_{20}$，…，$\vec{F}_{n0}$ 分别为 q_1，q_2，…，q_n 对 q_0 的作用力；$\vec{F}_{i0}$ 为第 i 个点电荷 q_i 单独存在时对 q_0 的作用力；r_{i0} 为 q_i 和 q_0 之间的距离；$\vec{e}_{i0}$ 为由 q_i 指向 q_0 的单位矢量。

如果考虑电荷连续分布的任意带电体对 q_0 的作用力，则需要利用微元法，将带电体分割成无穷多个电荷元，每个电荷元 dq 对 q_0 的作用力为

$$\mathrm{d}\vec{F}=\frac{q_0\mathrm{d}q}{4\pi\varepsilon_0 r^2}\vec{e}_r$$

其中，r 为 dq 和 q_0 之间的距离；$\vec{e}_r$ 为由 dq 指向 q_0 的单位矢量。带电体对 q_0 的合作用力为

$$\vec{F}=\int\mathrm{d}\vec{F}=\int\frac{q_0\mathrm{d}q}{4\pi\varepsilon_0 r^2}\vec{e}_r \tag{5.1-4}$$

利用库仑定律和电力叠加原理，原则上可以解决静电学中的所有问题。

小节概念回顾：电力叠加原理的本质是什么？任何情况下都能用电力叠加原理吗？

5.2 静电场 电场强度

5.2.1 电场及其基本性质

电荷与电荷之间的相互作用是如何实现的？历史上存在着两种观点：超距作用和近距作用。前者认为电荷间的相互作用不需要传递的介质，也不需要传递的时间，就像两个质点间的万有引力一样；而后者认为电荷间的相互作用是靠介质传递的（最初认为这种介质是以太），需要传递时间。法拉第是近距作用的坚定支持者，为了描述相互作用的传递介质，他提出了力线（也就是现在的场线）的概念。从法拉第开始到麦克斯韦，许多科学家经过深入的分析研究，逐步否定了超距作用的观点，发展了场论思想，认识到电磁相互作用是以电场和磁场为介质来传递的，传递的速度与光速相同。

现代科学和实践证明，场是物质存在的一种形式。在一定条件下，电磁场可以脱离电荷和电流独立存在，具有自己的运动规律。电磁场和实物（即由原子、分子等组成的物质）一样具有能量、动量等属性。不同的是电磁场的静质量为零，而且若干电磁场可以同时占据同一空间，也就是说场是可以叠加的。

根据场的观点，任何电荷都会在自己周围的空间激发**电场**，电场对放在其中的任一电荷均有作用力，称为**电场力**。电荷与电荷之间的相互作用是通过电场实现的，即

$$\text{电荷}\underset{\text{作用}}{\overset{\text{激发}}{\rightleftharpoons}}\text{电场}\underset{\text{激发}}{\overset{\text{作用}}{\rightleftharpoons}}\text{电荷}$$

电荷在电场中受到的电场力只与电荷所在位置处的电场有关，与其他地方的电场无关。当在电场中移动电荷时，电场力会对电荷做功。若在电场中引入其他物体，如导体或绝缘体，物体就会与电场发生相互作用而出现静电感应或极化现象，这一点会在后面章节做详细介绍。

本章只讨论一种最简单的情况——**静电场**，即相对于观察者静止的电荷在其周围空间激发的电场。图 5.1-2 中的库仑力 $\vec{F}_{12}$ 就是电荷 1 激发的静电场施加给电荷 2 的电场力，$\vec{F}_{21}$ 是电荷 2 激发的静电场施加给电荷 1 的电场力。

小节概念回顾：什么是电场？电场具有哪些基本性质？

5.2.2　电场强度

1. 电场强度的定义

为了研究电场的性质，可在电场中引入**试验电荷**，通过检测试验电荷在电场中的受力来分析。试验电荷应该满足两个条件：①几何线度足够小，可以视为点电荷，以便能准确地反映空间各点的性质；②电荷量足够小，使其引入被测电场后，在实验精度范围内，不会对原有电场的分布产生影响。试验表明，试验电荷在电场中的受力与其所在的位置（称为**场点**）和电荷量（用 q_0 表示）有关。对于确定的场点，试验电荷受到的电场力 $\vec{F}$ 与 q_0 成正比，比值 $\vec{F}/q_0$ 是一个常量，与 q_0 的大小无关；当电荷量 q_0 不变，只改变场点时，$\vec{F}$ 随场点的变化而变化，即 $\vec{F}/q_0$ 因场点的不同而不同。也就是说，比值 $\vec{F}/q_0$ 与试验电荷 q_0 无关，只与电场有关，因此，它能描绘电场在各点的性质，反映电场在各点的强弱。我们把 $\vec{F}/q_0$ 定义为**电场强度**，用 $\vec{E}$ 表示，即

$$\vec{E}=\frac{\vec{F}}{q_0} \tag{5.2-1}$$

电场强度是空间坐标的矢量函数，是矢量场，可表示为 $\vec{E}$（x，y，z）。某点的电场强度 $\vec{E}$ 等于单位正电荷在该处的受力，大小等于单位电荷在该点所受电场力的大小，方向为正电荷的受力方向。在国际单位制中，电场强度的单位为 N/C；在实际测量中通常会用到另一单位 V/m，可以证明二者等效。

2. 电场强度的计算

现在讨论在场源电荷都是静止的参考系中电场强度的分布。

（1）点电荷 Q 产生的电场

如图 5.2-1 所示，以点电荷 Q 所在位置为坐标原点 O，求距 O 点距离为 r 处的场点 P 的电场强度。设想在 P 点引入一个正的试验电荷 q_0，根据库仑定律，q_0 受到的静电力为

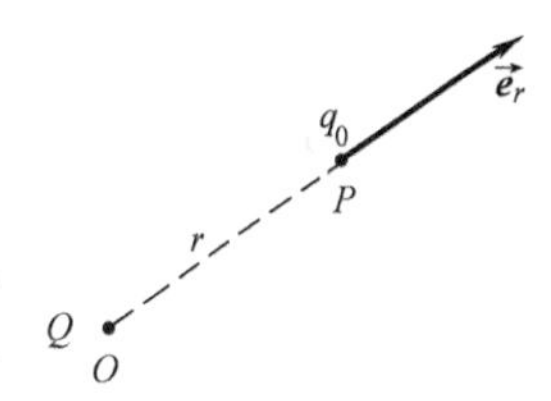

图 5.2-1　点电荷 Q 产生的电场

$$\vec{F}=\frac{Qq_0}{4\pi\varepsilon_0 r^2}\vec{e}_r$$

式中，$\vec{e}_r$ 为由点 Q 指向场点 P 的单位矢量。根据电场强度的定义式（5.2-1），得到 P 点的电场强度为

$$\vec{E}=\frac{\vec{F}}{q_0}=\frac{Q}{4\pi\varepsilon_0 r^2}\vec{e}_r \tag{5.2-2}$$

若 $Q>0$，则 $\vec{E}$ 沿 $\vec{e}_r$ 方向，背离 Q；若 $Q<0$，则 $\vec{E}$ 沿 $-\vec{e}_r$ 方向，指向 Q。由于 P 点任意，所以式（5.2-2）给出了点电荷 Q 产生的电场中各点的电场强度。显然，静止点电荷产生的电场是球对称的，离点电荷越远，电场强度越小。

（2）电场强度叠加原理

考虑由 n 个点电荷组成的电荷系。在其电场中引入试验电荷 q_0，根据电力叠加原理，q_0 受到的合力为电荷系中的各个点电荷单独存在时对 q_0 的作用力的矢量和，即

$$\vec{F}=\vec{F}_1+\vec{F}_2+\cdots+\vec{F}_n$$

两边除以 q_0，并利用电场强度的定义式（5.2-1），得

$$\vec{E}=\frac{\vec{F}}{q_0}=\frac{\vec{F}_1}{q_0}+\frac{\vec{F}_2}{q_0}+\cdots+\frac{\vec{F}_n}{q_0}=\vec{E}_1+\vec{E}_2+\cdots+\vec{E}_n=\sum_{i=1}^{n}\vec{E}_i \tag{5.2-3}$$

式中，$\vec{E}_1=\vec{F}_1/q_0$，$\vec{E}_2=\vec{F}_2/q_0$，…，$\vec{E}_n=\vec{F}_n/q_0$ 分别为各点电荷单独存在时在 q_0 所在位置产生的电场强度。式（5.2-3）表明，电荷系的电场中任一点的合电场强度等于各个点电荷单独存在时在该点产生的电场强度的矢量叠加，这叫作**电场强度叠加原理**。

对于电荷连续分布的带电体，可将其看成是由无穷多个无限小的电荷元 $\mathrm{d}q$ 组成的电荷系。每个电荷元 $\mathrm{d}q$ 可看成点电荷，它在场点 P 激发的电场强度称为**元电场强度**，用 $\mathrm{d}\vec{E}$ 表示，由式（5.2-2）可知，

$$\mathrm{d}\vec{E}=\frac{\mathrm{d}q}{4\pi\varepsilon_0 r^2}\vec{e}_r$$

其中，$\vec{e}_r$ 为由 $\mathrm{d}q$ 指向场点的单位矢量。

P 点的总电场强度为组成带电体的各电荷元在该点产生的元电场强度的矢量叠加，用数学形式表示为

$$\vec{E}=\int\mathrm{d}\vec{E}=\int\frac{\mathrm{d}q}{4\pi\varepsilon_0 r^2}\vec{e}_r \tag{5.2-4}$$

在已知电荷分布的条件下，原则上可由式（5.2-4）求解任意带电体的电场强度分布。实际计算时往往需要首先根据电荷分布写出电荷元的具体表达式，比如当电荷线状分布时，取无限小的线元 $\mathrm{d}l$ 为电荷元，引入电荷线密度 λ（单位长度上的电荷量），此时 $\mathrm{d}q=\lambda\mathrm{d}l$；当电荷分布在曲面上时，取无限小的面元 $\mathrm{d}s$ 为电荷元，引入电荷面密度 σ（单位面积上的电荷量），此时 $\mathrm{d}q=\sigma\mathrm{d}s$；当电荷分布在某个体积中时，取无限小的体元 $\mathrm{d}V$ 为电荷元，引入电荷体密度 ρ（单位体积中的电荷量），此时 $\mathrm{d}q=\rho\mathrm{d}V$。然后写出元电场强度 $\mathrm{d}\vec{E}$，由于式（5.2-4）是矢量叠加，通常需要建立坐标系，写出元电场强度在该坐标系下的分量形式，然后分别对各分量进行积分。

例 5.2-1 求电偶极子的中垂面上和轴线上任一点的电场强度。电偶极子是由一对间距为 l 的等量异号点电荷 $+q$ 和 $-q$ 组成的系统。

解： 以两电荷连线的中点为坐标原点 O，考虑轴线上距 O 点的距离为 r 的 P 点。P 点到 $+q$ 和 $-q$ 的距离分别为 $r-l/2$ 和 $r+l/2$。由式（5.2-2），得 $+q$ 和 $-q$ 在 P 点产生的电场强度大小分别为

$$E_+=\frac{1}{4\pi\varepsilon_0}\frac{q}{\left(r-\dfrac{l}{2}\right)^2},\ E_-=\frac{1}{4\pi\varepsilon_0}\frac{q}{\left(r+\dfrac{l}{2}\right)^2}$$

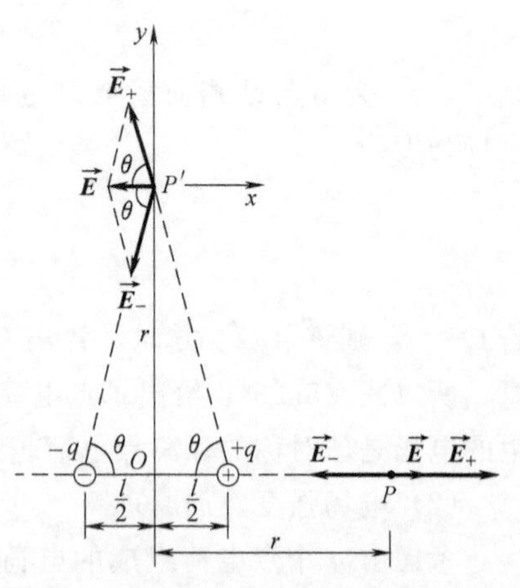

图 5.2-2 例 5.2-1 图

方向如图 5.2-2 所示。以向右的方向为正，P 点的总电

场强度大小为

$$E_P=E_+-E_-=\frac{q}{4\pi\varepsilon_0}\left[\frac{1}{\left(r-\frac{l}{2}\right)^2}-\frac{1}{\left(r+\frac{l}{2}\right)^2}\right]$$

方向向右。

再考虑中垂面上距 O 点的距离为 r 的 P'点。它到 $+q$ 和 $-q$ 的距离均为 $\sqrt{r^2+l^2/4}$。由式（5.2-2）可知，两点电荷在 P'点产生的电场强度 $\vec{E}_+$、$\vec{E}_-$ 如图所示。取如图所示的直角坐标系，由矢量合成的平行四边形法则，$\vec{E}_+$、$\vec{E}_-$ 的矢量和在负 x 轴方向，合电场强度的大小为

$$E_{P'}=|E_x|=2E_+\cos\theta=2\cdot\frac{1}{4\pi\varepsilon_0}\frac{q}{r^2+\frac{l^2}{4}}\cdot\frac{\frac{l}{2}}{\sqrt{r^2+\frac{l^2}{4}}}=\frac{1}{4\pi\varepsilon_0}\frac{ql}{\left(r^2+\frac{l^2}{4}\right)^{3/2}}$$

在通常情况下，$+q$ 和 $-q$ 之间的距离 l 远比场点到它们的距离 r 小得多（$l\ll r$）。此时，

$$\frac{1}{\left(r-\frac{l}{2}\right)^2}-\frac{1}{\left(r+\frac{l}{2}\right)^2}=\frac{2lr}{\left(r^2-\frac{l^2}{4}\right)^2}\approx\frac{2l}{r^3},\quad \frac{l}{\left(r^2+\frac{l^2}{4}\right)^{3/2}}\approx\frac{l}{r^3}$$

据此可将上述结论进行简化。轴线上 P 点的电场强度大小为 $E_P\approx\frac{ql}{2\pi\varepsilon_0 r^3}$，中垂面上 P'点的电场强度大小为 $E_{P'}\approx\frac{ql}{4\pi\varepsilon_0 r^3}$。

定义**电偶极矩** $\vec{p}_e=q\vec{l}$，其中 $\vec{l}$ 为从 $-q$ 指向 $+q$ 的有向线段。因此，轴线上 P 点的电场强度可表示为 $\vec{E}_P\approx\frac{\vec{p}_e}{2\pi\varepsilon_0 r^3}$，中垂面上 P'点的电场强度为 $\vec{E}_{P'}\approx-\frac{\vec{p}_e}{4\pi\varepsilon_0 r^3}$。

评价：电偶极子是物理学中常用的物理模型之一，电偶极矩则是电偶极子的一个特征物理量，电偶极子的许多物理性质都与电偶极矩有关，比如这里求出的轴线上和中垂面上的电场强度大小都与电偶极矩的大小成正比。在电偶极子的轴线上，电场强度与电偶极矩方向相同；在中垂面上，电场强度与电偶极矩方向相反。

例 5.2-2　求均匀带电直线的电场强度分布。已知带电线的电荷线密度为 λ，场点 P 距带电线的垂直距离为 a，P 点与带电线两端点的连线与带电线之间的夹角分别为 θ_1 和 θ_2，如图 5.2-3 所示。

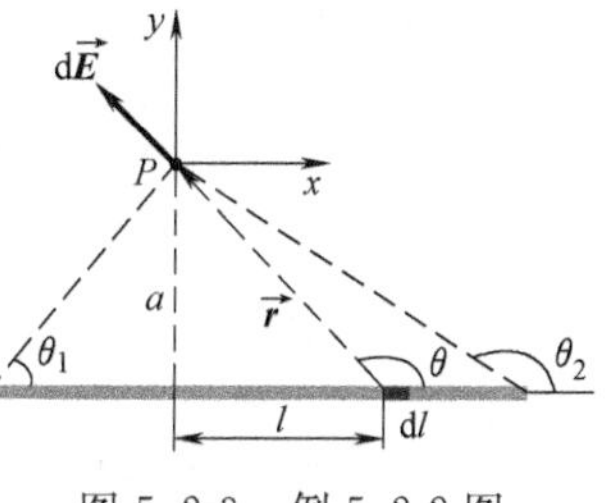

图 5.2-3　例 5.2-2 图

解：电荷线状连续分布，在带电线上任取线元 $\mathrm{d}l$，即电荷元 $\mathrm{d}q=\lambda\mathrm{d}l$，它在场点 P 产生的元电场强度 $\mathrm{d}\vec{E}=\frac{\lambda\mathrm{d}l}{4\pi\varepsilon_0 r^2}\vec{e}_r$，

方向如图 5.2-3 所示（假设 λ 为正，否则方向相反）。

以 P 为坐标原点建立如图所示的直角坐标系，元电场强度 $\mathrm{d}\vec{E}$ 在 x 和 y 方向上的分量分别为

$$\mathrm{d}E_x=\mathrm{d}E\cdot\cos\theta=\frac{\lambda\mathrm{d}l}{4\pi\varepsilon_0 r^2}\cos\theta$$

$$\mathrm{d}E_y=\mathrm{d}E\cdot\sin\theta=\frac{\lambda\mathrm{d}l}{4\pi\varepsilon_0 r^2}\sin\theta$$

利用几何关系 $r=a/\sin\theta$ 和 $l=a\cdot\tan(\theta-\pi/2)$，将 $\mathrm{d}E_x$ 和 $\mathrm{d}E_y$ 写成 θ 角的函数，并对其积分，得到

$$E_x=\int_{\theta_1}^{\theta_2}\mathrm{d}E_x=\int_{\theta_1}^{\theta_2}\frac{\lambda}{4\pi\varepsilon_0 a}\cos\theta\mathrm{d}\theta=\frac{\lambda}{4\pi\varepsilon_0 a}(\sin\theta_2-\sin\theta_1)$$

$$E_y=\int_{\theta_1}^{\theta_2}\mathrm{d}E_y=\int_{\theta_1}^{\theta_2}\frac{\lambda}{4\pi\varepsilon_0 a}\sin\theta\mathrm{d}\theta=\frac{\lambda}{4\pi\varepsilon_0 a}(\cos\theta_1-\cos\theta_2)$$

P 点合电场强度的大小和方向由 E_x 和 E_y 共同确定。

对有限长的带电线，电场在 x 和 y 方向均有分量。在带电线的中垂面上，$\theta_1+\theta_2=\pi$，此时 $E_x=0$，电场只有 y 分量：$\vec{E}=E_y\vec{j}=\frac{\lambda\cos\theta_1}{2\pi\varepsilon_0 a}\vec{j}$；若带电线无限长，即 $\theta_1=0$，$\theta_2=\pi$，则 $\vec{E}=E_y\vec{j}=\frac{\lambda}{2\pi\varepsilon_0 a}\vec{j}$，在距带电线等距离的地方，电场强度大小相等，方向垂直于带电线，即无限长带电线的电场具有轴对称性，如图 5.2-4 所示，图中有向线段（即电场线，后面章节中会详细介绍）的箭头反映电场强度的方向，疏密程度反映电场强度的大小。

图 5.2-4 无限长带电直线的电场

评价：无限长带电线是一个理想模型，实际上是不存在的。通常情况下，只要场点距离带电线足够近，即 a 相比带电线的长度小得多，就可近似看成无限长的。

例 5.2-3 求均匀带电圆环轴线上的电场强度。已知圆环半径为 a、带电荷量为 q，场点 P 距圆环中心的距离为 x，如图 5.2-5 所示。

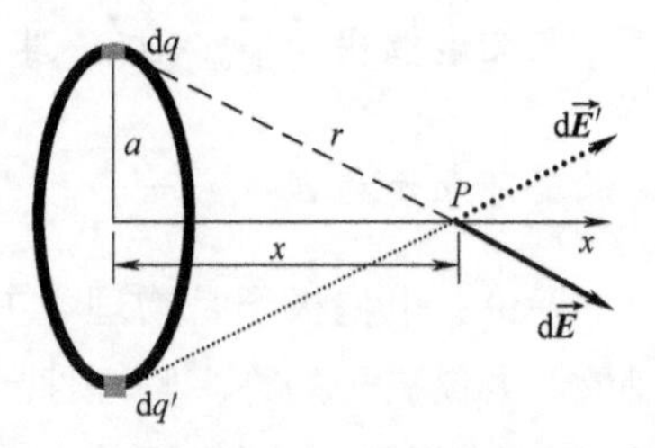

图 5.2-5 例 5.2-3 图

解：建立如图所示的坐标系。在圆环上取一对对称的电荷元 $\mathrm{d}q$ 和 $\mathrm{d}q'$，$\mathrm{d}q=\mathrm{d}q'$，它们在 P 点产生的元电场强度分别为 $\mathrm{d}\vec{E}$ 和 $\mathrm{d}\vec{E}'$，方向如图所示，两者的矢量和沿 x 轴。根据对称性，P 点的合电场强度也必定在 x 轴方向，即 $\vec{E}=E_x\vec{i}$，其大小为

$$E=\int\mathrm{d}E_x=\int\frac{1}{4\pi\varepsilon_0 r^2}\frac{x}{r}\mathrm{d}q=\frac{x}{4\pi\varepsilon_0 r^3}\cdot q=\frac{xq}{4\pi\varepsilon_0(a^2+x^2)^{\frac{3}{2}}}$$

在圆环中心，$x=0$，因此 $E=0$；当 $x\gg a$ 时，$E=\frac{q}{4\pi\varepsilon_0 x^2}$，相当于所有电荷都集中在环心的点电荷所产生的电场强度。

评价：求解电场强度时，若能根据电荷分布的对称性判断出所求电场强度的方向，则能

让求解过程大大简化。

例 5.2-4　求均匀带电的薄圆盘轴线上的电场强度。已知圆盘半径为 R，薄圆盘的电荷面密度为 σ，场点 P 距圆盘中心的距离为 x，如图 5.2-6 所示。

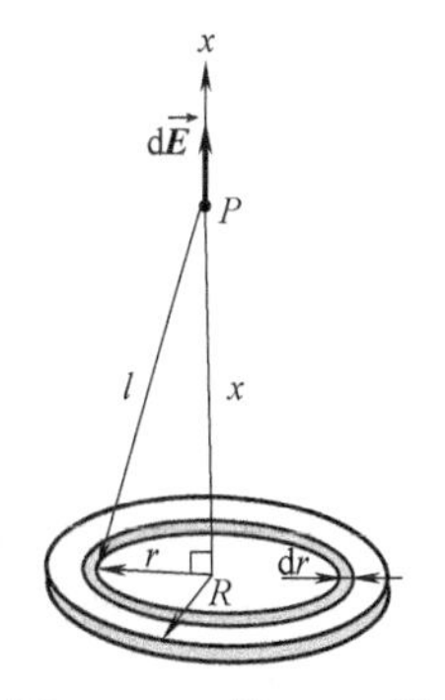

图 5.2-6　例 5.2-4 图

解： 在圆盘上取半径为 r、宽为 $\mathrm{d}r$ 的圆环，其带电荷量为 $\mathrm{d}q=\sigma\cdot 2\pi r\mathrm{d}r$。利用例 5.2-3 的结果，该圆环在轴线上 P 点的电场强度沿 x 轴方向，大小为

$$\mathrm{d}E=\frac{x\mathrm{d}q}{4\pi\varepsilon_0(r^2+x^2)^{3/2}}=\frac{2x\sigma\pi r\mathrm{d}r}{4\pi\varepsilon_0(r^2+x^2)^{3/2}}$$

由于所有圆环在 P 点的电场强度方向都相同，所以整个圆盘在 P 点产生的电场强度大小为

$$E=\int_0^R\frac{2x\sigma\pi r\mathrm{d}r}{4\pi\varepsilon_0(r^2+x^2)^{3/2}}=\frac{\sigma}{2\varepsilon_0}\left[1-\frac{x}{(R^2+x^2)^{1/2}}\right]$$

当 $x\gg R$，即场点距离圆盘足够远时，

$$E=\frac{\sigma}{2\varepsilon_0}\left(1-1+\frac{1}{2}\frac{R^2}{x^2}+\cdots\right)\approx\frac{\sigma R^2}{4\varepsilon_0x^2}$$

考虑圆盘总的带电荷量为 $Q=\sigma\pi R^2$，则上式可以改写为 $E=\dfrac{Q}{4\pi\varepsilon_0x^2}$。此式表明，当场点距离圆盘足够远时，可以将圆盘看成是所有电荷都集中在圆心的一个点电荷。

当 $x\ll R$，即场点距圆盘足够近时，可将圆盘看成无限大带电面，此时的电场强度为

$$E\approx\frac{\sigma}{2\varepsilon_0}$$

评价： 无论是圆环还是圆盘，只要场点距带电体足够远，都可用点电荷模型近似求其电场强度。

由以上例题可见，在已知电荷分布的条件下，应用电场强度叠加原理，原则上可以计算任意带电体的电场强度分布。具体计算时，对电场强度矢量的叠加往往归结为对各分量的叠加。在一般情形下，严格求解比较困难，但当电荷分布具有一定对称性时，往往可以通过对称性的分析判断出合成矢量的方向，从而使问题大大简化。

3. 带电体在电场中受到的电场力和力矩

电场的基本性质之一是对放在其中的电荷有力的作用。由式（5.2-1）可知，点电荷 q 在外电场 $\vec{E}$ 中所受的电场力为 $\vec{F}=q\vec{E}$。对于电荷连续分布的带电体，则需要选取电荷元 $\mathrm{d}q$，写出电荷元在外场中受到的电场力 $\mathrm{d}\vec{F}=\vec{E}\cdot\mathrm{d}q$，然后利用电力叠加原理进行矢量叠加得到带电体所受的合力，即 $\vec{F}=\int\vec{E}\mathrm{d}q$，此式中的 $\vec{E}$ 为电荷元 $\mathrm{d}q$ 所在位置处的电场强度。当 $\vec{E}$ 随空间位置发生变化时，这种积分会变得很复杂，通常很难严格求解，力矩亦是如此。

下面通过一个简单的例子来说明如何求解带电体在均匀外电场中所受到的电场力和力矩。

例 5.2-5　求电偶极子在均匀电场 $\vec{E}$ 中受到的合力和合力矩。已知电偶极矩 $\vec{p}_e=q\vec{l}$。

解： 组成电偶极子的正、负电荷分别受到电场力 $\vec{F}_+$ 和 $\vec{F}_-$，方向如图 5.2-7 所示。两

个力大小相等、方向相反，因此合力为

$$\vec{F}=\vec{F}_{+}+\vec{F}_{-}=\vec{0}$$

取负电荷所在位置为力矩的参考点，则电偶极子受到的合力矩为

图 5.2-7 例 5.2-5 图

$$\vec{M}=\vec{M}_{+}=\vec{l}\times\vec{F}_{+}=q_{+}\vec{l}\times\vec{E}=\vec{p}_{\mathrm{e}}\times\vec{E}$$

由此可知，均匀电场中的电偶极子没有平动，但它会在力矩 $\vec{M}$ 的作用下转动。当 $\vec{p}_{\mathrm{e}}$ 与 $\vec{E}$ 方向一致时，力矩为零，此即电偶极子的稳定平衡位置。

评价：借助电偶极子在均匀电场中的受力，我们可以分析电场对电介质的影响，也就是极化过程，这一点会在后面详细介绍。

应用 5.2-1　鲨鱼如何借助第六感成为捕食界中的王者？

除视觉、味觉、触觉、听觉和嗅觉外，鲨鱼还拥有一种神奇的能力——第六感，也就是电感觉。借助第六感，鲨鱼可以在漆黑的水域或污浊的泥沙中准确地找到食物。鲨鱼究竟是如何运用这种电感觉的呢？

应用 5.2-1 图

所有动物都有微弱的电场，鲨鱼能凭借它们前端充满胶质的体孔感受到微弱的电场（见应用 5.2-1 图）。在捕猎发起进攻时，大白鲨会把眼球转回到眼窝中以保护它们，在那一刻它们看不见猎物，只能靠体孔判断它们去咬什么，因为它们能感受到电场。正是这种电感觉能力让它们成为真正的捕食者。（CCTV 自然传奇）

小节概念回顾：电场强度是如何定义的？如何利用电场强度叠加原理求解任意带电体的电场强度？可以用 $\vec{F}=q\vec{E}$ 求解任意带电体在电场中受到的电场力吗？

5.3　电通量　高斯定理

5.3.1　电场线

为了形象地描述电场分布，通常引入**电场线**（旧称**电力线**）的概念。在实验中，将一些针状晶体碎屑撒到绝缘油中使之悬浮起来，并施加以外电场，这些小晶体会因感应而成为小的电偶极子。根据例 5.2-5 的结果，这些电偶极子在力矩的作用下将趋向于沿外电场方向排列，形成规则的图像，如图 5.3-1 所示。将这些图像用一组假想的曲线按如下规定描绘出来，就构成了电场线图，如图 5.3-2 所示。

从图 5.3-2 中可以看出静电场的电场线具有以下特点：①电场线起自于正电荷或无穷远，终止于负电荷或无穷远，在没有电荷的地方不会中断；②在没有电荷的地方任何两条电场线都不会相交；③电场线不会形成闭合曲线。

画电场线遵循两个规定：①电场线上每一点的切线方向为该点的电场强度方向；②在电

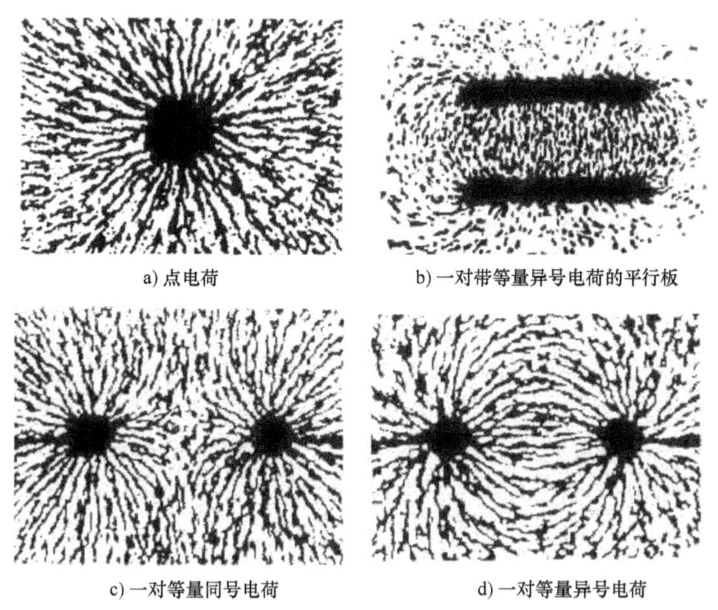

a) 点电荷　　b) 一对带等量异号电荷的平行板

c) 一对等量同号电荷　　d) 一对等量异号电荷

图 5.3-1　几种带电系统电场线的实验图形

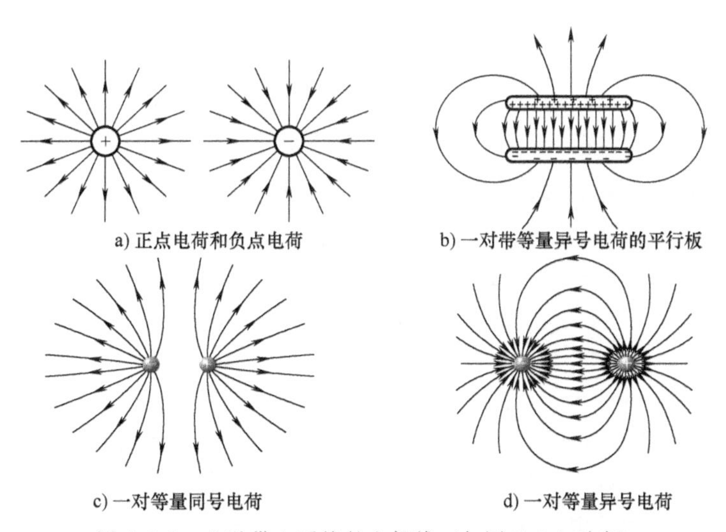

a) 正点电荷和负点电荷　　b) 一对带等量异号电荷的平行板

c) 一对等量同号电荷　　d) 一对等量异号电荷

图 5.3-2　几种带电系统的电场线（与图 5.3-1 对应）

场中任一点，取一垂直于该点电场强度方向的面积元，使通过单位面积的电场线数目等于该点电场强度的大小。如图 5.3-3 所示，在垂直于电场强度的方向上取面元 $\mathrm{d}S_{\perp}$，$\mathrm{d}S_{\perp}$ 在宏观上无限小（为了图示夸大处理），穿过面元 $\mathrm{d}S_{\perp}$ 的电场线数目用 $\mathrm{d}\Phi$ 表示，则面元所在位置处的电场强度大小为

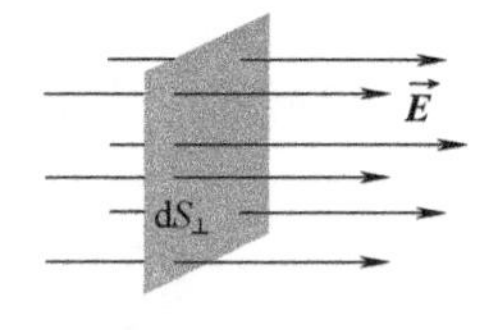

图 5.3-3　穿过面元 $\mathrm{d}S_{\perp}$ 的电场线

$$E=\frac{\mathrm{d}\Phi}{\mathrm{d}S_{\perp}} \tag{5.3-1}$$

也就是说，E 在数值上等于该点附近垂直于电场方向的单位面积所通过的电场线条数。电场线的疏密反映了电场的强弱：电场线越密集的地方，电场越强；电场线越稀疏的地方，电场越弱。

小节概念回顾： 根据电场线如何确定电场强度的大小和方向？电场线有哪些基本性质？

5.3.2 电通量

1. 电通量的定义

通过任意面积的电场线条数定义为**电通量**。由式（5.3-1）可知，通过垂直面元 $\mathrm{d}S_{\perp}$ 的电通量为 $\mathrm{d}\Phi=E\cdot\mathrm{d}S_{\perp}$。

若面元与电场强度不垂直，情况如何？

如图 5.3-4 所示，面元 $\mathrm{d}S$ 和 $\mathrm{d}S_{\perp}$ 被限制在一组相同的电场线中。由图可知，通过两个面元的电通量相等。也就是说，穿过面元 $\mathrm{d}S$ 的电通量为

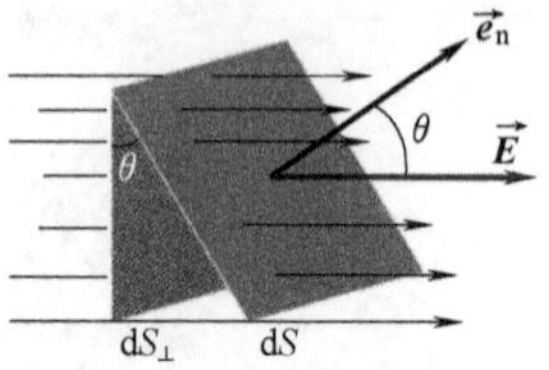

$$\mathrm{d}\Phi=E\cdot\mathrm{d}S_{\perp}=E\cdot\mathrm{d}S\cdot\cos\theta \tag{5.3-2}$$

图 5.3-4 穿过面元 $\mathrm{d}S$ 的电场线

式中，θ 为面元 $\mathrm{d}S$ 和 $\mathrm{d}S_{\perp}$ 之间的夹角。为了方便起见，将面元矢量化，规定 $\mathrm{d}\vec{S}=\mathrm{d}S\vec{e}_{\mathrm{n}}$，其中 $\vec{e}_{\mathrm{n}}$ 为面元 $\mathrm{d}S$ 的法向单位矢量，如图 5.3-4 所示。显然，$\vec{e}_{\mathrm{n}}$ 与电场 $\vec{E}$ 之间的夹角也是 θ，即 θ 为 $\vec{E}$ 与面元矢量 $\mathrm{d}\vec{S}$ 之间的夹角。式（5.3-2）可改写为

$$\mathrm{d}\Phi=\vec{E}\cdot\mathrm{d}\vec{S} \tag{5.3-3}$$

即通过任意面元的电通量等于电场 $\vec{E}$ 与面元矢量 $\mathrm{d}\vec{S}$ 的点积。

2. 电通量的计算

（1）任意曲面的电通量　将曲面分成无穷多个面元，如图 5.3-5 所示。由式（5.3-3），通过任一面元 $\mathrm{d}\vec{S}$ 的电通量为 $\mathrm{d}\Phi=\vec{E}\cdot\mathrm{d}\vec{S}$。由于电通量是标量，将通过所有面元的电通量直接相加，即可得到通过整个曲面的电通量。用数学形式可表示为

$$\Phi=\iint_S \mathrm{d}\Phi=\iint_S \vec{E}\cdot\mathrm{d}\vec{S} \tag{5.3-4}$$

需要强调的是，电通量是代数量。当电场确定时，电通量的正负取决于面元法线方向的选取。在图 5.3-5 中，可取 $\vec{e}_{\mathrm{n}}$ 为面元 $\mathrm{d}S$ 的法向，也可取反向的 $\vec{e}\,'_{\mathrm{n}}$ 为法向。这两种法向的取法使得算出的电通量等值异号。因此，计算电通量时应明确指出面元的法向。

（2）闭合曲面的电通量　对闭合曲面，规定由闭合面内指向面外的法线矢量为正，如图 5.3-6 所示。闭合曲面上的电通量通常写成如下形式

$$\Phi=\oiint_S \vec{E}\cdot\mathrm{d}\vec{S} \tag{5.3-5}$$

式中，符号 $\oiint_S$ 表示对整个闭合曲面 S 的积分。

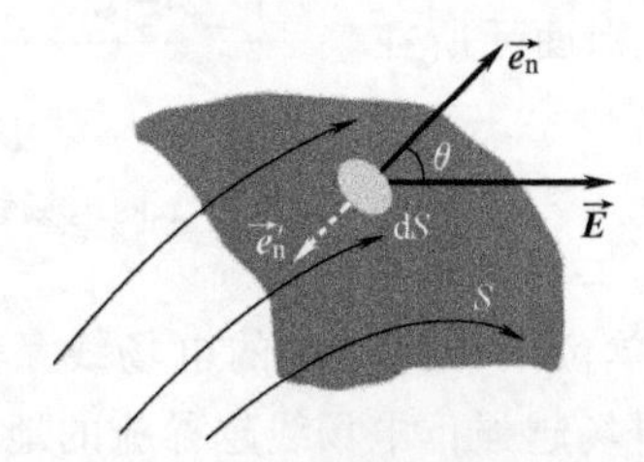

图 5.3-5 通过任意曲面的电通量

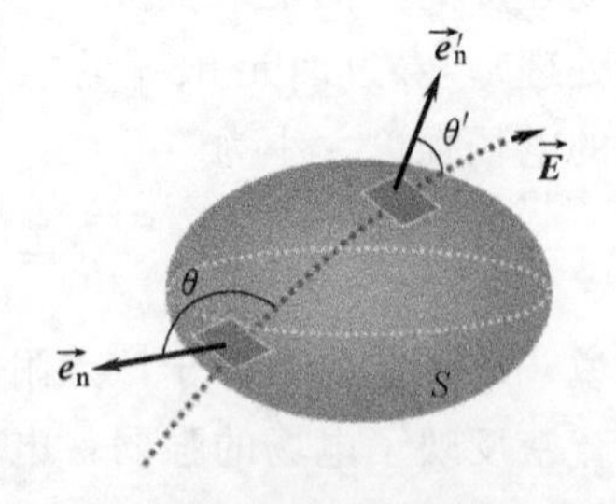

图 5.3-6 通过闭合曲面的电通量

由于闭合曲面上的法向是确定的，所以电通量的正负便有了确切的意义。若 $\vec{E}\cdot d\vec{S}<0$，则 $\vec{E}$ 与 $d\vec{S}$ 之间的夹角为钝角（如图中的 θ），表示电场线进入闭合曲面；若 $\vec{E}\cdot d\vec{S}>0$，则 $\vec{E}$ 与 $d\vec{S}$ 之间的夹角为锐角（如图中的 θ'），表示电场线从闭合曲面穿出。

若 $\oiint_S \vec{E}\cdot d\vec{S}=0$，则进入闭合曲面的电场线数与从闭合曲面穿出的电场线数相等，此时，闭合曲面内没有**净电荷**。

例 5.3-1　在点电荷 q 的电场中，取半径为 R 的圆形平面，O 为圆心。q 位于圆平面轴线上的 A 点，距 O 点的距离为 x，如图 5.3-7 所示。计算通过此圆平面的电通量。

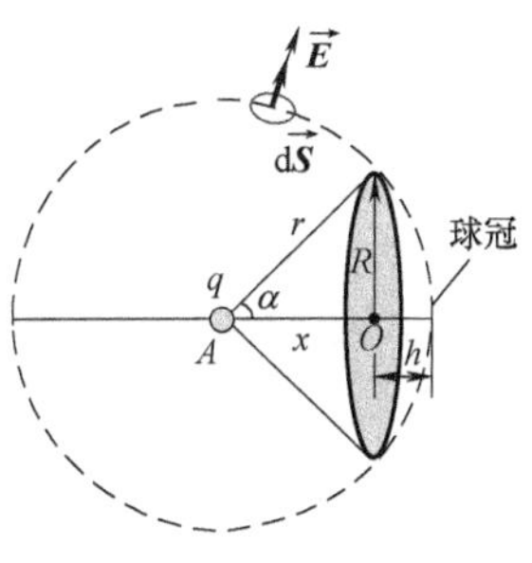

图 5.3-7　例 5.3-1 示意图

解：以 q 为中心作半径为 r 的闭合球面，在球面上任取面元 $d\vec{S}$。$d\vec{S}$ 所在位置处的电场强度 $\vec{E}$ 径向向外，与面元矢量 $d\vec{S}$ 同向。因此，通过面元 $d\vec{S}$ 的电通量为

$$d\Phi=\vec{E}\cdot d\vec{S}=E\,dS=\frac{q}{4\pi\varepsilon_0 r^2}dS$$

则通过完整球面的电通量为

$$\Phi=\oiint_S d\Phi=\frac{q}{4\pi\varepsilon_0 r^2}\oiint_S dS=\frac{q}{4\pi\varepsilon_0 r^2}4\pi r^2=\frac{q}{\varepsilon_0}$$

通过半径为 R 的圆平面的电通量等于通过以该圆平面为底的球冠的电通量。该球冠的面积为

$$\Delta S=2\pi rh=2\pi r(r-x)$$

式中，h 为拱高。故所求电通量为

$$\Phi_{平面}=\frac{\Delta S}{4\pi r^2}\cdot\frac{q}{\varepsilon_0}=\frac{q}{2\varepsilon_0}(1-\cos\alpha)=\frac{q}{2\varepsilon_0}\left(1-\frac{x}{\sqrt{x^2+R^2}}\right)$$

评价：若电场分布比较复杂，曲面形状不规则，按照式（5.3-4）求通过曲面的电通量时，积分运算是非常困难的。但是，当电场分布具有某种对称性时，问题则简单得多，我们往往可以借助于电场分布的对称性得到某些规则曲面甚至是不规则曲面上的电通量。

在本例中，我们求出了以 q 为中心、半径为 r 的闭合球面的电通量为 q/ε_0，显然，这一结论与球面半径无关，可以进一步证明，即使不是球面，包围 q 的任意形状的闭合曲面上的电通量都是 q/ε_0。

小节概念回顾：电通量是如何定义的？其正负有何意义？闭合曲面的法向如何选取？

5.3.3　高斯定理

1. 高斯定理的表述

将例 5.3-1 中的结论推广，可得到静电场的基本性质方程——高斯定理，它给出了通过任一闭合曲面的电通量与曲面内包围的电荷之间的定量关系。高斯定理可表述为：**在真空中的静电场内，任一闭合面的电通量等于该闭合面所包围的电荷量的代数和除以 ε_0**，数学形式为

$$\oiint_S \vec{E}\cdot d\vec{S}=\frac{\sum\limits_{S_{内}} q_i}{\varepsilon_0} \tag{5.3-6}$$

关于高斯定理的表述要注意以下几点：

(1)“任一闭合面”又称为**高斯面**，指任意形状、任意位置的封闭曲面；

(2)“代数和”意指 q_i 有正负之别；

(3) $\sum\limits_{S_{内}} q_i$ 指高斯面内所包围的电荷，不包含在高斯面外部的电荷。

2. 高斯定理的证明

高斯定理可以用库仑定律和电场强度叠加原理进行证明。下面先证明高斯定理对点电荷的场成立，然后推广到任意电场的情形。

(1) 源电荷是点电荷　如图 5.3-8 所示，在点电荷 q 的电场中取闭合的球面 S 作为高斯面。根据例 5.3-1 的结论，通过 S 的电通量等于 S 所包围的电荷 q 除以 ε_0，这一结论与 S 的半径无关。

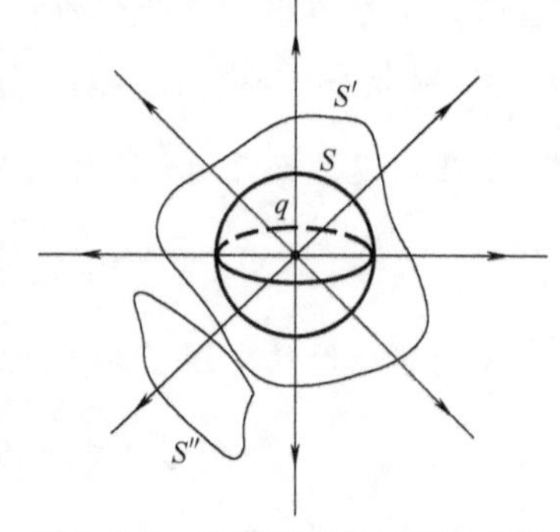

图 5.3-8　高斯定理的证明示意图

若取包围电荷 q 的任意曲面 S' 作为高斯面，很显然穿过球面 S 的电场线也一定会穿过曲面 S'，也就是说，通过 S 和 S' 的电通量相等，即通过 S' 的电通量等于 S' 包围的电荷 q 除以 ε_0。

若取在 q 外的闭合曲面 S'' 作为高斯面，此时，进入 S'' 的电场线必然会连续地从 S'' 穿出，即进入 S'' 的电场线数目与穿出 S'' 的电场线数目相等，通过 S'' 的电通量等于零，这正是我们要证的。

总之，在点电荷的电场中，无论高斯面如何选取，通过高斯面的电通量总是等于高斯面所包围的电荷除以 ε_0。

(2) 源电荷是任意带电体　根据电场强度叠加原理，任一点的电场是组成带电体的各点电荷产生的电场的矢量叠加，由此可得

$$\oiint_S \vec{E}\cdot d\vec{S}=\oiint_S \left(\sum_i \vec{E}_i\right)\cdot d\vec{S}=\sum_i\left(\oiint_S \vec{E}_i\cdot d\vec{S}\right)=\sum_{S_{内}}\frac{q_i}{\varepsilon_0}$$

其中，$\oiint_S \vec{E}_i\cdot d\vec{S}$ 是指在点电荷 q_i 产生的电场中，通过闭合曲面 S 的电通量，由 (1) 可知，它是满足高斯定理的。

由 (1)、(2) 可以得出结论：在任意带电体产生的电场中，取任意形状、任意位置的闭合曲面作为高斯面，高斯定理都是成立的。

3. 关于高斯定理的说明

关于高斯定理，要强调以下几点：

(1) 高斯定理是静电场的基本性质方程，它表明静电场是有源场。

(2) 通过高斯面的电通量只与高斯面包围的电荷有关，高斯面外的电荷对电通量没有贡献，这并不表明高斯面外的电荷对高斯面上的电场强度没有贡献！实际上，高斯定理中涉及的电场强度 $\vec{E}$ 是空间中所有电荷（包括闭合曲面内的电荷，也包括闭合曲面外的电荷）产生的电场强度的矢量叠加。如图 5.3-9 所示，场点 P_1、P_2 和 P_3 的电场强度均由 q_1、q_2、

q_3、q_4 和 q_5 共同产生，但闭合曲面 S 上的电通量只与 q_1、q_2 和 q_3 有关。q_4 和 q_5 对 S 上各面元提供的电通量有正有负，导致 q_4 和 q_5 对整个闭合曲面贡献的通量为零。

(3) 高斯定理和库仑定律用不同形式反映了场源电荷和场之间的关系。但两者并不等效，以后将看到，在有些电场（如运动电荷产生的电场）中，库仑定律不成立，但高斯定理成立。因此，在某种程度上可以说，高斯定理源于库仑定律，但高于库仑定律。

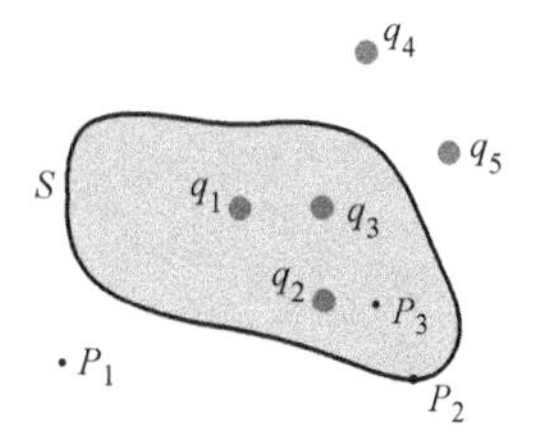

图 5.3-9　包围多个点电荷的高斯面

4. 高斯定理的应用

高斯定理从整体上说明了场源电荷和场之间的关系，因此可以根据高斯定理讨论场源电荷和场之间的关系。在特殊情况下，可以根据电荷分布求解电场强度分布，也可以在已知电场强度分布的情况下，求解区域电荷分布。下面通过具体例子对高斯定理在这两方面的应用分别加以说明。

(1) 利用高斯定理求解电场强度　要利用高斯定理求解电场强度，即需要将式 (5.3-6) 中的电场强度 $\vec{E}$ 以标量的形式从积分号里提出来，将式 (5.3-6) 的左侧积分写成 E 乘以某个量的形式。显然，这只有在场强分布具有高度对称性时才能完成。常见的这种高度对称性包括：球对称、轴对称和面对称。下面通过实例说明如何求解这种高度对称性的电场。

例 5.3-2　球对称性。求半径为 R、电荷量为 Q 的均匀带电球面的电场强度分布。

解： 带电球面将空间分成了两部分。需要分别求解球面外任一点 P 和球面内任一点 P' 的电场强度。

由于电荷是球对称分布的，所以电场分布也具有球对称性，电场强度必沿径向。先求球面外的电场。过场点 P 构造与带电球面同心的半径为 r 的球面作为高斯面，在此高斯面上，电场强度处处大小相等，且方向都在球面的外法线方向，如图 5.3-10 所示。

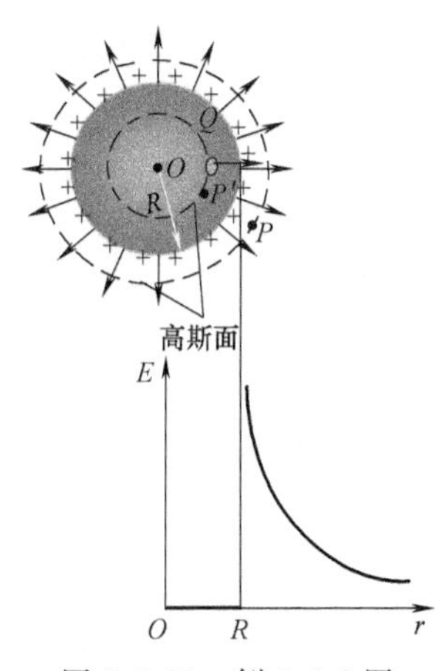

图 5.3-10　例 5.3-2 图

因此，通过高斯面的电通量为

$$\Phi = \oiint_S \vec{E} \cdot d\vec{S} = \oiint_S E dS = E \oiint_S dS = 4\pi r^2 E$$

由高斯定理式 (5.3-6)，可得

$$E = \frac{\sum\limits_{S_{内}} q_i}{4\pi\varepsilon_0 r^2}$$

此时高斯面包围了球面上的所有电荷，即 $\sum\limits_{S_{内}} q_i = Q$，从而

$$E = \frac{Q}{4\pi\varepsilon_0 r^2} \quad (r > R)$$

再考虑球面内的电场。同样，过场点 P' 构造与带电球面同心的半径为 r 的球面作为高斯面，类似地可得到 $E = \dfrac{\sum\limits_{S_{内}} q_i}{4\pi\varepsilon_0 r^2}$，只是此时的高斯面内没有电荷，即 $\sum\limits_{S_{内}} q_i = 0$，从而

$$E = 0 \quad (r < R)$$

因此，均匀带电球面的电场强度分布为

$$E=\begin{cases}\dfrac{Q}{4\pi\varepsilon_0 r^2} & (r>R)\\ 0 & (r<R)\end{cases}$$

这表明，均匀带电球面外部的电场强度与球面上电荷全部集中在球心时形成的点电荷产生的电场强度一样；而带电球面内部空间的电场强度处处为零。电场强度随半径的变化曲线如图5.3-10所示。

例 5.3-3 轴对称性。求电荷线密度为 λ （$\lambda>0$） 的无限长均匀带电线的电场强度分布。

解：首先分析电场强度的对称性。在带电线上取一对电荷量相同的电荷元 $\mathrm{d}q$ 和 $\mathrm{d}q'$，它们在 P 点产生的电场分别为 $\mathrm{d}\vec{E}$ 和 $\mathrm{d}\vec{E}'$，两者在 P 点的合电场强度为 $\mathrm{d}\vec{E}$ 和 $\mathrm{d}\vec{E}'$的矢量叠加，方向径向向外，如图5.3-11所示。无限长带电线可以看成无穷多对这样的电荷元的叠加，因此整个带电线在 P 点的合电场强度必定也沿径向。在 P 点关于带电线的对称位置 P'点也能得到类似的结果，而且在距离带电线等距离的地方电场强度大小相等。也就是说，无限长带电线的电场强度具有轴对称性。

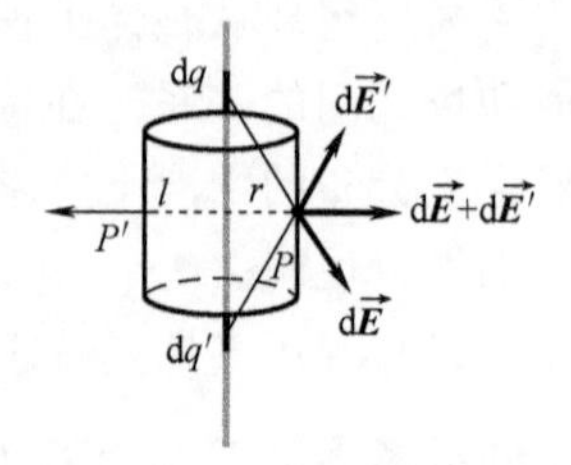

图 5.3-11 例 5.3-3 图

过 P 点构造一个以带电线为轴的闭合圆柱面作为高斯面。高斯面的半径为 r，高为 l，侧面为 S_1，上、下底面分别为 S_t、S_b，如图所示。通过高斯面的电通量可表示为

$$\Phi=\oiint_S \vec{E}\cdot\mathrm{d}\vec{S}=\iint_{S_1}\vec{E}\cdot\mathrm{d}\vec{S}+\iint_{S_t}\vec{E}\cdot\mathrm{d}\vec{S}+\iint_{S_b}\vec{E}\cdot\mathrm{d}\vec{S}$$

由于 S_t、S_b 的法线方向与其面上的电场强度垂直，因此通过 S_t、S_b 的电通量为零，即

$$\iint_{S_t}\vec{E}\cdot\mathrm{d}\vec{S}=\iint_{S_b}\vec{E}\cdot\mathrm{d}\vec{S}=0$$

侧面 S_1 的外法线方向与其面上各点电场强度方向一致，因此，

$$\iint_{S_1}\vec{E}\cdot\mathrm{d}\vec{S}=\iint_{S_1}E\mathrm{d}S=E\iint_{S_1}\mathrm{d}S=E\cdot 2\pi rl$$

故通过高斯面的总电通量为

$$\Phi_e=\oiint_S\vec{E}\cdot\mathrm{d}\vec{S}=E\cdot 2\pi rl$$

高斯面内包围的电荷为 λl，根据高斯定理式（5.3-6），有

$$E\cdot 2\pi rl=\frac{\lambda l}{\varepsilon_0}$$

从而

$$E=\frac{\lambda}{2\pi\varepsilon_0 r}$$

这与例5.2-2用叠加原理算出的结果一致。

例 5.3-4 面对称性。求无限大均匀带电平面的电场强度分布。已知电荷面密度为 σ （$\sigma>0$）。

解：首先，分析电场的对称性。在无限大均匀带电平面上取一对电荷量相同的无限长带

电线作为电荷元 dq 和 dq'，它们在 P 点产生的电场强度 $d\vec{E}$ 和 $d\vec{E}'$ 如图 5.3-12 的截面图所示，两者在 P 点的合电场强度方向水平向右。无限大带电面可以看成无穷多对这样的无限长带电线的叠加，因此整个带电平面在 P 点的合电场强度必定也沿水平方向，即背离带电面径向向外。在 P 点关于带电面的对称位置 P' 点也能得到类似的结果，而且在距离带电面等距离的地方电场强度大小相等。也就是说，无限大带电面的电场具有面对称性。

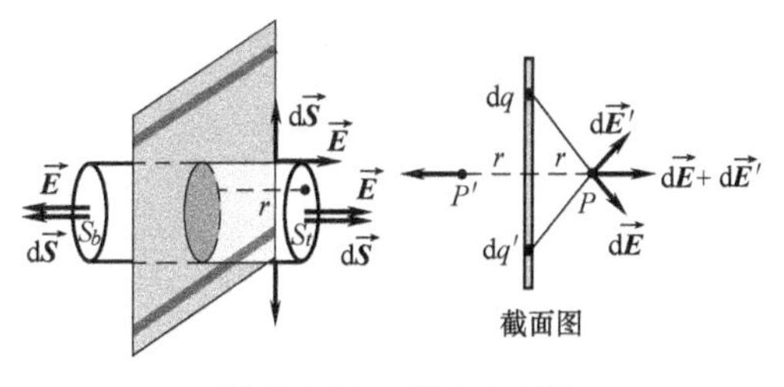

图 5.3-12　例 5.3-4 图

取轴垂直于带电面的圆柱面为高斯面，高斯面关于带电面对称，如图所示。设圆柱侧面为 S_1，外法向与场强 $\vec{E}$ 垂直；两个底面分别为 S_t、S_b，外法向与电场强度 $\vec{E}$ 方向一致。通过整个高斯面的电通量为

$$\Phi = \oiint_S \vec{E}\cdot d\vec{S} = \iint_{S_1} \vec{E}\cdot d\vec{S} + \iint_{S_t} \vec{E}\cdot d\vec{S} + \iint_{S_b} \vec{E}\cdot d\vec{S}$$

$$= 2\iint_{S_t} \vec{E}\cdot d\vec{S} = 2\iint_{S_t} E dS = 2E\iint_{S_t} dS = 2ES_t$$

圆柱在带电面上截取的面积为 S_t，因此圆柱内所包围的电荷量为 σS_t。根据高斯定理式(5.3-6)，有

$$2ES_t = \frac{\sigma S_t}{\varepsilon_0}$$

从而

$$E = \frac{\sigma}{2\varepsilon_0}$$

显然，无限大均匀带电平面两侧的电场为均匀场。

评价：根据以上各例题的分析，可以总结出利用高斯定理求解高度对称性的电场强度的基本步骤。①分析电场分布的对称性。②选取合适的高斯面：高斯面必须是规则曲面，同时在一部分面上，电场强度的大小相等，且面元外法向与电场强度方向平行；而在高斯面的其他部分，电场强度为零或者面元法向与电场强度方向垂直。通常，在球对称（如均匀带电球体、球面、球壳等）的情况下，高斯面为球面；在轴对称（无限长均匀带电圆柱体、圆柱面等）和面对称（无限大均匀带电平面、平板等）的情况下，高斯面为圆柱面。③计算电通量 $\oiint_S \vec{E}\cdot d\vec{S}$ 及高斯面内包围的电荷 $\sum_{S_内} q_i$。④利用高斯定理解出 $\vec{E}$。

（2）利用高斯定理求解区域电荷分布　在已知电场强度分布的情况下，原则上可以求解通过任意闭合曲面的电通量，从而根据高斯定理得到该曲面所包围的电荷。

例 5.3-5　已知在直角坐标系下，空间电场强度分布为 $E_x = bx^{1/2}$，$E_y = E_z = 0$。边长为 a 的立方体按图 5.3-13 所示放置，求该立方体内的总电荷。

解：由于电场强度沿 x 轴，所以在该立方体上，只有左、右两个侧面有电通量，上、下、前、后四个面的电通量都是零。

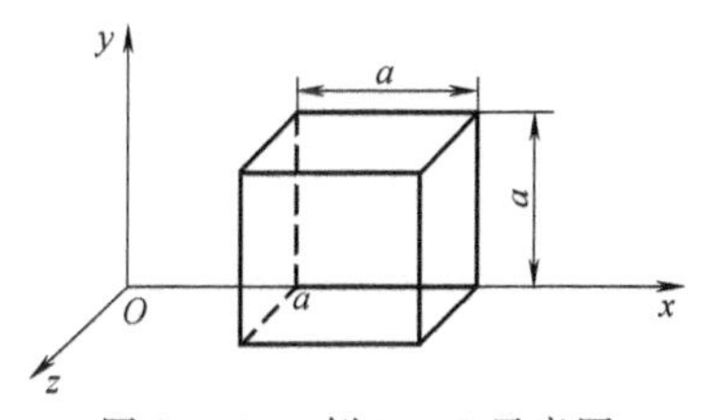

图 5.3-13　例 5.3-5 示意图

在左侧面上，电场强度处处相等，因此通量为

$$\Phi_{左}=-E_xS=-ba^{5/2}$$

同理，

$$\Phi_{右}=E_xS=\sqrt{2}ba^{5/2}$$

通过立方体的总电通量为

$$\Phi=\Phi_{左}+\Phi_{右}=-ba^{5/2}+\sqrt{2}ba^{5/2}$$

根据高斯定理式（5.3-6），得立方体内的总电荷

$$\sum q_i=\varepsilon_0\Phi=(\sqrt{2}-1)\varepsilon_0 ba^{5/2}$$

评价：根据高斯定理求解区域电荷分布的前提是已知电场强度分布，而且电场强度分布不太复杂，能方便地计算出电通量。这种应用的实际意义不在于特例本身，很多实际场合可用它来做定性的分析。比如在后面章节中用高斯定理来分析处于静电场中的导体上的电荷分布。

小节概念回顾：高斯定理如何表述？它与库仑定律等价吗？式（5.3-6）中的 $\vec{E}$ 与高斯面外的电荷有关吗？高斯定理的主要应用体现在哪些方面？利用高斯定理求解电场强度的基本步骤是什么？

5.4 静电场的环路定理和电势

静电场有两个基本性质，对放在其中的电荷有力的作用，同时在电场中移动电荷电场力要做功。前面根据电荷受电场力这一性质引入了描述电场的矢量函数——电场强度，这一节将根据电场力做功这一特点引入描述电场的标量函数——电势。

5.4.1 静电场的保守性和电势能

静电场力和万有引力具有许多相似的特征，力学中我们根据万有引力做功和路径无关这一特点，定义了保守力，引入了万有引力势能。同样地，静电场力也有类似的性质。下面我们将首先证明静电场力也是保守力，从而引入电势能的概念。

1. 静电场力是保守力

（1）点电荷的电场

如图 5.4-1 所示，在点电荷 Q 产生的电场中，将试验电荷 q 经任意路径 L 由 a 点移动到 b 点，电场力 $\vec{F}$ 做功为

$$\begin{aligned}A&=\int_a^b\vec{F}\cdot\mathrm{d}\vec{l}=\int_a^b\frac{Qq}{4\pi\varepsilon_0 r^2}\vec{e}_r\cdot\mathrm{d}\vec{l}\\&=\int_a^b\frac{Qq}{4\pi\varepsilon_0 r^2}\mathrm{d}l\cdot\cos\theta\\&=\int_{r_a}^{r_b}\frac{Qq}{4\pi\varepsilon_0 r^2}\mathrm{d}r\\&=\frac{Qq}{4\pi\varepsilon_0}\left(\frac{1}{r_a}-\frac{1}{r_b}\right)\end{aligned}$$

其中，r 为 q 与 Q 之间的距离；$\vec{e}_r$ 为从 Q 指向 q 的单位矢量；$\mathrm{d}\vec{l}$ 为路径 L 上的任一线元，θ 为 $\mathrm{d}\vec{l}$ 与 $\vec{e}_r$ 之间的夹角；r_a 和 r_b 分别为 Q 与路径起点 a 和终点 b 之间的距离，如图 5.4-1 所示。结果表明，在点电荷 Q 产生的电场中，静电场力对试验电荷所做的功只与试验电荷的起点和终点位置有关，与路径无关。

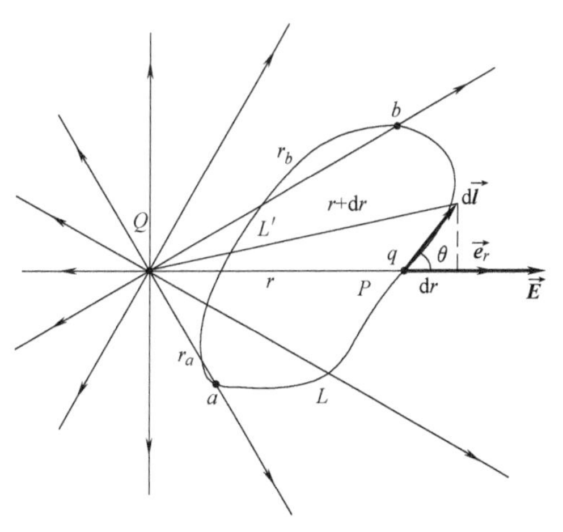

图 5.4-1　证明静止点电荷电场的保守性

（2）任意带电体的电场

现在考虑在任意带电体产生的电场中移动试验电荷 q 时电场力所做的功。根据电力叠加原理，试验电荷 q 受到的力是组成带电体的各个点电荷单独对 q 的作用力的矢量叠加，将试验电荷 q 经任意路径 L 由 a 点移动到 b 点，电场力做功为

$$A=\int_a^b \vec{F}\cdot\mathrm{d}\vec{l}=\int_a^b\left(\sum_i \vec{F}_i\right)\cdot\mathrm{d}\vec{l}=\sum_i\left(\int_a^b \vec{F}_i\cdot\mathrm{d}\vec{l}\right)$$

其中，$\vec{F}_i$ 为组成带电体的第 i 个点电荷 Q_i 对 q 的作用力，$\int_a^b \vec{F}_i\cdot\mathrm{d}\vec{l}$ 表示在点电荷 Q_i 产生的电场中，将试验电荷 q 由 a 点移动到 b 点时电场力所做的功。由前面的讨论可知，它只取决于 Q_i 与起点 a 和终点 b 之间的距离 r_{ia} 和 r_{ib}（见图 5.4-2），因此，上式可以改写为

$$A=\sum_i\left(\int_a^b \vec{F}_\mathrm{i}\cdot d\vec{l}\right)=\sum_i \frac{Q_i q}{4\pi\varepsilon_0}\left(\frac{1}{r_{ia}}-\frac{1}{r_{ib}}\right) \tag{5.4-1}$$

式（5.4-1）表明，在任意带电体产生的电场中，移动电荷时电场力所做的功只与起点和终点的位置有关，与路径无关。因此，静电场力是保守力，静电场是保守场。

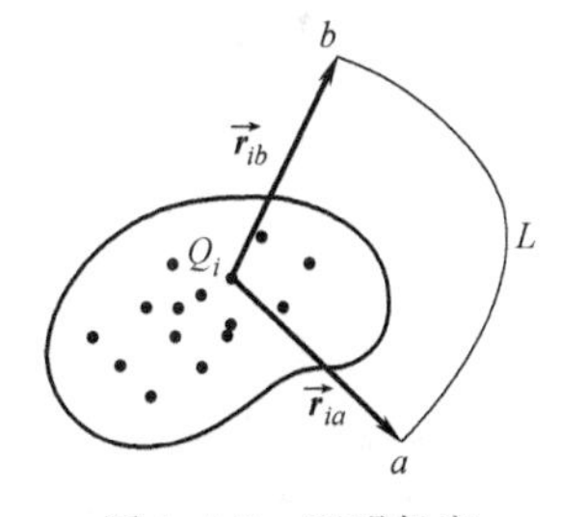

图 5.4-2　证明任意带电体电场的保守性

2. 电势能

由式（5.4-1）可知，在任意带电体产生的电场中，移动电荷时电场力所做的功等于两个函数之差，该函数与电荷位置有关，定义为**电势能**，用 W 表示。

q 在 a 点时系统的电势能为 $W_a=\sum\limits_i \dfrac{Q_i q}{4\pi\varepsilon_0 r_{ia}}$，它属于场源电荷 $\sum\limits_i Q_i$ 与试验电荷 q 组成的系统。类似地，q 位于 b 点时系统的电势能为 $W_b=\sum\limits_i \dfrac{Q_i q}{4\pi\varepsilon_0 r_{ib}}$。由此，可将式（5.4-1）改写为

$$\int_a^b \vec{F}\cdot\mathrm{d}\vec{l}=W_a-W_b \tag{5.4-2}$$

式（5.4-2）表明，静电场力所做的功等于系统电势能的减少，也就是电势能增量的负值。

小节概念回顾：比较静电场力和万有引力的异同，说明为什么静电场力是保守力？比较电势能和万有引力势能的定义，如何理解电势能属于系统？

5.4.2 静电场的环路定理

如果将试验电荷 q 经任意路径 L 由 a 点移动到 b 点，然后又经 L' 由 b 点回到 a 点，如图 5.4-1 所示，则静电场力所做的功为

$$\oint \vec{F} \cdot \mathrm{d}\vec{l} = \int_a^a \frac{Qq}{4\pi\varepsilon_0 r^2}\vec{e}_r \cdot \mathrm{d}\vec{l} = \int_{r_a}^{r_a} \frac{Qq}{4\pi\varepsilon_0 r^2}\mathrm{d}r = 0$$

式中，“$\oint$”表示沿闭合曲线的积分。上述结果表明，电荷在静电场中沿任意闭合环路移动一周，静电场力做功为零。考虑到试验电荷 q 受到的电场力 $\vec{F}=q\vec{E}$，其中 $\vec{E}$ 为 q 所在位置处的电场强度，则由上式可得

$$\oint \vec{E} \cdot \mathrm{d}\vec{l} = 0 \tag{5.4-3}$$

此式称为**静电场的环路定理**，它是静电场的基本性质方程。该定理表明：静电场是保守场，静电场力做功与路径无关。$\oint \vec{E} \cdot \mathrm{d}\vec{l}$ 称为**电场强度的环量**。实际上，“电场强度的环量等于零”与“电场力做功与路径无关”这两种说法是完全等价的。

小节概念回顾： 为什么说静电场的环路定理是静电场的基本性质方程？它的物理本质是什么？

5.4.3 电势的定义及其计算

1. 电势差和电势的定义

式（5.4-2）中的电势能并非完全由电场的性质决定，它除了与场源电荷和场点的位置有关以外，还与试验电荷的电荷量有关。为此，在式（5.4-2）两侧同时除以 q，即

$$V_a - V_b = \int_a^b \vec{E} \cdot \mathrm{d}\vec{l} = \frac{W_a}{q} - \frac{W_b}{q} \tag{5.4-4}$$

其中，$V_a - V_b$ 完全由电场的性质决定，与试验电荷无关，称为 a、b 两点的**电势差**，即电压，它在数值上等于从 a 到 b 电场强度的线积分，也就是将单位正电荷从 a 点移动到 b 点静电场力所做的功。

若选 b 点为电势能的参考零点，则

$$V_a = \int_a^{\text{势能零点}} \vec{E} \cdot \mathrm{d}\vec{l} \tag{5.4-5}$$

其中，V_a 称为 a 点的**电势**，它等于将单位正电荷从 a 点移动到势能零点时静电场力所做的功。显然，q 位于电场中任一点时系统的电势能等于 q 与该点电势的乘积，即

$$W_a = qV_a \tag{5.4-6}$$

电势是描述静电场性质的标量函数。静电场中任一点的电势的大小与参考点（电势能零点，也即电势零点）的选择有关。因此，在讨论电场中某点的电势时，一定要明确指出参考零点。

一般情况下，若无特殊说明，理论计算有限带电体的电势时默认无限远为参考点。在实际应用中或研究电路问题时，通常取大地或仪器外壳为电势零点。

选无限远为参考点的前提条件是无限远各点具有相同的电势。对无限大的带电体，电荷

分布延伸至无限远，显然这一条件不被满足，因此不能把参考点选在无限远，而需要根据实际情况取有限远的位置为电势零点。

当参考点的位置改变时，各点的电势和系统的电势能也会随之变化，但任意两点的电势差或电势能差保持不变。正如在量度山峰的高度时，每座山峰的高度值随参考零点的不同而不同，但任意两座山峰的高度差始终是确定的，与参考点的选择无关。

在国际单位制中，电势能的单位为焦耳（J），电势的单位为伏特（V），1V=1J/C。

2. 电势的计算

（1）点电荷场的电势　现在讨论在点电荷 Q 产生的电场中的电势分布。

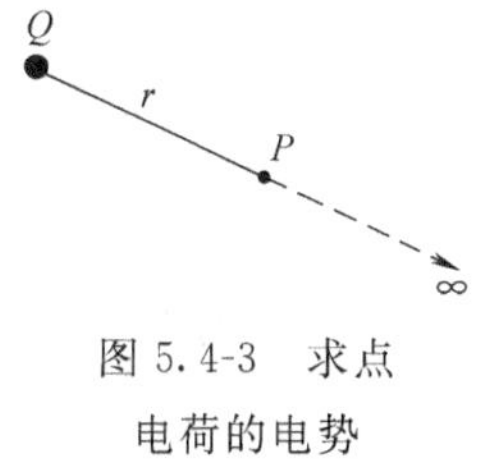

图 5.4-3　求点电荷的电势

如图 5.4-3 所示，P 是空间中任意一点，它到 Q 的距离为 r。取无穷远为电势零点，根据式（5.4-5），P 点的电势为

$$V_P=\int_P^{\infty}\vec{E}\cdot d\vec{l}$$

由于积分结果与积分路径无关，所以可选取最方便计算的积分路径，即沿矢径（电场强度方向）的直线积分，故有

$$\begin{aligned}V_P&=\int_r^{\infty}\vec{E}\cdot d\vec{r}=\int_r^{\infty}\frac{Q}{4\pi\varepsilon_0 r^2}\vec{e}_r\cdot d\vec{r}=\int_r^{\infty}\frac{Q}{4\pi\varepsilon_0 r^2}dr\\&=\frac{Q}{4\pi\varepsilon_0 r}\end{aligned}\tag{5.4-7}$$

此式表明，在离场源电荷 Q 等距离的地方，电势处处相等，因此，V_P 的分布具有球对称性。V_P 的正负取决于 Q 的正负。在正点电荷的电场中，各点电势均为正值，离点电荷越远，电势越低；在负点电荷的电场中，各点电势均为负值，离点电荷越远，电势越高。

（2）电势叠加原理　任意带电体，可看成由 n 个点电荷（q_1，q_2，…，q_n）组成的电荷系。在该带电体激发的电场中，任意点 P 的电势可表示成

$$\begin{aligned}V&=\int_P^{\infty}\vec{E}\cdot d\vec{l}=\int_P^{\infty}(\vec{E}_1+\vec{E}_2+\cdots+\vec{E}_n)\cdot d\vec{l}\\&=\int_P^{\infty}\vec{E}_1\cdot d\vec{l}+\int_P^{\infty}\vec{E}_2\cdot d\vec{l}+\cdots+\int_P^{\infty}\vec{E}_n\cdot d\vec{l}\end{aligned}$$

式中，$\vec{E}_1$，$\vec{E}_2$，…，$\vec{E}_n$ 分别为各点电荷单独存在时在 P 点所产生的电场强度。由电势的定义可知，$\int_P^{\infty}\vec{E}_i\cdot d\vec{l}=V_i$ 为只有 q_i（$i=1$，2，…，n）存在时，q_i 在 P 点所产生的电势。因此，上式可改写为

$$V=V_1+V_2+\cdots+V_n=\sum_{i=1}^{n}V_i=\sum_{i=1}^{n}\frac{q_i}{4\pi\varepsilon_0 r_i}\tag{5.4-8}$$

式中，r_i 为 q_i 与场点 P 之间的距离。式（5.4-8）表明，在任意带电体产生的电场中，任一点的电势是组成带电体的各个点电荷单独存在时在该点产生的电势的代数和，这就是**电势叠加原理**。

对于电荷连续分布的带电体，可将其分割成许多电荷元，任一电荷元 dq 在 P 点产生的电势为 $dV=\frac{dq}{4\pi\varepsilon_0 r}$，其中 r 为 dq 与场点 P 之间的距离。根据电势叠加原理，P 点的总电势

可写成如下的积分形式：

$$V=\int \mathrm{d}V=\int \frac{\mathrm{d}q}{4\pi\varepsilon_0 r} \tag{5.4-9}$$

积分区间遍及整个带电体系。需要注意的是，式（5.4-8）和式（5.4-9）都是以无穷远处为电势零点。

以上的讨论提供了在电荷分布已知的情况下计算电势的两种方法，即利用电场强度和电势的积分关系式（5.4-5）或者利用电势叠加原理式（5.4-9）。下面通过具体例子来说明如何利用这两种方法求解电势分布。

例 5.4-1 求均匀带电球面的电场中的电势分布。已知球面半径为 R、带电荷量为 Q。以无限远为电势零点。

解： 由例 5.3-2 可知，均匀带电球面内外的电场强度为

$$E=\begin{cases}\dfrac{Q}{4\pi\varepsilon_0 r^2} & (r>R)\\ 0 & (r<R)\end{cases}$$

根据式（5.4-5），球面外任一点 P_1（与球心的距离设为 r）的电势为

$$V=\int_{P_1}^{\infty}\vec{E}\cdot\mathrm{d}\vec{l}=\int_r^{\infty}E\mathrm{d}r=\int_r^{\infty}\frac{Q}{4\pi\varepsilon_0 r^2}\mathrm{d}r=\frac{Q}{4\pi\varepsilon_0 r}$$

P_2 为球面内的任一点，它到球心的距离仍用 r 表示，则 P_2 点的电势为

$$V=\int_{P_2}^{\infty}\vec{E}\cdot\mathrm{d}\vec{l}=\int_r^{R}E\mathrm{d}r+\int_R^{\infty}E\mathrm{d}r=0+\int_R^{\infty}\frac{Q}{4\pi\varepsilon_0 r^2}\mathrm{d}r=\frac{Q}{4\pi\varepsilon_0 R}$$

综上，均匀带电球面内外的电势分布可写成

$$V=\begin{cases}\dfrac{Q}{4\pi\varepsilon_0 r} & (r>R)\\ \dfrac{Q}{4\pi\varepsilon_0 R} & (r\leqslant R)\end{cases}$$

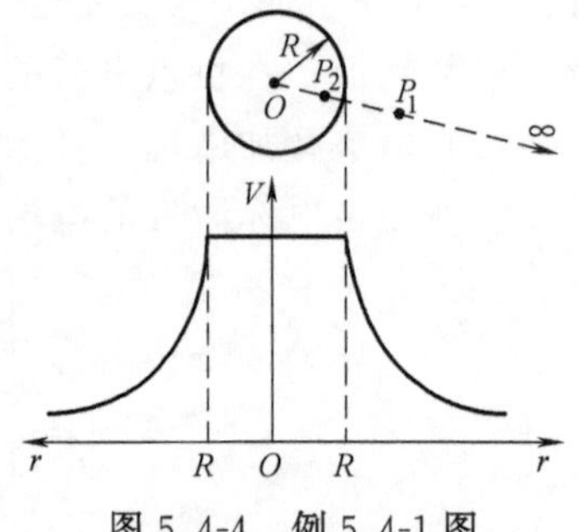

图 5.4-4　例 5.4-1 图

电势分布的 V-r 曲线，如图 5.4-4 所示。均匀带电球面内部各点的电势相等，为等势区。球外的电势相当于全部电荷都集中在球心时作为一个点电荷在该点所产生的电势。电势在球表面连续。

评价： 根据电场强度和电势的积分关系式求电势的前提是已知电场强度分布，而不是某点（如 P 点）的电场强度。比如，当球面上的电荷分布不均匀时，由于电场强度分布未知，我们就无法根据电场强度的线积分求出任一点的电势。但对于特殊位置，比如球心，其电势的大小则与电荷是否均匀分布无关。这一结论可以利用电势叠加原理来证明。显然，在电荷非均匀分布的情况下，即使是球心的电势也无法用电场强度的积分计算出来。

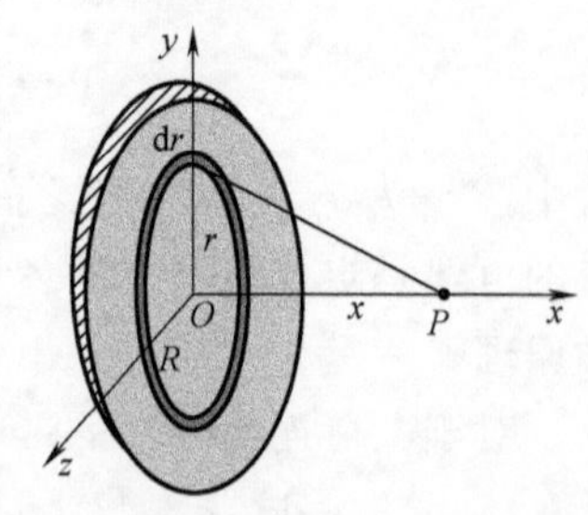

图 5.4-5　例 5.4-2 图

例 5.4-2 求半径为 R、电荷面密度为 σ 的均匀带电薄圆盘轴线上任一点 P 点的电势。取无限远为电势零点。

解： 如图 5.4-5 所示，在圆盘上取半径为 r、宽度为 $\mathrm{d}r$ 的

圆环，圆环上的电荷量为 $dq=\sigma\cdot 2\pi r dr$，该圆环在 P 点产生的电势为

$$dV=\frac{dq}{4\pi\varepsilon_0\sqrt{r^2+x^2}}$$

其中，x 为 P 点到盘心的距离。

根据电势叠加原理式（5.4-9），整个圆盘在 P 点产生的电势为

$$V=\int\frac{dq}{4\pi\varepsilon_0\sqrt{r^2+x^2}}=\int_0^R\frac{\sigma r dr}{2\varepsilon_0\sqrt{r^2+x^2}}=\frac{\sigma}{2\varepsilon_0}(\sqrt{R^2+x^2}-x)$$

评价：根据结果可知，若 $R\to\infty$，则 $V\to\infty$，也就是说无限远处电势无限大，该推论显然与题设“无限远为电势零点”相矛盾。这种矛盾意味着，当我们计算无限大带电体的电势分布时，不能选无限远处为电势零点，而必须选有限远处为电势零点。

另外，在这种问题中，用电势叠加原理求电势比用电场强度的线积分求电势简单得多，原因在于，在这种图像中求解电场强度分布本身就比较麻烦。一般情况下，在计算电势的两种方法中，优先选择电势叠加原理，因为标量叠加通常比矢量积分简单得多。

小节概念回顾：电势与电场强度同为描述电场的物理量，两者之间的区别和联系是什么？如何求解任意带电体的电势分布？

5.4.4　等势面和电势梯度

1. 等势面

（1）等势面的画法　前面我们借用电场线来描述电场强度分布，在这里，我们引入等势面来形象地描述电场中的电势分布。所谓**等势面**，就是由电场中电势相同的点组成的曲面。由式（5.4-7）可知，点电荷场的等势面是以点电荷为中心的球面。在画等势面时，使相邻等势面的电势差为常数。图 5.4-6 所示为任意三个相邻的等势面，电势分别为 V_i、V_j 和 V_k，任意两个相邻等势面的电势差 $\Delta V=V_i-V_j=V_j-V_k=$常量。$\Delta n$ 为两相邻等势面法向上的间距，若 $\Delta V\to 0$，则 $\Delta V\approx E\cdot\Delta n$，其中 E 为法线上各点的电场强度大小。显然，Δn 越小，E 越大，即等势面越密的地方，电场越强。图 5.4-7 为几种常见带电体的等势面和电场线的分布。

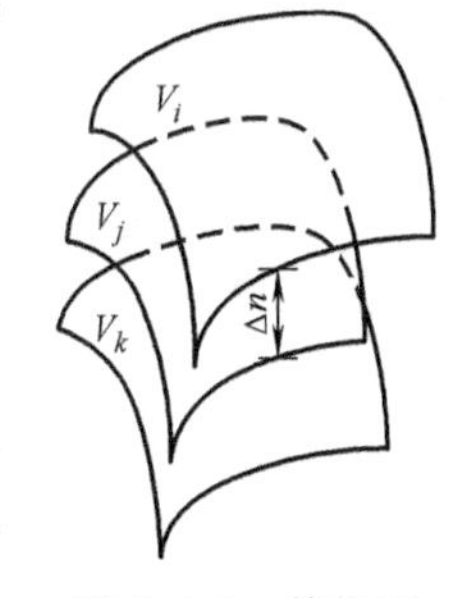

图 5.4-6　等势面

（2）电场线与等势面的关系　电场线与等势面的重要关系之一，是电场线处处垂直于等势面。

在等势面上任取两点 a 和 b，由电势差的定义，$V_a-V_b=\int_a^b\vec{E}\cdot d\vec{l}=\int_a^b E\cdot dl\cdot\cos\theta=0$，其中 $d\vec{l}$ 为等势面内的任一线元。由于 a 和 b 是任取的，E 和 dl 都不等于零，所以必有 $\cos\theta=0$，即 $\vec{E}$ 垂直于 $d\vec{l}$，也就是说，电场线处处垂直于等势面。

电场线与等势面的另一个重要关系是，电场线总是指向电势降低的方向。如图 5.4-8 所示，假设 P_1 和 P_2 分别为相邻等势面 V 和 $V+\Delta V$ 上的任意点，电场强度 $\vec{E}$ 在等势面的法向，显然，$V_{P_1}-V_{P_2}=\int_{P_1}^{P_2}\vec{E}\cdot d\vec{l}=\int_{P_1}^{P_2}E\cdot dl\cdot\cos\theta\geqslant 0$。而 $V_{P_1}-V_{P_2}=-\Delta V$，因此，$\Delta V\leqslant 0$，即 $\vec{E}$ 指向电势降低的方向。

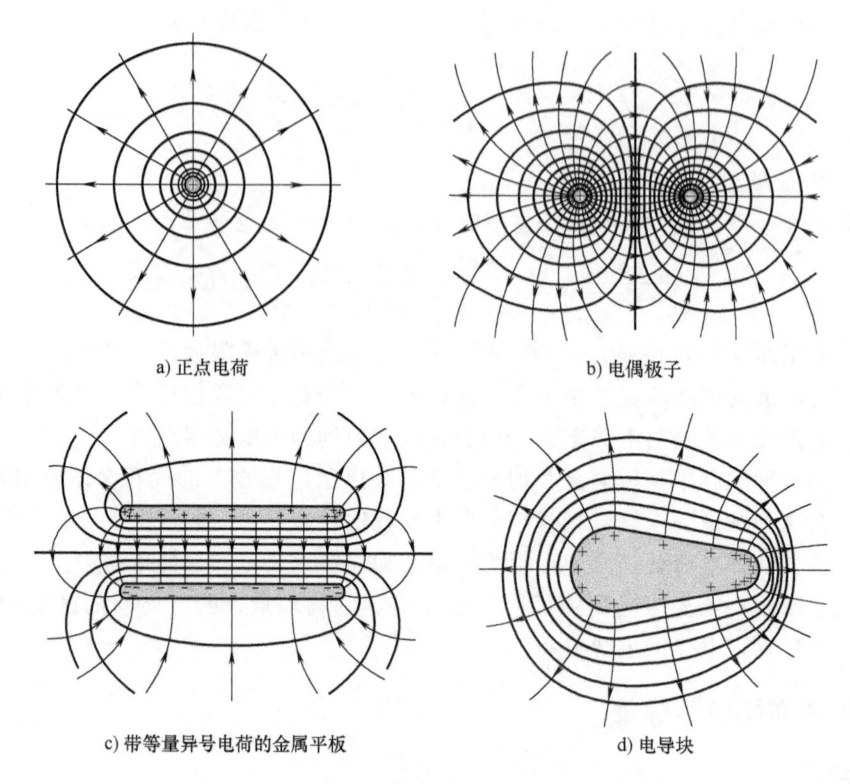

图 5.4-7 几种常见带电体的等势面和电场线

2. 电势梯度

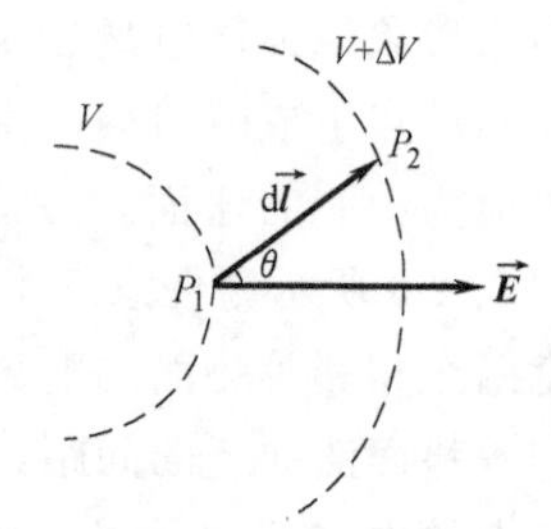

图 5.4-8 电场线指向电势降低的方向

（1）定义　若图 5.4-8 中的 $\Delta V \to 0$，则 $-\Delta V=-\mathrm{d}V \approx \vec{E} \cdot \mathrm{d}\vec{l}=E_l \mathrm{d}l=E\mathrm{d}n$，其中 E_l 为 $\vec{E}$ 在 $\mathrm{d}\vec{l}$ 方向上的分量，$\mathrm{d}n$ 为 $\mathrm{d}\vec{l}$ 在法线方向的分量。因此，由上式可得

$$E_l=-\frac{\partial V}{\partial l}, E=-\frac{\mathrm{d}V}{\mathrm{d}n}$$

这表明，电场强度在 $\vec{l}$ 方向（任意方向）的分量等于电势在该方向的方向导数的负值。由于电场强度在法线 $\hat{n}$ 方向，所以电场强度的大小等于电势在法线方向的一阶导数的负值。

一般情况下，过电场中的任一点，沿不同方向电势随距离的变化率是不等的，在法线 $\hat{n}$ 方向，电势随距离的变化率最大，这个最大值定义为该点的**电势梯度**的大小。电势梯度是矢量，用∇V 表示，方向沿等势面的法向，即

$$\nabla V \equiv \frac{\mathrm{d}V}{\mathrm{d}n}\hat{n}$$

结合前面两式，可得

$$\vec{E}=-\nabla V$$

该式表明，在静电场中，任一点的电场强度的大小等于该点的电势梯度的大小，电场强度与电势梯度反向。电势梯度为电势升高最快的方向，而电场强度指向电势降低的方向。

(2) 利用电势梯度求电场强度　在直角坐标系和球坐标系下，电场强度与电势梯度的关系可分别表示为

$$\vec{E}=-\nabla V=-\left(\frac{\partial V}{\partial x}\vec{i}+\frac{\partial V}{\partial y}\vec{j}+\frac{\partial V}{\partial z}\vec{k}\right) \tag{5.4-10}$$

$$\vec{E}=-\nabla V=-\left(\frac{\partial V}{\partial r}\vec{e}_r+\frac{1}{r}\frac{\partial V}{\partial \theta}\vec{e}_\theta+\frac{1}{r\sin\theta}\frac{\partial V}{\partial \varphi}\vec{e}_\varphi\right) \tag{5.4-11}$$

在已知电势分布的情况下，可根据这两个关系式求电场强度。

比如，已知点电荷的电势 $V=\frac{q}{4\pi\varepsilon_0 r}$，则根据式 (5.4-11) 可得点电荷的电场强度为

$$\vec{E}=-\nabla V=-\frac{\mathrm{d}}{\mathrm{d}r}\left(\frac{q}{4\pi\varepsilon_0 r}\right)\vec{e}_r=\frac{q}{4\pi\varepsilon_0 r^2}\vec{e}_r$$

例 5.4-3　利用电势梯度的概念求例 5.4-2 中半径为 R、电荷面密度为 σ 的均匀带电圆盘轴线上 P 点的电场强度。

解： 由对称性可知，P 点的电场强度在 x 轴方向，因此，$\vec{E}=E_x\vec{i}$。

由例 5.4-2 可知，轴线上 P 点的电势为 $V=\frac{\sigma}{2\varepsilon_0}(\sqrt{R^2+x^2}-x)$。

根据式 (5.4-10)，得

$$E_x=-\frac{\mathrm{d}V}{\mathrm{d}x}=-\frac{\mathrm{d}}{\mathrm{d}x}\left[\frac{\sigma}{2\varepsilon_0}(\sqrt{R^2+x^2}-x)\right]=\frac{\sigma}{2\varepsilon_0}\left(1-\frac{x}{\sqrt{R^2+x^2}}\right)$$

故 P 点的电场强度为

$$\vec{E}=\frac{\sigma}{2\varepsilon_0}\left(1-\frac{x}{\sqrt{R^2+x^2}}\right)\vec{i}$$

评价： 在前面我们曾用电场强度叠加原理求带电圆盘轴线上的电场强度，与之比较，利用电势梯度的概念求电场强度在数学上要简单得多。这也提供了求电场强度的第三种方法(前面介绍了叠加原理和高斯定理求电场强度)。

例 5.4-4　如图 5.4-9 所示，一长为 L、均匀带电 Q 的细棒沿 x 轴放置，求 z 轴上点 P (0，z) 的电势及电场强度的 z 轴分量。

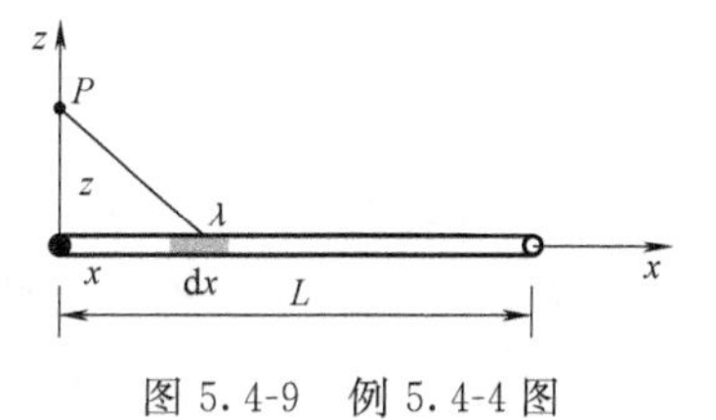

图 5.4-9　例 5.4-4 图

解： 将棒分成无数小段，其中任一小段 $\mathrm{d}x$，相当于点电荷，带电荷量 $\mathrm{d}q=\lambda\mathrm{d}x=\frac{Q}{L}\mathrm{d}x$，设其距坐标原点的距离为 x，则它在 P 点产生的电势为

$$\mathrm{d}V=\frac{\mathrm{d}q}{4\pi\varepsilon_0\sqrt{z^2+x^2}}$$

整个细棒在 P 点的电势为

$$V_P=\int\mathrm{d}V=\int_0^L\frac{\lambda\mathrm{d}x}{4\pi\varepsilon_0\sqrt{x^2+z^2}}=\frac{Q}{4\pi\varepsilon_0 L}\ln\frac{L+\sqrt{L^2+z^2}}{z}$$

根据式 (5.4-10)，得电场强度的 z 轴分量为

$$E_z=-\frac{\partial V}{\partial z}=\frac{Q}{4\pi\varepsilon_0 z}\frac{1}{\sqrt{L^2+z^2}}$$

评价：需要注意的是，这里求出的 V_P 是 z 的函数，不含 x，并不意味着 $E_x=0$。实际上，P 点的电场强度在 x 轴方向的分量并不为零。如果要根据电势函数求出电场强度在 x 轴方向的分量，则必须先求出任意点（而不是 x 坐标确定的 P 点）的电势分布才行。

应用 5.4-1 心电图机测试心电图的基本原理是什么？

心电图机（见应用 5.4-1 图）是一种精密的电流计，它能记录心脏电势随时间的变化曲线，即心电图。正常情况下，心脏会有节奏地收缩和舒张，为血液流动提供动力，把血液运送至身体的各部分。心脏激动所产生的微小电流通过身体组织传导到体表，并在体表不同部位产生不同的电势。在体表不同部位放置电极，用导线连接到心电图机的两端，它会按照心脏激动的顺序将体表不同部位之间的电势差记录下来，形成一条连续的曲线，即为心电图。它可以用来探测驱动心功能的电活动异常，对心肌梗死的诊断有很高的正确性。

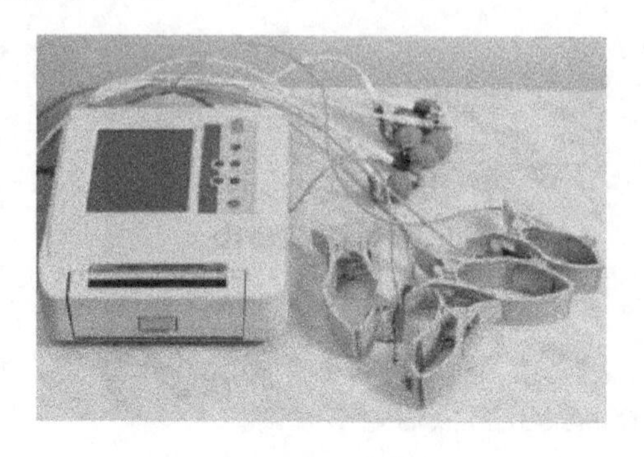

应用 5.4-1 图

小节概念回顾：如何利用等势面描述电场的分布？电势梯度是如何定义的？如何利用电势梯度求解电场？

5.5 静电场中的导体

接下来我们关心的是电场和物质的相互作用。不同的物质会对电场做出不同的响应，在静电场中具有各自的特性。习惯上我们根据物体的导电能力，也就是物体转移或传导电荷的能力由高到低，将物体分为三类：导体、半导体和绝缘体。导体的导电能力最强，比如人体、大地、金属、电离气体等。本节讨论导体和静电场的相互作用。

5.5.1 导体的静电感应和静电平衡

1. 静电感应与静电平衡

导体中存在大量可以自由移动的电荷，即自由电子，在电场力作用下，这些自由电子做宏观定向运动，使得导体上的电荷重新分布，这种现象称为**静电感应**。重新分布的电荷又会反过来影响电场分布，电荷分布与电场分布相互影响、相互制约，最后达到一种平衡。

如图 5.5-1 所示，在均匀电场 $\vec{E}_0$ 中引入一不带电的导体，导体中的自由电子就将在电场力的作用下逆着电场线方向运动，自由电子在左侧不断积累，导体右侧则出现了多余的正电荷，这种由于静电感应现象而在左右两侧出现的重新分布的电荷称为**感应电荷**。感应电荷会在周围空间激发一个电场，称为**附加电场** $\vec{E}'$。在导体内部，$\vec{E}'$ 与 $\vec{E}_0$ 方向相反。随着感应电荷的不断积累，$\vec{E}'$ 不断增强，最终使得在导体内部 $\vec{E}'$ 与 $\vec{E}_0$ 完全抵消。导体内的自由电子不再受到电场力，宏观定向运动停止，此时达到一种平衡状态，称为**静电平衡**。

关于静电感应及静电平衡，需说明以下几点：

1）静电感应只改变导体的电荷分布，不会改变导体的总电荷量；

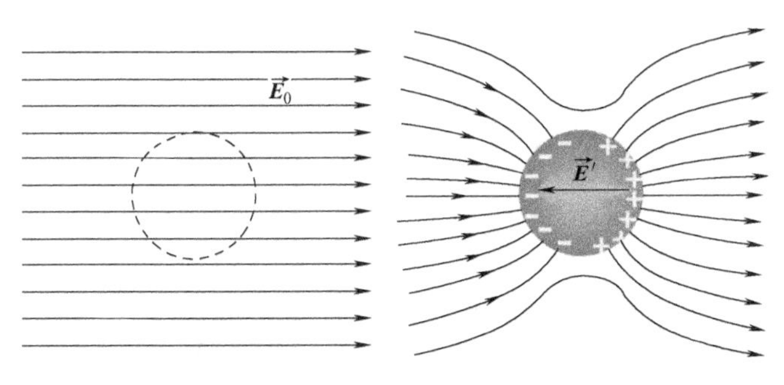

图 5.5-1 静电感应与静电平衡

2）静电平衡时导体内部和表面均没有电荷的定向移动，但无规则的热运动总是存在的，因此静电平衡是一种动态平衡；

3）任何导体因静电感应达到静电平衡的过程很快（约 10^{-8}s），在本节中我们不讨论导体是如何达到静电平衡的，而是认为静电场中的导体一定处于静电平衡，只分析导体达到静电平衡之后的情况。

导体处于静电平衡时，具有两个主要性质：

1）导体内部电场强度处处为零，而表面处的电场强度必定垂直于导体表面。如果电场强度有沿导体表面的切向分量，则导体中的自由电子就会受到沿表面的切向作用力而定向移动，这与静电平衡的条件相矛盾。

2）导体是一个等势体，导体表面是一个等势面。利用性质（1）中的电场强度分布可知，在导体中或导体表面任取两点，在这两点之间电场强度的线积分必定为零，也就是说这两点的电势差为零，导体的电势处处相等。

2. 静电平衡时导体上的电荷分布特点

静电平衡时导体内部的电场强度为零，在导体内任取一体积元 dV，包围 dV 构造一个高斯面，通过该高斯面的电通量为零，根据高斯定理，dV 内的净电荷 $dq=\rho dV$ 必定为零，由于 dV 具有任意性，所以电荷体密度 ρ 一定为零。也就是说，**静电平衡的导体体内处处不带电，导体带电只能在表面。**

处于静电平衡的导体表面电荷究竟如何分布呢?

图 5.5-2 画出了静电平衡导体的一部分，P 为导体外紧邻导体表面处的场点，过 P 点构造一扁平状的圆柱面为高斯面。高斯面的上底面与导体表面平行，下底面在导体内部。高斯面各部分的法向 $\hat{\boldsymbol{n}}$ 如图 5.5-2 所示。高斯面在导体表面上截出了一块大小为 ΔS 的面元，设面元 ΔS 所在处的电荷面密度为 σ。假设高斯面的底面积足够小，P 点所在的上底面电场强度 $\vec{\boldsymbol{E}}_{表}$ 处处相等，方向为导体表面的法线方向。导体内部电场强度为零，侧面上各点的电场强度与法线方向垂直，因此高斯面的下底面和侧面对电通量没有贡献，通过整个高斯面的电通量为

$$\oint\!\!\!\oint_S \boldsymbol{E}\cdot d\vec{\boldsymbol{S}}=\iint_{上底\Delta S}\vec{\boldsymbol{E}}_{表}\cdot d\vec{\boldsymbol{S}}+\iint_{(S-\Delta S)}\vec{\boldsymbol{E}}\cdot d\vec{\boldsymbol{S}}=E_{表}\Delta S$$

应用高斯定理，有

$$E_{表}\ \Delta S=\frac{\sigma\Delta S}{\varepsilon_0}$$

再考虑电场强度的方向，得到 P 点的电场强度为

$$\vec{E}_{表}=\frac{\sigma}{\varepsilon_0}\hat{n} \tag{5.5-1}$$

此式表明，导体表面附近某点的电场强度与该点对应位置处的电荷面密度成正比。导体表面电荷分布越集中的地方，附近的电场越强。

在一般情况下，导体表面实际的电荷分布较复杂。对于孤立导体，电荷分布可由实验做定性的分析。通常，孤立导体表面各处的电荷面密度与各点的曲率有关：曲率越大、表面越尖锐的地方电荷面密度越大，曲率较小的平坦部分电荷面密度较小，曲率为负的凹处电荷面密度最小。如图 5.5-3 所示，A、B、C 三处的电荷面密度大小关系为

$$\sigma_A>\sigma_B>\sigma_C。$$

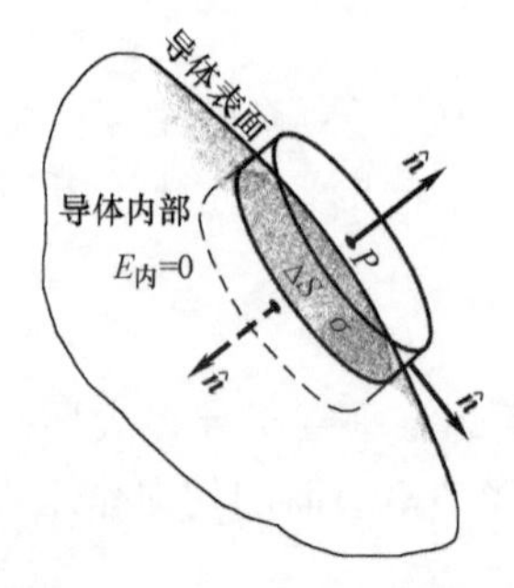

图 5.5-2 导体表面附近的电场

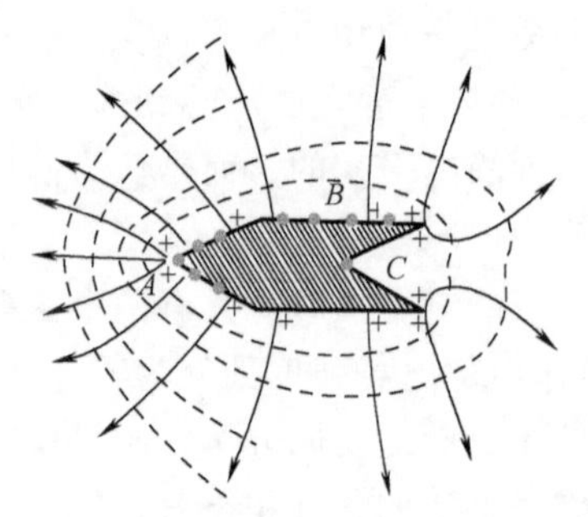

图 5.5-3 导体表面电荷密度与附近的电场示意图

3. 尖端放电

在导体的尖端附近，由于电场强度很大，所以该处的空气有可能被电离成导体而出现尖端放电现象。如图 5.5-4 所示，给左侧的尖端导体通电，当尖端附近的电场强度达到一定量值时，空气中原有的离子就会在这个电场的作用下加速运动，与尖端导体电荷同号的离子被排斥形成“电风”，从而将蜡烛的火焰吹向一边。

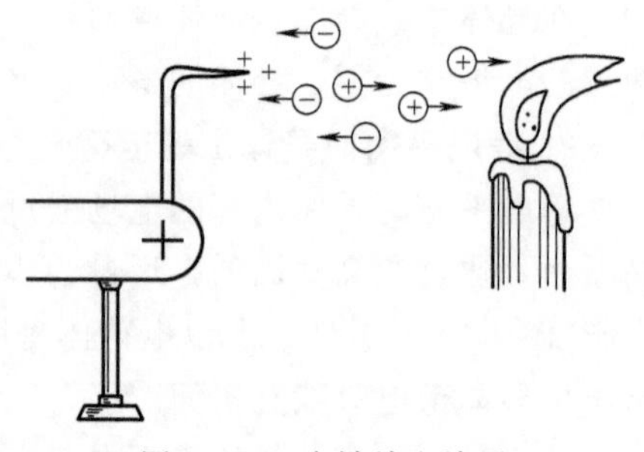
图 5.5-4 尖端放电演示

尖端放电会导致电能的损失，此时需要有效地避免。比如在高压设备中，为了降低因尖端放电引起的危险和电能的浪费，往往需要采用表面极光滑同时又很粗的导线，并把电极做成光滑的球状曲面。

当然，很多情况下也可以有效利用尖端放电。比如避雷针就是人类对尖端放电的首次有效利用。当带电云层经过上空时，会在地面感应出等量的异号电荷，这些电荷主要分布在地面的凸出物体上，比如烟囱、大树、高大的建筑物等，一旦这些感应电荷积累到一定的程度，便会在云层和高大物体之间形成火花放电，这便是雷击。为了避免雷击，在高大建筑上安装避雷针。现代的避雷针由针头、引下线和接地体组成，针头高耸于高大建筑物之上，可看作地面上的凸出尖端，于是放电总在它和云层之间进行，因此，避雷针也就是“引雷针”，它提供了尖端放电的最佳通道。

另外，范德格拉夫起电机的起电原理就是利用尖端放电使起电机起电；现代物理实验中能观察单个原子的显微设备，比如场离子显微镜、场致发射显微镜等，都与尖端放电效应有

关；静电复印机也是利用加高电压的针尖产生电晕，使硒鼓和复印纸产生静电感应，从而使复印纸获得与原稿一样的图像。

应用 5.5-1　静电喷涂是如何实现的？

如应用 5.5-1 图所示，将待喷涂的金属物体与地面连接，喷枪与高压电源连接。涂料从喷枪喷出时带负电。当涂料接近被涂物体时，物体表面会出现感应电荷。由于物体与地面连接，物体上的电子将流向地面，物体上只剩下多余的正电荷。在正电荷的引力作用下，带负电的涂料将被吸引到物体表面。这种喷涂方法吸附效率高，特别适合形状简单的物体。

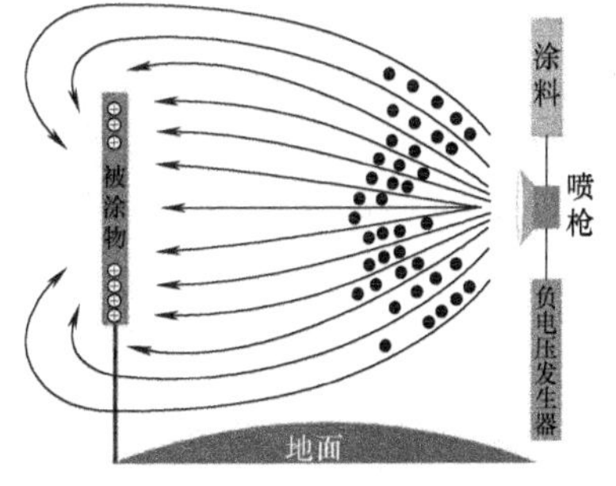

应用 5.5-1 图

小节概念回顾：什么是静电平衡？如何用电场强度和电势来说明导体的静电平衡条件？比较式（5.5-1）与无限大带电面的电场强度公式，说明两者之间的区别与联系。尖端放电的物理原理是什么？

5.5.2　导体空腔与静电屏蔽

1. 导体空腔的电荷分布

（1）空腔内无电荷分布　前面已证明，静电平衡的导体体内处处不带电荷，如果带电荷，则电荷只能分布在导体的内、外表面。现证明当导体空腔内部没有其他带电体时，内表面上处处没有净电荷。

如图 5.5-5 所示，在空腔体内包围内表面作高斯面 S，由于高斯面上各点的电场强度为零，因此电通量为零，这意味着内表面上总的净电荷为零。那有没有可能在内表面的有些区域存在正的净电荷，另一些区域存在负的净电荷呢？如果是这样，一定有电场线从正电荷指向负电荷，这意味着内表面的不同区域电势不同，这与静电场中的导体是等势体这一结论相违背。因此，当导体空腔内没有其他带电体时，电荷只分布在导体空腔的外表面，此时的电荷分布与空腔的厚度无关。就电场分布而言，这种情况下的空腔导体与带电面或实心导体等效。

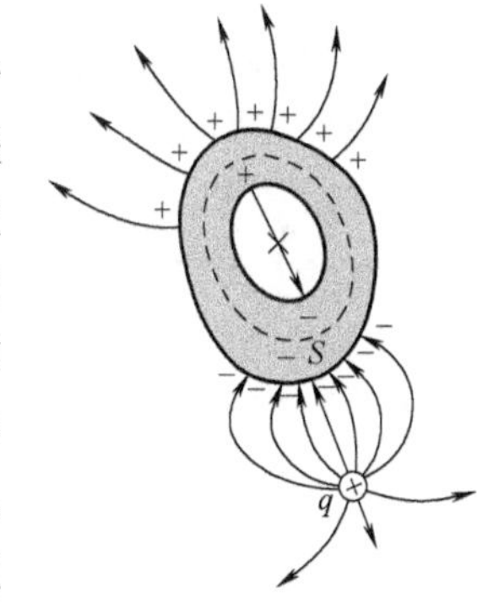

图 5.5-5　空腔内无电荷分布时，电荷只分布在空腔外表面

此时，腔外带电体与腔外表面的电荷在空腔外表面以内任一点产生的合电场强度为零。也就是说，空腔导体把外表面以内的空间全部保护起来，使之不受外电场的影响，具有屏蔽外电场的作用。

（2）空腔内有电荷分布　如图 5.5-6 所示，若导体空腔内有电荷 q，空腔本身带电荷 Q。在空腔体内作包围内表面的高斯面，在此高斯面上电场强度处处为零，由高斯定理可知，高斯面内净电荷为零，即腔内带电体和腔内表面上的电荷等量异号。由于腔内有电荷 q，所以内表面上会出现净电荷 $-q$。此时，由腔内带电体 q 发出的电场线将全部终止在空腔内表面，而不会穿越空腔对空腔内表面以外的电场产生影响，也就是说，腔内带电体和空腔内表面上的电荷在空腔内表面以外的任一点产生的合电场强度等于零，即

$$\vec{E}_{腔内带电体}+\vec{E}_{空腔内表面}=\vec{0}$$

但这并不是说腔内带电体对腔外电场没有影响。实际上，根据电荷守恒，此时空腔外表面有

净电荷 $Q+q$。也就是说，腔内带电体的存在使空腔外表面的电荷发生了变化，从而影响了空腔外部的电场。

通常，腔外的电场不仅与空腔外表面的电荷分布有关，还与腔外的带电体有关。但无论外部带电体如何变化，空腔体内的电场始终为零，即腔内带电体、空腔内表面、空腔外表面及腔外带电体在空腔体内产生的合电场强度为零，用数学形式可表示为

$$\vec{E}_{腔内带电体}+\vec{E}_{空腔内表面}+\vec{E}_{空腔外表面}+\vec{E}_{腔外带电体}=\vec{0}$$

由于 $\vec{E}_{腔内带电体}+\vec{E}_{空腔内表面}=\vec{0}$，所以，

$$\vec{E}_{空腔外表面}+\vec{E}_{腔外带电体}=\vec{0}$$

此式表明，腔外带电体和空腔外表面的电荷在空腔外表面以内任一点产生的合电场强度为零。

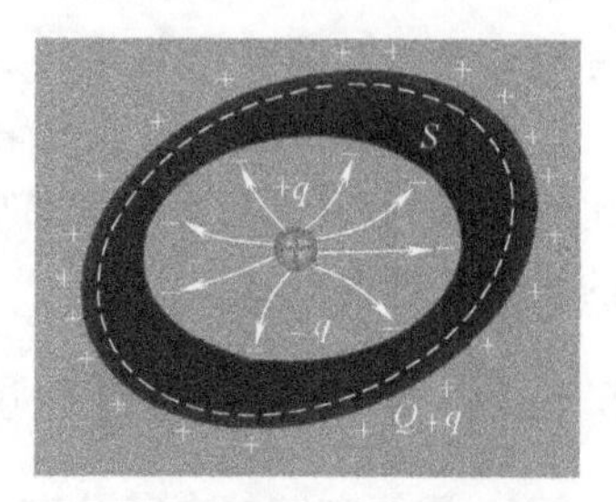

图 5.5-6　空腔内有电荷分布时，空腔上的电荷分布

显然，无论导体空腔内有无电荷分布，导体空腔都可以将空腔外表面以内的区域保护起来，使之不受外电场的影响，从而起到屏蔽外电场的作用。

2. **静电屏蔽**

根据上面的讨论可知，导体空腔将腔外空间和腔内空间分隔开，能完全屏蔽外部带电体对腔内电场的影响，但并没有完全屏蔽腔内带电体对腔外电场的影响。要使腔内和腔外的电场互不影响，需将导体空腔接地。接地后的导体空腔电势始终为零；空腔内部的电场由腔内带电体和空腔内表面上的电荷分布决定，与腔外的带电体无关；空腔外部的电场由腔外的带电体和空腔外表面上的电荷分布决定，与腔内带电体无关。因此，接地的导体空腔是一个理想的静电屏蔽装置。

图 5.5-7 为静电屏蔽示意图，接地的导体空腔使腔内和腔外的电场互不影响。在图 5.5-7a 和图 5.5-7c 中，腔内带电体不同，但腔外电场完全相同，说明腔外电场不受腔内带电体的影响；在图 5.5-7b 和图 5.5-7c 中，腔外带电体不同，但腔内电场完全相同，说明腔内电场不受腔外带电体的影响。

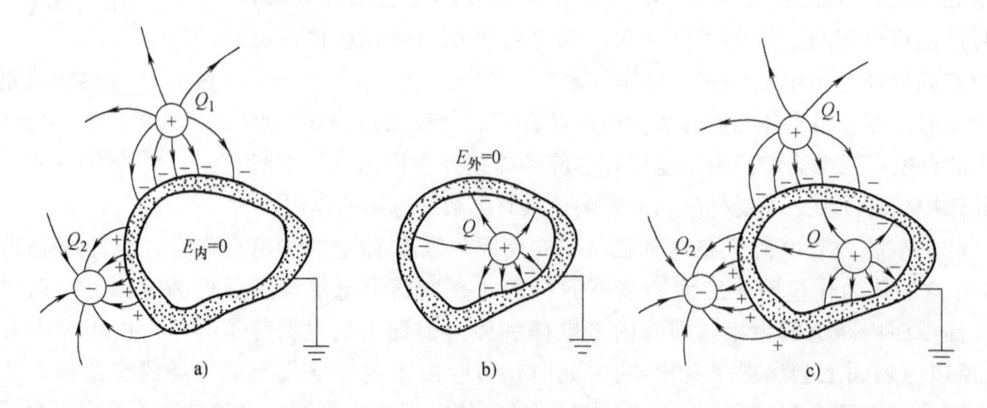

图 5.5-7　静电屏蔽示意图

在实际应用中往往会涉及两种不同形式的屏蔽。对某些精密仪器，需要屏蔽外部静电对测量仪器的影响，此时可将测量仪器用金属壳罩起来，理论上这种金属壳并不需要接地；但

另一种情况是，我们需要屏蔽某些静电干扰源对外部环境的影响，此时就需要利用接地的金属壳将静电干扰源罩起来。当然，在实际采用金属屏蔽时，并不需要完全封闭的金属空腔，用金属板或金属网就可以达到很好的屏蔽效果。

应用 5.5-2 法拉第笼与汽车

法拉第笼是一个由金属或良导体构成的金属壳，常用来演示静电屏蔽或高压带电作业的原理。如应用 5.5-2 图所示，当人将可以从高压电源获得万伏高压的放电杆靠近用金属丝编织的法拉第笼时，出现火花放电，由前面关于静电屏蔽的分析可知，笼体是个等势体，笼内电场为零，因此笼外的高压对笼内的人没有任何影响。无论放电杆的高压是多少，笼内的人始终安然无恙。这一物理原理告诉我们，当发生闪电时，最安全的地方是汽车内。如果汽车不幸被闪电击中，感应电荷会分布在汽车的金属外壳上，所有电荷在汽车内部产生的合电场强度为零，乘客所在的车厢里几乎没有电场，因此车内的人是绝对安全的。

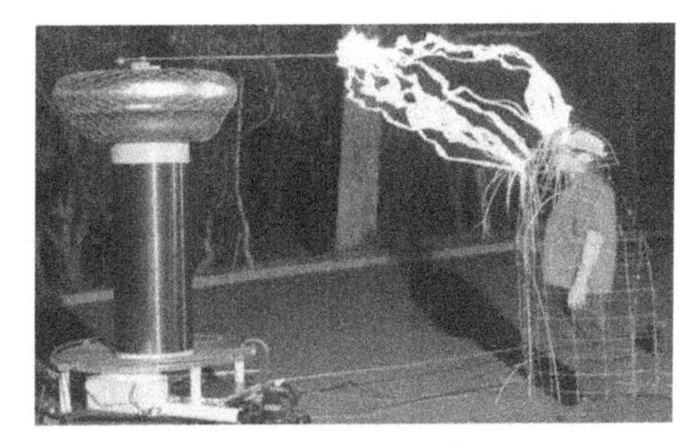

应用 5.5-2 图

小节概念回顾：什么是静电屏蔽？如何有效屏蔽静电源对环境的影响？

5.5.3 导体静电平衡问题的分析与定量计算

将导体引入静电场中之后，电场就会因导体上电荷的重新分布而发生改变。如何求解最终的电荷分布和电场分布？基本原则有三。

1）导体静电平衡的条件：导体内部电场强度为零，表面处的电场强度垂直于导体表面；导体是等势体；

2）静电场的基本性质方程：静电场的高斯定理和静电场的环路定理；

3）电荷守恒定律。

下面通过两个例子来说明如何利用上述原则进行具体分析。

例 5.5-1 真空中两带电的导体薄板 A 和 B 平行放置，如图 5.5-8 所示，两板间距比每个板的尺寸要小得多，忽略边缘效应。假设两板所带电荷量分别为 Q_A 和 Q_B。求两个板的电荷分布及两板之间的电场强度。

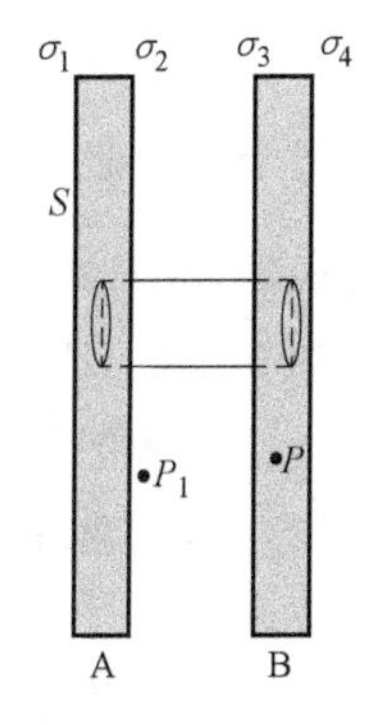

图 5.5-8 例 5.5-1 图

解：两板间距比每个板的尺寸要小得多，可将两个板看成无限大的导体板。由于导体处于静电平衡，所以电荷只能分布在导体板的左、右两个表面上。考虑对称性，电荷在导体的每个面上均匀分布，假设从左至右，四个面的电荷面密度分别为 σ_1、σ_2、σ_3 和 σ_4。

在两导体内部作圆柱形高斯面，如图所示，圆柱的左、右底面均在导体内部且平行于导体表面。由于导体内部电场强度为零，高斯面上的电通量为零，所以高斯面内所包围的净电荷为零，也就是说，两导体板相对的两个面上带有等量异号电荷，即

$$\sigma_2 = -\sigma_3$$

考虑板 B 中的 P 点，它的电场强度由四个无限大的带电面共同产生，合电场强度为零，以向右的方向为正，有

$$E_P=\frac{\sigma_1}{2\varepsilon_0}+\frac{\sigma_2}{2\varepsilon_0}+\frac{\sigma_3}{2\varepsilon_0}-\frac{\sigma_4}{2\varepsilon_0}=0$$

由电荷守恒定律，得

$$(\sigma_1+\sigma_2)S=Q_A,\ (\sigma_3+\sigma_4)S=Q_B$$

其中，S 为导体板的表面积。联立以上四式，得导体板各表面上的电荷面密度为

$$\sigma_1=\sigma_4=\frac{Q_A+Q_B}{2S},\ \sigma_2=-\sigma_3=\frac{Q_A-Q_B}{2S}$$

由式（5.5-1）可知，两板之间 P_1 点的电场强度大小为

$$E_{P_1}=\frac{\sigma_2}{\varepsilon_0}$$

两板之间为均匀电场。电场强度的方向取决于 σ_2 的正负，若 $\sigma_2>0$，则方向向右；若 $\sigma_2<0$，则方向向左。

实际上，P_1 点的电场是由四个面共同产生的，也可由电场强度叠加原理求 P_1 点的电场强度，即

$$E_{P_1}=\frac{\sigma_1}{2\varepsilon_0}+\frac{\sigma_2}{2\varepsilon_0}-\frac{\sigma_3}{2\varepsilon_0}-\frac{\sigma_4}{2\varepsilon_0}=\frac{\sigma_2}{2\varepsilon_0}-\frac{\sigma_3}{2\varepsilon_0}=\frac{\sigma_2}{\varepsilon_0}$$

两种方法求得的结果一致。

由上面的分析可知，两个平行放置的无限大导体板，相对的两个面上的电荷一定等量异号，相背的两个面上的电荷一定等量同号。如果两个导体板带等量异号电荷，即 $Q_A=-Q_B$，则 $\sigma_1=\sigma_4=0$，电荷只分布在两板之间相对的两个面上，这相当于下一节要讨论的平行板电容器；如果两个板带等量同号电荷，即 $Q_A=Q_B$，则 $\sigma_2=-\sigma_3=0$，电荷只分布在两板外侧相背的两个面上。

评价：在分析两个无限大的导体板之间的电场强度时，可以用式（5.5-1）：$\vec{E}_{表}=\frac{\sigma}{\varepsilon_0}\hat{n}$；也可以用电场强度叠加原理，将其看成是四个无限大的带电平面产生的电场强度的矢量叠加，每个面贡献的电场强度为 $\vec{E}=\frac{\sigma}{2\varepsilon_0}\vec{i}$。两种方法都能给出一致的结果。注意区分这两个表达式的异同。

例 5.5-2 在真空中，金属球 A 与金属球壳 B 同心放置，球 A 的半径为 R_0，带电荷量为 q，金属球壳 B 的内、外半径分别为 R_1、R_2，带电荷量为 Q。(1) 求电荷分布及电势分布；(2) 若金属球壳 B 接地，求电荷分布及球 A 的电势；(3) 若球 A 接地，求球 A 上的电荷分布。

解：(1) 由于球 A 与球壳 B 同心放置，保持球对称，所以电荷在各表面均匀分布。

如图 5.5-9a 所示，在球壳体内作同心球面为高斯面，由于高斯面上各点的电场强度为零，所以电通量也为零，球 A 的外表面与球壳 B 的内表面上的电荷等量异号

$$Q_{B内}=-Q_A=-q$$

根据电荷守恒定律，$Q_{B内}+Q_{B外}=Q$，因此 $Q_{B外}=Q+q$。电荷分布如图所示。

空间中的电场等效于三个同心的均匀带电球面产生的电场。根据电势叠加原理，可得到各区域的电势。

球 A 是一个等势体，各点的电势等于球心处的电势，即

$$V_A=\frac{q}{4\pi\varepsilon_0 R_0}+\frac{-q}{4\pi\varepsilon_0 R_1}+\frac{Q+q}{4\pi\varepsilon_0 R_2}$$

球壳 B 也是一个等势体，电势等于外表面 R_2 处的电势，即

$$V_B=\frac{Q+q}{4\pi\varepsilon_0 R_2}$$

两球之间任意点（比如 P 点，距球心的距离为 r）的电势相当于带电荷量为 Q_{A} 的球面在球外产生的电势和带电荷量分别为 $Q_{\mathrm{B内}}$ 和 $Q_{\mathrm{B外}}$ 的球面在球内产生的电势的叠加，即

$$V_P=\frac{q}{4\pi\varepsilon_0 r}+\frac{-q}{4\pi\varepsilon_0 R_1}+\frac{Q+q}{4\pi\varepsilon_0 R_2}$$

球壳外任意点（比如 M 点，距球心的距离为 r）的电势相当于三个均匀带电球面在其外部产生的电势的叠加，即

$$V_M=\frac{q}{4\pi\varepsilon_0 r}+\frac{-q}{4\pi\varepsilon_0 r}+\frac{Q+q}{4\pi\varepsilon_0 r}=\frac{Q+q}{4\pi\varepsilon_0 r}$$

（2）如图 5.5-9b 所示，若金属壳 B 接地，则 $V_{\mathrm{B}}=0$，$Q_{\mathrm{B外}}=0$。由高斯定理可知，$Q_{\mathrm{B内}}=-Q_{\mathrm{A}}=-q$。空间中的电场等效于 Q_{A} 和 $Q_{\mathrm{B内}}$ 两个均匀带电球面产生的电场。此时球 A 的电势为

$$V_A=\frac{q}{4\pi\varepsilon_0 R_0}+\frac{-q}{4\pi\varepsilon_0 R_1}$$

（3）如图 5.5-9c 所示，若球 A 接地，则 $V_{\mathrm{A}}=0$。设球 A 带电荷量为 q'，则类似分析可得 $Q_{\mathrm{B内}}=-q'$，$Q_{\mathrm{B外}}=Q+q'$，球心的电势可看成是三个均匀带电球面在球心产生的电势的叠加，即

$$V_O=\frac{q'}{4\pi\varepsilon_0 R_0}+\frac{-q'}{4\pi\varepsilon_0 R_1}+\frac{Q+q'}{4\pi\varepsilon_0 R_2}=0$$

解得

$$q'=-\frac{QR_0R_1}{R_0R_1+R_1R_2-R_0R_2}$$

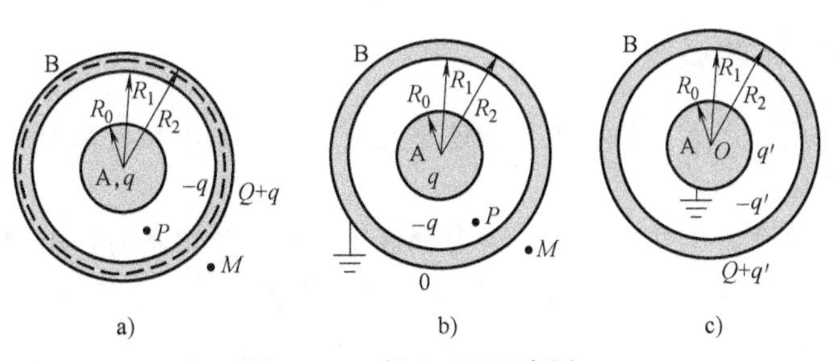

图 5.5-9　例 5.5-2 示意图

评价：在通常情况下，导体接地意味着电势为零，并非意味着电荷流失殆尽。电荷密度是否为零需要根据“接地导体电势为零”的条件来推理判断，一般情况下，电荷密度是否为零与接地的导体外是否还有其他带电体有关。比如，在此题中，将球 A 接地时，球 A 上一定还有净电荷，从而与接地时球 A 电势为零的条件相适应，净电荷的数值需要根据 $V_{\mathrm{A}}=0$

定量计算。

小节概念回顾： 将导体引入静电场中之后，分析导体上电荷分布的主要依据有哪些？

5.6 静电场中的电介质

从上一节我们看到，导体和静电场相互影响、相互制约，关键在于导体中的自由电荷在电场作用下重新分布。如果把电介质引入静电场中，情况会如何呢？

5.6.1 电介质的电结构

电介质可看作理想的绝缘体，其内部的自由电子少到可以忽略。由于分子的束缚，电介质分子中的带电粒子不能发生宏观位移，但能在外电场的作用下发生微观位移，这种微观位移将激发附加电场从而使总电场改变。如何研究电场和介质的这种相互作用？显然，讨论每个粒子的微观位移是不现实的，为此，我们可以借用前面讨论过的电偶极子模型。

当场点与分子之间的距离远大于分子的限度时，整个分子所激发的电场相当于分子中所有正电荷和所有负电荷分别集中在两个几何点上时所激发的电场，这两个几何点称为正、负电荷的**“重心”**。根据重心是否重合将电介质分子分成两类，即**有极分子**和**无极分子**。

有极分子的正电荷和负电荷重心不重合，位于重心的等量异号电荷等效于一个电偶极子。每个分子都有一个电偶极矩，称为分子的**固有电矩**。有极分子的固有电矩不为零。比如图 5.6-1 中的水分子。有极分子电介质可看作大量电偶极子的聚集体，由于分子无规则的热运动，分子的固有电矩随机排列，所以固有电矩的矢量和为零，电介质对外不显电性。

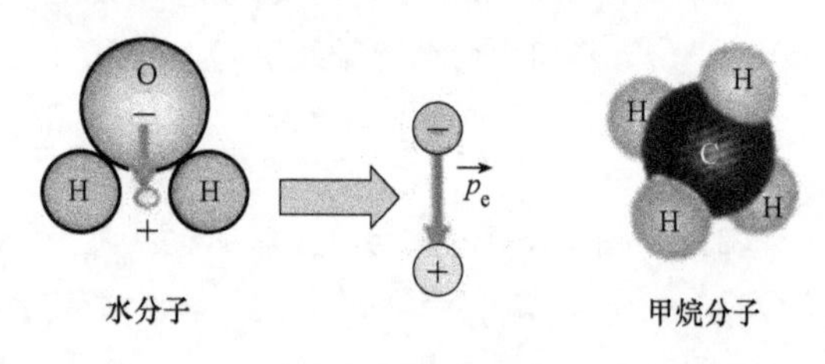

图 5.6-1 有极分子与无极分子的电结构

无极分子的正电荷和负电荷重心重合，如图 5.6-1 中的甲烷分子，分子的固有电矩为零。H_2、N_2 和 CO_2 等都属于无极分子。

小节概念回顾： 有极分子和无极分子的电结构有何不同？

5.6.2 电介质极化的微观机制

在外电场的作用下，无论是有极分子还是无极分子，其电结构都要发生变化，这种变化称为**电介质的极化**。

对有极分子，每个分子都相当于一个电偶极子，没有外电场时，电偶极子杂乱无章地排列，在任何一块电介质中，所有分子的固有电矩的矢量为零，宏观上不显电性；在外电场中，电偶极子会受到外力矩 $\vec{M}=\vec{p}_e\times\vec{E}$，在该力矩的作用下发生转向，所有电偶极子倾向于沿外电场方向排列，分子电偶极矩的矢量和不再为零。由于热运动的缘故，这种转向并不完全，但外电场越强，分子电偶极矩的排列越有序，如图 5.6-2 所示。这种由于分子的电偶极矩向外电场方向转向而造成的极化称为**取向极化**（或**转向极化**）。取向极化的效果是使电介质在垂直于电场方向的两个端面上分别出现未被抵消的正、负电荷，称为**极化电荷**。这种电荷与导体中的自由电荷不同，它们受到分子或原子的束缚，不能在电介质内自由移动，也不能离开电介质表面，所以又称为**束缚电荷**。极化产生的一切宏观效果都是由极化电荷呈现的。极化电荷会在空间激发附加电场 $\vec{E}'$，在介质内部，附加电场 $\vec{E}'$ 与外电场的方向相反，使总电场减弱，但不足以抵消原来的外电场 $\vec{E}_0$。

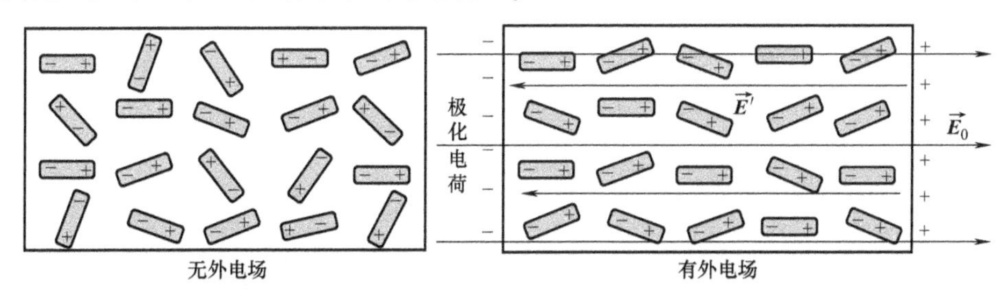

图 5.6-2　有极分子取向极化示意图

对无极分子，分子的正负电荷重心重合，固有电矩为零，但在外电场的作用下，正负电荷重心会被电场力拉开，发生相对移动，产生**感生电矩**。如图 5.6-3 所示。这种由于分子的正负电荷重心发生微小位移而造成的极化称为**位移极化**。位移极化的结果也是在介质的两个端面上出现了极化电荷。极化电荷在介质内部激发的附加电场 $\vec{E}'$ 与外电场的方向相反。

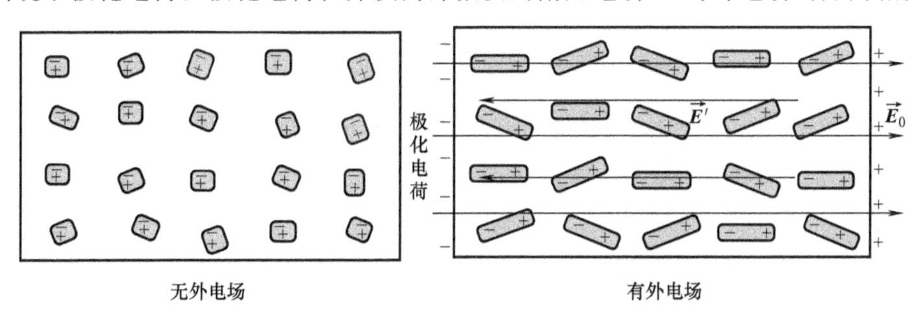

图 5.6-3　无极分子位移极化示意图

需要说明的是，位移极化在任何介质中都是存在的，只是在由有极分子构成的电介质中，位移极化比取向极化要弱得多，通常可以忽略。在无极分子构成的电介质中，位移极化是唯一的极化机制。

无论是有极分子的取向极化，还是无极分子的位移极化，极化的最终效果都是在垂直于电场的两个端面上出现了极化电荷。应当指出，只有均匀介质被极化时极化电荷才会出现在介质表面，此时用电荷面密度 σ' 来描述极化电荷的分布；但在非均匀介质中，极化电荷可能出现在整个介质中，这种情况下需要用电荷体密度 ρ' 来描述极化电荷的分布。在本章中，若无特别说明，讨论的都是均匀电介质。

小节概念回顾：有极分子的取向极化和无极分子的位移极化的共同效果是什么？有极分子中存在位移极化吗？极化电荷和自由电荷有何异同？

5.6.3　电介质极化的定量描述

1. 电极化强度

外电场中电偶极子排列越有序，电介质极化程度越高。为了描述电介质被极化的强弱，

引入电极化强度 $\vec{P}$，它等于单位体积内的分子电偶极矩的矢量和，即

$$\vec{P}=\frac{\sum\limits_{i}\vec{p}_i}{\Delta V} \tag{5.6-1}$$

式中，ΔV 为在介质中任取的宏观上无限小、微观上无限大的体积元；$\vec{p}_i$ 为该体积元内第 i 个分子的电偶极矩，求和遍及体积元内的所有分子。

电极化强度 $\vec{P}$ 是宏观矢量场，用于量度电介质的极化程度和极化方向。在国际单位制中，电极化强度的单位为 C/m^2。如果在介质某区域内各点极化强度矢量的大小和方向都相同，就说这部分介质是均匀极化的。真空中各点的电极化强度 $\vec{P}$ 等于零。

2. 极化规律

当电介质处于极化状态时，介质中出现未抵消的电偶极矩，这一点用电极化强度 $\vec{P}$ 描述；同时在介质的端面上出现极化电荷 σ'，极化电荷激发的附加电场强度 $\vec{E}'$ 反过来影响总电场强度 $\vec{E}$。任一点的总电场为附加电场强度 $\vec{E}'$ 和外电场强度 $\vec{E}_0$ 的矢量叠加，即 $\vec{E}=\vec{E}_0+\vec{E}'$。电极化强度 $\vec{P}$、极化电荷 σ' 和附加电场强度 $\vec{E}'$ 三者从不同角度对同一物理现象进行描述，因此三者之间必有联系。

（1）电极化强度与电场强度的关系。

实验表明，在均匀的各向同性线性电介质中，每点的电极化强度 $\vec{P}$ 与该点的电场强度 $\vec{E}$ 成正比，两者的关系可表示为

$$\vec{P}=\chi_e\varepsilon_0\vec{E} \tag{5.6-2}$$

式中，χ_e 为正的量纲为 1 的纯数，称为介质的**电极化率**。在数值上 $\chi_e=\varepsilon_r-1$，其中 ε_r 为介质的**相对介电常数**。

需要明确的是，式（5.6-2）中的 $\vec{E}$ 是介质中的总电场强度，是由自由电荷和极化电荷共同产生的。虽然介质的极化最初是由外电场（自由电荷激发的电场）引起的，但极化电荷的出现又会反过来影响介质的极化状态。

在各向异性的电介质中，同一点的 $\vec{P}$ 与 $\vec{E}$ 可以方向不同，$\vec{P}$ 的大小不仅与 $\vec{E}$ 的大小有关，还和 $\vec{E}$ 与电介质晶轴的夹角有关，$\vec{P}$、$\vec{E}$ 和 χ_e 之间的关系必须用张量来描述，这类介质不在本书的讨论范围之内。

还有一类特殊的电介质，$\vec{P}$ 和 $\vec{E}$ 之间不存在单值的函数关系。对于确定的 $\vec{E}$ 值，$\vec{P}$ 的大小还与介质的极化历史有关，比如钛酸钡（$BaTiO_3$）和洛瑟盐（$NaKC_4H_4O_6\cdot 4H_2O$）等。这类介质被称为**铁电体**，与磁介质中的铁磁质类似。铁磁质在磁化后会有剩磁，铁电体在极化后也会有剩余极化存在。这一现象使铁电体具有“压电效应”而获得广泛应用。

（2）电极化强度与极化电荷的关系。

在均匀外电场中取一立方体的均匀电介质薄片，如图 5.6-4 所示，薄片在电场强度方向上的厚度为 l，垂直于电场强度方向的截面积为 S。假设介质被均匀极化，介质表面总的极化电荷为 q'，电荷面密度为 σ'，电极化强度为 $\vec{P}$，则由式（5.6-1）将介质薄片中总的电偶

极矩表示为

$$\left|\sum_i \vec{p}_i\right| = P \cdot Sl$$

这里的电偶极矩可看成是由介质表面的极化电荷产生的，因此，

$$\left|\sum_i \vec{p}_i\right| = q'l = \sigma' Sl$$

上两式相等，化简可得

$$\sigma' = P$$

可以证明，在一般情况下，

$$\sigma' = \vec{P} \cdot \vec{e}_n = P_n \tag{5.6-3}$$

式中，$\vec{e}_n$ 为电介质表面的外法线方向。此式表明，电介质被极化时所产生的极化电荷面密度等于电极化强度矢量沿介质表面外法线的分量。

在电介质薄片中取如图 5.6-4 所示的闭合圆柱面 S'，圆柱面的底面 ΔS 与介质表面平行，左侧底面在介质内，右侧底面在介质外，则通过此圆柱面的 $\vec{P}$ 通量为

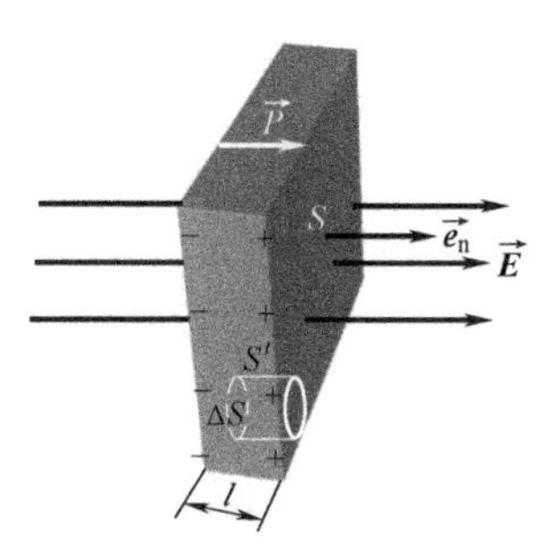

图 5.6-4　说明电极化强度与极化电荷的关系

$$\oint\!\!\!\oint_{S'} \vec{P} \cdot d\vec{S} = \iint_{\text{左底}} \vec{P} \cdot d\vec{S} = -P_n \cdot \Delta S$$

利用式（5.6-3）可得

$$\oint\!\!\!\oint_{S'} \vec{P} \cdot d\vec{S} = -\sigma' \cdot \Delta S = -\sum_{S'_{\text{内}}} q' \tag{5.6-4}$$

式中，$\sum\limits_{S'_{\text{内}}} q'$ 为圆柱面 S' 内包围的所有极化电荷。式（5.6-4）表明，电极化强度 $\vec{P}$ 通过任何闭合曲面的通量等于该闭合曲面所包围的极化电荷的代数和的负值。

小节概念回顾： 电极化强度矢量是如何定义的？它与电场强度和极化电荷面密度有何定量关系？

5.6.4　有电介质时的高斯定理

电介质在外电场 $\vec{E}_0$ 中被极化而出现极化电荷，极化电荷激发附加电场 $\vec{E}'$，介质中的总电场 $\vec{E}$ 是自由电荷和极化电荷共同产生的，而总电场又反过来影响介质的极化程度。这似乎形成了一个循环，如何才能求解有介质存在时的电场呢？通常情况下，极化电荷的分布未知，因此要想通过自由电荷和极化电荷的分布直接求解电场分布似乎是不可能的。必须想办法避开极化电荷来求解电场，为此，引入辅助物理量——**电位移 $\vec{D}$**。

自由电荷和极化电荷从激发电场的角度来讲是等效的。因此，利用高斯定理，有

$$\oint\!\!\!\oint \vec{E} \cdot d\vec{S} = \frac{\sum\limits_{S_{\text{内}}} q_i}{\varepsilon_0} = \frac{\sum\limits_{S_{\text{内}}} (q_{i0} + q')}{\varepsilon_0}$$

式中，$\sum\limits_{S_{\text{内}}} (q_{i0} + q')$ 为高斯面 S 内所包围的自由电荷和极化电荷的代数和。将上式两侧乘

以 ε_0 再与式（5.6-4）相加，可得

$$\oiint_S (\varepsilon_0\vec{E}+\vec{P})\cdot d\vec{S}=\sum_{S_{内}} q_{i0}$$

引入辅助物理量——**电位移 $\vec{D}$**：

$$\vec{D}\equiv\varepsilon_0\vec{E}+\vec{P} \tag{5.6-5}$$

得

$$\oiint_S \vec{D}\cdot d\vec{S}=\sum_{S_{内}} q_{i0} \tag{5.6-6}$$

这便是**有介质时的高斯定理**，又称为 **$\vec{D}$ 的高斯定理**。它表明，通过任意闭合曲面的电位移矢量 $\vec{D}$ 的通量等于闭合曲面内所包围的自由电荷的代数和，与极化电荷无关。

1. 电位移

在均匀的各向同性线性电介质中，将式（5.6-2）与式（5.6-5）联立，得

$$\vec{D}=\varepsilon_0\varepsilon_r\vec{E}=\varepsilon\vec{E} \tag{5.6-7}$$

式中，$\varepsilon=\varepsilon_0\varepsilon_r$ 称为介质的**介电常数**。在真空中，$\vec{D}=\varepsilon_0\vec{E}$。

式（5.6-7）表明，在均匀的各向同性线性电介质中，电位移 $\vec{D}$ 与总电场 $\vec{E}$ 成正比且方向相同。在这种介质中，可以通过 $\vec{D}$ 的高斯定理解出 $\vec{D}$ 再求 $\vec{E}$。

类似于在描述电场时引入电场线，在这里也可以引入**电位移线**（又称为 **$\vec{D}$ 线**）来描述电位移。显然，电位移线起自正的自由电荷或无穷远，终止于负的自由电荷或无穷远，在没有自由电荷的地方电位移线不会中断。

通过任意曲面的电位移通量可表示为

$$\Phi_D=\iint_S \vec{D}\cdot d\vec{S} \tag{5.6-8}$$

2. 关于 $\vec{D}$ 的高斯定理的说明

关于 $\vec{D}$ 的高斯定理，要说明以下几点：

1）在任意静电场中，$\vec{D}$ 的高斯定理均成立；

2）闭合曲面上的 $\vec{D}$ 通量只与曲面内所包围的自由电荷有关，并不意味着 $\vec{D}$ 只与自由电荷有关；

3）只有在均匀的各向同性线性电介质中，当 $\vec{D}$ 和 $\vec{E}$ 具有高度对称性时，才有可能通过 $\vec{D}$ 的高斯定理解出 $\vec{D}$ 从而得到 $\vec{E}$。

3. 利用 $\vec{D}$ 的高斯定理求解有电介质时的电场

下面通过两个例子来说明如何利用 $\vec{D}$ 的高斯定理求解有介质存在时的高度对称性的电场。

例 5.6-1 如图 5.6-5 所示，两个无限大的金属平板平行放置，自由电荷面密度分别为 $+\sigma_0$ 和 $-\sigma_0$，平板之间充满相对介电常量为 ε_r 的均匀各向同性线性电介质，求电场强度 $\vec{E}$、极化强度 $\vec{P}$ 和极化电荷面密度 σ'。

解： 首先，分析空间中的电荷如何分布（包括自由电荷和极化电荷）。由于金属平板无限大，自由电荷在金属板的每个面上均匀分布，电介质会被均匀极化，极化电荷出现在电介质与金属板交界的两个接触面上，并在两个接触面上均匀分布。也就是说，电荷分布在 6 个无限大的面上，空间中的电场由这 6 个无限大的均匀带电面产生，设其电荷面密度分别为 σ_1、σ_2、σ_3'、σ_4'、σ_5 和 σ_6。σ_1 和 σ_6 为平行金属板相背的两个面上的自由电荷面密度，σ_2 和 σ_5 为平行金属板相对的两个面上的自由电荷面密度，σ_3'和 σ_4'为电介质端面上的极化电荷面密度。

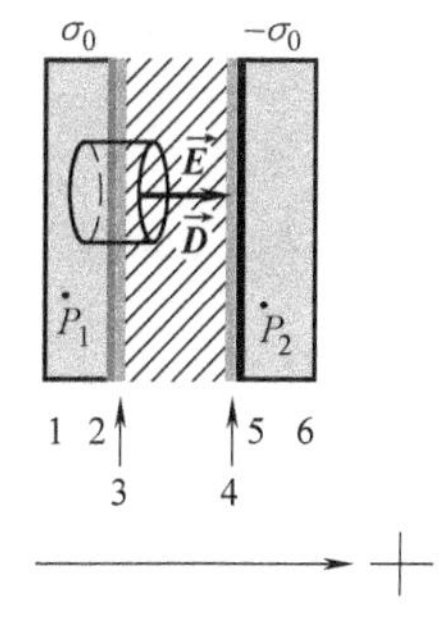

图 5.6-5　例 5.6-1 图

在左侧金属板内任取场点 P_1，其合电场强度为零，即

$$E_{P_1}=\frac{\sigma_1}{2\varepsilon_0}-\frac{\sigma_2}{2\varepsilon_0}-\frac{\sigma_3'}{2\varepsilon_0}-\frac{\sigma_4'}{2\varepsilon_0}-\frac{\sigma_5}{2\varepsilon_0}-\frac{\sigma_6}{2\varepsilon_0}=0$$

由于介质端面上的极化电荷等量异号，即 $\sigma_3'=-\sigma_4'$，将上式化简，可得

$$\sigma_1-\sigma_2-\sigma_5-\sigma_6=0$$

同理，在右侧金属板内任取场点 P_2，可得

$$\sigma_1+\sigma_2+\sigma_5-\sigma_6=0$$

由于电荷守恒，

$$\sigma_1+\sigma_2=\sigma_0$$
$$\sigma_5+\sigma_6=-\sigma_0$$

联立以上四式，得

$$\sigma_1=\sigma_6=0,\quad \sigma_2=\sigma_0,\quad \sigma_5=-\sigma_0$$

结果表明，平行金属板上的自由电荷全部分布在金属板相对的两个表面上。

由以上的电荷分布可知，空间中的电场均匀分布在两个金属板之间电介质所在的空间，电场强度的方向水平向右，由式（5.6-7），电位移矢量也在此区间内均匀分布，方向水平向右。因此，可利用 $\vec{D}$ 的高斯定理求解电场分布。

取轴线平行于 $\vec{D}$ 的圆柱面为高斯面，高斯面的左侧底面在金属板内部，右侧底面在介质内部，如图所示。通过高斯面的电位移通量为

$$\oiint_S \vec{D}\cdot d\vec{S}=\iint_{左底}\vec{D}\cdot d\vec{S}+\iint_{右底}\vec{D}\cdot d\vec{S}+\iint_{侧面}\vec{D}\cdot d\vec{S}$$

在左侧底面上，$D=0$；在侧面上，$\vec{D}\perp d\vec{S}$；在右侧底面上，各点的 $\vec{D}$ 相等，因此

$$\oiint_S \vec{D}\cdot d\vec{S}=\iint_{右底} D\cdot dS=DS_{右}$$

高斯面内包围的自由电荷为 $\sigma_0 S_{右}$。根据 $\vec{D}$ 的高斯定理式（5.6-6），得

$$D=\sigma_0$$

由式（5.6-7），有

$$E=\frac{D}{\varepsilon_0\varepsilon_r}=\frac{\sigma_0}{\varepsilon_0\varepsilon_r}$$

由式（5.6-2），电极化强度 $\vec{P}$ 的方向水平向右，大小为

$$P=(\varepsilon_r-1)\varepsilon_0 E=\left(1-\frac{1}{\varepsilon_r}\right)\sigma_0$$

由式 (5.6-3)，得电介质左、右两端面上的极化电荷面密度分别为

$$\sigma_3' = -P = -\left(1-\frac{1}{\varepsilon_r}\right)\sigma_0, \quad \sigma_4' = P = \left(1-\frac{1}{\varepsilon_r}\right)\sigma_0$$

评价： 在例 5.6-1 中，均匀电介质充满了电场不为零的空间，在这种情况下，有介质时的电场强度变为原来的$\frac{1}{\varepsilon_r}$，即 $\vec{E}=\frac{\vec{E}_0}{\varepsilon_r}$（$\vec{E}_0$ 为没有介质时的电场强度），这一点可以通过简单的实验得到验证。需要明确的是，“均匀电介质充满电场不为零的空间”是 $\vec{E}=\frac{\vec{E}_0}{\varepsilon_r}$的充分条件而不是必要条件。可以证明，当均匀电介质充满电场空间且分界面都是等势面时，电场中各点都有 $\vec{E}=\frac{\vec{E}_0}{\varepsilon_r}$。下面通过一个实例来说明这一点。

例 5.6-2 带电荷量为 Q 的导体球外同心地套有两层各向同性的均匀电介质球壳，外半径分别为 R_0、R_1 和 R_2，如图 5.6-6 所示，介质的相对介电常量分别为 ε_{r1} 和 ε_{r2}，求电场强度的分布及导体球的电势。

解： 自由电荷均匀分布在导体球的外表面，介质被均匀极化，极化电荷球对称地分布在各介质的分界面上，因此，电场的整体分布是球对称的，$\vec{D}$ 和 $\vec{E}$ 的方向均沿径向。

作如图所示的半径为 r 的同心球面为高斯面，各高斯面上的电位移通量均为

$$\oiint_S \vec{D}\cdot d\vec{S} = D\cdot 4\pi r^2$$

设高斯面内包围的自由电荷为 $\sum_{S_内} q_{i0}$，根据 $\vec{D}$ 的高斯定理式 (5.6-6)，得

$$D=\frac{\sum_{S_内} q_{i0}}{4\pi r^2}$$

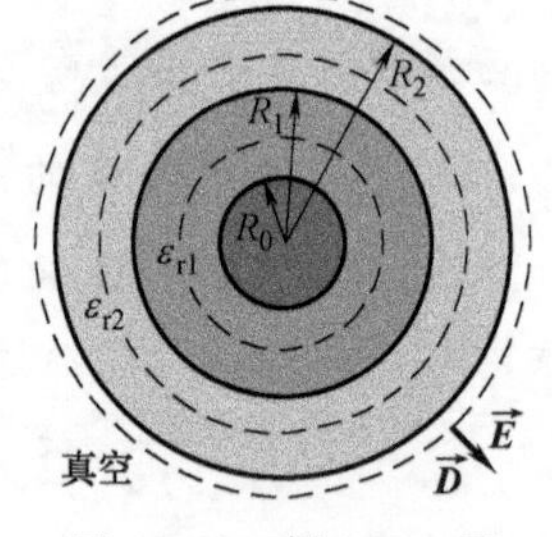

图 5.6-6 例 5.6-2 图

若高斯面在导体球内，则 $\sum_{S_内} q_{i0}=0$；若高斯面在导体球外，则 $\sum_{S_内} q_{i0}=Q$ 。因此，$\vec{D}$ 的分布可表示为

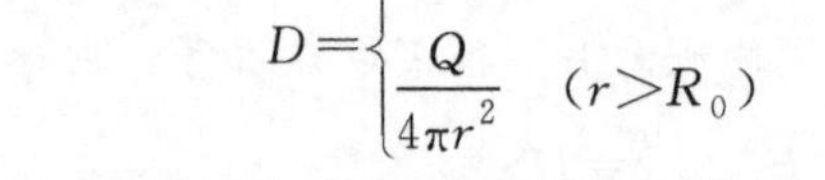

$$D=\begin{cases}0 & (0<r<R_0)\\ \dfrac{Q}{4\pi r^2} & (r>R_0)\end{cases}$$

由式 (5.6-7)，得各区域的电场强度大小为

$$E=\begin{cases}0 & (0<r<R_0)\\ \dfrac{Q}{4\pi\varepsilon_0\varepsilon_{r1}r^2} & (R_0<r<R_1)\\ \dfrac{Q}{4\pi\varepsilon_0\varepsilon_{r2}r^2} & (R_1<r<R_2)\\ \dfrac{Q}{4\pi\varepsilon_0 r^2} & (r>R_2)\end{cases}$$

导体球是等势体。设 P 为导体球内任一点，由电势的定义可求出 P 点的电势为

$$V_P=\int_P^{\infty}\vec{E}\cdot d\vec{r}$$
$$=\int_{R_0}^{R_1}\frac{Q}{4\pi\varepsilon_0\varepsilon_{r1}r^2}dr+\int_{R_1}^{R_2}\frac{Q}{4\pi\varepsilon_0\varepsilon_{r2}r^2}dr+\int_{R_2}^{\infty}\frac{Q}{4\pi\varepsilon_0 r^2}dr$$
$$=\frac{Q}{4\pi\varepsilon_0}\left[\frac{1}{\varepsilon_{r1}}\left(\frac{1}{R_0}-\frac{1}{R_1}\right)+\frac{1}{\varepsilon_{r2}}\left(\frac{1}{R_1}-\frac{1}{R_2}\right)+\frac{1}{R_2}\right]$$

评价： 在此题中，均匀电介质充满整个电场空间且分界面都是等势面，因此电场中各点都有 $\vec{E}=\frac{\vec{E}_0}{\varepsilon_r}$。由于电场强度分布已知，所以用电场强度的积分计算各区域的电势比较方便，大家不妨考虑一下，能否用电势叠加原理来求电势？如果可以，如何求解极化电荷的分布？

例 5.6-3　半径为 R_1 的长直圆柱形导体外套一个同轴的长直导体圆筒，其内半径为 R_2，圆柱和圆筒间充满介电常数为 ε 的均匀各向同性线性电介质，圆柱和圆筒上沿轴线单位长度的电荷量分别为 λ 和 $-\lambda$，如图 5.6-7 所示。求介质中任一点的电场强度 $\vec{E}$、电极化强度 $\vec{P}$ 和介质内表面上的极化电荷面密度 σ'。

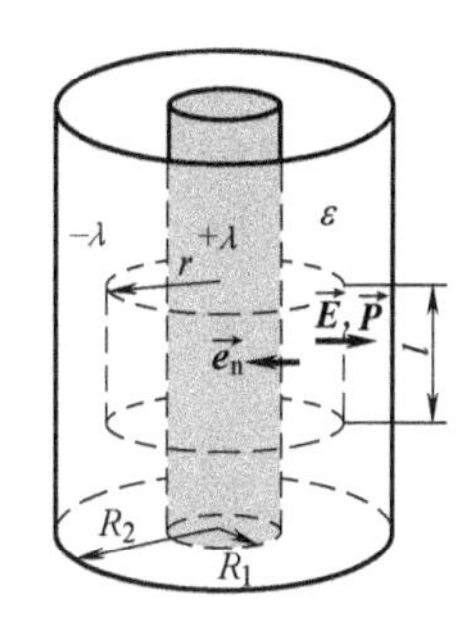

图 5.6-7　例 5.6-3 图

解： 自由电荷均匀分布在圆柱形导体的外表面和圆筒的内表面，介质被均匀极化，极化电荷轴对称地分布在介质的内外表面，因此，电场的整体分布是轴对称的。$\vec{D}$、$\vec{E}$ 和 $\vec{P}$ 的方向均沿径向。

作如图所示的半径为 r、长为 l 的同轴圆柱面为高斯面，由高斯定理

$$\oint\!\!\!\oint_S\vec{D}\cdot d\vec{S}=\iint_{底}\vec{D}\cdot d\vec{S}+\iint_{侧}\vec{D}\cdot d\vec{S}=D2\pi rl=\lambda l$$

得

$$D=\frac{\lambda}{2\pi r}$$

由式（5.6-7），得介质中任一点的电场强度大小为

$$E=\frac{\lambda}{2\pi\varepsilon r}$$

由式（5.6-2），电极化强度 $\vec{P}$ 的方向沿轴向，大小为

$$P=(\varepsilon-\varepsilon_0)E=\frac{(\varepsilon-\varepsilon_0)\lambda}{2\pi\varepsilon r}$$

由式（5.6-3），介质内表面（$r=R_1$）上的极化电荷面密度为

$$\sigma'=\vec{P}\cdot\vec{e}_n=-\frac{(\varepsilon-\varepsilon_0)\lambda}{2\pi\varepsilon R_1}$$

评价： 在例 5.6-3 中，均匀电介质分布在两个等势面之间，介质中各点的电场强度仍然满足 $\vec{E}=\frac{\vec{E}_0}{\varepsilon_r}$。

小节概念回顾： 电位移 $\vec{D}$ 的大小与极化电荷有关吗？如何分析有电介质存在时的总

电场？

5.7 电容器及其电容

电容器是储存电荷和电能的装置，是构成各种电子电路的重要器件。图 5.7-1 为实际线路中的常见的电容器。每个电容器上都标有两个参数，它们是描述电容器主要性能的指标，一个描述电容器的储电能力，称为**电容**；另一个描述电容器安全使用时所能承受的最大电压，称为**耐压能力**。下面对电容器的这两种性质进行详细阐述。

图 5.7-1 常见的电容器

5.7.1 电容的定义

1. 孤立导体的电容

根据前面的讨论可知，对于一个半径为 R、带电荷量为 Q 的孤立导体球，当取无限远为电势零点时，其电势 $V=\dfrac{Q}{4\pi\varepsilon_0 R}$，$V$ 与导体球所带电荷量 Q 成正比，两者的比值 $Q/V=4\pi\varepsilon_0 R$ 是一个常量，用 C 表示，C 与球的半径以及周围介质有关。C 越大，使导体球升高单位电势所需的电荷越多，因此，C 反映了导体储存电荷本领的大小。

理论和实验均表明，对任何带电荷量为 Q 的孤立导体，Q/V 都是一个常量，记为

$$C\equiv\frac{Q}{V} \tag{5.7-1}$$

C 取决于导体本身的尺寸和形状以及周围的介质，与 Q 和 V 无关，称为孤立导体的**电容**。

在国际单位制中，电容的单位为法拉（F），1F=1C/V。法拉 F 是一个非常大的单位。比如把地球视为一个孤立导体球，它的电容为 7.09×10^{-4}F。要想使一球形导体的电容为 1F，它的半径应为地球半径的几千倍。

在实际应用中，电容的单位常用微法（μF）和皮法（pF）：1μF=10^{-6}F，1pF=10^{-12}F。

2. 导体组的电容

若导体 A 不是孤立导体，在其近旁有带电体 D，则导体 A 的电势 V 不仅与它自身的带电荷量 Q 有关，还与周围带电体 D 的形状和位置以及带电荷量有关，因此 Q/V 不再是一个只由 A 和介质决定的常量，也就不能再反映 A 的储电本领。

借助空腔导体的静电屏蔽作用，将导体 A 置于空腔导体 B 中，如图 5.7-2 所示，由于静电感应，导体 B 的内表面出现与导体 A 的外表面等量异号的感应电荷 $-Q$。此时，虽然导体 A 的电势仍受到周围带电体 D 的影响，但导体 A、B 之间的电势差 ΔV 却与外部导体 D 无关。可以证明，此时的 $Q/\Delta V$ 是一个只与 A、B 的电荷量、形状、相对位置及两者之间的介质有关的常量，记为 C。当 ΔV 确定时，C 越大，Q 就越大。因此，C 能反映导体组 A、B 储存电荷的多少。A、B 组成的导体组称为**电容器**，组成电容器的两个导体 A、B 称为**电容器的极板**，

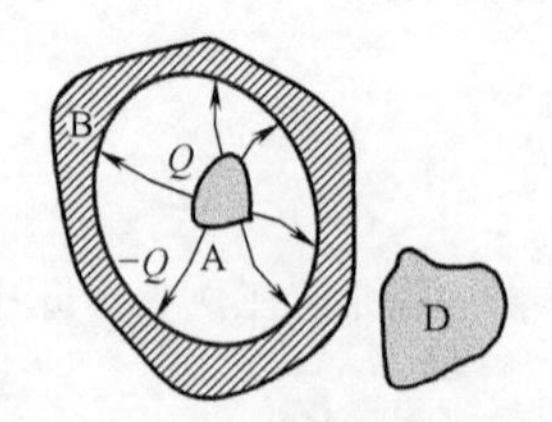

图 5.7-2 利用静电屏蔽说明电容器的构成

两个极板上总是带有等量异号电荷，带正电荷的称为**正极**，带负电荷的称为**负极**。任一极板上所带电荷量的绝对值称为**电容器带的电荷量**，**正极**和**负极**之间的电势差 ΔV 为电容器上的电压。此时**电容器的电容**定义为

$$C \equiv \frac{Q}{\Delta V} \tag{5.7-2}$$

电容 C 反映电容器的容电本领，数值上等于两极板间电压升高一个单位时所需的电荷量。电容 C 的大小只取决于两极板的尺寸、形状、相对位置及介质性质，与极板上带的电荷量无关。

若导体 A、B 均为球形导体，则称该电容器为**球形电容器**，如图 5.7-3a 所示。实际上，上述对带电体 D 的屏蔽作用并不需要像空腔导体 B 那样严格，只要靠近的两导体 A、B 相对表面上带有等量异号电荷，且电场局限在 A、B 之间即可。例如，若忽略边缘效应，两块非常靠近的平行金属板或同轴的两个金属圆筒就构成了常见的**平行板电容器**和**圆柱形电容器**，如图 5.7-3b 、c 所示。

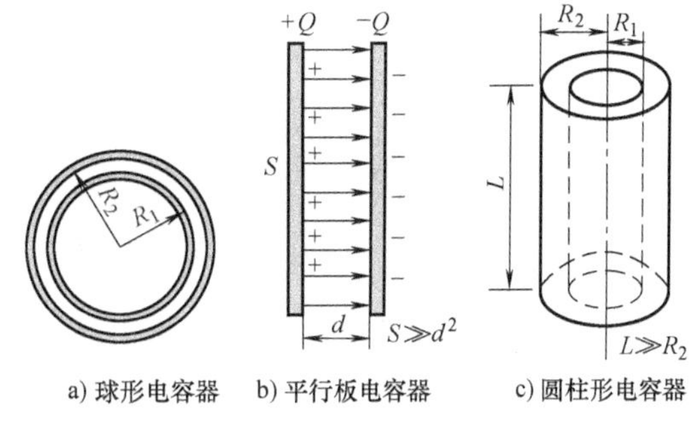

图 5.7-3　各种电容器

小节概念回顾：电容的物理意义是什么？导体组的电容是如何定义的？如何理解孤立导体的电容？

5.7.2　电容的计算

电容器的电容 C 与所带电荷量 Q 无关，但在计算电容时，通常需要先假设极板上带有一定的电荷，然后分析两极板之间的电场，算出两极之间的电势差 ΔV，再利用定义式（5.7-2）得到电容 C。下面用这个思路分别计算图 5.7-3 中的三种电容器的电容。

1. 球形电容器

如图 5.7-3a 所示的球形电容器，内球（也可以是球壳）的外半径为 R_1，外球壳的内半径为 R_2，两者之间充满均匀的各向同性线性电介质，介电常数为 ε。设内球外表面所带电荷量 $Q>0$，由高斯定理可知（参考例 5.6-2），内球（电容器的正极）和外球壳（电容器的负极）之间的电场强度大小为

$$E = \frac{Q}{4\pi\varepsilon r^2}$$

正极和负极之间的电势差为

$$\Delta V = \int_{+}^{-} \vec{E} \cdot \mathrm{d}\vec{l} = \int_{R_1}^{R_2} \frac{Q}{4\pi\varepsilon r^2}\mathrm{d}r = \frac{Q}{4\pi\varepsilon}\left(\frac{1}{R_1} - \frac{1}{R_2}\right)$$

由电容器电容的定义，即式（5.7-2），得

$$C = \frac{Q}{\Delta V} = \frac{4\pi\varepsilon R_1 R_2}{R_2 - R_1} \tag{5.7-3}$$

由式（5.7-3）可以看出，球形电容器的电容只取决于电容器的尺寸及两极板间介质的性质，与极板上所带电荷量无关；要想增大球形电容器的电容，可以减小极板间距或者提高

介质的介电常数。

对于半径为 R_1 的孤立导体球，可以看成是外球壳内半径 $R_2\to\infty$ 时的球形电容器，由式（5.7-3）可得 $C=4\pi\varepsilon R_1$，这与式（5.7-1）给出的结果一致。

2. 平行板电容器

如图 5.7-3b 所示的平行板电容器，两极板之间的距离为 d，两极板相对的表面积为 S（$S\gg d^2$），两极板之间充满介电常数为 ε 的均匀各向同性线性电介质。设两极板上的带电量分别为 Q 和 $-Q$。忽略边缘效应，两极板可看成无限大的带电平板，由例 5.6-1 可知，两极板之间的电场强度大小为

$$E=\frac{Q}{\varepsilon S}$$

两极板之间的电势差为

$$\Delta V=\int_+^- \vec{E}\cdot \mathrm{d}\vec{l}=Ed=\frac{Q}{\varepsilon S}d$$

由电容器电容的定义式（5.7-2），得

$$C=\frac{Q}{\Delta V}=\frac{\varepsilon S}{d} \tag{5.7-4}$$

由式（5.7-4）可以看出，平行板电容器的电容与两极板相对的表面积成正比，与两极板之间的距离成反比。缩小极板间距、增大极板表面积或提高两极板之间介质的介电常数均可增大平行板电容器的电容。

3. 圆柱形电容器

如图 5.7-3c 所示的圆柱形电容器，长为 L，内圆筒的外半径为 R_1，外圆筒的内半径为 R_2，两者之间充满均匀各向同性线性电介质，介电常数为 ε。设内圆筒外表面上所带电荷量为 Q，由例 5.6-3 可知，内外圆筒之间的电场强度大小为

$$E=\frac{Q}{2\pi\varepsilon rL}$$

两圆筒之间的电势差为

$$\Delta V=\int_+^- \vec{E}\cdot \mathrm{d}\vec{l}=\int_{R_1}^{R_2}\frac{Q}{2\pi\varepsilon rL}\mathrm{d}r=\frac{Q}{2\pi\varepsilon L}\ln\frac{R_2}{R_1}$$

由电容器电容的定义式（5.7-2），得

$$C=\frac{Q}{\Delta V}=\frac{2\pi\varepsilon L}{\ln(R_2/R_1)} \tag{5.7-5}$$

由式（5.7-5）可以看出，圆柱形电容器的电容只取决于电容器的结构，与所带电荷量无关。缩小两筒间距或增大介质的介电常数均可增大圆柱形电容器的电容。

例 5.7-1 如图 5.7-4 所示的平行板电容器，极板表面积为 S，两极板之间填充了两层均匀的各向同性的线性电介质，第一层介质的相对介电常数为 ε_{r1}，厚度为 d_1；第二层介质的相对介电常数为 ε_{r2}，厚度为 d_2。求此电容器的电容。

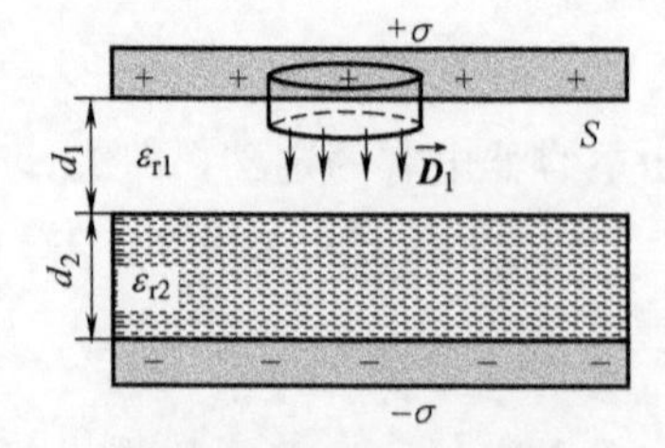

图 5.7-4 例 5.7-1 图

解： 设电容器两个极板上的电荷面密度分别为 $+\sigma$ 和 $-\sigma$。根据电荷和电场分布的对称性（参考例 5.6-1），作如图所示的高斯面，由高斯定理，有

$$\oiint_S \vec{D} \cdot d\vec{S} = D_1 S = \sigma S$$

得

$$D_1 = \sigma$$

由此得第一种介质中的电场强度大小为

$$E_1 = \frac{\sigma}{\varepsilon_0 \varepsilon_{r1}}$$

同理，第二种介质中的电场强度大小为

$$E_2 = \frac{\sigma}{\varepsilon_0 \varepsilon_{r2}}$$

两极板之间的电势差为

$$\Delta V = \int_+^- \vec{E} \cdot d\vec{l} = E_1 d_1 + E_2 d_2 = \frac{\sigma}{\varepsilon_0 \varepsilon_{r1}} d_1 + \frac{\sigma}{\varepsilon_0 \varepsilon_{r2}} d_2$$

由式（5.7-2）得该电容器的电容为

$$C = \frac{\sigma S}{\Delta V} = \frac{\varepsilon_0 S}{\dfrac{d_1}{\varepsilon_{r1}} + \dfrac{d_2}{\varepsilon_{r2}}}$$

评价： 无论何种电容器，在已知尺寸和介质的条件下，都可以根据定义式（5.7-2）求解电容。基本思路与前面的阐述相同。不难看出，电介质在电容器中具有重要作用。①充入介质可以提高电容器的耐压能力；②对相同尺寸的电容器，提高介电常数可以增大电容；③对电容相同的电容器，介电常数越大的电容器体积越小。

小节概念回顾： 电容器的电容与电容器上所带电荷量有关吗？对常见的平行板电容器、圆柱形电容器和球形电容器，如何提高它们的电容？

5.7.3 电容器的连接

除了电容之外，电容器的另一个性能指标是**耐压能力**，即安全使用电容器时两极板之间所加的最大规定电压。一旦超过规定电压，电容器中的电介质就有可能被击穿，使电介质的绝缘性能遭到破坏，从而损坏电容。单位厚度的电介质在击穿之前能够承受的最高电压，即电场强度的最大值，称为**击穿电场强度**，或**介电强度**。表 5.7-1 给出了几种常见材料的相对介电常数和介电强度。

表 5.7-1 几种常见材料的相对介电常数和介电强度

电介质	相对介电常数	介电强度/(kV/mm)
干燥空气	1.0006	4.7
蒸馏水	81.0	30
玻璃	7.0	15
硬纸	5	15
聚乙烯	2.3	18
聚四氟乙烯	2.0	35

在实际应用中，由于单个电容器的电容和耐压能力很难满足要求，往往需要将多个电容器连接起来构成**电容器组**使用。比值 $Q/\Delta V$ 称为**电容器组的电容**，其中 Q 为充电时流入电容器组的总电荷，ΔV 为加在电容器组两端的电压。

电容器的连接方式通常有两种：串联和并联。下面分别讨论在这两种连接方式下电容器组的电容。

1. 电容器的串联

如图 5.7-5 所示，将一个电容器的极板和另一个电容器的极板顺次连接，即为**串联**。电容器串联时流入电容器组的电荷 Q 全部进入第一个电容器，由静电感应和电荷守恒定律可知，此时各电容器极板上的电荷量相等，等于整个电容器组的电荷量 Q，即

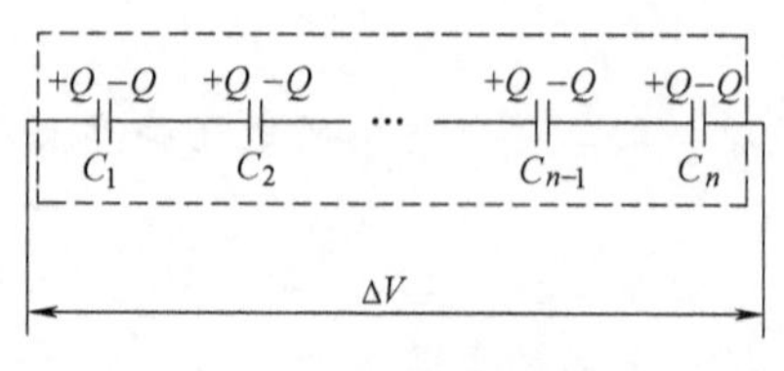

图 5.7-5 电容器的串联

$$Q_1=Q_2=\cdots=Q_n=Q$$

电容器组两端的电压分配于各电容器上，总电压等于各电容器两极板之间的电压之和，即

$$\Delta V=\Delta V_1+\Delta V_2+\cdots+\Delta V_n$$

因此，串联后电容器组的电容为

$$C=\frac{Q}{\Delta V}=\frac{Q}{\Delta V_1+\Delta V_2+\cdots+\Delta V_n}$$

从而得到

$$\frac{1}{C}=\frac{1}{C_1}+\frac{1}{C_2}+\cdots+\frac{1}{C_n} \tag{5.7-6}$$

此式表明，串联时电容器组的电容的倒数等于每个电容器的电容的倒数之和。串联使总电容减小，但耐压能力比单个电容器有所提高。

2. 电容器的并联

如图 5.7-6 所示，将各电容器的一个极板接在相同的一端，另一个极板接在相同的另一端，即为**并联**。并联时各电容器两极板之间的电压相等，等于加在整个电容器组两端的电压，即

$$\Delta V=\Delta V_1=\Delta V_2=\cdots=\Delta V_n$$

此时流入电容器组的电荷 Q 分配在各个电容器上，即

$$Q=Q_1+Q_2+\cdots+Q_n$$

因此，并联后电容器组的电容为

$$C=\frac{Q}{\Delta V}=\frac{Q_1+Q_2+\cdots+Q_n}{\Delta V}$$

从而得到

$$C=C_1+C_2+\cdots+C_n \tag{5.7-7}$$

式（5.7-7）表明，并联时电容器组的电容等于每个电容器的电容之和。并联使总电容增大，但耐压能力保持不变。

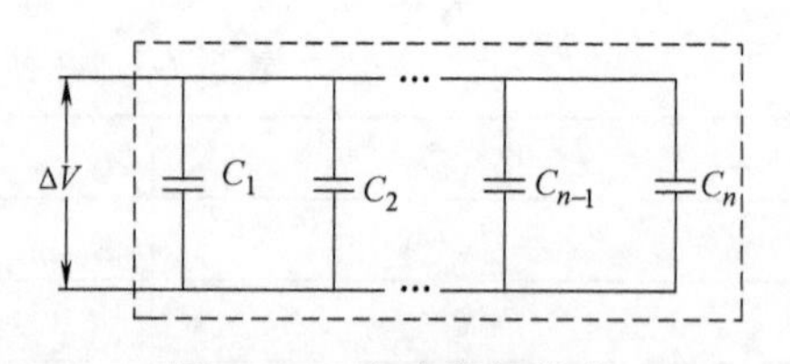

图 5.7-6 电容器的并联

例 5.7-2 利用电容器串联和并联的概念，求例 5.7-1 中的电容器的电容。

解：例 5.7-1 中的电容器可以看成两个电容器的串联：想象在两种介质的分界面处放置

一个无限薄的导体板，导体板的上下表面带有等量异号电荷，电荷面密度分别为$-\sigma$和$+\sigma$，从而形成两个电容器，这两个电容器的带电荷量相等，因此可以看成是两个串联的电容器。

由式（5.7-4），两个电容器的电容分别为

$$C_1=\frac{\varepsilon_0\varepsilon_{r1}S}{d_1},C_2=\frac{\varepsilon_0\varepsilon_{r2}S}{d_2}$$

根据式（5.7-6），这两个串联电容器的总电容C满足

$$\frac{1}{C}=\frac{1}{\dfrac{\varepsilon_0\varepsilon_{r1}S}{d_1}}+\frac{1}{\dfrac{\varepsilon_0\varepsilon_{r2}S}{d_2}}$$

解上式得总电容为

$$C=\frac{\varepsilon_0 S}{\dfrac{d_1}{\varepsilon_{r1}}+\dfrac{d_2}{\varepsilon_{r2}}}$$

评价：该结果与例5.7-1中根据电容的定义式算出的结果一致，但显然这里利用串联的概念来计算总电容则更简洁。这种算法的关键在于对连接方式的准确判断。

例5.7-3　三个电容器按如图5.7-7所示的方式连接，其电容分别为C_1、C_2和C_3。首先打开开关S，将C_1充电到两极板之间的电压为U_0，然后断开电源，闭合开关S。求最终C_1两极板之间的电压。

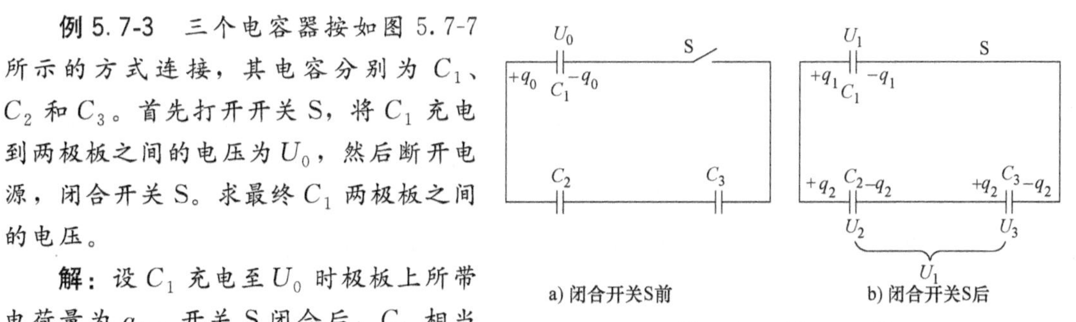

图5.7-7　例5.7-3图

解：设C_1充电至U_0时极板上所带电荷量为q_0。开关S闭合后，C_1相当于电源，给C_2和C_3充电。当C_1两端的电压与C_2、C_3电容器组两端的电压相等时，充电结束。因此，从连接方式上看，整个电路可看成C_2、C_3串联后再与C_1并联。

设最终C_1两端的电压为U_1，极板上的电荷量为q_1；C_2和C_3极板上的电荷量为q_2，C_2两端的电压为U_2，C_3两端的电压为U_3，则

$$U_1=U_2+U_3$$

即

$$\frac{q_1}{C_1}=\frac{q_2}{C_2}+\frac{q_2}{C_3}$$

考虑到

$$q_0=q_1+q_2$$

联立以上两式，得

$$q_1=\frac{C_1(C_2+C_3)}{C_1C_2+C_2C_3+C_1C_3}q_0$$

因此，

$$U_1=\frac{q_1}{C_1}=\frac{C_1(C_2+C_3)}{C_1C_2+C_2C_3+C_1C_3}U_0$$

评价：本题的关键在于对电容器的连接方式进行等效分析。一般来说，如果两个电容器的带电量相等，则可以等效为串联；如果两极板之间的电压相等，则可以看成是并联。

应用 5.7-1 电容式触摸屏的基本原理是什么？

手机、平板电脑等设备上的触摸屏等利用手指和屏幕之间的接触来激发信号。电容式触摸屏则运用了电容器的知识。屏幕后方通常有两个平行的条状透明导体层，两层细条相互垂直构成一个电容器网络，两层之间有恒定的电势差。当手指触摸到屏幕上的某点时，手指触点与屏幕之间的电容分布就会发生变化，电容改变带来的信号将会激发控制系统，从而检测到手指触屏的位置。

应用 5.7-1 图

小节概念回顾：两个电容器串联或并联后总电容和耐压能力有何变化？

5.8 电场能量

5.8.1 电容器的储能

考虑图 5.8-1 所示的演示实验，将开关 S 拨到 a 端，利用电源给电容器充电。充电结束后，将开关 S 拨到 b 端，将灯泡和电容器连接成回路，相当于给电容器放电。实验发现，灯泡 L 会闪亮一下再熄灭。请问，在实验中灯泡闪亮一下释放的能量从何而来？显然，只能来源于电容器。那么，电容器的能量又是从哪里来的呢？它应该来自于充电过程中电源对它所做的功。下面以平行板电容器为例计算充电过程中电源对它所做的功，也就是储存在电容器中的能量。

考虑如图 5.8-2 所示的平行板电容器，极板面积为 S，极板间距为 d，电容为 C，起初电容器不带电。现利用电源对其充电，t 时刻极板上所带电荷量为 q，两极板之间的电势差为 u。充电结束时，极板上所带电荷量为 Q，极板之间的电压为 U。

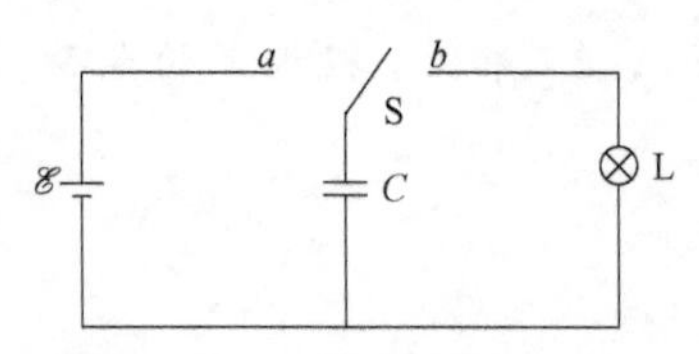

图 5.8-1 演示电容器的储能

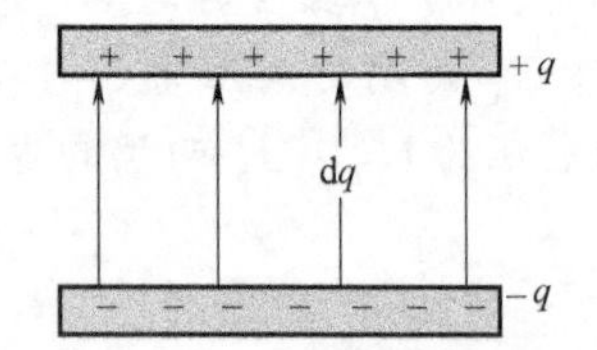

图 5.8-2 分析电容器的充电过程

对电容器充电的过程相当于把正电荷从负极移至正极的过程。t 时刻每移动电荷 dq，电源需做功

$$dA = u\,dq = \frac{q}{C}dq$$

因此，移动电荷 Q 电源所做的总功为

$$A = \int_0^Q \frac{q}{C}dq = \frac{Q^2}{2C}$$

这些功最终变成电能储存在电容器中。因此，所带电荷量为 Q、电压为 U 的电容器中储存

的电能为

$$W_e=\frac{Q^2}{2C}=\frac{1}{2}CU^2=\frac{1}{2}QU \tag{5.8-1}$$

小节概念回顾：电容器的储能从何而来？如何计算电容器的储能？

5.8.2　电场能量密度及电场能量

按照现代物理理论，电容器的能量以场的形式储存在两极板之间的电场之中，因此又称为**电场能量**，可以用描述电场的物理量（如电场强度 $\vec{E}$、电位移 $\vec{D}$）表示。

对于图 5.8-2 中的平行板电容器，设两极板之间充满介电常数为 ε 的电介质。根据 5.7.2 节的讨论，该电容器两极板之间的电位移 $D=\frac{Q}{S}$，电场强度 $E=\frac{Q}{\varepsilon S}$，电容器的电容 $C=\frac{\varepsilon S}{d}$，当其所带电荷量为 Q 时，储存的电场能量式（5.8-1）可以改写成

$$W_e=\frac{Q^2 d}{2\varepsilon S}=\frac{1}{2}ED\cdot Sd$$

其中，Sd 为电场所占空间的体积。定义单位体积内的电场能量为**电场能量密度**，用 w_e 表示，则在平行板电容器中，有

$$w_e=\frac{1}{2}ED \tag{5.8-2}$$

用矢量可以表示成

$$w_e=\frac{1}{2}\vec{E}\cdot\vec{D} \tag{5.8-3}$$

式（5.8-3）虽然是由平行板电容器导出的，但可以证明，它对任意电场都成立。但只有在均匀各向同性线性电介质中，式（5.8-2）才成立。

在电场存在的空间中，任取一无限小的体积元 $\mathrm{d}V$，在该体积元内可认为电场能量密度处处相等，因此 $\mathrm{d}V$ 体积元内的电场能量为

$$\mathrm{d}W_e=w_e\mathrm{d}V$$

全部空间的电场总能量 W_e 为

$$W_e=\iiint_{\text{电场空间}} w_e\mathrm{d}V \tag{5.8-4}$$

即任一空间的电场总能量表现为电场能量密度的体积分。

例 5.8-1　求真空中带电导体球的电场能量。已知导体球的半径为 R，所带电荷量为 Q。

解：由 5.5 节可知，带电导体球的电荷均匀分布在导体表面，球内电场为零，球外电场与全部电荷量都集中在球心时的点电荷所产生的电场相同，即

$$E=\frac{Q}{4\pi\varepsilon_0 r^2}\quad (r>R)$$

由式（5.8-2）可知，导体球外的电场能量密度为

$$w_e=\frac{1}{2}\varepsilon_0 E^2=\frac{1}{2}\varepsilon_0\left(\frac{Q}{4\pi\varepsilon_0 r^2}\right)^2=\frac{Q^2}{32\pi^2\varepsilon_0 r^4}$$

导体球球外的电场是非均匀的，但具有球对称性。将电场空间分割成无穷多个球壳，任意一

个半径为 r、厚度为 $\mathrm{d}r$ 的球壳的体积为 $\mathrm{d}V=4\pi r^2\mathrm{d}r$，如图 5.8-3 所示。由式（5.8-4），导体球的电场总能量为

$$W_e=\int_R^{\infty} w_e 4\pi r^2\mathrm{d}r=\int_R^{\infty}\frac{Q^2}{32\pi^2\varepsilon_0 r^4}4\pi r^2\mathrm{d}r=\frac{Q^2}{8\pi\varepsilon_0 R}$$

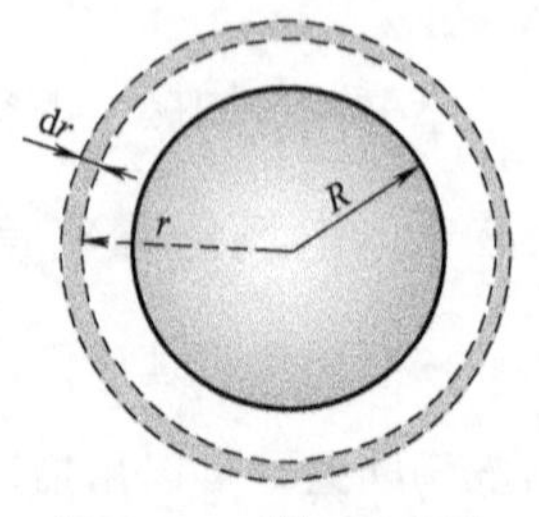

图 5.8-3 例 5.8-1 图

将导体球看成电容器，由 5.7.1 节可知孤立导体球的电容 $C=4\pi\varepsilon_0 R$。由式（5.8-1）得该电容器所储存的能量为 $W_e=\dfrac{Q^2}{2C}=\dfrac{Q^2}{8\pi\varepsilon_0 R}$，与上面算出的结果一致。显然，就电容器而言，在已知电容的情况下，用式（5.8-1）比用式（5.8-4）求电场能量更简洁。

评价： 若上题中不是导体球，而是半径和总带电量相同的均匀带电球体（体电荷密度不为零，可理解为介质球）。显然，导体球和介质球在球外空间具有相同的能量；而介质球在球内空间的电场能量不为零，与导体球明显不同；在体电荷密度已知的情况下，可通过上题中的方法解出介质球球内空间的电场能量，从而得到总的电场能量。

例 5.8-2 求单位长度所带电荷量为 λ 的圆柱形电容器内储存的电场能量。已知该电容器长为 L，内筒的外半径为 R_1、外筒的内半径为 R_2，且两筒之间充满介电常数为 ε 的均匀各向同性线性电介质。

解： 与上例类似，可以用以下两种方法求解电容器的电场能量。

方法 1 利用电容器的储能公式（5.8-1）。

由式（5.7-5），充满电介质的圆柱形电容器的电容为

$$C=\frac{2\pi\varepsilon L}{\ln(R_2/R_1)}$$

由式（5.8-1），圆柱形电容器的储能为

$$W_e=\frac{Q^2}{2C}=\frac{1}{2}\frac{\ln(R_2/R_1)}{2\pi\varepsilon L}(\lambda L)^2=\frac{\lambda^2 L}{4\pi\varepsilon}\ln\frac{R_2}{R_1}$$

方法 2 利用电场能量密度公式（5.8-4）。

根据电位移矢量 $\vec{D}$ 的高斯定理可得两筒之间的电位移矢量的大小为 $D=\dfrac{\lambda}{2\pi r}$，进而得到两极板之间的电场强度大小为

$$E=\frac{\lambda}{2\pi\varepsilon r}$$

两极板之间的电场是非均匀场，具有轴对称性。取半径为 r、厚度为 $\mathrm{d}r$ 的同轴圆柱壳，如图 5.8-4 所示，该柱壳的体积 $\mathrm{d}V=2\pi rL\mathrm{d}r$。由式（5.8-4）可得总的电场能量为

$$W_e=\int_{R_1}^{R_2}\frac{1}{2}ED\cdot 2\pi rL\mathrm{d}r=\int_{R_1}^{R_2}\frac{\lambda^2 L}{4\pi\varepsilon r}\mathrm{d}r=\frac{\lambda^2 L}{4\pi\varepsilon}\ln\frac{R_2}{R_1}$$

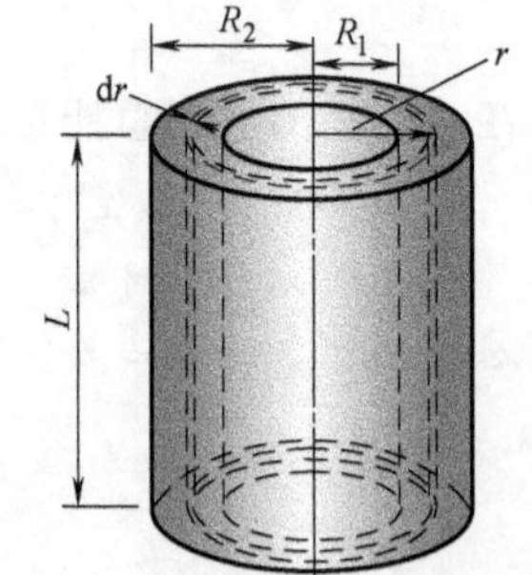

图 5.8-4 例 5.8-2 图

评价： 从这两例可以看出，对常见的电容器，用储能公式求电场能量比用场能密度积分计算能量要简洁得多。

例 5.8-3 一平行板电容器，极板间距为 d，极板面积为 S，两极板间充满相对介电常数为 ε_r 的电介质，求在下面两种情况下抽掉电介质所做的功：

(1) 电容器充电后与电源断开，极板上所带电荷量为 Q；

(2) 电容器始终与电源连接，两极板之间的电压为 U。

解：(1) 抽掉电介质所做的功等于静电场能量的增量。静电场的能量即为电容器的储能。抽掉介质前后的电容分别用 C_1 和 C_2 表示，则有电介质时，静电场能量 W_1 为

$$W_1=\frac{Q^2}{2C_1}=\frac{Q^2}{2\dfrac{\varepsilon_0\varepsilon_r S}{d}}=\frac{Q^2 d}{2\varepsilon_0\varepsilon_r S}$$

抽出介质之后，静电场能量 W_2 为

$$W_2=\frac{Q^2}{2C_2}=\frac{Q^2}{2\dfrac{\varepsilon_0 S}{d}}=\frac{Q^2 d}{2\varepsilon_0 S}$$

外力做功为

$$A=W_2-W_1=\frac{Q^2 d}{2\varepsilon_0 S}-\frac{Q^2 d}{2\varepsilon_0\varepsilon_r S}=\frac{Q^2 d}{2\varepsilon_0 S}\left(1-\frac{1}{\varepsilon_r}\right)$$

结果表明，在抽掉介质的过程中，外力做正功。

(2) 两极板之间的电压始终为 U，但由于电容发生变化，所以极板上的电荷量也会相应变化。这意味着电源要对电容器做功。静电场能量的改变既有外力做功的影响，也有电源做功的贡献。此时，

$$A_{电源}+A_{外力}=W_2-W_1$$

抽掉介质之前，

电场能量 $W_1=\frac{1}{2}C_1U^2=\frac{\varepsilon_0\varepsilon_r S}{2d}U^2$，极板上的电荷量为 $Q_1=C_1U=\frac{\varepsilon_0\varepsilon_r S}{d}U$。

抽掉介质之后，

电场能量 $W_2=\frac{1}{2}C_2U^2=\frac{\varepsilon_0 S}{2d}U^2$，极板上的电荷量为 $Q_2=C_2U=\frac{\varepsilon_0 S}{d}U$。

在此过程中，电源做功为

$$A_{电源}=U(Q_2-Q_1)=\frac{\varepsilon_0 S}{d}U^2(1-\varepsilon_r)$$

因此，外力做功为

$$A_{外力}=W_2-W_1-A_{电源}=\frac{\varepsilon_0 S}{2d}U^2(1-\varepsilon_r)-\frac{\varepsilon_0 S}{d}U^2(1-\varepsilon_r)=\frac{\varepsilon_0 S}{2d}U^2(\varepsilon_r-1)$$

结果表明，在抽掉介质的过程中，外力仍然做正功。

评价：在两种情况下，我们都用电容器的储能公式计算电场能量。当极板上的电荷量保持恒定时，用 $W=\frac{Q^2}{2C}$；当两极板间电压恒定时，用 $W=\frac{1}{2}CU^2$。当然，我们也可以用电场能量密度的体积分来计算电容器中的电场能量。可以证明，后者比前者略显复杂，但会得到一致的结果。

小节概念回顾：如何求解任意带电体的电场能量？对任意带电体，式（5.8-1）和式（5.8-4）等价吗？

课后作业

库仑定律及电力叠加原理

5-1. 体会1C电荷量的大小。求两个电荷量都是1C的点电荷在真空中相距1m时的相互作用力（库仑力）。若某物体的重力与此力相当，那么该物体的质量是多少？

5-2. 铁原子核里两质子的间距为 4.0×10^{-15}m，每个质子带电 $e=1.60\times10^{-19}$C，质子的质量为 1.67×10^{-27}kg。求两质子间的库仑力，将该库仑力与每个质子所受的重力大小进行比较。

5-3. 在等边三角形的各顶点上各有一个电荷量为 q 的点电荷。在此三角形的中心引入第四个点电荷，使作用在每一个点电荷上的合力为零，求第四个点电荷的电荷量。

5-4. 如题5-4图所示，两个带电荷量相同、质量均为 m 的小球（半径可略），用长为 l 的细线（质量可略）悬挂在同一点，平衡时两线与竖直方向的夹角均为 α。求小球上的电荷量。

静电场 电场强度

5-5. 一个电偶极子的电偶极矩大小可表示为 $p_e=ql$，求证：此电偶极子轴线上距其中心距离为 r（$r\gg l$）处的电场强度大小为 $E=p_e/(2\pi\varepsilon_0 r^3)$。

5-6. 一均匀带电直线长为 L，电荷线密度为 λ。求该带电线的延长线上距其中点距离为 $r(r>L/2)$ 处的电场强度的大小。

5-7. 一个带电的塑料细圆环，半径为 R，电荷线密度可表示为 $\lambda=\lambda_0\sin\theta$，其中 λ_0 为大于零的常量，角度 $\theta\in(0,2\pi)$，如题5-7图所示。求圆心处的电场强度的大小和方向。

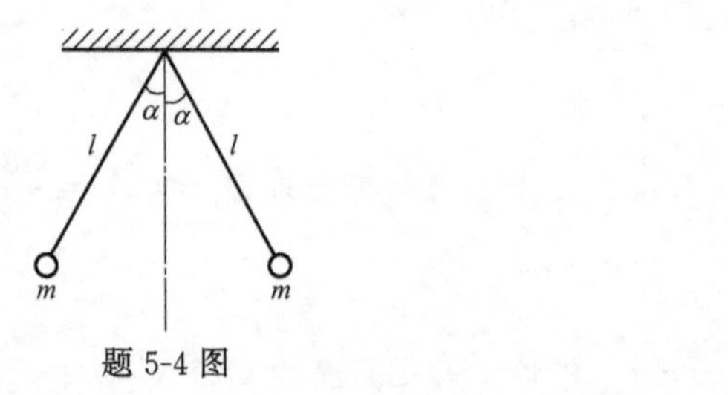

题5-4图

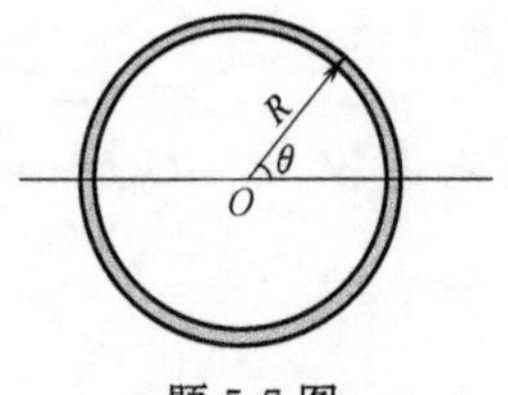

题5-7图

5-8. 将一根不导电的细塑料杆弯成近乎完整的圆，圆的半径为 R，杆的两端有长为 $\Delta l(\Delta l\ll R)$ 的缝隙，正电荷均匀地分布在杆上，电荷线密度为 λ。求圆心处电场强度的大小和方向。

5-9. 空间中有两个平行放置的无限大均匀带电平面，电荷面密度分别为 σ_1 和 σ_2，如题5-9图所示。求此系统在Ⅰ、Ⅱ、Ⅲ区产生的电场强度。若 $\sigma_2=-\sigma_1$，情况如何？

5-10. 如题5-10图所示，两根无限长的均匀带电直线相互平行，相距为 $2a$，电荷线密度分别为 $+\lambda$ 和 $-\lambda$。求：(1) 单位长度上的带电直线所受的作用力；(2) P 点（两线所在平面内距右侧直线的距离为 x）的电场强度。

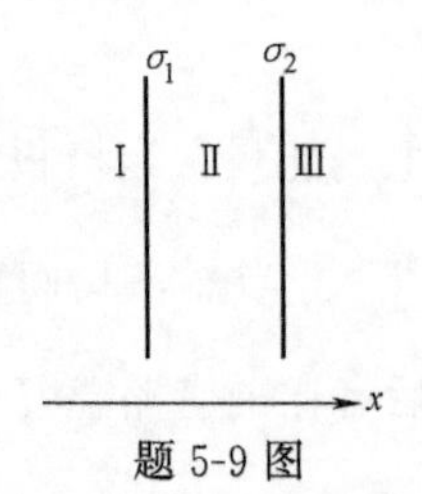

题5-9图

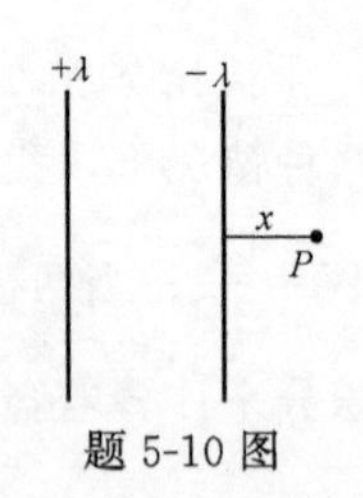

题5-10图

电通量　高斯定理

5-11. 点电荷 Q 位于棱长为 l 的立方体的中心，通过此立方体的电通量是多少？通过立方体的每一面的电通量是多少？若电荷移至正立方体的一个顶点上，那么通过每个面的电通量又是多少？

5-12. 如题 5-12 图所示，在点电荷 q 所在的电场中，取一圆平面。设 q 在垂直于该圆平面并通过圆平面中心的轴线上，圆平面边缘和 q 的连线与轴线之间的夹角为 α。求通过此圆平面的电通量。

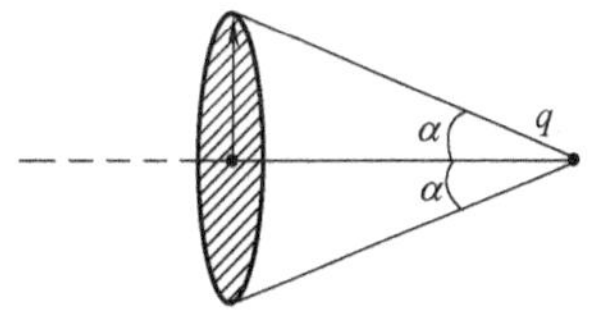

题 5-12 图

5-13. 一无限长的均匀带电薄圆筒，截面半径为 R_0，电荷面密度为 σ。设垂直于圆筒轴线方向从中心轴径向向外的矢径大小为 r。求该圆筒电场强度分布并画出 E-r 曲线。

5-14. 两个无限长同轴圆筒的半径分别为 R_1 和 R_2，单位长度上所带电荷量分别为 λ_1 和 λ_2，沿垂直于圆筒轴线方向从中心轴径向向外的矢径大小为 r。求：

(1) 内筒内、两筒间及外筒外的电场强度大小；

(2) 若 $\lambda_2=-\lambda_1$，电场强度如何分布？

5-15. 一厚度为 d 的无限大平板，平板均匀带电，电荷体密度为 ρ。求平板内外的电场强度分布。

5-16. 一均匀带电大球体，半径为 R，电荷体密度为 ρ，求其电场强度分布。若在大球内部挖去一小球体，两球体球心之间的距离为 d。证明由此形成的空腔内部的电场是均匀的，并求空腔内的电场强度的大小和方向。

5-17. 一带电实心球壳，其内、外半径分别为 R_1 和 R_2，在以下两种情况下求其电场强度分布：(1) 电荷均匀分布在球壳体内，电荷体密度为 ρ；(2) 电荷体密度 $\rho=\dfrac{A}{r}$，其中 A 为常数，r 为球壳体内任一点到球心的距离。

5-18. 实验表明：在靠近地面处有垂直于地面向下的电场，电场强度大小为 96N/C；在离地面 1.1km 高的地方，电场也是垂直于地面向下的，电场强度大小约为 30N/C。计算从地面到此高度大气中电荷的平均体密度。

静电场的环路定理和电势

5-19. 两个同心的球面，半径分别为 R_1 和 R_2 ($R_1<R_2$)，所带的电荷量分别为 Q_1 和 Q_2。设电荷均匀分布在球面上，求该系统的电势分布及两球面之间的电势差。不管 Q_1 大小如何，只要是正电荷，内球电势总高于外球电势，为什么？

5-20. 一均匀带电的细直杆沿 z 轴由 $z=-a$ 延伸到 $z=a$，其电荷线密度为 λ。(1) 试计算 x 轴上各点 ($x>0$) 的电势；(2) 用电势梯度求正 x 轴上各点 ($x>0$) 的电场强度大小。

5-21. 一无限长均匀带电直线，电荷线密度为 λ。求距该带电线距离分别为 r_1 和 r_2 的两点之间的电势差。

5-22. 三根等长绝缘棒 AB、BC 和 CA 连成正三角形，每根棒上均匀分布等量同号电荷，测得题 5-22 图中 P、Q 两点（均为相应正三角形的重心）的电势分别为 V_P 和 V_Q。(1) 若撤去 BC 棒，求 P、Q 两点的电势；(2) 若撤去 AC 棒，情况又如何？

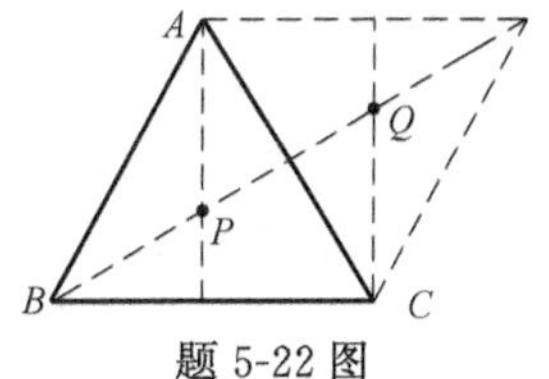

题 5-22 图

5-23. 两均匀带电球面同心放置，半径分别为 R_1 和 R_2($R_1<R_2$)。已知内外球面之间的电势差为 ΔV，求两球面之间距球心距离为 r($R_1<r<R_2$) 处 P 点的电场强度大小。

5-24. 一无限长均匀带电圆柱体，电荷体密度为 ρ，截面半径为 R。(1) 用高斯定理求圆柱体内外的电场强度分布；(2) 以轴线为势能零点，求圆柱体内外的电势分布；(3) 画出 E-r 和 V-r 的函数曲线（r 为场点距圆柱轴线的距离）。

5-25. 如题 5-25 图所示，三块无限大均匀带电平面平行放置，电荷面密度分别为 σ_1、σ_2 和 σ_3。P_1 点与平面Ⅱ相距 d_1，P_2 点与平面Ⅱ相距 d_2。(1) 求 P_1 点和 P_2 点的电场强度大小；(2) 计算 P_1、P_2 之间

的电势差；(3) 把单位正点电荷从 P_1 点移到 P_2 点，外力克服电场力做多少功？

5-26. 如题 5-26 图所示，$AB=2R$，OCD 是以 B 为中心、R 为半径的半圆。A 点有正点电荷 $+q$，B 点有负点电荷 $-q$。(1) 把单位正电荷从 O 点沿 OCD 移到 D 点，电场力对它做了多少功？(2) 把单位负电荷从 D 点沿 AB 的延长线移到无穷远，电场力对它做了多少功？

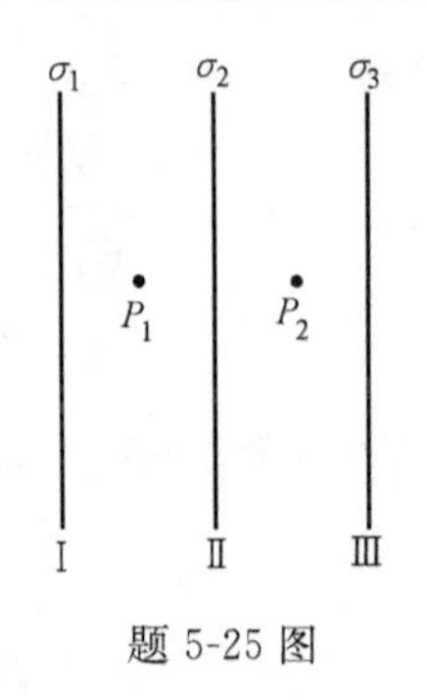

题 5-25 图

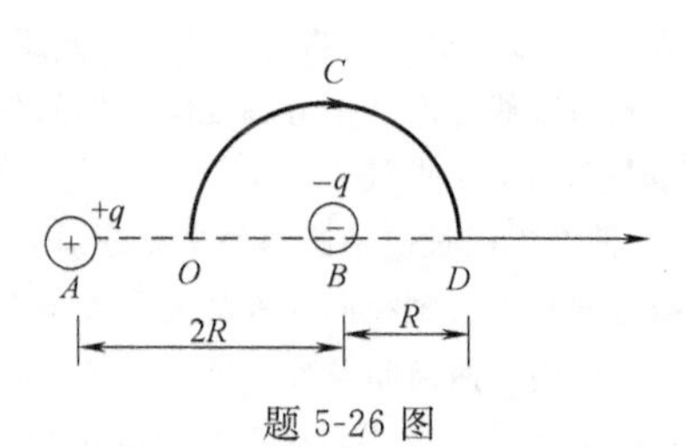

题 5-26 图

静电场中的导体

5-27. 如题 5-27 图所示，把一块原来不带电的金属板 B 移近一块已带有正电荷 Q 的金属板 A，并使它们平行放置。设两板面积都是 S，板间距离是 d，忽略边缘效应。求：(1) 当 B 板不接地时，两板之间的电势差；(2) 当 B 板接地时，两板之间的电势差。

5-28. 如题 5-28 图所示，导体薄板 A、B、C 相互平行放置。板 A 和板 B 间距为 d_1，板 A 和板 C 间距为 d_2。板 A 和板 C 原来不带电，两者间用导线连接。板 B 带电，总面电荷密度为 σ_0。问每块板的两个表面的电荷面密度 σ_1，σ_2，…，σ_6 各是多少？(忽略边缘效应)

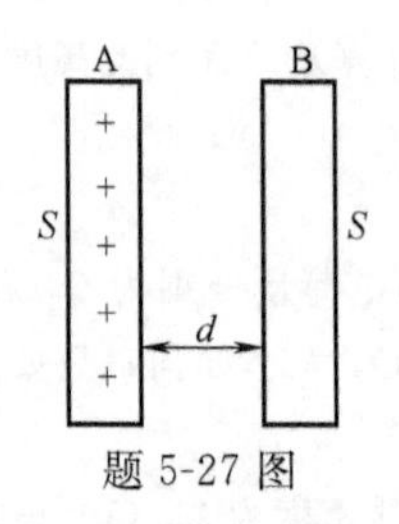

题 5-27 图

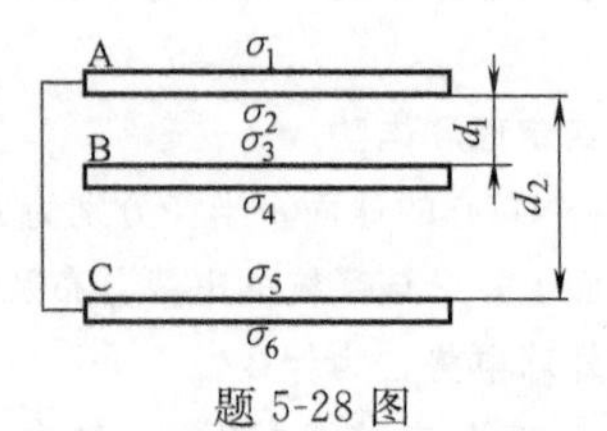

题 5-28 图

5-29. 如题 5-29 图所示，半径为 R_1 的导体球 A 所带电荷量为 q，球外有一内、外半径分别为 R_2、R_3 的同心金属球壳 B，球壳 B 上带有电荷 Q。问：

(1) 球 A 和球壳 B 的电势 V_1 和 V_2 以及球 A、球壳 B 之间的电势差 ΔV 是多少？

(2) 用导线把球 A 和球壳 B 连接在一起后，V_1、V_2 和 ΔV 分别是多少？

(3) 如果球 A 和球壳 B 不连接，将球壳 B 接地，V_1、V_2 和 ΔV 分别是多少？

(4) 如果球 A 和球壳 B 不连接，将球 A 接地，V_1、V_2 和 ΔV 又是多少？

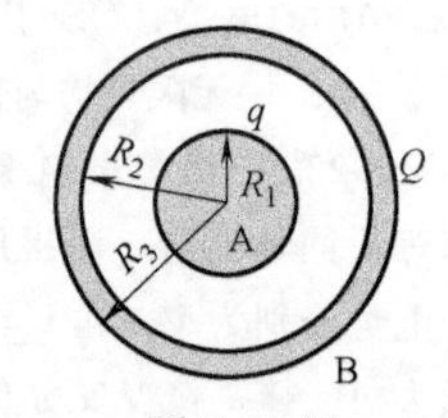

题 5-29 图

5-30. 如题 5-30 图所示，半径为 R_1 的导体球 A 所带电荷量为 q，在它外面同心地罩一金属球壳 B，其内、外壁的半径分别为 R_2 与 R_3，已知 $R_2=2R_1$，$R_3=3R_1$，今在距球心为 $d=4R_1$ 处放一电荷量为 Q 的点电荷，并将球壳 B 接地，问：

(1) 球壳 B 带的总电荷量是多少？

(2) 如果用导线将导体球 A 与球壳 B 相连，则球壳 B 所带电荷量是多少？

5-31. 如题 5-31 图所示，金属球壳带电荷量为 $Q>0$，内半径为 a，外半径为 b，腔内距球心 O 为 r 处有一点电荷 q，求球心 O 的电势以及金属球壳的电势。

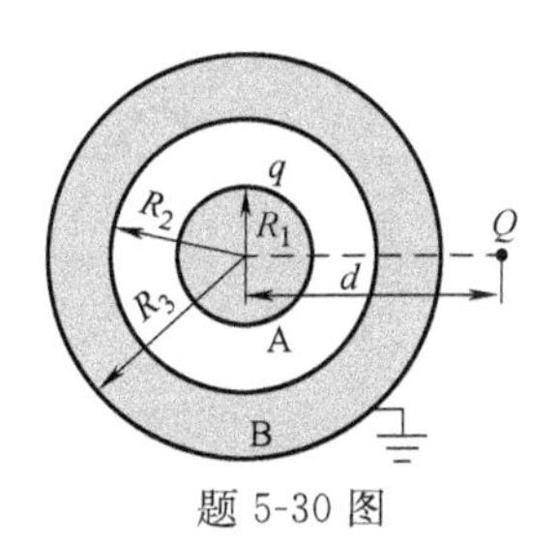

题 5-30 图

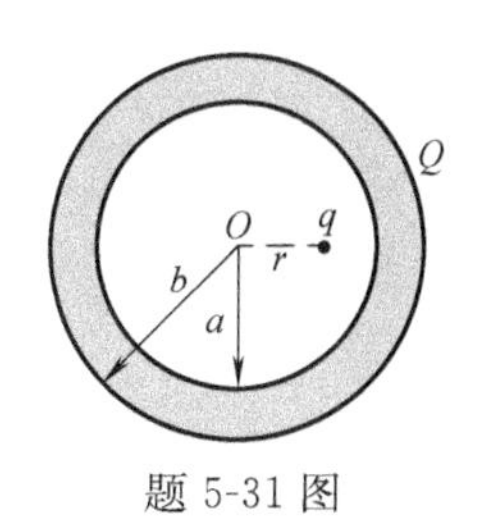

题 5-31 图

静电场中的电介质

5-32. 面积为 $1\mathrm{m}^2$ 的两平行金属板，带有等量异号电荷 $+q$ 和 $-q$，$|q|=30\mu\mathrm{C}$，两板之间充满相对介电常数 $\varepsilon_r=2$ 的均匀电介质。略去边缘效应，求介质中的电场强度和介质表面上的极化电荷面密度。

5-33. 两平行导体板相距 5mm，带有等量异号电荷，设其面电荷密度分别为 $+\sigma_0$ 和 $-\sigma_0$。两板之间有两片电介质，一片厚 2mm，相对介电常数为 ε_{r1}；另一片厚 3mm，相对介电常数为 ε_{r2}。略去边缘效应，求两种介质内的电位移、电场强度和电极化强度以及两板之间的电势差。

5-34. 两个同心薄金属球壳，内、外球壳半径分别为 $R_1=0.02\mathrm{m}$ 和 $R_2=0.06\mathrm{m}$。两球壳之间充满两层均匀电介质，它们的相对介电常数分别为 $\varepsilon_{r1}=6$ 和 $\varepsilon_{r2}=3$。两层电介质的分界面半径 $R=0.04\mathrm{m}$。设内球壳所带电荷量为 $Q=-6\times10^{-8}\mathrm{C}$，求：

(1) D 和 E 的分布；

(2) 两球壳之间的电势差。

5-35. 两共轴的导体直圆筒的内、外半径分别为 R_1 和 R_2 $(R_2<2R_1)$。其间有两层均匀电介质（击穿电场强度均为 $E_{\max}$），分界面半径为 r_0。内层介质的相对介电常数为 ε_{r1}，外层介质的相对介电常数为 ε_{r2}，$\varepsilon_{r2}=\varepsilon_{r1}/2$。现给两圆筒之间加上电压，问：当电压升高时，哪层介质先被击穿？两圆筒间所能加的最大电势差为多大？

电容器和电场能量

5-36. 两个电容器 C_1 和 C_2，分别标明为 C_1：200pF，500V；C_2：300pF，900V。把它们串联后，加上 1000V 电压，是否会被击穿？

5-37. 如题 5-37 图所示，$C_1=20\mu\mathrm{F}$，$C_2=5\mu\mathrm{F}$，先用 $U=1000\mathrm{V}$ 对 C_1 充电，然后把开关 S 拨到另一侧使 C_2 与 C_1 串联。求 C_1 和 C_2 所带的电荷量、C_1 和 C_2 两端的电压，以及它们各自的电场能量。

5-38. 求证：同轴圆柱形电容器和同心球形电容器，当它们的两极半径相差很小时（即 $R_2>R_1$ 且 $R_2-R_1\ll R_1$），其电容公式趋于平行板电容器的电容公式。

5-39. 如题 5-39 图所示的球形电容器由半径为 r_1 的导体球和与它同心的导体球壳构成。球壳的内半径为 r_2，导体球和球壳之间有一层同心的均匀介质球壳，其内、外半径分别为 a 和 b，介质的相对介电常数为 ε_r。求此电容器的电容。

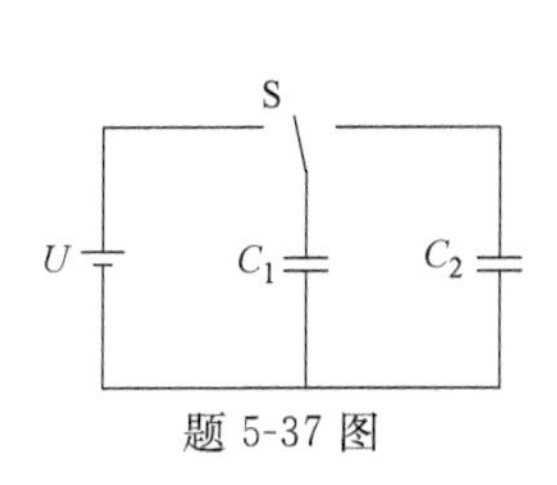

题 5-37 图

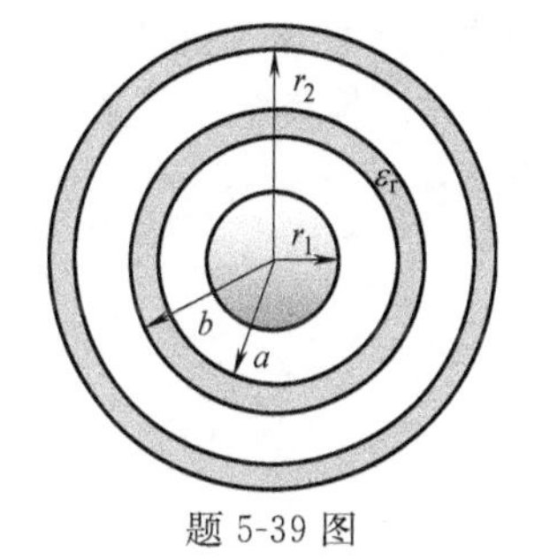

题 5-39 图

5-40. 如题 5-40 图所示，一平行板电容器的极板面积为 S，间距为 d，其中平行放置一层厚度为 δ 的电介质，其相对介电常数为 ε_r，介质两边都是相对介电常数为 1 的空气。已知电容器两极板接在电势差为 U 的恒压电源的两端，忽略边缘效应。

（1）求两极板间的电场强度的大小 E 的分布以及电容 C；

（2）若将电介质层用一块厚度为 δ 的不带电的金属板替换，再求电容。

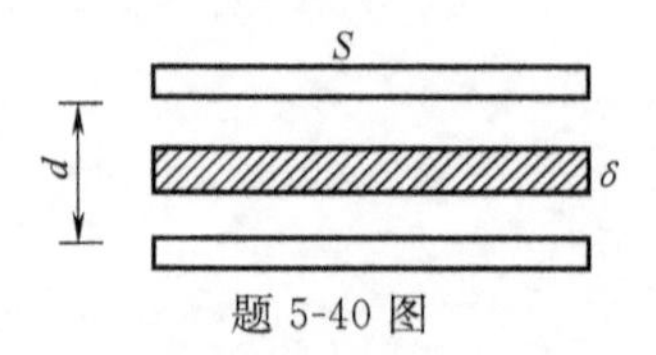

题 5-40 图

5-41. 如题 5-41 图所示，一球形电容器，内极板半径为 r，外极板半径为 $2r$，其中充以空气介质，接上电势差为 U 的电源。问：（1）电容器储存的电场能量是多少？（2）将电容器的一半充以相对介电常数 $\varepsilon_r=2$ 的液体介质，此时电容变为多少？电场能量为多少？（3）先拆去电源，再充一半相对介电常数 $\varepsilon_r=2$ 的液体介质，电场能量为多少？

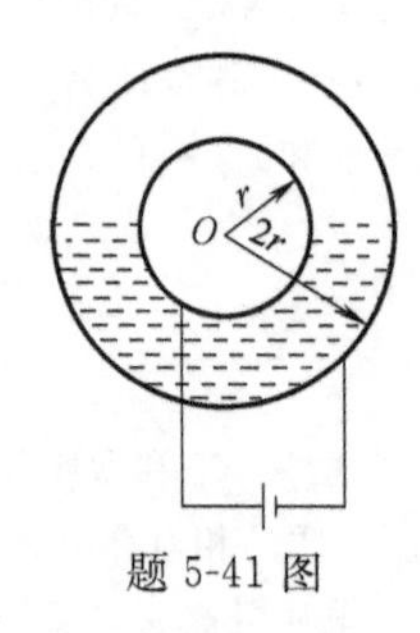

题 5-41 图

5-42. 一平行板电容器极板面积为 S，两极板间距为 d，充电后极板上所带电荷量为 $\pm Q$，忽略边缘效应。（1）求各极板所受的静电力；（2）若维持 $\pm Q$ 不变，将某一极板缓慢拉开，使得两板间距增大一倍，求外力做的功；（3）若维持极板电势差不变，将某一极板缓慢拉开，使得两板间距增大一倍，求外力做的功。

5-43. 半径为 r_1 的导体圆柱外面套有一半径为 r_2 的同轴导体圆筒，长度都是 l，其间充满相对介电常数为 ε_r 的均匀介质。圆柱带电荷量为 Q，圆筒带电荷量为 $-Q$，忽略边缘效应。（1）求整个介质内的电场能量 W；（2）求证：$W=\frac{1}{2}\frac{Q^2}{C}$，其中 C 为电容。

自主探索研究项目——永电体

项目简述： 永电体又被称作驻极体，是一种能够持久存储空间电荷与偶极电荷的电介质材料，150 年前法拉第就预言了永电体。永电体是永磁体的静电类比物。

研究内容： 设计实验方案，制做一个永电体，研究其性质。

第6章　磁场及其基本性质

6.1　恒定电流　电动势

6.1.1　电流　电流密度

1. 电流

电荷（或者说带电粒子）的定向流动形成**电流**。带电粒子在导体中做有规则运动形成的电流称为**传导电流**，带电粒子或宏观带电体在空间做机械运动形成的电流称为**运流电流**。本节主要讨论的是传导电流。

在导体中形成电流必须满足两个条件：(1) 导体内要有可以自由移动的电荷，这些电荷称为**载流子**。金属导体中的载流子是自由电子；半导体中的载流子是带负电的自由电子和带正电的空穴；导电气体中的载流子是电子和正、负离子；酸碱盐溶液中的载流子是正离子和负离子。(2) 导体内要维持一个电场（超导体除外）以提供电荷定向流动的作用力。

通常人们把任何电荷的运动都等效地用正电荷的运动来分析，并将正电荷定向流动的方向规定为**电流的方向**。因此导体中的电流方向总是沿着电场方向，由高电势指向低电势。

电流（用 I 表示）的定义：单位时间通过导体某一截面的电荷量。设在 $\mathrm{d}t$ 时间内通过任一截面的电荷量为 $\mathrm{d}q$，则电流为

$$I \equiv \frac{\mathrm{d}q}{\mathrm{d}t} \tag{6.1-1}$$

电流是国际单位制中的一个基本量，它的单位是**安培**（符号为 A，1A=1C/s）。一个普通的手电筒工作时，流过小灯泡的电流为 0.2～1A；广播和电视电路中的电流通常用毫安（符号为 mA，$1\mathrm{mA}=10^{-3}\mathrm{A}$）或微安（符号为 μA，$1\mu\mathrm{A}=10^{-6}\mathrm{A}$）表示。

2. 电流密度

电流反映导体中某一截面的总体电流大小，但却不能描写截面上各点的电流情况，即不能描述电流在截面上的分布。当电流在粗细不均的大块导体中流动时，导体中各点的电流不仅强弱有别，电流的方向也可能逐点不同，此时用电流来描述就显得“粗糙”，需要引入一个新的物理量来描述导体中电流的大小和方向的分布情况，这个物理量就是**电流密度**，用符号 $\vec{j}$ 表示。

电流密度 $\vec{j}$ 是一个矢量。导体中某点 $\vec{j}$ 的方向为该点电流的方向，即正电荷的流动方向；$\vec{j}$ 的大小等于通过垂直于电流方向的单位面积上的电流。这实际上是在导体中定义了一

个矢量场——**电流密度场**，简称**电流场**，或$\vec{j}$场。类似于在电场中引入描述电场的电场线，也可引入电流线来描绘电流场。电流线上每点的切线方向都和该点的电流密度矢量方向一致，而在垂直于电流密度方向上，单位面积上的电流线的条数正比于该点的电流密度的大小。图 6.1-1 表示了不同形状导体的电流线。

如图 6.1-2 所示，在垂直于电流的方向上取一个面元 $\mathrm{d}S_{\perp}$，通过该面元的电流为 $\mathrm{d}I$，则面元所在位置处的电流密度大小 j 可表示为

$$j=\frac{\mathrm{d}I}{\mathrm{d}S_{\perp}} \tag{6.1-2}$$

由式（6.1-2）可知，电流密度的单位为 $\mathrm{A/m^2}$。$\mathrm{d}S_{\perp}$ 为 $\mathrm{d}S$ 在垂直于电流密度方向上的分量，由式（6.1-2）可知，

$$\mathrm{d}I=j\cdot\mathrm{d}S_{\perp}=j\cdot\mathrm{d}S\cdot\cos\theta=\vec{j}\cdot\mathrm{d}\vec{S} \tag{6.1-3}$$

式中，$\mathrm{d}\vec{S}=\mathrm{d}S\hat{n}$，$\theta$ 为 $\vec{j}$ 与面元 $\mathrm{d}S$ 的法向 $\hat{n}$ 之间的夹角。显然，$\mathrm{d}S_{\perp}$ 和 $\mathrm{d}S$ 被限制在相同的一组电流线中，因此，通过两面元的电流相等，也就是说，式（6.1-3）可以用来描述通过任意面元 $\mathrm{d}\vec{S}$ 的电流。于是，通过导体中任一曲面 S 的电流为

$$I=\iint_S\vec{j}\cdot\mathrm{d}\vec{S} \tag{6.1-4}$$

式（6.1-4）表明，通过任意曲面 S 的电流等于该曲面上电流密度的通量，如同电通量和电场强度的关系一样。

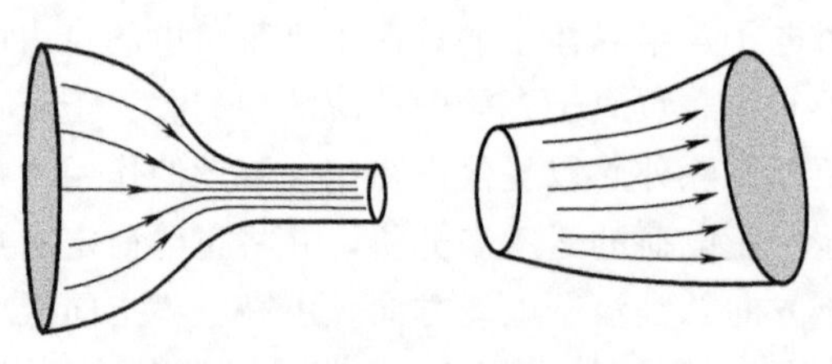

图 6.1-1 不同形状导体的电流线

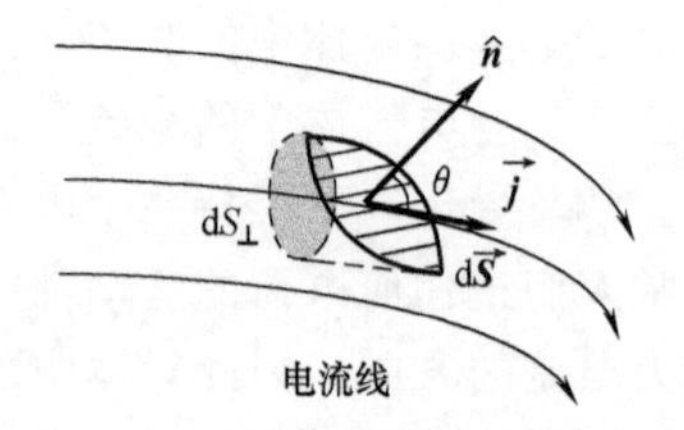

图 6.1-2 通过任一面元的电流

3. 电流的连续性方程

电流场$\vec{j}$和电场$\vec{E}$都是矢量场，在第 5 章中我们通过讨论电场强度$\vec{E}$在闭合曲面上的通量得到了高斯定理，这里我们讨论任一闭合曲面上的电流密度$\vec{j}$的通量所服从的规律。

如图 6.1-3 所示，在电流场$\vec{j}$中任取闭合曲面 S，取外法线方向 $\hat{n}$ 为正方向。闭合曲面 S 可看成是由左侧曲面 S_1 和右侧曲面 S_2 组成。由式（6.1-1）可知，流过 S_1 的电流等于单位时间流入闭合曲面的电荷量，即

$$I_{S_1}=\frac{\mathrm{d}q_{\text{流入}}}{\mathrm{d}t}=-\iint_{S_1}\vec{j}\cdot\mathrm{d}\vec{S}$$

注意，S_1 的法线方向为闭合曲面 S 的外法向，因此上式右侧出现负号。同理，流过 S_2 的电流等于单位时间从闭合曲面流出的电荷量，即

$$I_{S_2}=\frac{\mathrm{d}q_{\text{流出}}}{\mathrm{d}t}=\iint_{S_2}\vec{j}\cdot\mathrm{d}\vec{S}$$

上两式相加，得闭合曲面 S 上的电流密度通量为

$$\oint\!\!\!\oint_S \vec{j}\cdot d\vec{S}=\iint_{S_1}\vec{j}\cdot d\vec{S}+\iint_{S_2}\vec{j}\cdot d\vec{S}=\frac{d(q_{流出}-q_{流入})}{dt}$$

其中，$(q_{流出}-q_{流入})$ 表示从闭合曲面内净流出的电荷量。根据电荷守恒定律，单位时间内从闭合曲面流出的电荷量必等于单位时间闭合曲面内电荷的减少量，因此上式可改写为

$$\oint\!\!\!\oint_S \vec{j}\cdot d\vec{S}=-\frac{dq_{内}}{dt} \tag{6.1-5}$$

式（6.1-5）表明，闭合曲面上的电流密度通量等于闭合曲面内电荷的减少率，它是电荷守恒定律在电流场中的数学表述，称为**电流的连续性方程**。

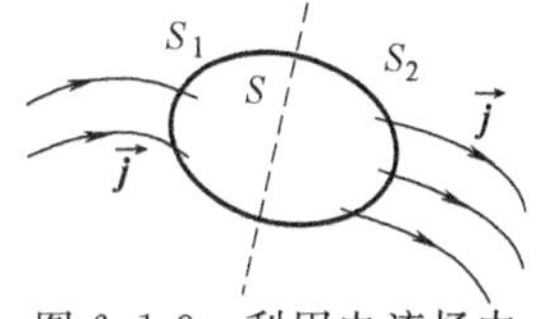

图 6.1-3　利用电流场中的闭合曲面说明电流的连续性

电流的连续性方程反映电流分布和电荷分布之间存在的普遍关系，是电流场的一个基本方程。该方程表明，电流线起自正电荷减少的地方，终止于正电荷增加的地方，在电荷不随时间变化的区域不会中断。

小节概念回顾：什么是电流密度？它与电流有何关系？电流连续性方程的物理本质是什么？

6.1.2　恒定电流　恒定电场

1. 恒定电流

各点的电流密度都不随时间改变的电流称为**恒定电流**。由于导体中的电流是由电场推动的，要维持恒定电流，空间各处的电场必须不随时间改变，这就要求产生电场的电荷分布保持恒定，即空间各处的电荷密度不随时间改变。也就是说，单位时间内从任一闭合曲面的一部分流入的电荷一定等于这段时间内从该闭合曲面的其他部分流出的电荷，即从闭合曲面内净流出的电荷量为零，由式（6.1-5）可知，该闭合曲面上的电流密度通量为零，用数学形式表示为

$$\oint\!\!\!\oint_S \vec{j}\cdot d\vec{S}=0 \tag{6.1-6}$$

式（6.1-6）称为**电流的恒定条件**（又称为**稳恒条件**）。此式表明，恒定电流的电流线连续地穿过任一闭合曲面所包围的体积，恒定电流的电流线永远是闭合曲线，不可能在任何地方中断。这一性质决定了恒定电流的电路必须是闭合回路。

2. 恒定电场

驱动恒定电流的电场称为**恒定电场**，它由不随时间改变的电荷分布产生。由于电荷分布不随时间改变，所以它是一种静态电场，与具有相同电荷分布的静止电荷产生的静电场具有以下相同的性质：(1) 电场不随时间改变；(2) 满足高斯定理和环路定理；(3) 是保守场，可以引入电势的概念。

但是，恒定电场又有别于静电场，静电场由静止的电荷产生，但恒定电场的产生通常伴随着电荷的移动，当导体中形成恒定电流时，导体中各处的载流子都会发生定向移动，但它们的位置又被后续的载流子所占据，最终使得各处的电荷分布保持不变。同时，恒定电场对运动的电荷要做功，因此，维持恒定电场需要能量供应。

小节概念回顾：什么是电流的恒定条件？恒定电场与静电场有何异同？

6.1.3 欧姆定律的积分和微分形式

1. 欧姆定律的积分形式

当导体中有电流通过时，导体两端必定存在电压。实验表明，在恒定条件下，通过一段导体的电流 I 和该导体两端的电压 U 成正比，两者的关系可写成

$$U=IR \text{ 或 } I=\frac{U}{R} \tag{6.1-7}$$

式中，R 为该段导体的**电阻**。式（6.1-7）称为**欧姆定律的积分形式**。由前面的讨论可知，电压可以表示为导体中电场强度的积分，而电流则可以用电流密度的积分表示出来。

式（6.1-7）中的**电阻** R 由导体的材料和几何尺寸决定。在国际单位制中，电阻的单位为欧姆（符号为 Ω）。对于一段粗细均匀、由同种材料制成的导体，其电阻与导体的长度成正比，与截面面积成反比，即

$$R=\rho\frac{l}{S} \tag{6.1-8}$$

式中，ρ 为导体的**电阻率**，它由材料的性质决定，不同材料有不同的电阻率。当导体的截面面积或电阻率分布不均匀时，沿电流方向 x 位置处取长为 $\mathrm{d}x$ 的一小段导体，设此处的截面面积为 $S(x)$、电阻率为 $\rho(x)$，则导体的电阻可表示为

$$R=\int\rho(x)\frac{\mathrm{d}x}{S(x)} \tag{6.1-9}$$

在国际单位制中，电阻率的单位为 Ω·m。在室温下，金属材料的电阻率为 $10^{-8}\sim10^{-6}\,\Omega\cdot\mathrm{m}$，半导体材料的电阻率为 $10^{-5}\sim10^{6}\,\Omega\cdot\mathrm{m}$，绝缘体的电阻率一般为 $10^{8}\sim10^{18}\,\Omega\cdot\mathrm{m}$。实验表明，各种材料的电阻率都随温度变化。通常，金属材料的电阻率随温度的升高而增大，在温度不太低时，电阻率近似地随温度线性变化；半导体和绝缘体的电阻率都随温度的升高而快速减小，而且变化也不是简单的线性关系。

电阻的倒数称为**电导**，用 G 表示。电阻率的倒数称为**电导率**，用 σ 表示，即

$$G=\frac{1}{R},\quad \sigma=\frac{1}{\rho} \tag{6.1-10}$$

在国际单位制中，电导的单位为西门子（符号为 S），电导率的单位为西门子每米（符号为 S/m）。

2. 欧姆定律的微分形式

设想在导体的电流场中取出一段长为 $\mathrm{d}l$、截面面积为 $\mathrm{d}S$ 的小圆柱体，通过圆柱体的电流为 $\mathrm{d}I$，圆柱体两端的电压为 $\mathrm{d}U$，如图 6.1-4 所示，由式（6.1-7），有

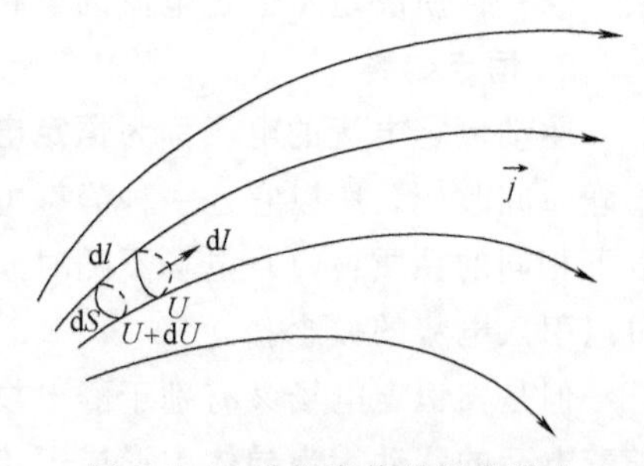

图 6.1-4 欧姆定律的微分形式

$$\mathrm{d}I=\frac{\mathrm{d}U}{R}$$

由式（6.1-8），圆柱体的电阻为

$$R=\rho\frac{\mathrm{d}l}{\mathrm{d}S}=\frac{\mathrm{d}l}{\sigma\mathrm{d}S}$$

联立以上两式可得

$$\mathrm{d}I=\frac{\mathrm{d}U}{\mathrm{d}l}\sigma\mathrm{d}S$$

$\frac{\mathrm{d}U}{\mathrm{d}l}=E$ 为导体中的电场强度，且电流为电流密度的通量，即 $\mathrm{d}I=j\mathrm{d}S$，代入上式，化简可得

$$j=\sigma E$$

由于电流密度的方向与电场强度的方向相同，故上式可改写成矢量式，即

$$\vec{j}=\sigma\vec{E}=\frac{\vec{E}}{\rho} \tag{6.1-11}$$

此式称为**欧姆定律的微分形式**。它虽然是在恒定条件下推导出来的，但对于频率不是非常高的非稳恒情况也适用。

欧姆定律的积分形式描述的是一段有限长度的导体的整体导电规律，而微分形式描述的则是导体中每一点的局部导电规律，给出了导体中各点的电流密度和电场强度的对应关系，可以用来分析非均匀、非规则导体的导电特性，因此它比积分形式更能细致地描述导体的导电规律。

例 6.1-1　如图 6.1-5 所示，球形电容器的两个极板为两同心金属薄球壳，半径分别为 R_1、R_2，其间充满相对介电常数为 ε_r 的均匀各向同性线性电介质。当电极带电后，电极上的电荷量将因介质漏电而逐渐减少。当 $t=0$ 时，内、外电极上的电荷量分别为 $+Q_0$ 和 $-Q_0$。设介质的电阻率为 ρ。求：(1) 电极上电荷量随时间减少的规律 $Q(t)$；(2) 两极间与球心相距为 r 的任一点处的传导电流密度；(3) 电介质的电阻。

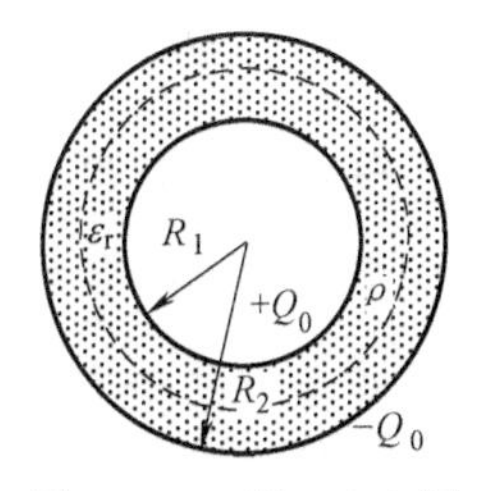

图 6.1-5　例 6.1-1 图

解：(1) 由式 (6.1-11)，两极间因介质漏电而出现的电流密度为

$$\vec{j}=\frac{\vec{E}}{\rho}=\frac{\vec{D}}{\rho\varepsilon_0\varepsilon_r}$$

在两极之间构造任意同心的闭合球面 S，利用式 (6.1-5) 得

$$\frac{1}{\rho\varepsilon_0\varepsilon_r}\oint\!\!\!\oint_S\vec{D}\cdot\mathrm{d}\vec{S}=-\frac{\mathrm{d}Q}{\mathrm{d}t}$$

其中，Q 为球面 S 内的净电荷，也就是 t 时刻极板上的电荷量。由高斯定理，$\oint\!\!\!\oint_S\vec{D}\cdot\mathrm{d}\vec{S}=Q$，与上式联立，得

$$\frac{1}{\rho\varepsilon_0\varepsilon_r}Q=-\frac{\mathrm{d}Q}{\mathrm{d}t}$$

两侧分离变量积分，求解方程得

$$Q=Q(t)=Q_0\mathrm{e}^{-\frac{1}{\rho\varepsilon_0\varepsilon_r}t}$$

(2) t 时刻在两极间距球心 r 处的电流为

$$I=-\frac{\mathrm{d}Q}{\mathrm{d}t}=\frac{Q_0}{\rho\varepsilon_0\varepsilon_r}\mathrm{e}^{-\frac{1}{\rho\varepsilon_0\varepsilon_r}t}$$

由于两极之间的电场沿径向球对称分布，所以漏电流也沿径向球对称分布，距球心 r 处的传

导电流密度为

$$\vec{j}=\frac{I}{4\pi r^{2}}\vec{e}_{r}=\frac{Q_{0}}{4\pi\rho\varepsilon_{0}\varepsilon_{r}r^{2}}\mathrm{e}^{-\frac{1}{\rho\varepsilon_{0}\varepsilon_{r}}t}\vec{e}_{r}$$

(3) 漏电的电介质相当于导体。将介质分割成无穷多个球壳，任一半径为 r、厚度为 $\mathrm{d}r$ 的球壳可看成是截面面积为 $4\pi r^2$ 的均匀导体，其电阻为

$$\mathrm{d}R=\rho\frac{\mathrm{d}r}{4\pi r^{2}}$$

整个电介质的电阻为

$$R=\int_{R_{1}}^{R_{2}}\rho\frac{\mathrm{d}r}{4\pi r^{2}}=\frac{\rho}{4\pi}\left(\frac{1}{R_{1}}-\frac{1}{R_{2}}\right)=\frac{\rho(R_{2}-R_{1})}{4\pi R_{1}R_{2}}$$

评价：当导体或介质中出现传导电流时，利用欧姆定律的微分形式可给出电流密度和电场强度的点点对应关系。在两种导体或漏电介质的分界面上，结合高斯定理便可得到两种材料分界面上所积累的电荷量。

例 6.1-2 有一平行板电容器，其间充有两层均匀介质，厚度分别为 d_1 和 d_2。设介质是漏电的，电阻率分别为 ρ_1 和 ρ_2，介质的介电常数分别为 ε_1 和 ε_2。今在电容器两极板间接上电池，设电流达到稳定时极板间的电势差为 U。求两种介质分界面上的自由电荷面密度。

解：在每种介质中，介质被均匀极化，各点的电位移 $\vec{D}$ 或电场强度 $\vec{E}$ 大小相等。设两种介质中的电位移和电场强度分别为 $\vec{D}_1$、$\vec{E}_1$ 和 $\vec{D}_2$、$\vec{E}_2$。

在第一种介质中构造圆柱形的高斯面 S_1，底面与极板平行，如图 6.1-6 所示。由 $\vec{D}$ 的高斯定理，有

$$\oint\!\!\!\oint_{S_{1}}\vec{D}_{1}\cdot\mathrm{d}\vec{S}=0$$

此式表明，高斯面内没有净自由电荷。由于高斯面在第一种介质中的位置和大小均任意，所以可以得出结论，在第一种介质中没有净自由电荷。同理，在第二种介质中也没有净自由电荷。自由电荷只能出现在两种介质的分界面上。

跨越分界面构造如图 6.1-6 所示的圆柱形高斯面 S_2。由 $\vec{D}$ 的高斯定理，有

$$\oint\!\!\!\oint_{S_{2}}\vec{D}\cdot\mathrm{d}\vec{S}=-D_{1}S+D_{2}S=\sigma S$$

其中，σ 为分界面上的自由电荷面密度。由上式可得

$$D_{2}-D_{1}=\sigma$$

即

$$\varepsilon_{2}E_{2}-\varepsilon_{1}E_{1}=\sigma$$

漏电流连续地通过两种介质，因此两种介质中的电流密度相等。由欧姆定律的微分形式，可得

$$\frac{E_{1}}{\rho_{1}}=\frac{E_{2}}{\rho_{2}}$$

再考虑两极板之间的电势差，有

$$U=E_{1}d_{1}+E_{2}d_{2}$$

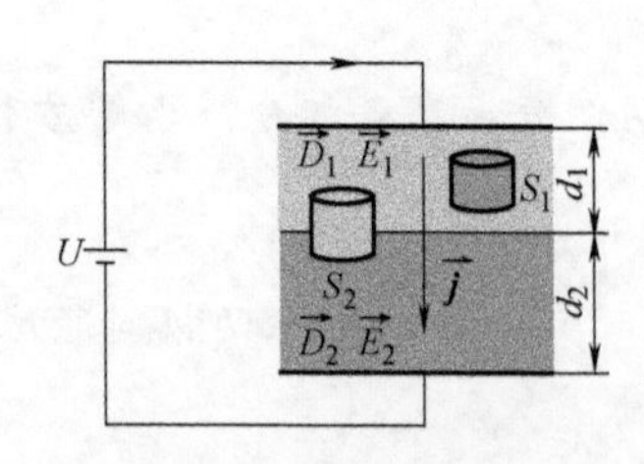

图 6.1-6 例 6.1-2 图

联立以上三式，可解出分界面上的自由电荷面密度σ为

$$\sigma=\frac{\varepsilon_2\rho_2-\varepsilon_1\rho_1}{d_1\rho_1+d_2\rho_2}U$$

评价：对于理想的电容器，介质中是没有自由电荷的。如果电容器漏电，自由电荷会出现在不同介质的分界面。$\vec{D}$的高斯定理是求解自由电荷分布的最直接方法。当然，在本题中，也可以利用电容器的电容，考虑电势差与电荷量之间的关系来求解。

小节概念回顾：什么是欧姆定律的积分形式？什么是欧姆定律的微分形式？两种形式的欧姆定律，它们的适用范围是什么？

6.1.4　电源　电动势

1. 非静电力和电源

根据前面的分析可知，恒定电流必须是闭合的，但只有静电场不能维持恒定电流。原因在于，若导体中的电荷在静电场力的作用下做定向移动，电势能降低，静电场力所做的功将转化为热能或其他形式的能量，这就使得电荷不可能返回原来电势能较高的位置，从而造成电荷的堆积，电流随时间变化，破坏恒定条件。因此，在恒定电路中，必定存在一种非静电本质的力作用于电荷。这种力称为**非静电力**。非静电力对电荷做功，使其逆着静电场力的方向运动，返回电势能较高的位置，从而维持恒定电流的闭合性。

提供非静电力的装置称为**电源**。每个电源都有两极，电势高的叫**正极**，电势低的叫**负极**。考虑一个电容器（相当于电源）的放电电路，如图6.1-7所示。在静电力$\vec{F}_s$的作用下，正电荷从正极流出，经过导线流向负极，然后在非静电力$\vec{F}_k$的作用下，由电源的负极回到正极，使电荷运动形成闭合的循环。

电源内部的电路称为**内电路**，电源外部的电路称为**外电路**。在内电路中，非静电力对正电荷做正功，使其电势升高；在外电路中，静电力对正电荷做正功，使其电势降低。

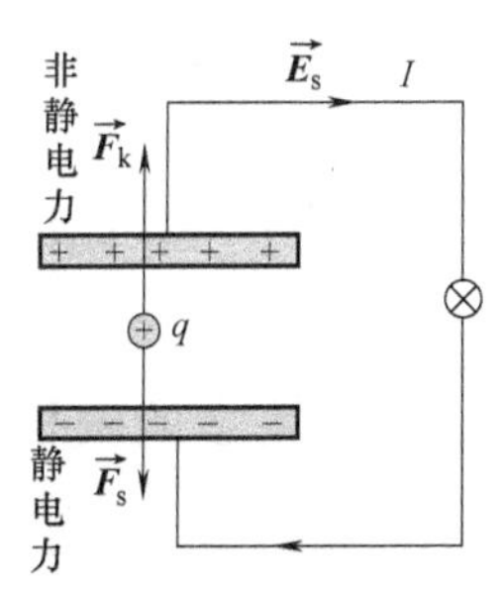

图6.1-7　电源与非静电力

在不同类型的电源中，非静电力的本质也各不相同。在蓄电池、锂电池等化学电池中，非静电力是某种与化学反应相关的化学力；在常见的发电机中，非静电力与电磁感应作用相联系，比如后面章节中要介绍的洛伦兹力或感生电场的电场力。

为了定量描述各种非静电力的特性，引入场的概念把各种非静电力的作用看成是**非静电场**的作用。类似于在静电场中引入电场强度，我们将单位正电荷受到的非静电力定义为**非静电场的电场强度**，用$\vec{E}_k$表示，即

$$\vec{E}_k\equiv\frac{\vec{F}_k}{q} \tag{6.1-12}$$

在电源内部，非静电场和静电场同时存在，因此，欧姆定律的微分形式可改写为

$$\vec{j}=\sigma(\vec{E}_s+\vec{E}_k) \tag{6.1-13}$$

式中，$\vec{E}_s$表示静电场的电场强度；σ为电源内部的电导率。式（6.1-13）表明，电流是静电力和非静电力共同作用的结果。在常见的化学电池中，非静电力只存在于电池内部，在连接它的

外电路中只有静电力，在这种情况下，式（6.1-13）又会回到式（6.1-11）的形式。

2. **电动势**

在不同的电源内，由于非静电力不同，把相同电荷从负极移到正极时非静电力所做的功就会不同。为了量度电源做功本领的大小，引入**电动势**的概念。

电源电动势在数值上等于将单位正电荷沿闭合路径移动一周，非静电力对它所做的功。假设在非静电场 $\vec{E}_k$ 中，将电荷 q 沿闭合路径移动一周时非静电力所做的功为 A，则电动势可表示为

$$\mathscr{E}=\frac{A}{q}=\oint\vec{E}_k\cdot d\vec{l} \tag{6.1-14}$$

若非静电力只存在于电源内部（比如化学电池），则

$$\mathscr{E}=\int_{-\atop(\text{电源内})}^{+}\vec{E}_k\cdot d\vec{l} \tag{6.1-15}$$

显然，式（6.1-15）是式（6.1-14）的特殊情形。

在国际单位制中，电动势的单位是伏特（符号为 V），与电势的单位相同。但需要注意的是，电动势和电势是两个截然不同的概念：只有在静电场中才有电势的概念，并且电势的分布与外电路的情况有关；而电动势则是非静电场电场强度的线积分，总是与电源内部的非静电力联系在一起，其大小由电源本身的性质决定，与外电路无关。

电动势是标量，但习惯上把从负极经电源内部指向正极的方向规定为**电动势的方向**。当正电荷沿电动势方向通过电源时，由于非静电力的作用，电势能增加，非静电力做正功。

习惯上，按照非静电力的起因，将电动势分成不同的种类。非静电力起因于温差的电动势称为**温差电动势**，起因于化学作用的电动势称为**化学电动势**，起因于电磁感应的电动势称为**感应电动势**。下一章将对感应电动势进行详细介绍。

小节概念回顾：电源的电动势是如何定义的？它与电势有何异同？

6.2 磁场和它的源

6.2.1 基本的磁现象

1. **磁铁间的相互作用**

人类对磁现象的认识始于对天然磁石（Fe_3O_4）的观察。天然磁石或人造磁铁能吸引铁、钴、镍等物质，这种性质称为**磁性**。当将条形磁铁置于铁屑中时，两端附着的铁屑最多，说明条形磁铁两端的磁性最强，称为**磁极**。将条形或针形磁铁的中心悬挂起来，并使之能在水平面内自由转动，则平衡时总是大致沿南北取向，指北的磁极称为**北极**（N 极），指南的磁极称为**南极**（S 极）。实验表明，磁铁和磁铁之间有相互作用，**同性磁极相互排斥，异性磁极相互吸引**，如图 6.2-1 所示。将条形磁铁逐渐分割成更小的磁铁，不论分割多小，分割后的小磁铁两端总是存在 N 和 S 两个磁极。与单独存在的正电荷和负电荷不同，人们至今尚未通过实验发现单独存在的磁荷——磁单极。

2. **电流对磁铁的作用**

1820 年，丹麦物理学家奥斯特（H. C. Oersted，1777—1851）发现把小磁针放在导线

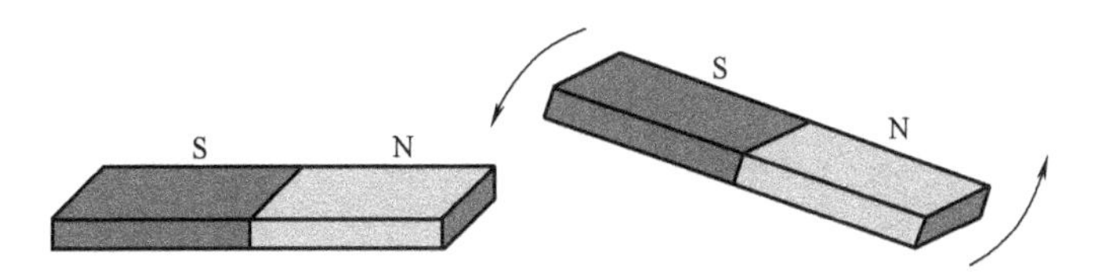

图 6.2-1 磁铁间的相互作用

附近，当给导线通电时，小磁针会发生偏转（见图 6.2-2）。对比磁铁间的相互作用，说明通电的导线具有磁性。这是对“电流磁效应”的首次实验验证，揭示了电和磁之间的相互关联。

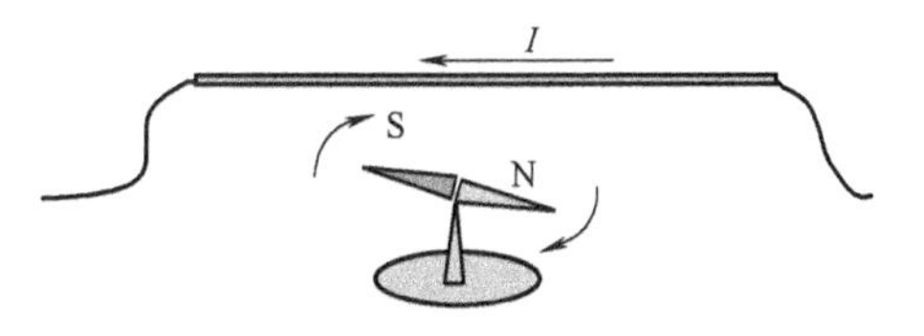

图 6.2-2 奥斯特小磁针偏转实验

将条形磁铁逐渐靠近一个载流螺线管（见图 6.2-3），发现磁铁受到载流螺线管的吸引力，当改变螺线管中的电流方向时，磁铁受到螺线管的排斥力。人们据此认为，通电的螺线管相当于条形磁铁，左右两端分别对应磁铁的两极。通过右手法则可确定载流螺线管的磁极：四指环绕电流的方向，拇指的指向就是 N 极。

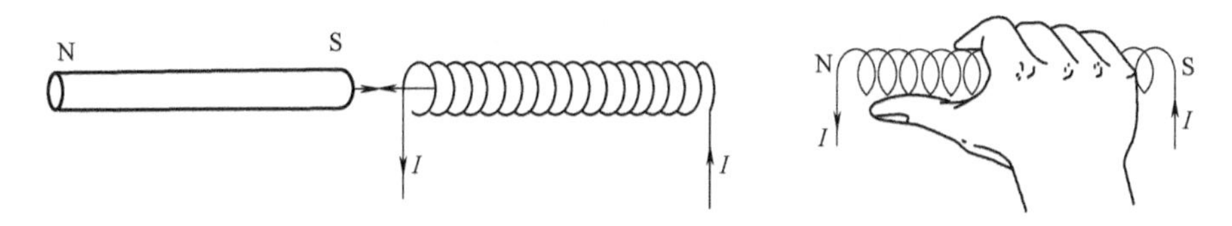

图 6.2-3 磁铁与螺线管的相互作用

3. 电流与电流之间的相互作用

在奥斯特发现“电流磁效应”之后不久，法国物理学家安培（André-Marie Ampère，1775—1836）就获得了一系列关于各种载流导线之间磁相互作用的实验结果。安培实验表明，两载流直导线之间存在着相互作用力，当电流方向相同时，导线相互吸引；当电流方向相反时，导线相互排斥。如图 6.2-4 所示。

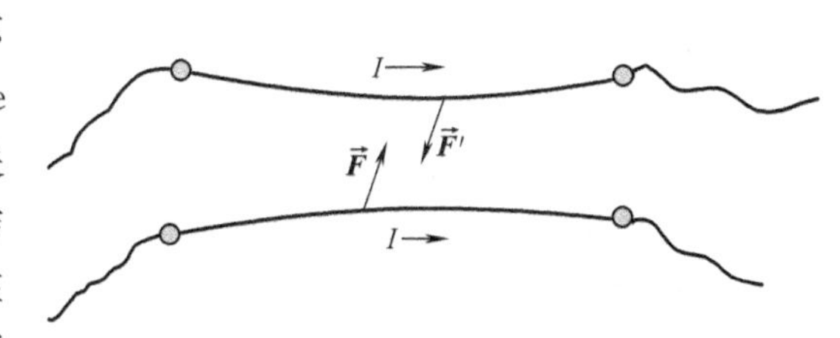

图 6.2-4 电流与电流之间的相互作用

安培认为，磁现象的本质是电流，物质的磁性源于构成物质的基元——分子，并据此提出了“分子电流”假说。该假说认为，每个分子都有电流环绕着，每个分子电流都具有磁性。对于永磁体，各分子电流规则排列，对外显示出明显的磁性；而对于非磁体，各分子电流杂乱无章排列，因此磁性相互抵消，对外不显磁性。虽然当时安培所提出的“分子电流”假说中的分子并非我们现在所理解的物质结构中的分子，但其本质与近代物理对磁本性的看法是一致的。用现代物理语言来说就是：物质是由原子和分子组成的，在分子内部，电子和质子等带电粒子的运动形成微小的电流，即分子电流。对物质磁性的起源及其物理本质的完整解释需要用到量子力学。

4. 磁铁对运动电荷的作用

如图 6.2-5 所示，电子射线束从玻璃管中的阴极出射，当没有磁铁时，电子束将沿直线运动并落在右侧的阳极靶上。现在玻璃管的外侧放置条形磁铁，如图所示，可以观察到电子束发生偏转，互换条形磁铁两极的位置，则电子束偏转的方向相反。这说明运动的电荷受到了磁铁的作用力。

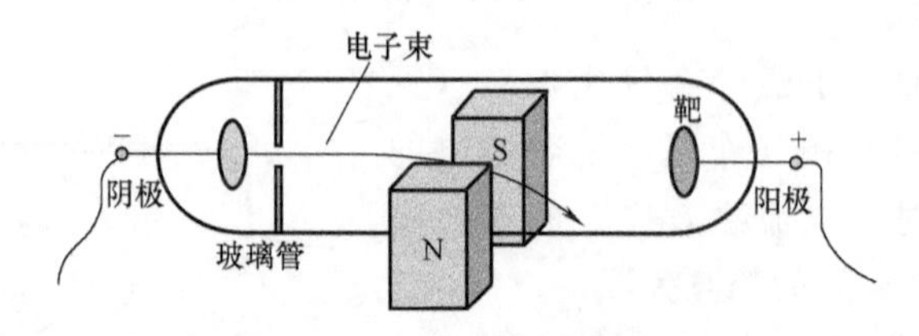

图 6.2-5 磁铁对运动电荷的作用

由于磁铁的磁性源于规则排列的分子电流，而电流是由于电荷的定向移动而形成的，因此，以上各种磁现象或磁相互作用都可归结为运动电荷与运动电荷之间的相互作用。为了进一步研究这种磁相互作用，我们可以借鉴第 5 章关于电相互作用的表达：电荷周围存在着电场，电场对放在其中的电荷有力的作用。就磁相互作用而言，可以类似地表述为：**运动电荷或电流在其周围空间产生磁场，磁场对放在其中的运动电荷或电流施加力的作用**。

小节概念回顾：基本的磁现象有哪些？它们的共同起源是什么？

6.2.2 磁场 磁感应强度

1. 什么是磁场

磁场是一种由运动电荷或电流产生的在空间连续分布的物质，它具有两个最基本的性质：

(1) 对运动电荷或电流有力的作用，这种力称为**磁力**，磁力通过磁场传递；

(2) 磁场具有能量。

与电场类似，磁场也是矢量场。由恒定电流激发的磁场称为**恒定磁场**或**静磁场**。恒定磁场不随时间变化。本章只讨论恒定磁场。下一章电磁感应中将会讨论变化的磁场。

2. 磁感应强度

在电场中，为了描述空间各点的电场，我们引入了电场强度 $\vec{E}$：因为电场对放在其中的电荷有力的作用，所以我们引入试验电荷 q，通过改变 q 的位置和电荷量，分析试验电荷在各点的受力 $\vec{F}$，发现 $(\vec{F}/q)$ 与试验电荷无关，仅由电场的性质决定，因此将其定义为电场强度 $\vec{E}\equiv(\vec{F}/q)$，它描述空间各点电场的强弱，方向为正电荷的受力方向。

类似于电场中的 $\vec{E}$，我们引入一个描述磁场强弱的物理量——**磁感应强度** $\vec{B}$。由于磁场对放在其中的运动电荷有力的作用，所以我们引入一个以速度 $\vec{v}$ 运动的试验电荷 q，分析该试验电荷在磁场中各点受到的磁力 $\vec{F}$。实验表明，运动电荷 q 受到的磁力 $\vec{F}$ 具有以下特征：

(1) $\vec{F}$ 的大小与 q 成正比；

(2) $\vec{F}$ 的大小与磁场的强弱成正比，若让磁场增强一倍而不改变其他量，则磁力增强一倍；

（3）$\vec{F}$ 与速度 $\vec{v}$ 有关：$\vec{F}$ 总是与 $\vec{v}$ 垂直；$\vec{F}$ 的大小与速率 v 成正比；静止的电荷不受磁力作用；改变试验电荷的速度方向，实验发现，当试验电荷在某个方向上运动时，电荷不受力，而将此方向改变90°时，电荷受到的磁力最大，记为 $F_{\max}$，该最大值与 qv 的比值 $F_{\max}/(qv)$ 只取决于磁场本身的性质和点的位置，与 q 和 v 无关。

因此，$F_{\max}/(qv)$ 能描述磁场各点的性质，将其定义为磁感应强度 $\vec{B}$ 的大小，而磁感应强度 $\vec{B}$ 的方向定义为试验电荷不受磁力时的速度方向。据此定义的矢量场 $\vec{B}$ 满足以下关系式：

$$\vec{F}=q\vec{v}\times\vec{B} \tag{6.2-1}$$

式中，$\vec{F}$ 又称为运动电荷在磁场中受到的**洛伦兹力**，它垂直于 $\vec{v}$ 和 $\vec{B}$ 组成的平面。$\vec{F}$、$\vec{v}$ 和 $\vec{B}$ 三者满足右手螺旋法则。如图6.2-6所示，四指指向 $\vec{v}$ 的方向，绕向 $\vec{B}$ 的方向，拇指的指向就是 $\vec{F}$ 的方向。

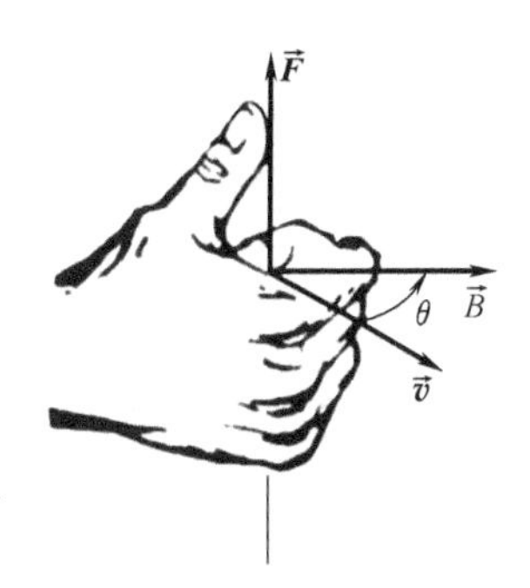

图6.2-6　右手定则确定洛伦兹力的方向

在国际单位制中，磁感应强度 $\vec{B}$ 的单位为**特斯拉**（符号为T），这是为了纪念美国科学家和发明家尼古拉·特斯拉（Nikola Tesla，1856—1943）。1T=1N/（A·m）。地球的磁场为 10^{-5}～10^{-4}T，原子内部的磁场约为10T，目前实验室中所能获得的最大恒定磁场约为45T，脉冲磁场可达120T。宇宙空间中的最强磁场出现在某些天体中，比如脉冲星表面的磁场高达 10^{8}T。

$\vec{B}$ 的另一个常用单位是**高斯**（符号为Gs），$1\text{T}=10^{4}\text{Gs}$。

需要注意的是，由于历史原因，人们长期称描述磁场强弱的物理量 $\vec{B}$ 为磁感应强度，而不是磁场强度！磁场强度为另一个物理量 $\vec{H}$（在后面的章节将会详细介绍）。但习惯上，当我们提到“磁场”时，若不特别说明，关注的都是磁感应强度 $\vec{B}$，而不是磁场强度 $\vec{H}$。与电场中的情形类似，我们把将要分析的磁场中的空间点称为**场点**。

小节概念回顾：什么是磁场？磁感应强度是如何定义的？

6.2.3　磁感线　磁通量和磁场的高斯定理

1. 磁感线

为了形象地描述磁场分布，类似于在电场中引入电场线，在磁场中我们引入**磁感线**（或称**磁场线**）。磁感线上任一点的切向代表该点磁感应强度 $\vec{B}$ 的方向；通过某点在垂直磁场的方向上取一面元 $\mathrm{d}S_{\perp}$，通过该面元单位面积上的磁感线数目等于该点 $\vec{B}$ 的大小，即

$$B=\frac{\mathrm{d}\Phi_{\mathrm{m}}}{\mathrm{d}S_{\perp}} \tag{6.2-2}$$

式中，$\mathrm{d}\Phi_{\mathrm{m}}$ 为通过面元 $\mathrm{d}S_{\perp}$ 的磁感线数目。

图 6.2-7 显示了条形磁铁内部和外部典型的磁感线。在磁铁外部，磁感线总是从 N 极指向 S 极，而在磁铁内部，磁感线从 S 极回到 N 极；任一点的磁感线和小磁针的指向相同。磁感线的疏密反映了 $\vec{B}$ 的大小，磁感线越密的地方，磁场越强，磁感线越疏的地方，磁场越弱。

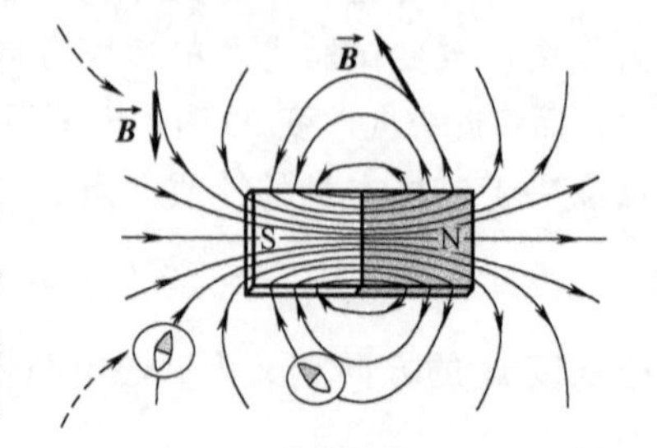

图 6.2-7 条形磁铁的磁感线

图 6.2-8 展示了几种常见的磁场源（直电流、圆电流和载流螺线管）所产生的磁场中部分有代表性的磁感线。从图中可以看出，载流螺线管的磁场与条形磁铁（见图 6.2-7）的磁场分布完全类似。在螺线管内部的中间区域，磁感线近似为等间距的平行直线，这表明该区域的磁场近似为均匀磁场（即 $\vec{B}$ 的大小和方向均相同）。

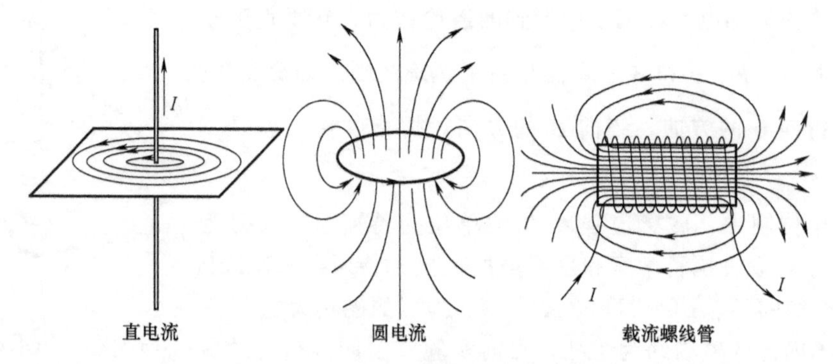

图 6.2-8 几种常见磁场源的典型磁感线

从以上的磁感线分布图可看出，磁感线具有以下性质：

（1） 磁感线是无头无尾的闭合曲线；

（2） 磁感线不会相交；

（3） 磁感线总是和电流套连，成右手螺旋关系，如图 6.2-9 所示。

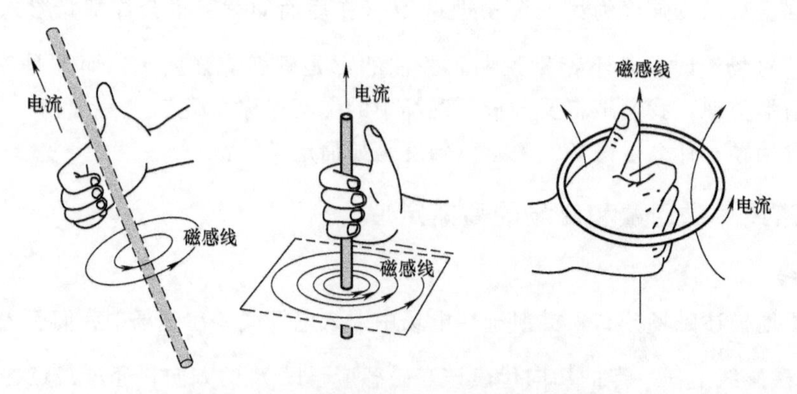

图 6.2-9 磁感线和电流成右手螺旋关系

图 6.2-10 为地球磁场的分布示意图。虽然地球磁场由地球熔融核心的电流激发，但其磁感线形状却与一个简单的条形磁铁外部的磁感线形状类似。地球的磁轴与地轴（地球的自转轴）有些偏离，磁南极（S 极）在地理北极附近，而磁北极（N 极）靠近地理南极。

为了方便起见，通常我们用点（·）代表 $\vec{B}$ 垂直纸面向外的磁场，用叉（×）代表 $\vec{B}$ 垂直纸面向里的磁场。

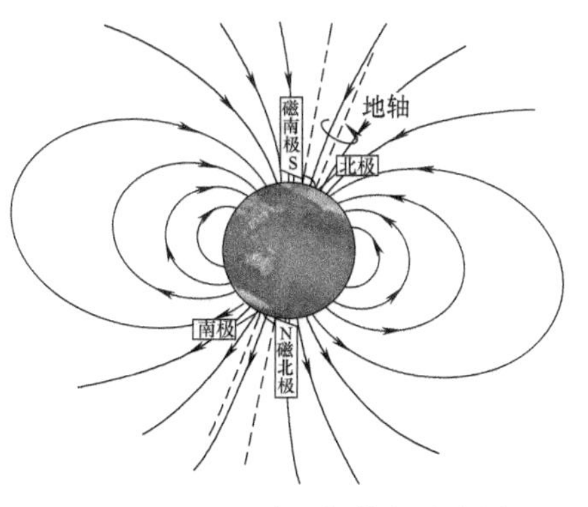

图 6.2-10　地球磁场分布示意图

应用 6.2-1　夜间迁徙的动物在漆黑的夜晚为什么不会迷路呢？

飞行员可以在漆黑的夜晚利用雷达定位飞行，那么，那些夜间迁徙的动物在没有星光的夜晚靠什么辨别方向呢？科学研究发现，海龟、鼹鼠及某些鱼类可利用地球磁场进行导航。这些动物的大脑细胞里含有某些磁性物质，这些磁性物质在地球磁场的作用下按顺序排列，神经系统将这些排列信息传给大脑，大脑通过辨识这些信息以确认东西南北。因此，这些磁性物质相当于内置的磁“罗盘”。有些动物甚至能辨别不同地方地球磁场的微小差异，并利用这种差异来帮助其准确导航。

2. 磁通量

类似于电场中定义的电通量，我们将通过任意曲面的磁感线数目定义为**磁通量**，用 Φ_m 表示。由式（6.2-2）可知，通过垂直面元 $dS_\perp$ 的磁通量为 $d\Phi_m = B \cdot dS_\perp$。引入面元矢量 $d\vec{S} = dS\vec{e}_n$，其中 $\vec{e}_n$ 为面元 dS 的法向单位矢量，dS 和 $dS_\perp$ 被限制在一组相同的磁感线中，两者之间的夹角为 θ（参考第 5 章中介绍的电通量的算法，图 5.3-4），则通过面元 dS 的磁通量可表示为

$$d\Phi_m = B \cdot dS_\perp = B \cdot dS \cdot \cos\theta = \vec{B} \cdot d\vec{S}$$

显然，B 可以理解为通过垂直于磁场方向的单位面积上的磁通量，因此又称 B 为**磁通密度**。

通过任意曲面的磁通量为通过曲面上任一面元的磁通量的代数和，用积分可表示为

$$\Phi_m = \iint_S d\Phi_m = \iint_S \vec{B} \cdot d\vec{S} \tag{6.2-3}$$

在国际单位制中，磁通量的单位为**韦伯**（符号为 Wb），这是为了纪念德国物理学家韦伯（W. E. Weber，1804—1891）。$1\text{Wb} = 1\text{T} \cdot \text{m}^2$。

3. 磁场的高斯定理

与电通量一样，磁通量也是标量，对开放曲面而言，磁通量的正负取决于面元法向的选取。当讨论闭合曲面时，规定面元法向总是由内向外，但得到的结论却与静电场不尽相同。在静电场中，闭合曲面上的电通量与曲面内包围的净电荷成正比，若曲面内有等量的正负电荷，则曲面上的总电通量为零；在磁场中，由于尚未发现单独存在的磁荷（磁单极），所以磁极总是成对出现，也就是说，任何闭合曲面内的净磁荷总是零，由此可得出结论：**通过任意闭合曲面 S 的总磁通量始终为零**，用数学式可表示为

$$\oiint_S \vec{B} \cdot d\vec{S} = 0 \tag{6.2-4}$$

这一结论称为**磁场的高斯定理**，也称为**磁通连续原理**，它是电磁场的基本规律之一。

静电场的高斯定理表明：静电场是有源场，电场线起于正电荷（或无穷远），止于负电荷（或无穷远），在没有电荷的地方不会中断；而磁场的高斯定理告诉我们：磁感线是无头

无尾的闭合曲线，磁场是无源场。

小节概念回顾：如何利用磁感线来描绘磁场的分布？磁通量是如何定义的？磁场高斯定理的物理意义是什么？

6.2.4 毕奥-萨伐尔定律

1. 电流元的磁场——毕奥-萨伐尔定律

在静电场中，最基本的实验定律是库仑定律，由库仑定律可以得到任一电荷元 $\mathrm{d}q$ 在距离 r 处产生的元场强为 $\mathrm{d}\vec{E}=\frac{\mathrm{d}q}{4\pi\varepsilon_0 r^2}\vec{e}_r$，再利用电场叠加原理，原则上就可以求出任意带电体的电场。在静磁场中，与静电场中的电荷元相对应的是**电流元** $I\mathrm{d}\vec{l}$，其中 I 为载流导线中的电流，$\mathrm{d}l$ 为在载流导线上任取的一段线元的长度；由于 I 为标量，所以用矢量 $\mathrm{d}\vec{l}$ 的方向标定电流的方向。

与电场叠加原理类似，磁场中也存在**磁场叠加原理：任意载流导线的磁场是组成它的无穷多个电流元所激发的磁场的矢量叠加**。电场中有单独的点电荷（电荷元），可以通过实验测定其电场；与电场不同的是，磁场中却没有单独存在的电流元，所有恒定电流都必须是闭合的，因此不能通过实验直接测定电流元所激发的磁场。历史上，物理学家们曾对不同形状的载流导线所激发的磁场进行过仔细的实验研究，通过数学的推理和演绎最终得到了任一电流元 $I\mathrm{d}\vec{l}$ 所激发的元磁场 $\mathrm{d}\vec{B}$ 满足以下式子：

$$\mathrm{d}\vec{B}=\frac{\mu_0}{4\pi}\frac{I\mathrm{d}\vec{l}\times\vec{e}_r}{r^2} \tag{6.2-5}$$

式中，$\mu_0=4\pi\times10^{-7}\mathrm{N/A^2}$ 称为**真空磁导率**；r 为电流元 $I\mathrm{d}\vec{l}$ 到场点的距离；$\vec{e}_r$ 为电流元 $I\mathrm{d}\vec{l}$ 指向场点的单位矢量，如图 6.2-11 所示。

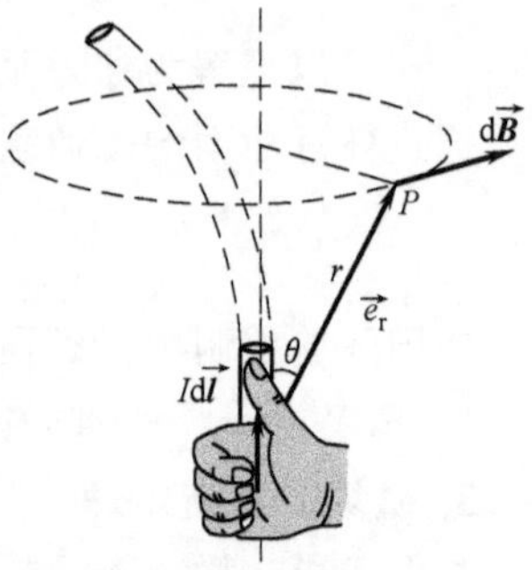

图 6.2-11 电流元激发的磁场

由式（6.2-5）可知，$\mathrm{d}\vec{B}$ 的大小可表示为

$$\mathrm{d}B=\frac{\mu_0}{4\pi}\frac{I\mathrm{d}l\sin\theta}{r^2}$$

其中，θ 为 $I\mathrm{d}\vec{l}$ 和 $\vec{e}_r$ 之间的夹角。$\mathrm{d}\vec{B}$ 的方向垂直于 $I\mathrm{d}\vec{l}$ 和 $\vec{e}_r$ 组成的平面，其指向可由右手定则确定：右手四指由 $I\mathrm{d}\vec{l}$ 经小于 180°的角度转向 $\vec{e}_r$ 时，大拇指的方向即为 $\mathrm{d}\vec{B}$ 的方向。

不难看出，电流元的磁场具有轴对称性，电流元 $I\mathrm{d}\vec{l}$ 激发的磁场的磁感线是以 $I\mathrm{d}\vec{l}$ 为轴线的一系列同心圆。

式（6.2-5）称为**毕奥-萨伐尔定律**，简称为**毕-萨定律**。利用毕-萨定律和磁场叠加原理，原则上可以求出任意形状的载有恒定电流的导线在任意位置所产生的磁场。合磁场 $\vec{B}$ 可以表示为

$$\vec{B}=\int\mathrm{d}\vec{B}=\frac{\mu_0}{4\pi}\int\frac{I\mathrm{d}\vec{l}\times\vec{e}_r}{r^2} \tag{6.2-6}$$

在静电场中，我们利用了电荷元的电场和电场叠加原理首先分析了几种典型电荷分布的电场：无限长带电线、电偶极子和无限大的带电面。这些典型的电荷分布是有实用价值的理想模型，是一些实际情况在一定条件下的近似或简化。类似地，在这里我们首先利用毕-萨定律和磁场叠加原理求解几种典型电流的磁场。

2. 载流直导线的磁场

先计算长为 L 的载流直导线在 P 点激发的磁场。

设导线中通有恒定电流 I，场点 P 到导线的垂直距离为 a，P 点与导线两端的连线和过 P 点的电流垂线 PO 之间的夹角分别为 β_1 和 β_2，如图 6.2-12a 所示。

在直导线上任取电流元 $I\mathrm{d}\vec{l}$，它们在 P 点产生的磁场方向均垂直纸面向里，因此 P 点总的磁感应强度大小可用标量积分求得，即

$$B=\int \mathrm{d}B=\frac{\mu_0}{4\pi}\int \frac{I\,\mathrm{d}l\sin\alpha}{r^2}$$

如图所示，$\vec{r}$ 为由电流元 $I\mathrm{d}\vec{l}$ 指向 P 点的有向线段，α 为 $I\mathrm{d}\vec{l}$ 与 $\vec{r}$ 之间的夹角。过 P 点作垂直于直导线的垂线（又称为准线），垂足为 O。以 O 为坐标原点，电流元到 O 点的距离为 l。上式中，l、α 和 r 都是变量，借助图中的几何关系将其换成统一变量 β，β 为 P 点和电流元的连线与垂线 PO 之间的夹角。显然，

$$\sin\alpha=\cos\beta,\ l=a\tan\beta,\ r=a\sec\beta$$

代入上式化简并积分，可得

$$B=\frac{\mu_0}{4\pi}\int_{\beta_1}^{\beta_2}\frac{I\cos\beta}{a}\mathrm{d}\beta=\frac{\mu_0 I}{4\pi a}(\sin\beta_2-\sin\beta_1) \tag{6.2-7}$$

若 P 点位置改变，式中的 β 有正负之别。通常规定：当迎着电流方向俯视时，在准线上方的 β 取正，在准线下方的 β 取负。如图 6.2-12b 所示，β_2 为正，β_1 为负。

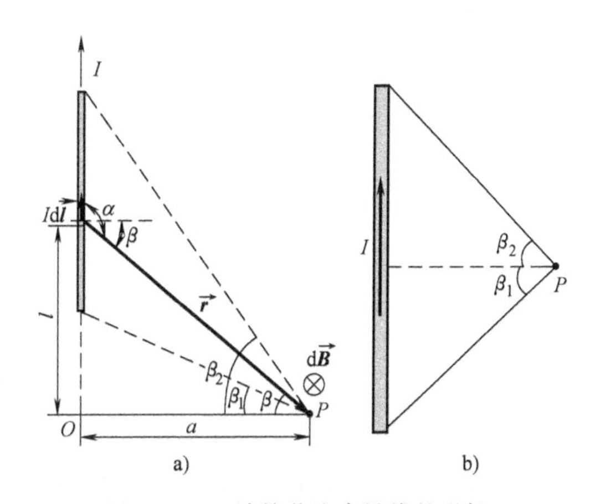

图 6.2-12　计算载流直导线的磁场

若 $L\gg a$，则导线可看成“无限长”，此时 $\beta_1=-\frac{\pi}{2}$，$\beta_2=\frac{\pi}{2}$。由式（6.2-7）可知，

$$B=\frac{\mu_0 I}{2\pi a} \tag{6.2-8}$$

式（6.2-8）表明，无限长载流直导线周围的磁感应强度的大小 B 与电流 I 成正比，与场点到直导线的距离 a 成反比；它的磁感线是在垂直于导线的平面内以导线为轴线的一系列同心圆。

若垂足 O 为载流导线的端点，则导线可视为“半无限长”。此时 $\beta_1=0$，$\beta_2=\frac{\pi}{2}$，或者，$\beta_1=-\frac{\pi}{2}$，$\beta_2=0$。由式（6.2-7）可知，

$$B=\frac{\mu_0 I}{4\pi a} \tag{6.2-9}$$

显然，半无限长载流直导线在任一点的磁场是无限长载流直导线在对应位置的磁场的一半。这一点与静电场有所不同。在静电场中，我们曾得到无限长带电线的电场强度大小与电荷线密度成正比，与距离成反比，但半无限长带电线的电场与无限长带电线的电场却没有简单的二分之一的关系，因为两者在同一点的电场强度方向不同。

例 6.2-1 求**无限大均匀载流平面**周围的磁场分布。设场点 P 到载流平面的距离为 r，载流线密度（即在垂直于电流的方向上单位长度的电流）为 $\vec{j}$，$\vec{j}$ 的方向为电流的方向。

解： 将载流平面看成是由无数无限长载流直导线组成的，如图 6.2-13 所示，其中下图为俯视图，电流垂直纸面向外，以竖直向上的方向为 z 轴正向，在 z 轴上任取一点为坐标原点 O。

在 z 轴上距原点 O 距离为 z 处取线元 $\mathrm{d}z$，它相当于一根无限长载流直导线，其中通有电流 $\mathrm{d}I=j\mathrm{d}z$。该载流导线在 P 点产生磁场 $\mathrm{d}\vec{B}$，方向如图所示，大小由式（6.2-8）得

$$\mathrm{d}B=\frac{\mu_0\mathrm{d}I}{2\pi r'}=\frac{\mu_0 j\mathrm{d}z}{2\pi\sqrt{r^2+z^2}}$$

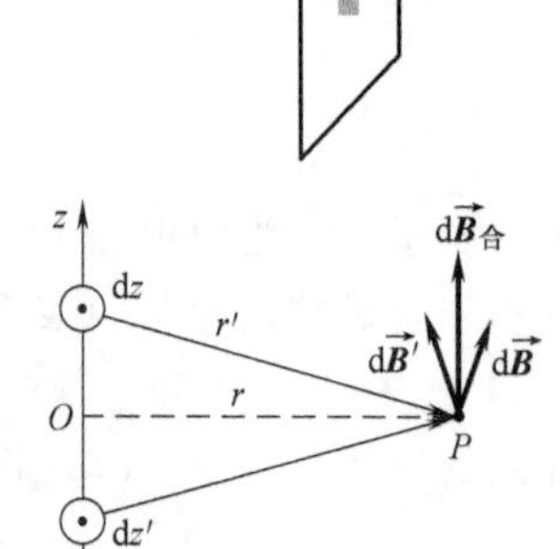

图 6.2-13 例 6.2-1 图

其中，r' 为 P 点到直导线的距离。

在 z 轴上取线元 $\mathrm{d}z$ 关于原点 O 对称的另一线元 $\mathrm{d}z'$，则电流 $\mathrm{d}I'=j\mathrm{d}z'$，它在 P 点产生的磁场为 $\mathrm{d}\vec{B}'$，如图所示。这一对线元 $\mathrm{d}I$ 和 $\mathrm{d}I'$ 在 P 点激发的合磁场 $\mathrm{d}\vec{B}_{合}$ 为 $\mathrm{d}\vec{B}$ 和 $\mathrm{d}\vec{B}'$ 的矢量叠加，方向竖直向上，为 z 轴正向。由于载流平面无限大，可以将其看成这种成对的线元（无限长载流直导线）的叠加，因此整个载流平面在 P 点激发的合磁场必定也在竖直向上的方向上，其大小则只需对 $\mathrm{d}\vec{B}$ 的 z 轴分量进行求和即可，即

$$B=B_z=\int\mathrm{d}B_z=\int_{-\infty}^{+\infty}\frac{\mu_0 j}{2\pi\sqrt{r^2+z^2}}\frac{r}{\sqrt{r^2+z^2}}\mathrm{d}z$$

积分可得

$$B=\frac{\mu_0 j}{2} \tag{6.2-10}$$

显然，无限大载流平面两侧的磁场为均匀场，磁感应强度的大小与载流线密度成正比。载流平面左右两侧磁感应强度的方向相反，与电流流向成右手螺旋关系。

评价： 无限长载流直导线的磁场 $B=\frac{\mu_0 I}{2\pi a}$ 和无限大载流平面的磁场 $B=\frac{\mu_0 j}{2}$，与无限长带电线的电场 $E=\frac{\lambda}{2\pi\varepsilon_0 r}$ 和无限大带电平面的电场 $E=\frac{\sigma}{2\varepsilon_0}$ 从形式上来看是完全对应的，其中，μ_0 和 $\frac{1}{\varepsilon_0}$ 对应。磁场和电场中的这种公式对应关系在后续的章节中会越来越多，请读者注意总结。

3. **载流圆线圈轴线上的磁场**

我们来计算圆形载流导线（即圆线圈）轴线上的磁场。设圆线圈中通有电流 I，其半径为 R，轴线上的场点 P 到圆心的距离为 x。

载流线圈垂直纸面放置，以圆线圈的轴线为 x 轴，在纸面内建立 Oxy 直角坐标系，如图 6.2-14 所示。

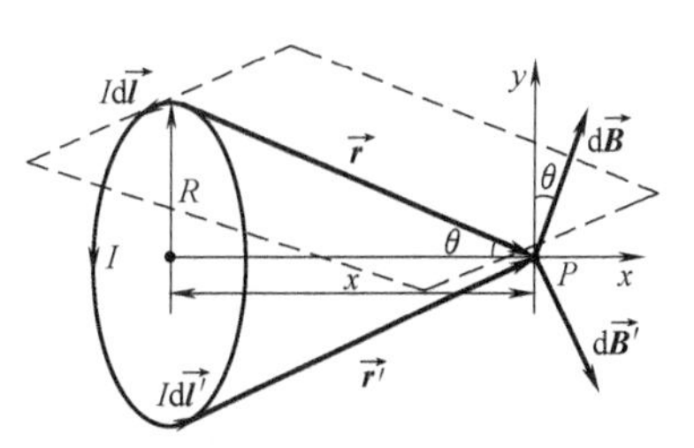

图 6.2-14 分析圆线圈轴线上的磁场

考虑纸面内最上端和最下端的一对对称的电流元 $I\mathrm{d}\vec{l}$（电流垂直纸面向外）和 $I\mathrm{d}\vec{l}'$（电流垂直纸面向里），它们在 P 点激发的磁场分别为 $\mathrm{d}\vec{B}$ 和 $\mathrm{d}\vec{B}'$，方向如图所示，两者的合矢量指向 x 轴正方向。设 $\vec{r}$ 为由电流元 $I\mathrm{d}\vec{l}$ 指向 P 点的有向线段。此时的 $I\mathrm{d}\vec{l}$ 与 $\vec{r}$ 垂直，两者组成的平面如图 6.2-14 中的虚线框所示。因此，$\mathrm{d}\vec{B}$ 的大小为

$$\mathrm{d}B=\frac{\mu_0 I\mathrm{d}l}{4\pi r^2}$$

由于对称性，载流圆线圈总可以分成这样的成对电流元的叠加，所以 P 点的总磁场必定指向 x 轴正方向。为此，只需要对 $\mathrm{d}\vec{B}$ 的 x 轴分量进行积分即可得到总磁场的大小，也就是说，P 点的总磁场大小可以表示为

$$B=B_x=\int \mathrm{d}B_x=\int \frac{\mu_0 I}{4\pi r^2}\sin\theta \mathrm{d}l$$

其中，θ 为 $\vec{r}$ 与 x 轴之间的夹角。利用图中几何关系可知，$\sin\theta=R/r, r=\sqrt{R^2+x^2}$，代入上式积分可得

$$B=B_x=\frac{\mu_0 IR^2}{2(R^2+x^2)^{\frac{3}{2}}} \tag{6.2-11}$$

在圆线圈中心，$x=0$，因此

$$B=\frac{\mu_0 I}{2R} \tag{6.2-12}$$

在轴线上距离圆心越远，磁场越弱。

在轴线上远离圆心处，$x\gg R$，式（6.2-11）可近似为

$$B=\frac{\mu_0 IR^2}{2x^3} \tag{6.2-13}$$

载流圆线圈是物理学中的一个理想模型，当你打开门铃、变压器、电磁铁或电动机的内部时，就会发现许多匝密绕的线圈，每匝线圈都可近似地看成是一个平面圆线圈。通常，引入特征物理量——线圈**磁矩**来描述载流线圈的性质，用符号 $\vec{p}_{\mathrm{m}}$ 表示，其大小为电流 I 和线圈所围面积 S 的乘积，方向与电流成右手螺旋关系，即为轴线上的磁感应强度 $\vec{B}_{轴}$ 的方向。

将面积 S 矢量化，规定其正方向是与电流成右手螺旋的法线方向 $\vec{e}_n$，如图 6.2-15 所示，则

$$\vec{p}_m = IS\vec{e}_n \tag{6.2-14}$$

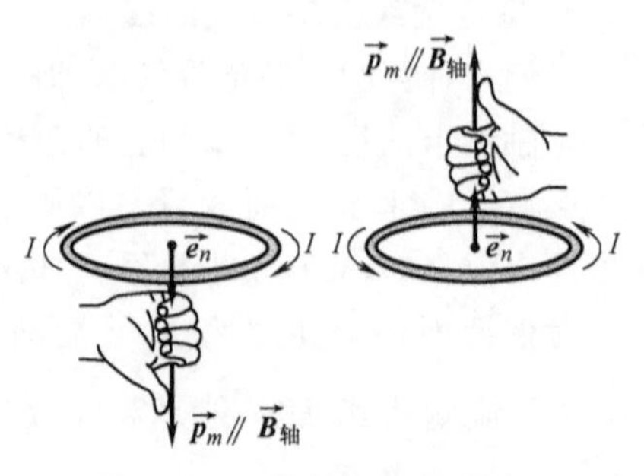

图 6.2-15 根据右手螺旋关系确定线圈磁矩的方向

实际上，磁矩的定义式（6.2-14）不仅适用于圆线圈，对任意形状的平面载流线圈都是适用的。有时又将这种载流线圈称为**磁偶极子**。类似于在电场中介绍的电偶极子及其电偶极矩。

对于图 6.2-14 中的圆线圈，磁矩大小 $p_m = I\pi R^2$。式（6.2-13）可以改写成矢量形式

$$\vec{B} = \frac{\mu_0 \vec{p}_m}{2\pi x^3} \tag{6.2-15}$$

此式表明，磁偶极子在轴线上的磁场大小与磁矩成正比，轴线上的磁场方向为磁矩的方向。不难证明，电偶极矩为 $\vec{p}_e = q\vec{l}$ 的电偶极子在两电荷的连线上、距电偶极子中心 $x\,(x \gg l)$ 处产生的电场为

$$\vec{E} = \frac{\vec{p}_e}{2\pi\varepsilon_0 x^3} \tag{6.2-16}$$

显然，磁偶极子激发的磁场的规律与电偶极子激发的电场的规律类似。

例 6.2-2 求载流螺线管内部的磁场。均匀密绕在圆柱面上的螺旋形线圈称为**螺线管**。设螺线管半径为 R，长度为 L，单位长度上的线圈匝数为 n，导线中载有电流 I，求该螺线管内部轴线上 P 点的磁场。已知 P 点与螺线管两端的连线与轴线之间的夹角分别为 β_1 和 β_2，如图 6.2-16 所示。

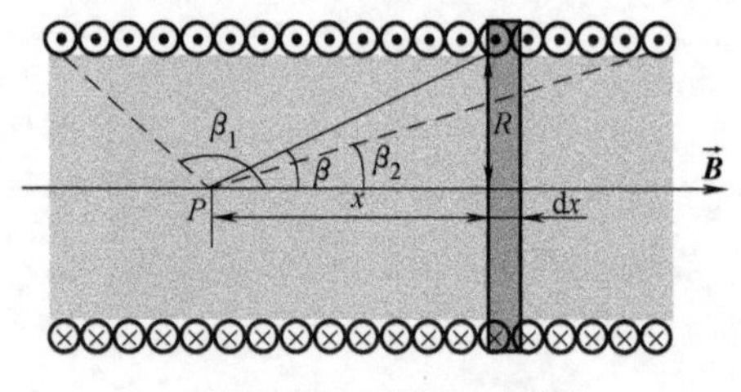

图 6.2-16 例 6.2-2 图

解：将螺线管看成由许多平面圆线圈并排而成，线圈平面与螺线管的轴线垂直。在螺线管上距 P 点 x 距离处取一小段 $\mathrm{d}x$，它相当于由 $n\mathrm{d}x$ 匝线圈组成的圆线圈，其中载有电流 $\mathrm{d}I = nI\mathrm{d}x$，由式（6.2-11）可知，该圆线圈在 P 点产生沿轴线方向的磁场 $\mathrm{d}\vec{B}$，其大小为

$$\mathrm{d}B = \frac{\mu_0 R^2 \mathrm{d}I}{2(R^2 + x^2)^{\frac{3}{2}}} = \frac{\mu_0 R^2 nI\mathrm{d}x}{2(R^2 + x^2)^{\frac{3}{2}}}$$

如图，引入角度变量 β，由图中的几何关系，有 $x = R\cot\beta$，两边微分可得

$$\mathrm{d}x = -R\csc^2\beta\mathrm{d}\beta$$

将其代入上式，化简，得

$$\mathrm{d}B = -\frac{1}{2}\mu_0 nI\sin\beta\mathrm{d}\beta$$

将此式积分即得整个螺线管在 P 点激发的磁场，为

$$B=\int \mathrm{d}B=-\frac{1}{2}\mu_0 nI\int_{\beta_1}^{\beta_2}\sin\beta \mathrm{d}\beta=\frac{1}{2}\mu_0 nI(\cos\beta_2-\cos\beta_1) \tag{6.2-17}$$

$\vec{B}$ 的方向与电流成右手螺旋关系。图示电流在螺线管轴线上产生的磁场水平向右。

若 $R\ll L$，螺线管可近似看成“无限长”，此时 $\beta_1=\pi$，$\beta_2=0$。由式（6.2-17）可知

$$B=\mu_0 nI \tag{6.2-18}$$

实际螺线管都是有限长的，若 $R\ll L$，则说明螺线管又细又长，此时螺线管内部任一点都可近似认为在螺线管的轴线上，因此式（6.2-18）可近似认为是螺线管内任一点的磁场。这意味着长直螺线管内部近似为均匀磁场。后面将严格证明，无限长螺线管内部为均匀磁场，大小均为 $B=\mu_0 nI$。

若 P 点在螺线管两端的轴线上，此时可认为螺线管为“半无限长”螺线管，即 $\beta_1=\pi$，$\beta_2=\frac{\pi}{2}$ 或者 $\beta_1=\frac{\pi}{2}$，$\beta_2=0$。两种情况下均有

$$B=\frac{1}{2}\mu_0 nI \tag{6.2-19}$$

即半无限长螺线管轴线上的磁场为无限长螺线管轴线上磁场的一半。

评价：实际螺线管大致的磁感线分布如图 6.2-17 所示。图 6.2-18 画出了管长等于 10 倍半径的螺线管轴线上的磁场分布曲线，由图可知，在该螺线管中点 M 附近 $\pm 3R$ 范围内的区域磁场近似相等，约等于无限长螺线管的内部磁场 $\mu_0 nI$。因此，在一般情况下，若螺线管又细又长（简称为**长直螺线管**），只要忽略边缘效应，就可近似将其看成是无限长螺线管来分析其内部磁场，而两端轴线上的磁场近似为螺线管中部磁场的一半。

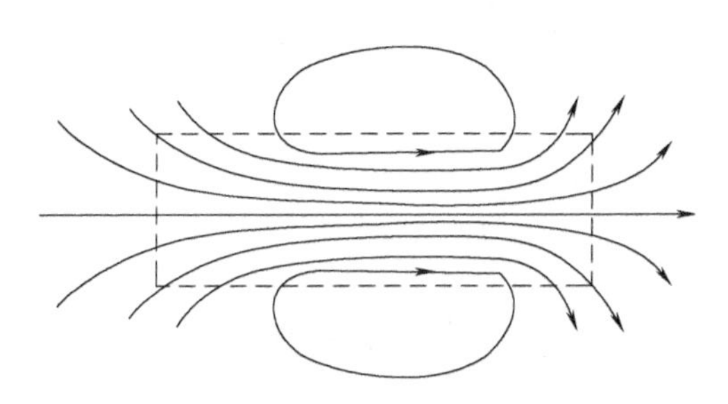

图 6.2-17 有限长螺线管的磁感线分布示意图

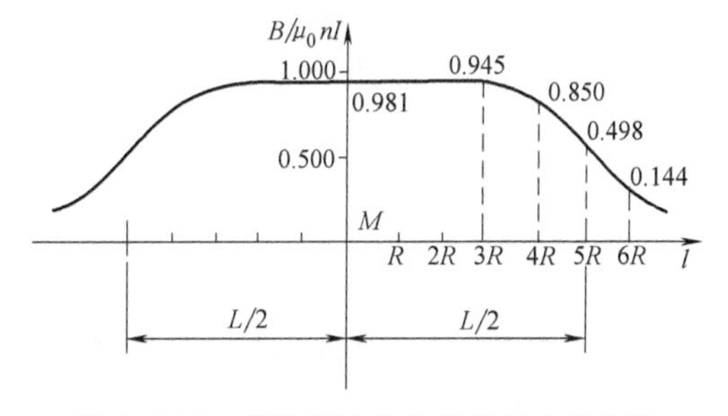

图 6.2-18 螺线管轴线上的磁场分布曲线

小节概念回顾：什么是毕-萨定律？如何利用毕-萨定律求解任意载流导体的磁场？

6.2.5 安培环路定理

1. 安培环路定理的内涵

在静电场中，电场强度沿任意环路的积分 $\oint \vec{E}\cdot \mathrm{d}\vec{l}=0$，说明静电场是保守场。在稳恒磁场中，磁感应强度 $\vec{B}$ 沿任意环路的积分是否也等于零？磁场是否也是保守场呢？下面通过无限长载流直导线的磁场来说明这一问题。

如图 6.2-19 所示，无限长直导线中载有电流 I，在垂直于导线的平面内以导线为中心构造半径为 r 的闭合环路 L，环路沿逆时针绕行，绕行正方向与电流流向成右手螺旋。由

式（6.2-8）可知，环路 L 上各点的 $\vec{B}$ 均在环路的切线方向上，$\vec{B}$ 的大小相等，均为 $B=\frac{\mu_0 I}{2\pi r}$。因此，$\vec{B}$ 沿环路 L 的积分为

$$\oint \vec{B}\cdot \mathrm{d}\vec{l}=\oint B\cdot \mathrm{d}l=B\oint \mathrm{d}l=\frac{\mu_0 I}{2\pi r}\cdot 2\pi r=\mu_0 I$$

显然，积分结果有正负之分，若取环路沿顺时针绕行，则积分后与上述结果符号相反。

若环路是在与直导线垂直的平面内的任意闭合曲线 L，电流 I 垂直纸面向外，环路绕行方向与电流成右手螺旋，如图 6.2-20 所示。在 L 上距导线距离为 r 处任取线元 $\mathrm{d}\vec{l}$，$\mathrm{d}\vec{l}$ 对直导线的张角为 $\mathrm{d}\phi$。线元所在位置处的磁场为 $\vec{B}$，$\mathrm{d}\vec{l}$ 与 $\vec{B}$ 之间的夹角为 θ，将 $\vec{B}$ 沿环路 L 积分

$$\oint \vec{B}\cdot \mathrm{d}\vec{l}=\oint B\cdot \mathrm{d}l\cdot \cos\theta$$

其中，$\mathrm{d}l\cdot\cos\theta$ 为 $\mathrm{d}\vec{l}$ 在 $\vec{B}$ 方向上的投影，相当于张角 $\mathrm{d}\phi$ 对应的弦长 $r\mathrm{d}\phi$。因此

$$\oint \vec{B}\cdot \mathrm{d}\vec{l}=\oint Br\mathrm{d}\phi=\frac{\mu_0 I}{2\pi}\oint \mathrm{d}\phi=\mu_0 I$$

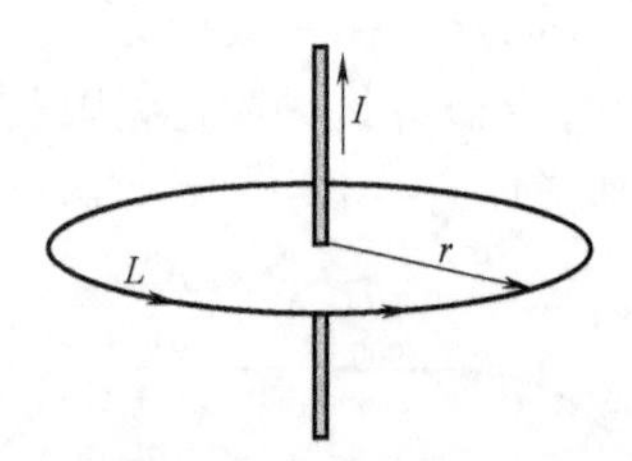

图 6.2-19 包围长直载流导线的圆形闭合环路

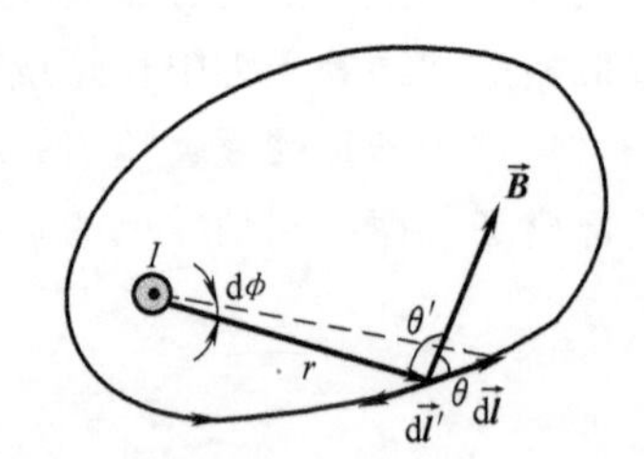

图 6.2-20 在垂直于直导线的平面内包围长直导线的任意闭合曲线

若环路绕行方向与电流成反右手螺旋关系，也就是说，将 $\vec{B}$ 沿顺时针方向积分，则上述结果符号相反。

若环路不与电流套连，如图 6.2-21 所示，在环路 L 上取一对线元 $\mathrm{d}\vec{l}_1$ 和 $\mathrm{d}\vec{l}_2$，两者相对于电流 I 具有同一张角 $\mathrm{d}\phi$，距电流 I 的距离分别为 r_1 和 r_2。两者与所在位置的磁场 $\vec{B}_1$ 和 $\vec{B}_2$ 之间的夹角分别为 θ_1 和 θ_2，则

$$\vec{B}_1\cdot \mathrm{d}\vec{l}_1+\vec{B}_2\cdot \mathrm{d}\vec{l}_2=B_1\mathrm{d}l_1\cos\theta_1+B_2\mathrm{d}l_2\cos\theta_2=-B_1r_1\mathrm{d}\phi+B_2r_2\mathrm{d}\phi=0$$

整个环路就是由这些成对的电流元组成的，因此，$\vec{B}$ 沿整个环路 L 的积分也等于零，即

$$\oint_L \vec{B}\cdot \mathrm{d}\vec{l}=0$$

由此可见，$\vec{B}$ 的环路积分和不与环路套连的电流无关。

若环路为包围直导线的任意闭合曲线 L，绕行方向与电流成右手螺旋，如图 6.2-22 所示。在 L 上任取线元 $\mathrm{d}\vec{l}$，将 $\mathrm{d}\vec{l}$ 分解成平行于直导线和垂直于直导线的两个分量：$\mathrm{d}\vec{l}_{/\!/}$ 和 $\mathrm{d}\vec{l}_{\perp}$。由 $\mathrm{d}\vec{l}_{\perp}$ 连成的闭合曲线在垂直于直导线的平面内，利用前面的结论，则有

$$\oint\vec{B}\cdot\mathrm{d}\vec{l}=\oint\vec{B}\cdot(\mathrm{d}\vec{l}_{/\!/}+\mathrm{d}\vec{l}_{\perp})=\oint\vec{B}\cdot\mathrm{d}\vec{l}_{\perp}=\mu_0 I$$

此式表明，无论环路形状如何，$\vec{B}$ 的环路积分都等于环路所包围的电流乘以 μ_0。环路绕行方向改变，则结果正负改变。

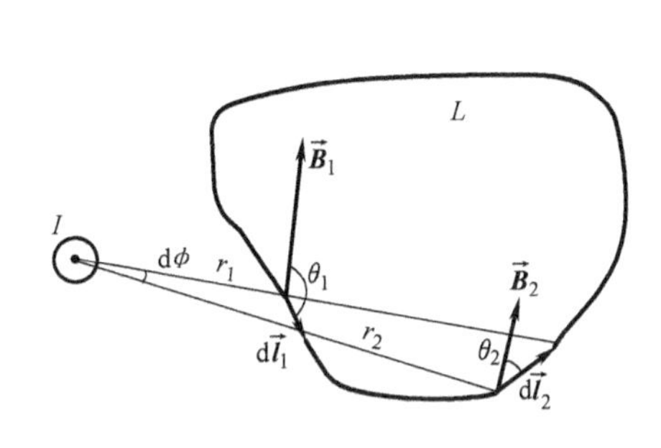

图 6.2-21 环路不与电流套连

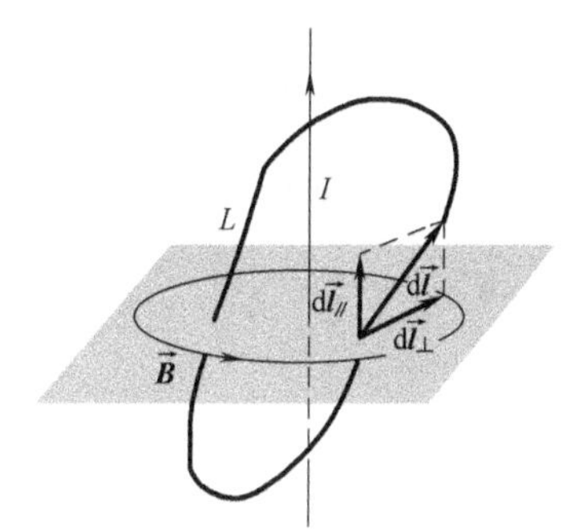

图 6.2-22 包围直导线的任意闭合曲线

若环路中包围 n 个电流，由磁场叠加原理，

$$\oint\vec{B}\cdot\mathrm{d}\vec{l}=\oint(\vec{B}_1+\vec{B}_2+\cdots+\vec{B}_n)\cdot\mathrm{d}\vec{l}=\sum_{i=1}^{n}\oint\vec{B}_i\cdot\mathrm{d}\vec{l}=\sum_{i=1}^{n}\mu_0 I_i=\mu_0\sum_{i=1}^{n}I_i$$

其中，$\vec{B}_i$ 为第 i 个电流产生的磁场（$i=1$，…，n）$\sum\limits_{i=1}^{n}I_i$ 为环路所包围的电流的代数和。若环路绕行方向与电流 I_i 成右手螺旋，则电流 I_i 取正，否则取负。

综上所述，在无限长载流直导线的磁场中，**磁感应强度 $\vec{B}$ 沿任何环路的积分等于环路所包围的电流的代数和乘以 μ_0**。该结论虽然是由无限长载流直导线这一简单情况得到的，但可以证明，它对任意形状的载流回路和任意形状的闭合路径都是成立的，是一个普遍的结论，称为**安培环路定理**，其数学形式为

$$\oint_L\vec{B}\cdot\mathrm{d}\vec{l}=\mu_0\sum I_{内} \tag{6.2-20}$$

注意：

1）L 是在磁场中任取的闭合路径，通常称为**安培环路**，其绕行方向任意选取；$\mathrm{d}\vec{l}$ 为环路 L 上的任一线元，方向与环路的绕行方向一致。

2）$\vec{B}$ 由空间中所有电流共同激发，而不是仅由环路包围的电流产生。但只有环路包围的电流才会对环路积分有贡献。

3）$\sum I_{内}$ 指环路所包围（与环路套连）的所有电流的代数和，与环路外的电流无关；当电流流向与环路绕行方向成右手螺旋时，电流取正，否则取负。例如，在图 6.2-23 中，$\sum I_{内}=I_1-I_2$，与 I_3 无关。

安培环路定理的严格证明需要用到相对复杂的数学理论，这里不便赘述。需要说明的是，此种形式的安培环路定理只适用于稳恒电流，在下一章中会将此定理推广到非稳恒电流

的情况。

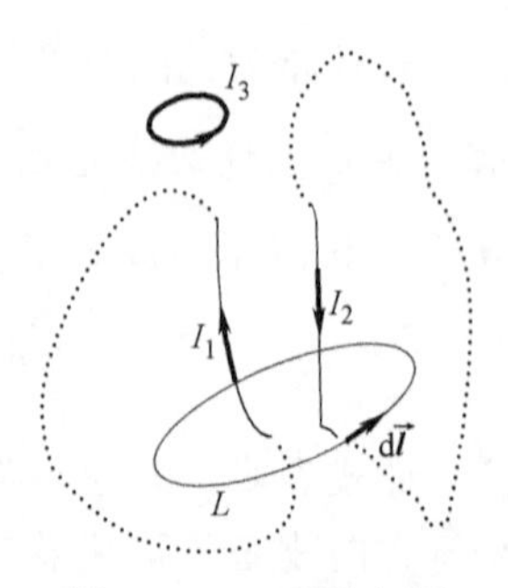

图 6.2-23 环路包围多个电流

安培环路定理表明，在一般情况下，$\oint_L \vec{B} \cdot d\vec{l} \neq 0$，与静电场的环路定理$\oint \vec{E} \cdot d\vec{l} = 0$不同，这说明磁场为**非保守场**，称为**涡旋场**。在稳恒磁场中，不能引入类似于静电场中的电势那样的标量势的概念。

2. 利用安培环路定理求解磁场

在静电场中，高斯定理$\oiint \vec{E} \cdot d\vec{S} = \frac{\sum q_i}{\varepsilon_0}$将电场和电荷分布联系起来，因此，我们可以在已知电荷分布的情况下，利用高斯定理求解高度对称性的电场。同样，在磁场中，安培环路定理$\oint_L \vec{B} \cdot d\vec{l} = \mu_0 \sum I_{内}$揭示了磁场和电流分布之间的关系，因此我们也可以在已知电流分布的情况下，利用安培环路定理求解高度对称性的磁场。下面给出几个例子。

例 6.2-3 求图 6.2-24a 所示的无限长均匀载流直圆筒内外的磁场分布。设圆筒半径为 R，电流为 I。

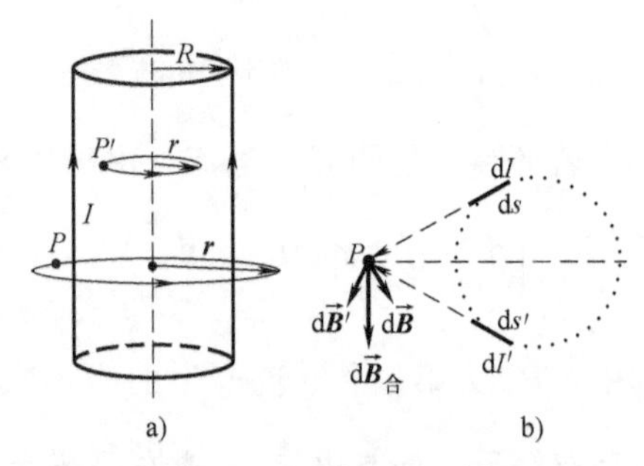

图 6.2-24 例 6.2-3 图

解：首先，分析磁场的对称性。如图 6.2-24b 所示，作载流圆筒的俯视图，圆点表示电流方向垂直纸面向外。在俯视图上任取一对对称的线元 ds 和 ds'，它们相当于两根无限长的载流直导线，其中通有大小相同的电流 dI 和 dI'，它们在圆筒外的 P 点分别激发磁场 $d\vec{B}$ 和 $d\vec{B}'$，方向如图所示。这一对线元所产生的合磁场 $d\vec{B}_{合}$ 为 $d\vec{B}$ 和 $d\vec{B}'$ 的矢量叠加，方向在过 P 点的圆周切向。整个载流圆筒由这样的成对线元组成，因此 P 点的总磁场也必定在圆周切向，也就是说，圆筒外的磁感线是以圆筒轴线为中心的圆。分析圆筒内的场点也可得到类似的结论。

为此做如下判断：载流圆筒的磁感线是以轴线为中心的圆，由于电流分布具有轴对称性，在同一圆上各点 $\vec{B}$ 的大小相等，$\vec{B}$ 的方向与电流流向成右手螺旋。

接下来计算圆筒外 P 点磁感应强度的大小。以轴线为中心过 P 点构造半径为 r 的圆作为安培环路，环路绕行方向与电流成右手螺旋。将 $\vec{B}$ 沿此环路积分，可得

$$\oint_L \vec{B} \cdot d\vec{l} = \oint_L B\,dl = B\oint_L dl = B \cdot 2\pi r$$

该环路包围的电流为圆筒上的所有电流，即$\sum I_{内} = I$。由式（6.2-20）可知，

$$\oint_L \vec{B} \cdot d\vec{l} = B \cdot 2\pi r = \mu_0 I$$

于是

$$B = \frac{\mu_0 I}{2\pi r} \quad (r > R)$$

再计算圆筒内 P' 点的磁感应强度。取过 P' 点的圆周为安培环路，$\vec{B}$ 沿此环路的积分与上面圆筒外的形式相同，不同的是，该环路中没有包围电流。因此，

$$\oint_L \vec{B} \cdot d\vec{l} = B \cdot 2\pi r = 0$$

因此

$$B = 0 \quad (r < R)$$

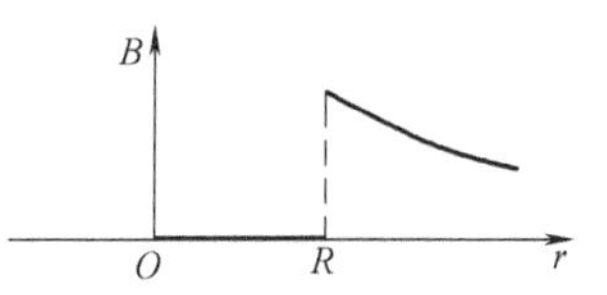

图 6.2-25 无限长载流直圆筒的磁场分布示意图

由此可知，无限长载流直圆筒内部的磁场为零，外部磁场相当于所有电流都集中在轴线上的无限长载流直导线的磁场，如图 6.2-25 所示。

评价：从该例题可以看出利用安培环路定理求解磁场分布的一般步骤。首先根据电流分布的对称性分析磁场的对称性，然后过场点选择合适的安培环路，计算 $\vec{B}$ 沿此环路的积分，再分析环路中包围的电流 $\sum I_{内}$，最后利用式（6.2-20）得到 $\vec{B}$ 的分布。

在电流轴对称分布的情形下，比如无限长的载流直导线、载流圆柱体或同轴的载流圆柱壳，通常选择的是圆形的安培环路，$\vec{B}$ 沿圆形环路的积分都能得到相同的表达式，因此这些轴对称的电流分布在外部产生的磁场都是相同的，就好像所有电流都集中在轴线上一样。所不同的是内部磁场分布，因为过内部场点的安培环路所包围的电流会因电流分布的不同而有所区别。

例 6.2-4 已知无限长密绕载流螺线管轴线上的磁场 $B = \mu_0 nI$（见例 6.2-2），求证：该螺线管内部磁场处处相等，外部磁场为零。

证明：将螺线管看成是由无穷多个共轴的并排平面圆线圈组成。由电流分布的对称性，可判断管内任一点的 $\vec{B}$ 均平行于轴线。再加上螺线管无限长的条件，可知在距轴线等距离的地方，$\vec{B}$ 的大小相等。

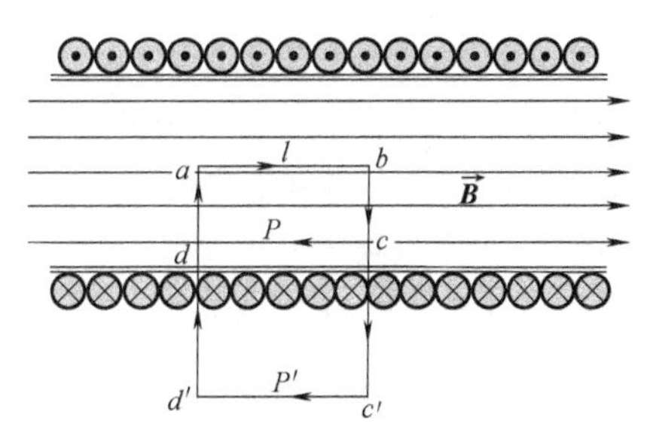

图 6.2-26 例 6.2-4 图

接下来分析螺线管内 P 点的磁场。过 P 点作矩形的安培环路 $abcd$，其中 ab 边在轴线上，长度为 l。将 $\vec{B}$ 沿此环路积分，有

$$\oint_L \vec{B} \cdot d\vec{l} = \int_a^b \vec{B} \cdot d\vec{l} + \int_b^c \vec{B} \cdot d\vec{l} + \int_c^d \vec{B} \cdot d\vec{l} + \int_d^a \vec{B} \cdot d\vec{l}$$

设电流方向如图 6.2-26 所示，环路顺时针绕行。在 ab 边上，各点 $\vec{B}$ 的大小相等，方向与 $d\vec{l}$ 平行；在 cd 边上，各点 $\vec{B}$ 的大小相等，方向与 $d\vec{l}$ 反向平行；在 bc 和 da 边上，$\vec{B}$ 与 $d\vec{l}$ 垂直。因此，上面的环路积分可化简为

$$\oint_L \vec{B} \cdot d\vec{l} = \int_a^b \vec{B} \cdot d\vec{l} + \int_c^d \vec{B} \cdot d\vec{l} = \int_a^b B_{ab}\, dl - \int_c^d B_{cd}\, dl = B_{ab} l - B_{cd} l$$

环路 $abcd$ 中未包围电流，即 $\sum I_{内} = 0$。由安培环路定理式（6.2-20）可得，

$$B_{ab} l - B_{cd} l = 0$$

即

$$B_{ab}=B_{cd}=\mu_0 nI$$

由于 cd 边可取在螺线管中任意位置，因而螺线管内各点的 $\vec{B}$ 均与轴线处的 $\vec{B}$ 相等，即

$$B_{内}=\mu_0 nI$$

管内为平行于轴线的均匀磁场。

再讨论管外 P' 点的磁场。与上面的分析类似，过 P' 点作如图所示的矩形安培环路 $abc'd'$。将 $\vec{B}$ 沿此环路积分，注意到左、右两边（bc' 和 $d'a$）上 $\vec{B}$ 与 $d\vec{l}$ 垂直，得

$$\oint_L \vec{B}\cdot d\vec{l}=\int_a^b \vec{B}\cdot d\vec{l}+\int_{c'}^{d'}\vec{B}\cdot d\vec{l}=\int_a^b B_{ab}dl-\int_{c'}^{d'}B_{c'd'}dl=(B_{ab}-B_{c'd'})l$$

环路 $abc'd'$ 中包围的电流为 $\sum I_{内}=nIl$。由安培环路定理式（6.2-20），得

$$(B_{ab}-B_{c'd'})l=\mu_0 nIl$$

又 $B_{ab}=\mu_0 nI$，因此

$$B_{c'd'}=0$$

由于 $c'd'$ 边可在管外的任意位置，因此管外磁场处处为零，即

$$B_{外}=0$$

命题得证。

评价： 以上的讨论用到了轴线上的磁场 $B=\mu_0 nI$ 这一结论。实际上，也可以利用安培环路定理求解轴线上的磁场。为此，只需要将环路 $abc'd'$ 中的 $c'd'$ 边拉到无穷远即可。由于任一平面线圈在无穷远的 $c'd'$ 边所贡献的磁场近似为零，因此 $\oint_L \vec{B}\cdot d\vec{l}=\int_a^b \vec{B}\cdot d\vec{l}=B_{ab}l$，而此时环路包围的电流仍为 $\sum I_{内}=nIl$，故由安培环路定理可得 $B_{ab}=\mu_0 nI$。

实际的螺线管都是有限长的，但是对半径远小于管长的细长型螺线管，若只讨论除两端附近之外的场点，就可近似用无限长螺线管模型，即认为细长螺线管的磁场全部集中在螺线管内部，且管内磁场处处相等。

例 6.2-5 已知无限大均匀载流平面的载流线密度为 $\vec{j}$，求其磁场分布。

解： 首先分析磁场的对称性。作载流平面的俯视图，如图 6.2-27 所示，点表示电流垂直纸面向外。欲求 P 点的磁场，在平面上关于 P 点对称的位置上分别取电流元 dI 和 dI'（$dI=dI'$），两者均相当于无限长载流导线，它们在 P 点产生的磁场分别为 $d\vec{B}$ 和 $d\vec{B}'$，方向如图所示，P 点的合磁场为 $d\vec{B}$ 和 $d\vec{B}'$ 的矢量和，方向水平向左，与载流平面平行。通过类似的分析可得到平面另一侧的磁场必定水平向右。根据电流分布的对称性可知，距载流平面等距离的场点，磁感应强度大小相等。

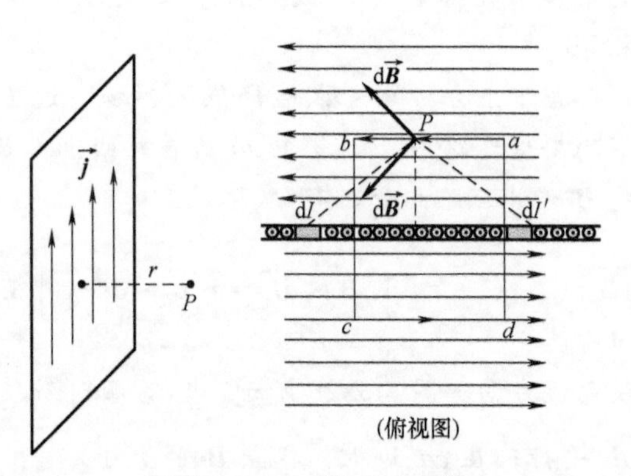

图 6.2-27 例 6.2-5 图

过 P 点构造关于平面对称的矩形回路 $abcd$ 作为安培环路，规定绕行方向为逆时针，如图所示。在 ab 和 cd 边上，各点 $\vec{B}$ 的大小相等，且方向与 $d\vec{l}$ 平行；在两个竖直边上，$\vec{B}$ 与

$d\vec{l}$ 垂直。对环路 $abcd$ 使用安培环路定理，得

$$\oint_L \vec{B} \cdot d\vec{l} = \int_a^b \vec{B} \cdot d\vec{l} + \int_c^d \vec{B} \cdot d\vec{l} = 2\int_a^b \vec{B} \cdot d\vec{l} = 2\int_a^b B dl = 2Bl = \mu_0 jl$$

其中 l 为 ab 边的长度，故

$$B = \frac{\mu_0 j}{2} \tag{6.2-21}$$

由于 bc 边的长度任意，所以 ab 边上的磁场大小与距载流平面的距离无关，也就是说无限大均匀载流平面两侧的磁场为均匀磁场。

评价：比较无限大均匀载流平面的磁场 $B=\frac{\mu_0 j}{2}$ 与无限大均匀带电平面的电场 $E=\frac{\sigma}{2\varepsilon_0}$ 的表达式。大家不妨将静磁场中关于磁场分布的理想模型（无限长载流直导线、磁偶极子、无限大均匀载流平面等）和静电场中关于电场分布的理想模型（无限长带电线、电偶极子、无限大均匀带电面等）逐一对比。不难发现这种电磁的对称性。

例 6.2-6　补偿法求磁场。如图 6.2-28a 所示，在一截面半径为 R 的长圆柱形导体（可视为无限长）中挖去一个与轴平行的小圆柱体，形成一个截面半径为 r 的圆柱形空洞，空洞轴到原圆柱轴之间的距离为 d。在有洞的导体柱内有电流沿柱轴方向流通，电流密度为 $\vec{j}$。求空洞中各点的磁感应强度。

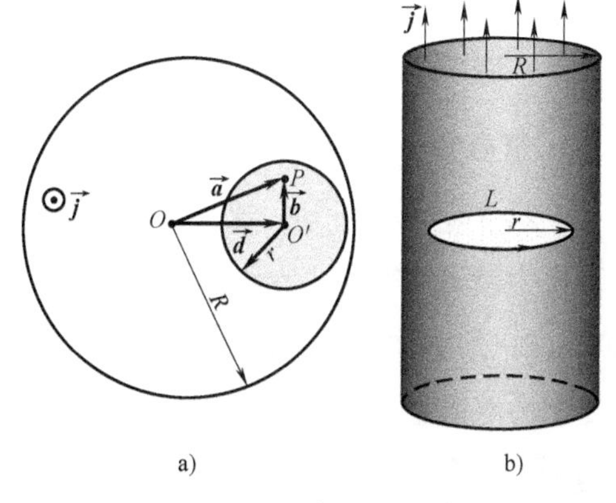

图 6.2-28　例 6.2-6 图

解：首先，分析一个完整的均匀载流圆柱体在其内部激发的磁场。载流圆柱形导体可看成由无穷多个同轴的载流圆筒组成。由例 6.2-3 可知，每个载流圆筒都将贡献轴对称的磁场，因此，整个载流圆柱体的磁场线也必定是以轴线为中心的圆，在同一个圆上磁感应强度大小处处相等。

以轴线为中心构造半径为 r 的圆作为安培环路 L，如图 6.2-28b 所示。环路所包围的电流为 $\sum I_{内} = j\pi r^2$。由安培环路定理，得

$$\oint_L \vec{B} \cdot d\vec{l} = \oint_L B dl = B\oint_L dl = B \cdot 2\pi r = \mu_0 j\pi r^2$$

故

$$B = \frac{\mu_0 j}{2} r$$

将半径矢量化，$\vec{r}$ 的方向沿径向向外，而电流密度矢量 $\vec{j}$ 的方向则为电流的方向，从而磁感应强度可表示为如下矢量形式

$$\vec{B} = \frac{\mu_0}{2} \vec{j} \times \vec{r}$$

再分析空洞内 P 点的磁场。有空洞的圆柱体可看成由载有电流密度 $\vec{j}$ 的大圆柱体和载有反向电流密度 $-\vec{j}$ 的小圆柱体组成，因此，P 点的磁场是这两个载有反向电流的圆柱体

在其内部所产生的磁场的矢量叠加，即

$$\vec{B}_P=\frac{\mu_0}{2}(\vec{j}\times\vec{a}-\vec{j}\times\vec{b})=\frac{\mu_0}{2}\vec{j}\times(\vec{a}-\vec{b})=\frac{\mu_0}{2}\vec{j}\times\vec{d}$$

其中，$\vec{a}$、$\vec{b}$ 分别为由大、小圆柱体的截面中心 O、O' 指向 P 点的有向线段。由上式可知，空洞内为均匀磁场，磁场方向垂直于 O、O' 的连线。

评价： 当载流导体不满足理想的轴对称性时，不能直接利用安培环路定理求其磁场分布，但我们可以通过补偿法填充部分电流以满足电流分布的高度对称性，从而利用安培环路定理和磁场叠加原理（扣除掉补偿的电流所激发的磁场）求其磁场分布。

小节概念回顾： 什么是安培环路定理？式（6.2-20）中的 $\vec{B}$ 与环路外的电流有关吗？利用安培环路定理求解磁场的基本思路是什么？

6.3 磁力

6.3.1 磁场对带电粒子的作用

1. 带电粒子在电磁场中的受力

由式（6.2-1）可知，速度为 $\vec{v}$ 的电荷 q 在磁场 $\vec{B}$ 中受到的磁力为**洛伦兹力** $\vec{F}_m=q\vec{v}\times\vec{B}$。洛伦兹力的大小为 $F_m=qvB\sin\theta$，其中 θ 为 $\vec{v}$ 和 $\vec{B}$ 之间的夹角。图 6.3-1 显示了正电荷受到的洛伦兹力，$\vec{F}_m$ 垂直于 $\vec{v}$ 和 $\vec{B}$ 组成的平面。由于洛伦兹力 $\vec{F}_m$ 总是与带电粒子的速度 $\vec{v}$ 垂直，所以洛伦兹力对带电粒子不做功。

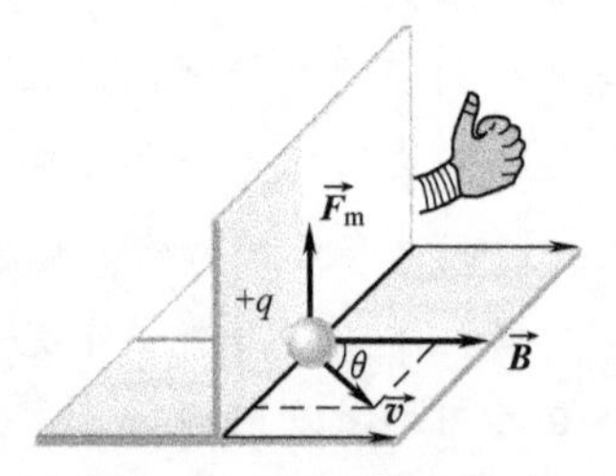

图 6.3-1 洛伦兹力

在普遍情况下，当一个带电粒子在电磁场中运动时，除了受洛伦兹力外，它还会受到电场力，即

$$m\frac{d\vec{v}}{dt}=\vec{F}=\vec{F}_m+\vec{F}_e=q\vec{v}\times\vec{B}+q\vec{E} \tag{6.3-1}$$

式（6.3-1）称为普遍情况下的**洛伦兹力公式**，是电磁学的基本公式之一。

2. 带电粒子在均匀磁场中的运动

设带正电的粒子 q 以速度 $\vec{v}_0$ 垂直于磁场方向进入某均匀磁场区域，如图 6.3-2 所示，磁感应强度 $\vec{B}$ 垂直纸面向里，粒子受到的洛伦兹力 $\vec{F}$ 竖直向上。$\vec{F}$ 与速度 $\vec{v}_0$ 垂直，做功恒为零，也就是说，$\vec{F}$ 只会改变速度的方向，不会改变速度的大小。因此，粒子 q 将做匀速率圆周运动。此时洛伦兹力提供向心力，即

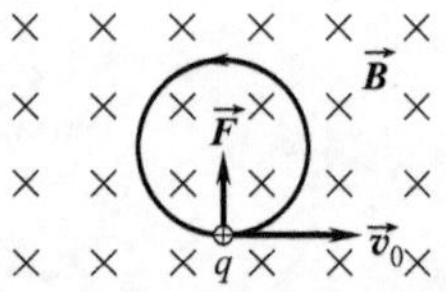

图 6.3-2 带电粒子在均匀磁场中运动（$\vec{v}_0$ 与 $\vec{B}$ 垂直）

$$m\frac{v_0^2}{R}=qv_0B$$

得

$$R=\frac{mv_0}{qB} \tag{6.3-2}$$

式中，R 为粒子的**回旋半径**。带电粒子做圆周运动转一圈所需的时间称为**回旋周期**，用 T 表示，则

$$T=\frac{2\pi R}{v_0}=\frac{2\pi m}{qB} \tag{6.3-3}$$

显然，当$\vec{v}_0 \perp \vec{B}$ 时，带电粒子在磁场中做圆周运动，回旋半径与速率 v_0 成正比，回旋周期与速率 v_0 无关。因此，速率不同的同种带电粒子在同一磁场中运动时其回旋半径各异，速率大的转大圈，速率小的转小圈，但转一圈的时间均相同。

若带电粒子的初速度$\vec{v}_0$与 $\vec{B}$ 成 α（$\alpha \neq 90°$）角，如图 6.3-3 所示，此时$\vec{v}_0$可看成两个分量（垂直于 $\vec{B}$ 的分量$\vec{v}_\perp$和平行于 $\vec{B}$ 的分量$\vec{v}_{/\!/}$）的合成，即$\vec{v}_0=\vec{v}_\perp+\vec{v}_{/\!/}$。

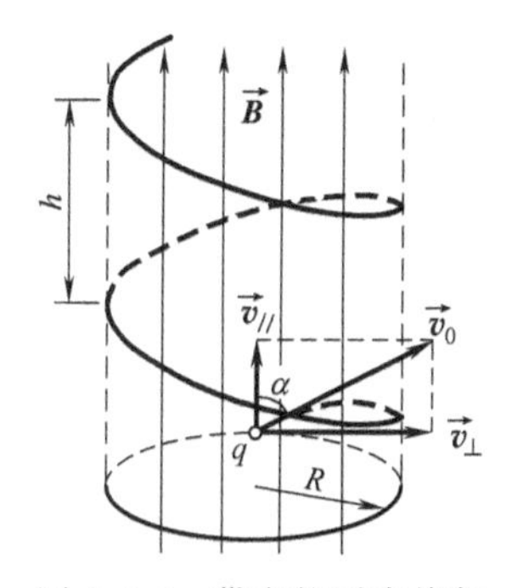

图 6.3-3　带电粒子在均匀磁场中运动（$\vec{v}_0$与 $\vec{B}$ 成 α 角）

根据上面的分析，当粒子以速度$\vec{v}_\perp$运动时，粒子做圆周运动，半径和周期分别为

$$R=\frac{mv_\perp}{qB}=\frac{mv_0\sin\alpha}{qB} \tag{6.3-4}$$

$$T=\frac{2\pi R}{v_\perp}=\frac{2\pi m}{qB} \tag{6.3-5}$$

当粒子以速度$\vec{v}_{/\!/}$运动时，$\vec{F}_\mathrm{m}=q\,\vec{v}_{/\!/}\times\vec{B}=\vec{0}$，粒子不受磁场力，因此粒子将做匀速直线运动。

实际粒子的运动是以上两种运动（圆周运动和匀速直线运动）的合成，因此粒子将沿磁场方向做螺旋运动。粒子在一个回旋周期内沿磁场方向前进的距离称为**螺距**，用 h 表示，有

$$h=v_{/\!/}T=v_0\cos\alpha\ \frac{2\pi m}{qB} \tag{6.3-6}$$

当一束电荷量相同的带电粒子以不大的发散角（$\alpha \to 0°$）进入均匀磁场时，$v_{/\!/}\approx v_0$，粒子经不同的回旋半径做螺旋运动，但具有相同的回旋周期和螺距，因此这束粒子会在相同的时间汇聚在同一点，这和一束近轴光线经过透镜后聚焦的现象类似，称为**磁聚焦**。磁聚焦广泛用于电真空器件中对电子束的聚焦，图 6.3-4 为显像管中电子的磁聚焦装置示意图。

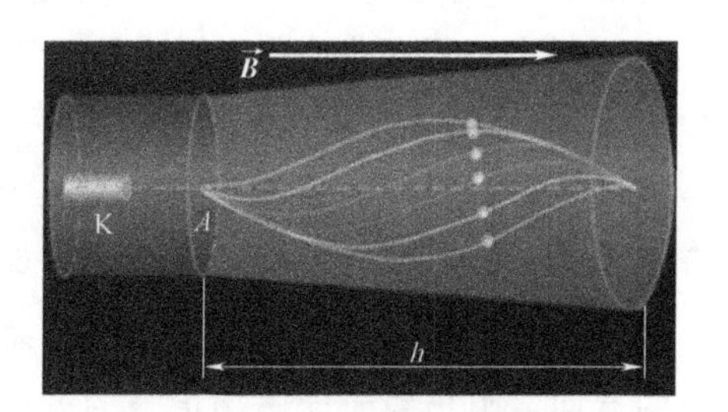

图 6.3-4　磁聚焦示意图

例 6.3-1　在如图 6.3-5 所示的质谱仪中，一束带正电的离子（电荷量为 q）首先经过速度选择器（其中有相互垂直的均匀电场和匀强磁场：电场强度 $\vec{E}$ 水平向右，磁感应强度 $\vec{B}$ 垂直纸面向外），然后进入匀强磁场 $\vec{B}'$区域发生偏转，偏转距离为 l。求离子的质量 m。

解：假设正离子以竖直向下的速度$\vec{v}$ 进入速度选择器。在速度选择器中，离子受到水平向右的电场力 $\vec{F}_e=q\vec{E}$ 和水平向左的洛伦兹力 $\vec{F}_m=q\vec{v}\times\vec{B}$。当 $\vec{F}_e=\vec{F}_m$ 时，离子竖直向下进入匀强磁场 $\vec{B}'$区域。因此，进入匀强磁场 $\vec{B}'$区域的离子必定满足以下条件

$$-q\vec{v}\times\vec{B}=q\vec{E}$$

即，只有满足速率 $v=E/B$ 的离子才能顺利进入匀强磁场 $\vec{B}'$区域。在此磁场区域，离子在洛伦兹力 $\vec{F}'_m=q\vec{v}\times\vec{B}'$ 的作用下做匀速率圆周运动。由式（6.3-2）可知，离子的回转半径为

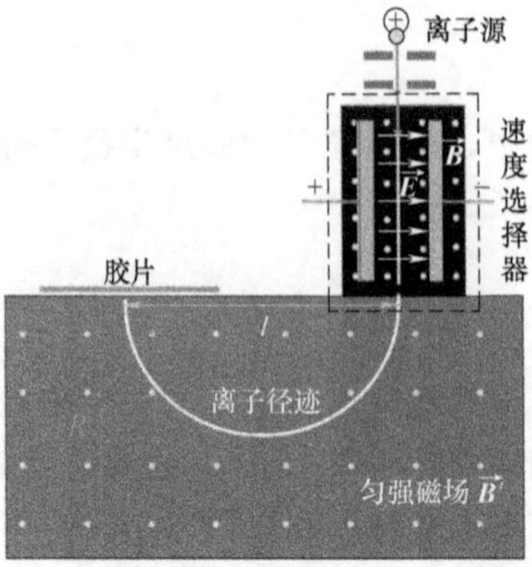

图 6.3-5 例 6.3-1 图

$$R=\frac{mv}{qB'}=\frac{mE}{qB'B}$$

偏转距离 l 为回转半径的两倍。因此，有

$$l=2R=\frac{2mE}{qB'B}$$

由此解得离子的质量 m 为

$$m=\frac{qB'Bl}{2E}$$

评价：结果表明，对于电荷量相同的离子，偏转距离与质量成正比。实际应用中利用这一点可以将电荷量相同但质量不同的离子分离开来，因此，质谱仪常作为研究同位素的工具。另外，质谱仪也可以用来测定带电粒子在不同速度下的比荷（电荷量与质量之比），由上面的结果可知，$\frac{q}{m}=\frac{2E}{B'Bl}$。实验发现，在高速情况下，同一离子的比荷有所变化。这一变化符合高速情况下的相对论质速关系所给出的结果，与电荷无关。这说明电荷量与离子的运动无关，电荷量是一个相对论不变量。

3. 带电粒子在非均匀磁场中的运动

由式（6.3-4）和式（6.3-6）可知，带电粒子做螺旋运动时的半径和螺距与磁感应强度成反比，磁场越强，半径和螺距越小。由此可知，当带电粒子在非均匀磁场中运动时，将做变半径的螺旋线运动，如图 6.3-6 所示。当粒子以速度$\vec{v}$ 向磁场增强的方向运动时，如图示位置，粒子受到洛伦兹力 $\vec{F}$，将其分解为两个分力 $\vec{F}_1$ 和 $\vec{F}_2$，其中 $\vec{F}_1$ 指向磁场较弱的方向，阻止粒子向磁场增强的方向运动。这样有可能使粒子沿磁场增强方向的速度分量逐渐减小为零，从而迫使粒子调头反转运动。这种现象就好像光线遇到镜面反射一样，称为**磁镜**。

如图 6.3-7 所示，两个平行放置的同轴载流线圈在两者之间的区域激发中间弱、两端强的磁场，进入该区域的带电粒子在两线圈之间来回反射，就好像被约束在一个有形的容器中一样，因此将该系统称为**磁瓶**。磁瓶是约束高温等离子体的有效装置。

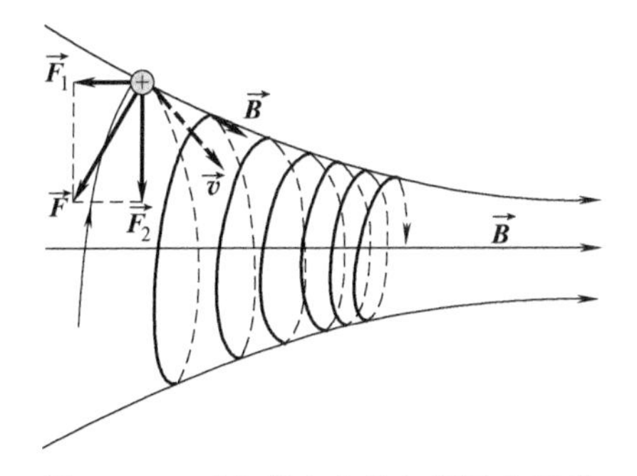

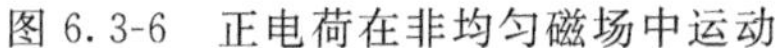
图 6.3-6 正电荷在非均匀磁场中运动

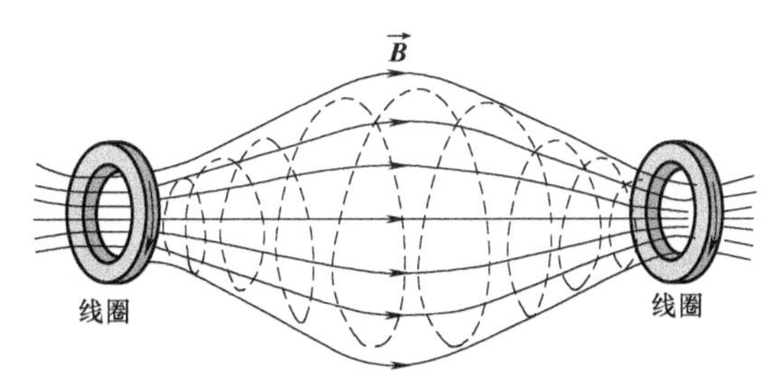

图 6.3-7 磁瓶示意图

应用 6.3-1 回旋加速器如何加速带电粒子？

回旋加速器是粒子物理实验中用来获得高能带电粒子的装置，应用 6.3-1 图 a 为其结构示意图。一对 D 形盒放置在两电磁铁之间，高频交变电源在 D 形盒间隙产生高频交变电场。带电粒子在 D 形盒内运动时受到洛伦兹力而做匀速率圆周运动，回旋半径与粒子的速率有关，但回旋周期不变。若高频电源的频率与粒子的回旋频率相同，则每当粒子经过缝隙时就会被加速，被加速之后的粒子回旋半径增大，周而复始，如应用 6.3-1 图 b 所示，当粒子的速度达到预期值时即被引出，用来做各种粒子物理实验。

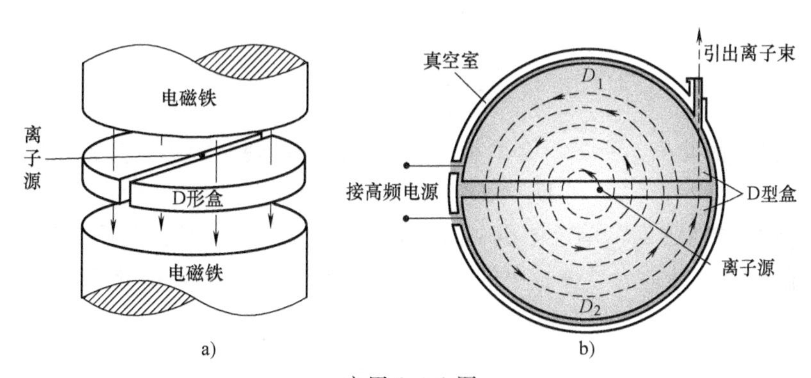

应用 6.3-1 图

当粒子的速度被加速到接近光速时，由于相对论效应，粒子在 D 形盒内的回旋周期变长，频率下降，欲使粒子在缝隙处始终被加速，就要求高频电源的频率与粒子在 D 形盒内运动的回旋频率同步变化，此为**同步回旋加速器**。

4. 霍尔效应

如图 6.3-8 所示，将载流导体板（或半导体板）置于与其垂直的匀强磁场中。实验发现，在导体板的上下表面出现横向电势差。这一现象最早由霍尔（E. H. Hall）于 1879 年发现，称为**霍尔效应**，上下表面出现的电势差称为**霍尔电压**，用 U_H 表示。实验表明，霍尔电压与导体板中的电流 I 和外加磁场的磁感应强度大小 B 成正比，与导体板在磁场方向上的厚度 b 成反比，用数学式表示为

$$U_H = R_H \frac{IB}{b} \tag{6.3-7}$$

比例系数 R_H 称为**霍尔系数**，它是一个与材料性质相关的常数。

霍尔效应可以用经典的电子论来解释。设导体板中的载流子为负电荷（如金属板或n型半导体），电荷量为q，定向运动的平均速度为$\vec{v}$，形成向右的电流I，如图6.3-8所示。负电荷在磁场$\vec{B}$中受到竖直向上的洛伦兹力$\vec{F}_m$，在$\vec{F}_m$的作用下，负电荷向上偏转，朝导体板的上表面聚集，板的下表面则出现多余的正电荷。导体板上下表面积累的正负电荷在其内部产生竖直向上的附加电场，称为**霍尔电场**，其电场强度用$\vec{E}_H$表示。该电场给负电荷施加向下的电场力$\vec{F}_H$。随着电荷的不断积累，$\vec{F}_H$逐渐增大。当$\vec{F}_H$增大到足以抵消$\vec{F}_m$时，负电荷的受力达到平衡，不再发生偏转，此时

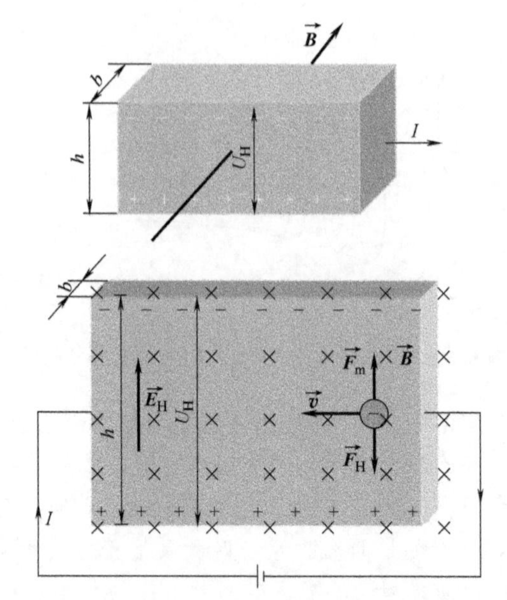

图 6.3-8 用经典的电子论解释导体中的霍尔效应

$$\vec{F}_H+\vec{F}_m=\vec{0}$$

由此得

$$\vec{E}_H=-\vec{v}\times\vec{B}$$

由于$\vec{v}$与$\vec{B}$垂直，因此$E_H=vB$。金属板上下表面之间出现稳定的电势差，即霍尔电压

$$U_H=U_上-U_下=-vBh$$

设导体板中的载流子数密度（单位体积中的载流子数）为n，则单位时间通过导体板横截面的电荷量为$|q|nbhv$，此即为导体板中的电流I，故$I=|q|nbhv$，由此式解出v，代入上式可得

$$U_H=-\frac{IB}{|q|nb} \tag{6.3-8}$$

显然，该结论与式（6.3-7）的实验结果一致，两式对比，得该导体板中的霍尔系数

$$R_H=-\frac{1}{n|q|}=\frac{1}{nq}<0 \quad (q<0) \tag{6.3-9}$$

若板中的载流子为正电荷（如p型半导体），如图6.3-9所示。正电荷将受到向上的洛伦兹力作用，朝板的上表面偏转，使得上下表面的电势差为正，通过类似的分析可得到此时的霍尔系数为

$$R_H=\frac{1}{nq}>0 \quad (q>0) \tag{6.3-10}$$

不难发现，霍尔系数的符号与q相同，大小与载流子数密度n成反比。因此，借助霍尔系数的测量可以判断载流子的电性，也可以测定载流子的浓度。利

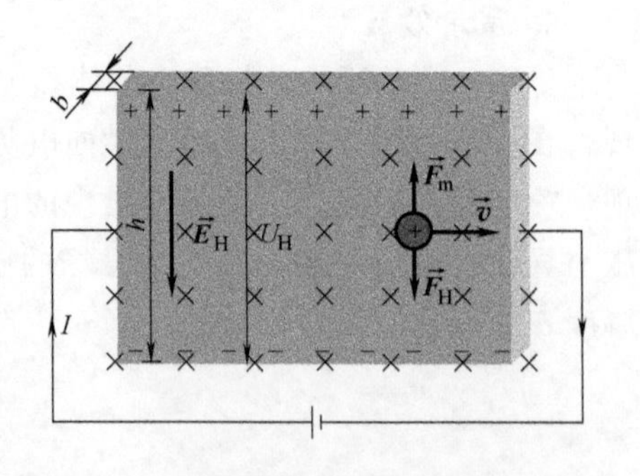

图 6.3-9 载流子为正电荷时的霍尔效应

用已知材料制成的霍尔元件还可以用来测量磁场。

由式（6.3-7）可以看出，比值 U_H/I 随 B 的增加而线性增加。1980 年，德国物理学家冯・克利青（Klaus von Klitzing）在低温强磁场的极端条件下研究半导体的霍尔效应时发现：$\dfrac{U_H}{I}=\dfrac{h}{ne^2}$，其中 $n=1$，2，3，…。U_H/I 与 B 不再呈线性关系，而出现量子化平台。这一效应称为**（整数）量子霍尔效应**，他因此获得 1985 年的诺贝尔物理学奖。其后崔琦（Daniel C. Tsui）、霍斯特・施特默（Horst L. Störmer）和亚瑟・戈萨德（Arthur C. Gossard）发现，在更强磁场下，n 可以取分数，这一结果称为**分数量子霍尔效应**。崔琦、霍斯特・施特默与罗伯特・劳夫林（Robert B. Laughlin）一起分享了 1998 年的诺贝尔物理学奖。

小节概念回顾：如何分析带电粒子在均匀磁场或非均匀磁场中的运动？

6.3.2　磁场对载流导线的作用

1. 安培力公式

1820 年，安培通过几个精心设计的实验和理论分析得到了电流元和电流元之间磁相互作用的规律——**安培定律**。在引入了电流元产生磁场这一概念之后，安培定律给出任一电流元 $I\mathrm{d}\vec{l}$ 在磁场 $\vec{B}$ 中受到的磁力 $\mathrm{d}\vec{F}$ 为

$$\mathrm{d}\vec{F}=I\mathrm{d}\vec{l}\times\vec{B} \tag{6.3-11}$$

有限长载流导线 L 受到的磁力是组成导线的各电流元受到的磁力的矢量和，即

$$\vec{F}=\int_L \mathrm{d}\vec{F}=\int_L I\mathrm{d}\vec{l}\times\vec{B} \tag{6.3-12}$$

载流导线受到的磁力通常称为**安培力**，式（6.3-11）和式（6.3-12）又称为**安培力公式**。

结合电流的形成机理和运动电荷在磁场中的受力可以从微观上给安培力一个明确的解释。如图 6.3-10 所示为一个电流元 $I\mathrm{d}\vec{l}$，相当于一段长度为 $\mathrm{d}l$、截面面积为 S 的载流圆柱体。电流元所在位置处的磁感应强度为 $\vec{B}$。设电流元中载流子数密度为 n，则电流元中共有 $nS\mathrm{d}l$ 个载流子。每个载流子的电荷量为 q，载流子定向运动的平均速度为 $\vec{v}$。每个载流子受到的洛伦兹力为 $q\vec{v}\times\vec{B}$，柱体内所有载流子受到的洛伦兹力的合力为

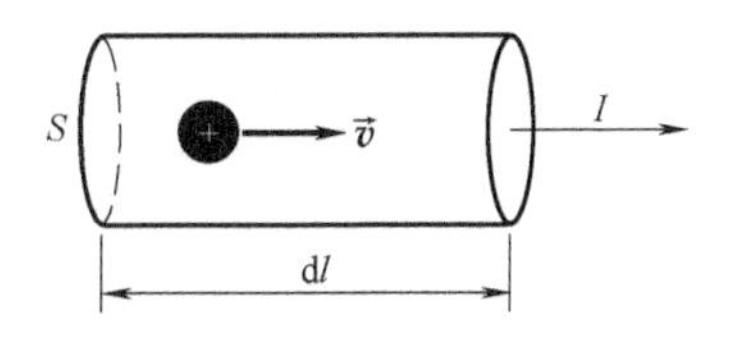

图 6.3-10　解释安培力

$$\mathrm{d}\vec{F}=nS\mathrm{d}l\cdot q\vec{v}\times\vec{B}$$

由于柱体中的电流大小 $I=qnSv$，电流方向为正电荷的速度 $\vec{v}$ 的方向，因此，上式可改写成

$$\mathrm{d}\vec{F}=I\mathrm{d}\vec{l}\times\vec{B}$$

此式即为长度为 $\mathrm{d}l$ 的导线受到的安培力。可见安培力是洛伦兹力的宏观表现。

设 $I\mathrm{d}\vec{l}$ 与 $\vec{B}$ 之间的夹角为 α，则电流元受到的安培力 $\mathrm{d}\vec{F}$ 的大小可表示为

$$\mathrm{d}F=IB\sin\alpha\,\mathrm{d}l$$

安培力 $\mathrm{d}\vec{F}$ 的方向由右手螺旋法则确定：右手四指由 $I\mathrm{d}\vec{l}$ 经小于 180°的角度转向 $\vec{B}$，大拇指的方向即为 $\mathrm{d}\vec{F}$ 的方向。$\mathrm{d}\vec{F}$ 总是垂直于 $I\mathrm{d}\vec{l}$ 和 $\vec{B}$ 组成的平面，如图 6.3-11 所示。

由式（6.3-12）可知，在均匀磁场中，任意形状的载流导线受到的安培力可简化为

$$\vec{F}=\int_a^b I\mathrm{d}\vec{l}\times\vec{B}=I\left(\int_a^b \mathrm{d}\vec{l}\right)\times\vec{B}=I\vec{ab}\times\vec{B} \tag{6.3-13}$$

式中，$\vec{ab}$ 为载流导线上由电流的起点指向终点的有向线段，如图 6.3-12 所示。若为直导线，则 $|\vec{ab}|$ 为载流直导线的长度。若为闭合的载流线圈，则 $|\vec{ab}|=0$，说明闭合的载流线圈在均匀磁场中受到的安培力等于零。

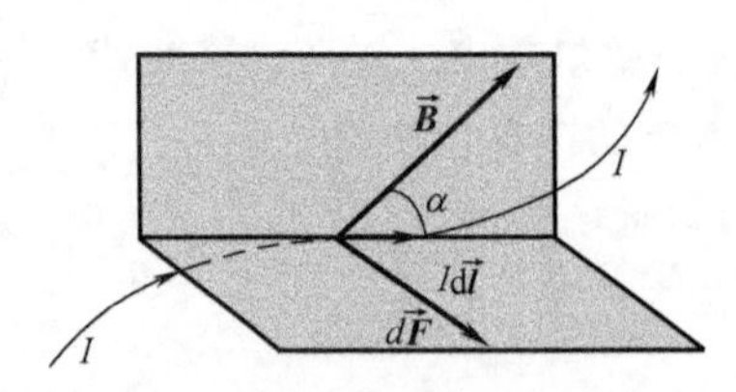

图 6.3-11 右手定则确定安培力的方向

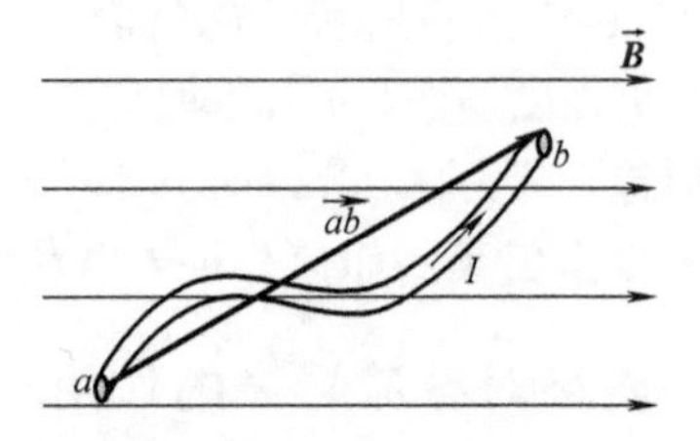

图 6.3-12 任意载流导线在均匀磁场中受到的安培力

例 6.3-2 求半圆形载流导线在均匀磁场中受到的安培力。已知导线的半径为 R，通有电流 I，磁感应强度为 $\vec{B}$，如图 6.3-13 所示。

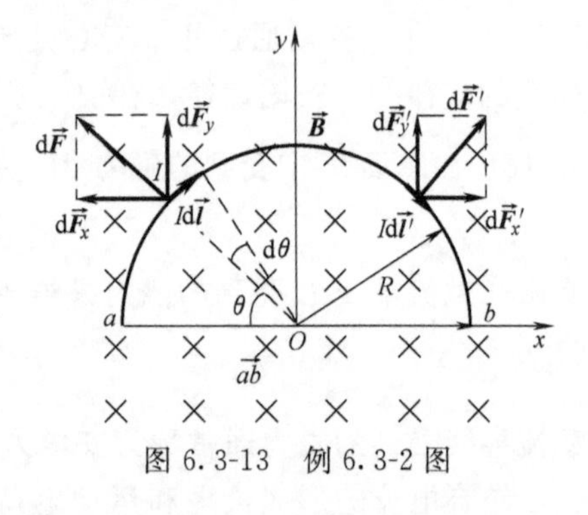

图 6.3-13 例 6.3-2 图

解： 由于是均匀磁场，可直接利用式（6.3-13）求解半圆形导线受到的安培力 $\vec{F}$。由于 $\vec{ab}$ 与 $\vec{B}$ 垂直，大小等于 $2R$，因此 $\vec{F}$ 的大小为

$$F=2IBR$$

$\vec{F}$ 的方向在纸面内竖直向上。

当然，也可以利用式（6.3-12）求此安培力。如图 6.3-13 所示，取两对称的电流元 $I\mathrm{d}\vec{l}$ 和 $I\mathrm{d}\vec{l}'$，它们受到的安培力分别为 $\mathrm{d}\vec{F}$ 和 $\mathrm{d}\vec{F}'$。建立如图所示的 Oxy 坐标系。由于对称性，$\mathrm{d}\vec{F}$ 和 $\mathrm{d}\vec{F}'$ 在 x 轴上的分量 $\mathrm{d}F_x$ 和 $\mathrm{d}F'_x$ 相互抵消，因此只剩下 y 轴上的分量 $\mathrm{d}F_y$ 和 $\mathrm{d}F'_y$，这说明半圆导线受到的安培力必定沿 y 轴正方向。对 $\mathrm{d}F_y$ 进行积分即可得到半圆导线受到的安培力的大小，故

$$F=\int_{\text{半圆}}\mathrm{d}F_y=\int_{\text{半圆}}\sin\theta\mathrm{d}F=\int_0^{\pi}IB\sin\theta R\,\mathrm{d}\theta=2IBR$$

两种方法得到的结果一致。

评价： 用式（6.3-12）原则上可以求解任意形状的载流导线在任意磁场中受到的安培力。但对均匀磁场，用式（6.3-13）求安培力则更简单，可以避开复杂的积分。

2. 两平行长直载流导线间的相互作用力

如图 6.3-14 所示，设两平行无限长直导线之间的垂直距离为 d，导线中的电流分别为 I_1 和 I_2，电流流向如图所示。

由式（6.2-8）可知，导线 1 在导线 2 处产生的磁场大小为

$$B_{12}=\frac{\mu_0 I_1}{2\pi d}$$

磁场方向垂直于导线 2 中的电流。在导线 2 上任取电流元 $I_2 \mathrm{d}\vec{l}_2$，它受到导线 1 给它的安培力 $\mathrm{d}\vec{F}_{12}$，方向指向导线 1，其大小为

$$\mathrm{d}F_{12}=I_2 B_{12}\mathrm{d}l_2=\frac{\mu_0 I_1 I_2}{2\pi d}\mathrm{d}l_2$$

同理，导线 2 在导线 1 处产生的磁场大小为 $B_{21}=\frac{\mu_0 I_2}{2\pi d}$。导线 1 上的电流元 $I_1 \mathrm{d}\vec{l}_1$ 受到导线 2 给它的安培力 $\mathrm{d}\vec{F}_{21}$，方向指向导线 2，其大小为

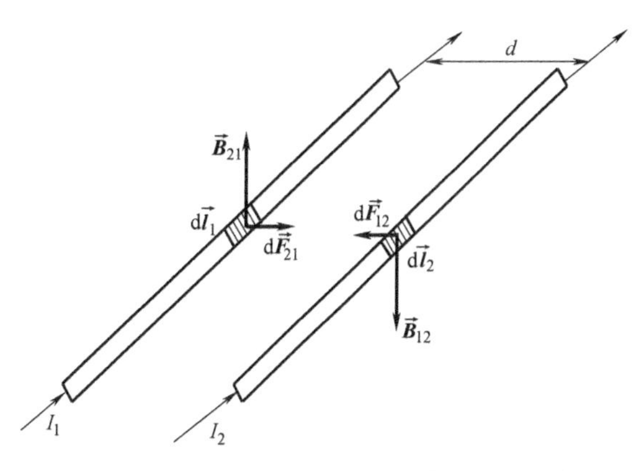

图 6.3-14 两平行长直载流导线间的相互作用力

$$\mathrm{d}F_{21}=I_1 B_{21}\mathrm{d}l_1=\frac{\mu_0 I_1 I_2}{2\pi d}\mathrm{d}l_1$$

因此，两导线在单位长度上的相互作用力大小为

$$\frac{\mathrm{d}F}{\mathrm{d}l}=\frac{\mathrm{d}F_{21}}{\mathrm{d}l_1}=\frac{\mathrm{d}F_{12}}{\mathrm{d}l_2}=\frac{\mu_0 I_1 I_2}{2\pi d}$$

如上分析，当两导线中的电流同向时，磁相互作用力为引力。同样可以证明，当两导线中的电流反向时，磁相互作用力为斥力。

如果两导线中的电流相等，$I_1=I_2=I$，并且两导线间的距离 $d=1\mathrm{m}$，那么，

$$\frac{\mathrm{d}F}{\mathrm{d}l}=\frac{\mu_0 I^2}{2\pi}$$

若取 $\frac{\mathrm{d}F}{\mathrm{d}l}=2\times10^{-7}\mathrm{N}\cdot\mathrm{m}^{-1}$，则 $I=1\mathrm{A}$。据此可以定义电流的单位——安培：真空中当两根垂直距离为 1m 的无限长平行载流直导线通有相同电流时，若导线间每米长度上的相互作用力正好等于 $2\times10^{-7}\mathrm{N}\cdot\mathrm{m}^{-1}$，则每根导线中的电流定义为 1 安培。这曾是国际单位制中安培的定义。通有 1A 电流的导线中，每秒流过导线任一横截面的电荷量定义为 1 库仑。

根据第 26 届国际计量大会（CGPM）通过的决议，自 2019 年 5 月 20 日起，国际单位制中的安培改由基元电荷量 e 来定义。1 安培定义为每秒（单位时间）通过 $1/e=1/1.602176634\times10^{19}$ 个电子时对应的电流。

例 6.3-3 将无限大均匀载流平面放入一均匀外磁场中，使得平面两侧的磁场分别为 $\vec{B}_1$ 和 $\vec{B}_2$，方向如图 6.3-15 所示。已知平面上的电流流向与外磁场垂直，求此载流平面单位面积所受磁场力的大小和方向。

解： 无限大载流平面会在其两侧产生反向的均匀磁场。设载流平面的载流线密度为 $\vec{j}$，由式（6.2-10）可知，载流平面在其两侧激发的磁场大小为 $\mu_0 j/2$。由图 6.3-15 可知，$B_2>B_1$，由此可判断原来的外磁场与载流平面在其右侧激

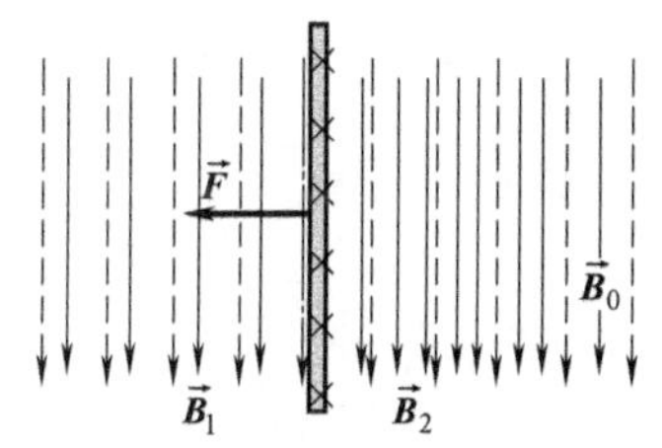

图 6.3-15 例 6.3-3 图

发的磁场均与 $\vec{B}_2$ 同向，载流平面在其左侧激发的磁场与 $\vec{B}_1$ 反向，这也说明平面上的电流垂直纸面向里。

设原来的均匀磁场为 $\vec{B}_0$（图中用虚线表示），有

$$B_2=B_0+\frac{\mu_0 j}{2},\quad B_1=B_0-\frac{\mu_0 j}{2}$$

解得

$$B_0=\frac{B_1+B_2}{2},\quad j=\frac{B_2-B_1}{\mu_0}$$

单位面积载流平面上的电流密度为 $\vec{j}$，且与 $\vec{B}_0$ 垂直。由安培力公式，单位面积载流平面受到的磁场力大小为

$$F=\int_{l=1} jB_0\,\mathrm{d}l=B_0 j=\frac{B_2^2-B_1^2}{2\mu_0}$$

$\vec{F}$ 的方向如图 6.3-15 所示，指向左侧。

评价：当我们分析运动电荷或载流导线在磁场中的受力时，不能考虑运动电荷或载流导线自身产生的磁场的作用。在上面的例题中，$\vec{B}_1$ 和 $\vec{B}_2$ 包含了载流平面产生的磁场，因此，求载流平面的受力时，必须扣除载流平面对磁场的贡献，只分析外磁场 $\vec{B}_0$ 对载流平面的作用力。

小节概念回顾：如何求解任意形状的载流导线在均匀磁场中的受力？

6.3.3 磁场对平面载流线圈的作用

1. 均匀磁场对矩形线圈的作用

如图 6.3-16 所示，将边长为 l_1 和 l_2 的矩形载流线圈 $abcd$ 置于均匀磁场 $\vec{B}$ 中，线圈中的电流为 I，磁场方向水平向右。规定线圈的正法线方向 $\hat{n}$ 与线圈中的电流流向成右手螺旋。$\vec{B}$ 与 $\hat{n}$ 之间的夹角为 θ。

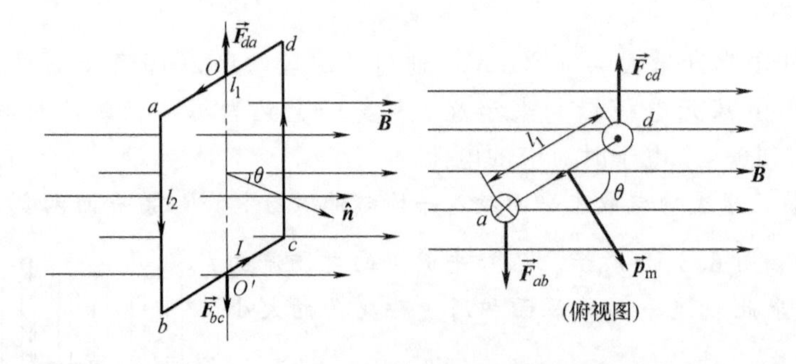

图 6.3-16 均匀磁场对矩形线圈的作用

首先分析线圈受到的磁场力。由式（6.3-13）可知，da 和 bc 两条边受到的安培力 $\vec{F}_{da}$ 和 $\vec{F}_{bc}$ 大小相等、方向相反，且在一条直线上，如图 6.3-16 所示，$\vec{F}_{da}+\vec{F}_{bc}=\vec{0}$。$ab$ 和 cd 两条

边受到的安培力 $\vec{F}_{ab}$ 和 $\vec{F}_{cd}$ 同样大小相等，$F_{ab}=F_{cd}=IBl_2$，且方向相反，$\vec{F}_{ab}+\vec{F}_{cd}=\vec{0}$，但不在一条直线上，如右侧俯视图所示。由于两组相对的两条边受到的安培力均相互抵消，因此线圈受到的合力为零。

再分析线圈受到的力矩。$\vec{F}_{da}$ 和 $\vec{F}_{bc}$ 作用在一条直线上，它们相对于任一点的合力矩为零。$\vec{F}_{ab}$ 和 $\vec{F}_{cd}$ 不在一条直线上，它们相对于中心对称轴 OO' 都会产生一个力矩，两个力矩的大小相等、方向相同，均沿 OO' 轴，因此合力矩也沿 OO' 轴，合力矩的大小为

$$M=2\times\frac{l_1}{2}F_{cd}\sin\theta=F_{cd}l_1\sin\theta=IBl_2l_1\sin\theta$$

由式（6.2-14）定义的磁矩可知，上式中的 Il_1l_2 为该矩形载流线圈的磁矩 $\vec{p}_{\mathrm{m}}$ 的大小，θ 为 $\vec{p}_{\mathrm{m}}$ 与 $\vec{B}$ 之间的夹角，因此上式可改写成如下的矢量式

$$\vec{M}=\vec{p}_{\mathrm{m}}\times\vec{B} \tag{6.3-14}$$

这就是载流线圈（线圈磁矩 $\vec{p}_{\mathrm{m}}$）在均匀外磁场 $\vec{B}$ 中受到的**磁力矩**。该结果与我们在静电场部分得到的电偶极子（电偶极矩 $\vec{p}_{\mathrm{e}}$）在均匀外电场 $\vec{E}$ 中受到的力矩 $\vec{M}=\vec{p}_{\mathrm{e}}\times\vec{E}$ 的形式完全类似。

当 $\vec{p}_{\mathrm{m}}$ 与 $\vec{B}$ 相互垂直（$\theta=\pi/2$），即 $\vec{B}$ 在线圈平面内时，力矩最大；当 $\vec{p}_{\mathrm{m}}$ 与 $\vec{B}$ 平行（$\theta=0$）或反向平行（$\theta=\pi$），即线圈平面与磁场垂直时，力矩为零。力矩 $\vec{M}$ 使线圈磁矩 $\vec{p}_{\mathrm{m}}$ 向外磁场 $\vec{B}$ 的方向转向。$\theta=0$ 是一个稳定平衡位置，若线圈略微偏离此位置，在力矩 $\vec{M}$ 的作用下，它最终将回到 $\theta=0$ 的位置；$\theta=\pi$ 是一个非稳定平衡位置，若线圈略微偏离此位置，在力矩 $\vec{M}$ 的作用下，它将偏离这个位置越来越远。

2. 均匀磁场对任意平面线圈的作用

虽然式（6.3-14）是由矩形载流线圈得到的，但可以证明，它对任意形状的平面载流线圈都成立。

如图 6.3-17 所示，将载有电流 I 的不规则平面线圈分割成无穷多个矩形线圈，线圈中的电流方向如图所示。任意两个相邻的矩形线圈有一条共同边，其中流有等值反向电流，因此，共同边上的导线受到的力和力矩完全抵消，只剩沿着边界的电流受到的力和力矩，也就是说，不规则平面线圈受到的力和力矩等于所有矩形线圈受到的合力和合力矩，即

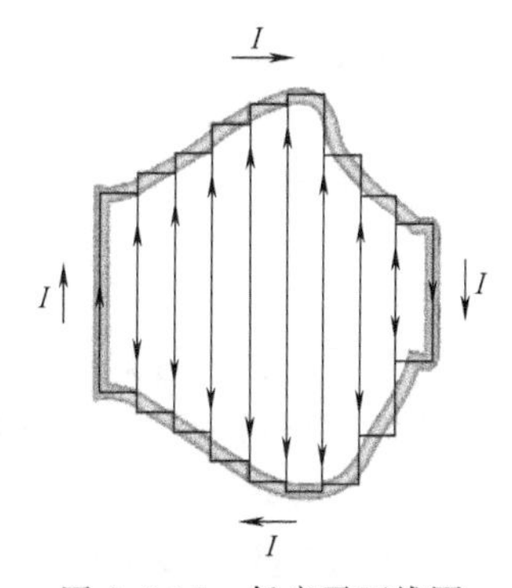

图 6.3-17　任意平面线圈可分割成多个矩形线圈

$$\vec{M}=\sum_i\vec{M}_i=\sum_i(IS_i\hat{n}\times\vec{B})=I(\sum_i S_i)\hat{n}\times\vec{B}$$
$$=IS\hat{n}\times\vec{B}=\vec{p}_{\mathrm{m}}\times\vec{B}$$

其中，S_i 为第 i 个矩形线圈所围的面积；$\vec{M}_i$ 为第 i 个矩形线圈受到的磁力矩；S 为不规则平面线圈所围的总面积；$\vec{p}_{\mathrm{m}}$ 为此线圈的磁矩。

由此得到结论：任意形状的平面载流线圈在均匀外磁场 $\vec{B}$ 中受到的磁力矩 $\vec{M}$ 都等于该线圈的磁矩 $\vec{p}_{\mathrm{m}}$ 与 $\vec{B}$ 的叉积。磁力矩 $\vec{M}$ 的方向由右手螺旋法则确定，磁力矩 $\vec{M}$ 的大小等于

$p_m B\sin\theta$，其中 θ 为 $\vec{p}_m$ 与 $\vec{B}$ 之间的夹角。

3. 均匀磁场中磁力和磁力矩的功

在均匀磁场中移动载流导线或转动载流线圈时，磁力或磁力矩将对导线或线圈做功。

（1）磁力的功　如图 6.3-18 所示，在均匀磁场中放置一矩形导体框，ab 为可动边，长为 l，导体框中通有逆时针方向的电流 I。由安培力公式可知，ab 边受到指向右侧的安培力 $\vec{F}$，大小为 $F=IBl$。在 ab 边向右侧平移 Δx 距离的过程中，安培力做的功为

$$A=\vec{F}\cdot\Delta\vec{x}=F\Delta x=IBl\Delta x$$

由于 $l\Delta x$ 等于 ab 边在磁场中扫过的面积 ΔS，因此上式可改写为

$$A=IB\Delta S=I\Delta\Phi_m$$

其中，$\Delta\Phi_m$ 为在 ab 边运动前后，通过导体框的磁通量的增量。

（2）磁力矩的功　将图 6.3-16 所示的线圈在磁场中顺时针（俯视）转动 $d\theta$ 角度，如图 6.3-19 所示，在此过程中，线圈受到的磁力矩 $\vec{M}$ 要做负功，大小为

$$dA=-Md\theta$$

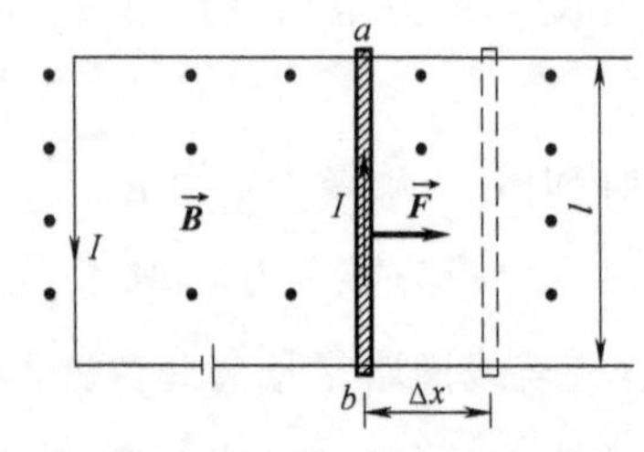

图 6.3-18　矩形导体框中的可动边 ab 在均匀磁场中移动

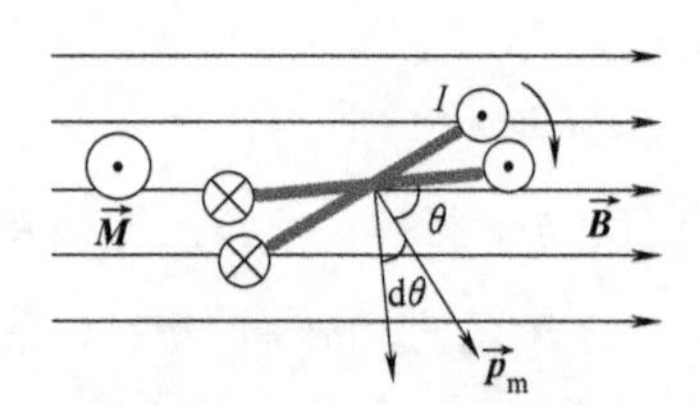

图 6.3-19　矩形线圈在均匀磁场中转动（俯视图）

由式（6.3-14），磁力矩的方向垂直纸面向外，大小为 $M=p_m B\sin\theta=ISB\sin\theta$，其中 S 为线圈所围的面积，因此上式可表示为

$$dA=-ISB\sin\theta d\theta=Id(SB\cos\theta)=Id\Phi_m$$

若线圈转过有限角度，则磁力矩所做的总功为

$$A=\int dA=\int Id\Phi_m=I\Delta\Phi_m$$

由上面的讨论可知，在均匀磁场中无论是平移载流导线，还是转动载流平面线圈，磁力或磁力矩都要做功，做功的大小均可表示为

$$A=I\Delta\Phi_m \tag{6.3-15}$$

式中，I 为导线或线圈中的电流；$\Delta\Phi_m$ 为在平移导线或转动线圈前后磁通量的增量。

例 6.3-4　如图 6.3-20 所示，长方形线圈 $OCDF$ 可绕 y 轴转动，边长 $l_1=3\text{cm}$、$l_2=4\text{cm}$。线圈中的电流为 10A，方向沿 $OCDFO$，磁场为平行于 Ox 的均匀磁场，磁感应强度大小为 $B=0.02\text{T}$。问：（1）如果使线圈平面与 x 轴的夹角为 $\theta=30°$，此时线圈每边所受的安培力以及线圈所受的磁力矩？（2）当线圈由这个位置转到平衡位置时，磁力矩所做的功？

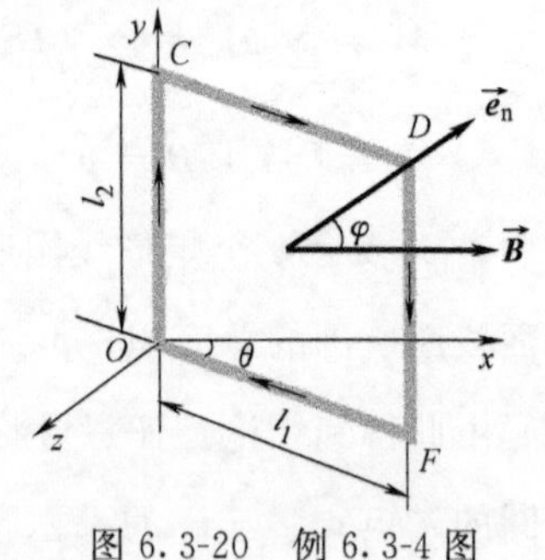

图 6.3-20　例 6.3-4 图

解：（1）由安培力公式，线圈各边受到的安培力分别为

$$\vec{F}_{OC}=Il_2B\sin90°(-\vec{k})=-0.008\text{N}\vec{k}$$

$$\vec{F}_{DF}=-\vec{F}_{OC}=0.008\text{N}\vec{k}$$

$$\vec{F}_{CD}=Il_1B\sin\theta\vec{j}=0.003\text{N}\vec{j}$$

$$\vec{F}_{FO}=-\vec{F}_{CD}=-0.003\text{N}\vec{j}$$

线圈磁矩 $\vec{p}_m$ 指向 $\vec{e}_n$，大小为 Il_1l_2。由式（6.3-14），线圈所受的磁力矩为

$$\vec{M}=Il_1l_2\vec{e}_n\times B\vec{i}=-IBl_1l_2\sin\varphi\vec{j}=-IBl_1l_2\cos\theta\vec{j}=-2.1\times10^{-4}\text{N}\cdot\text{m}$$

（2）当线圈处于稳定平衡位置时，线圈在 yOz 平面内，此时穿过线圈的磁通量最大。初态即图示位置，$\varphi=60°$；末态时，$\varphi=0°$。由式（6.3-15）可知，在线圈由 $\varphi=60°$ 转到 $\varphi=0°$ 的过程中，磁力矩所做的功为

$$A=I(BS-BS\cos60°)=1.2\times10^{-4}\text{J}$$

评价：这里涉及的是均匀磁场。在非均匀磁场中，载流线圈不仅受磁力矩的作用，通常受到的磁场力的合力也不为零，这种情况下计算受力或力矩以及在非均匀磁场中磁力矩所做的功都会比较复杂，不在本书的讨论范围之内。

例 6.3-5　一半径为 R 的带电薄圆盘以恒定的角速度 ω 绕垂直于盘面的中心对称轴 OO' 在均匀磁场 $\vec{B}$ 中转动，如图 6.3-21 所示，磁场 $\vec{B}$ 垂直于转轴 OO'，圆盘的电荷面密度为 σ（$\sigma>0$），求圆盘所受的磁力矩。

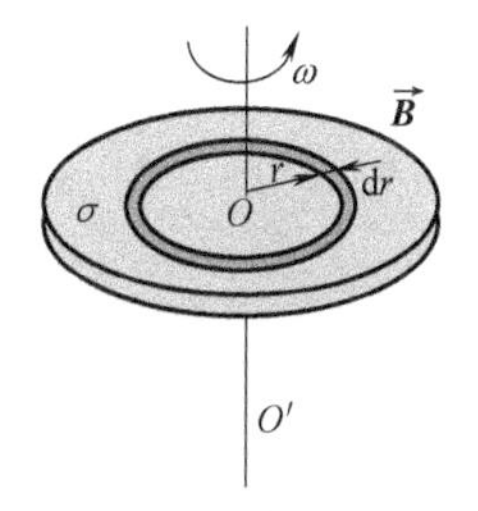

图 6.3-21　例 6.3-5 图

解：在圆盘上任取半径为 r、宽为 dr 的环带。环带面积为 $2\pi r\text{d}r$，带电荷量为

$$\text{d}q=2\pi r\sigma\text{d}r$$

当圆盘转动时，环带相当于圆电流，其中的电流为

$$\text{d}I=\frac{\omega}{2\pi}\text{d}q=\omega\sigma r\text{d}r$$

该圆电流具有磁矩

$$\text{d}p_m=\pi r^2\text{d}I=\pi\omega\sigma r^3\text{d}r$$

磁矩方向沿转轴竖直向上。由式（6.3-14），环带磁矩在磁场 $\vec{B}$ 中受到在圆盘平面内垂直向里的磁力矩，大小为

$$\text{d}M=B\sin90°\text{d}p_m=\pi\omega\sigma Br^3\text{d}r$$

任一环带受到的磁力矩方向都相同，因此，整个圆盘受到的磁力矩大小就是对 dM 的积分，即

$$M=\int\text{d}M=\int_0^R\pi\omega\sigma Br^3\text{d}r=\frac{1}{4}\pi\omega\sigma BR^4$$

评价：任何电荷的运动都有可能形成电流从而具有磁矩。分子是由原子核和电子等带电粒子组成的复杂带电系统。由于电子、原子核的运动，分子有一个等效电流，相应有一个分子等效磁矩。在下一节中，我们将利用分子等效磁矩的观点来分析物质和磁场的相互影响。

应用 6.3-2　直流电动机

直流电动机是利用通电线圈在磁场中受到的磁力矩实现将电能转换为机械能的装置。简易直流电动机的结构和工作原理如应用 6.3-2 图所示。导体框 $abcd$ 为电动机的转子，放置

在磁铁的两极之间，可绕中心对称轴旋转。转子的两端附着在两个导体片形成的换向器上，换向器通过电刷与外电路连接。当处于水平位置（见应用 6.3-2 图 a）的转子通有图示电流时，在磁力矩的作用下，转子将顺时针旋转。转至竖直位置（见应用 6.3-2 图 b）时，由于换向器的作用，转子中瞬间没有电流，转子在惯性的作用下顺时针旋转。随后转子中的电流反向，如应用 6.3-2 图 c 所示，此时磁力矩再次使转子顺时针旋转。转子每次旋转 180°之后，电流都会反转，从而保证磁力矩始终使转子朝一个方向旋转，使电能持续地转换为机械能。

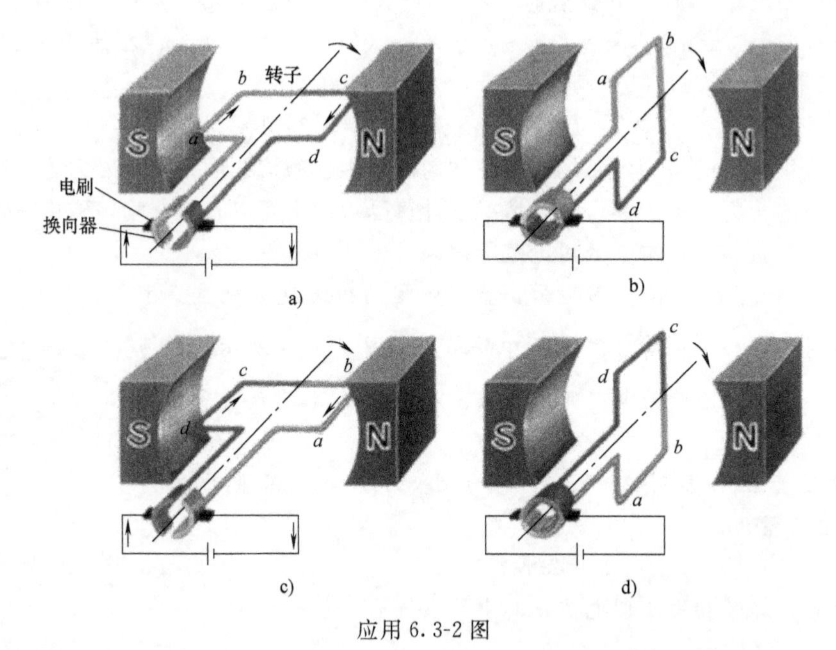

应用 6.3-2 图

小节概念回顾：如何求解载流线圈在均匀磁场中的受力或力矩？安培力的本质是洛伦兹力，如何理解安培力做功？

6.4 磁介质

6.4.1 磁介质的基本性质及其对磁场的影响

1. 磁介质对磁场的影响

首先我们来回顾一下上一章如何讨论电介质对电场的影响。在电场中，我们讨论的电介质是绝缘体，当电场中有电介质时，电介质会被极化，介质端面会出现极化电荷从而使总电场减弱。在平行板电容器中，当两极板间充满均匀的各向同性线性电介质时，两极板间的总电场 $\vec{E}=\vec{E}_0/\varepsilon_r$，其中 $\vec{E}=\vec{E}_0+\vec{E}'$，$\vec{E}_0$ 为自由电荷产生的电场，$\vec{E}'$为电介质被极化后产生的附加电场（即极化电荷产生的电场），ε_r 为电介质的相对介电常数。与此思路相仿，本节中我们借用载流螺线管来讨论物质和磁场的相互作用。

在讨论磁场和物质的相互作用时，我们把在外磁场作用下，其内部状态发生变化并反过来影响磁场分布的物质统称为**磁介质**。各种物质都是磁介质。在外磁场作用下，磁介质出现磁性或磁性发生变化的现象称为**磁化**。

不同磁介质对磁场的影响差异可以很大。为了从实验上研究磁介质对磁场的影响，可将均匀的各向同性磁介质做成长直圆柱体，在圆柱体上密绕载流导线，形成一个具有磁介质芯的长直螺线管，如图 6.4-1 所示。设导线中的传导电流在真空中产生的磁场为 $\vec{B}_0$，磁介质被磁化后产生的附加磁场为 $\vec{B}'$，则磁介质中的总磁场可表示为 $\vec{B}=\vec{B}_0+\vec{B}'$。实验表明，$\vec{B}=\mu_r\vec{B}_0$，其中 μ_r 为磁介质的**相对磁导率**。与 $\varepsilon_r>1$ 的性质不同，μ_r 的取值可以大于 1 也可以小于 1。因此，磁介质被磁化后可以使总磁场增强，也可以使总磁场减弱。通常根据磁介质对磁场的影响不同将磁介质进行如下分类。

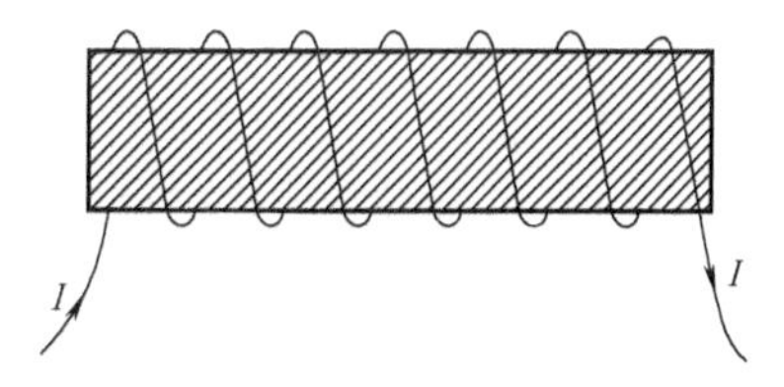

图 6.4-1　有磁介质芯的螺线管

2. 磁介质的分类

有些磁介质被磁化以后产生的附加磁场 $\vec{B}'$ 与原磁场 $\vec{B}_0$ 方向相同，从而使总磁场增强，$B>B_0$。此时，μ_r 为略大于 1 的常数，这类磁介质称为**顺磁质**，如锰、铬、铝、空气等。

有些磁介质被磁化以后产生的附加磁场 $\vec{B}'$ 与原磁场 $\vec{B}_0$ 方向相反，从而使总磁场减弱，$B<B_0$。此时，μ_r 为略小于 1 的常数，这类磁介质称为**抗磁质**，如铋、铜、银、氢等。

抗磁质和顺磁质对磁场的影响很小，统称为**弱磁质**。在有些技术中常忽略它们的影响。

还有一类磁介质，被磁化后可以使总磁场显著增强，$B\gg B_0$。这类磁介质的相对磁导率 $\mu_r\gg1$，μ_r 甚至可以达到 10^5，这类磁介质称为**铁磁质**。如过渡元素铁、钴、镍以及它们的合金和氧化物等。几种常见磁介质的相对磁导率如表 6.4-1 所示。

表 6.4-1　几种常见磁介质的相对磁导率（20℃）

磁介质种类		相对磁导率 μ_r
抗磁质 ($\mu_r<1$)	铋	$1-16.6\times10^{-5}$
	铜	$1-1.0\times10^{-5}$
	汞	$1-2.9\times10^{-5}$
顺磁质 ($\mu_r>1$)	铝	$1+1.65\times10^{-5}$
	铂	$1+26\times10^{-5}$
	氧（气体）	$1+344.9\times10^{-5}$
铁磁质 ($\mu_r\gg1$)	纯铁	5×10^3（最大值）
	硅钢	7×10^2（最大值）
	坡莫合金	1×10^5（最大值）

3. 磁介质的磁化

把分子或原子看作一个整体，分子或原子中各个带电粒子对外界所产生的磁效应的总和，可用一个等效的圆电流表示，统称为**分子电流**。分子电流有一个相应的等效磁矩，称为**分子磁矩**。按照量子力学的观点，一个分子的等效磁矩是其中所有电子的轨道磁矩、电子自旋磁矩以及原子核磁矩的矢量和。

正如电介质分子可以根据固有电矩是否为零分为有极分子和无极分子那样，弱磁质分子也可以根据固有磁矩是否为零分为两类：**抗磁质分子和顺磁质分子**。前者在正常情况下的分子磁矩的矢量和为零，分子的固有磁矩等于零；而后者在正常情况下的磁矩的矢量和具有一定的值，也就是说，分子的固有磁矩不等于零。

顺磁质分子的固有磁矩不为零，当无外磁场作用时，由于分子的热运动，分子磁矩随机取向，整个介质不显磁性。有外磁场时，每个分子磁矩都会受到磁力矩［可近似地用式(6.3-14)来分析］作用。在力矩的作用下，分子磁矩将转向外磁场的方向。分子磁矩产生的磁场 $\vec{B}'$ 与外磁场方向 $\vec{B}_0$ 一致，如图 6.4-2 所示（图中每个小箭头代表一个分子磁矩）。因此，顺磁质磁化的结果是使介质内部的磁场增强。

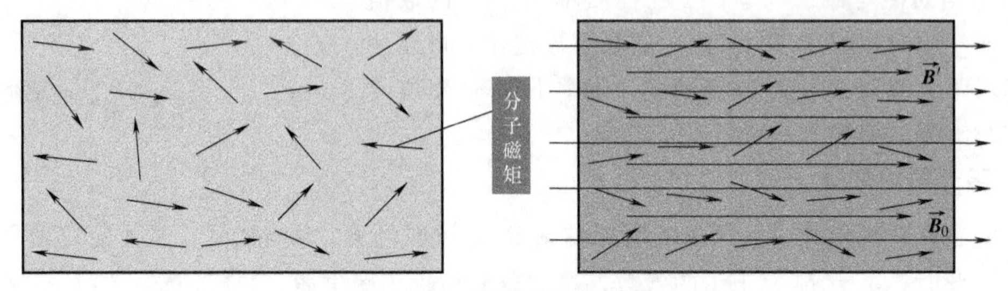

图 6.4-2　顺磁质及其磁化

抗磁质分子的固有磁矩为零，在正常情况下不显磁性。但有外磁场时，电子的轨道运动和自旋运动以及原子核的自旋运动都会发生变化，从而使分子电流产生与外磁场方向相反的**感生磁矩**。这里以电子的轨道运动为例，按照经典物理的观点来说明这一变化过程。如图 6.4-3 所示，电子 e 在外磁场 $\vec{B}_0$ 中运动，电子的轨道运动形成电流，相应的磁矩为 $\vec{p}_m$，轨道角动量为 $\vec{L}$。磁矩 $\vec{p}_m$ 在磁场 $\vec{B}_0$ 中受到垂直纸面向外的磁力矩 $\vec{M}$。在 $\vec{M}$ 的作用下，电子轨道将沿顺时针方向（俯视）进动，相当于附加了一个水平面内逆时针方向（俯视）的电流，该电流存在竖直向上的附加磁矩 $\Delta\vec{p}_m$（又称为感生磁矩）。这相当于在 $\vec{B}_0$ 的相反方向上产生了附加磁场 $\vec{B}'$，从而减弱了外磁场 $\vec{B}_0$。因此，抗磁质磁化的结果是使介质内部的磁场削弱。

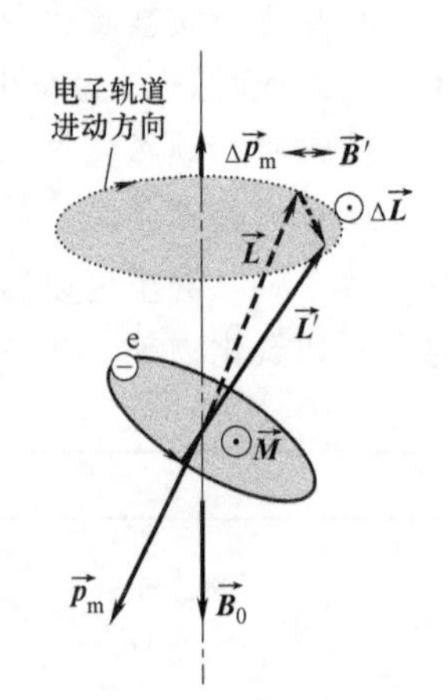

图 6.4-3　电子轨道运动在外磁场中的进动示意图

在电介质中，无论是有极分子的取向极化还是无极分子的位移极化，其最终效果都是在介质的端面上出现了极化电荷，这些极化电荷和自由电荷一样会产生电场。类似地，在弱磁质中，顺磁质中分子磁矩沿外磁场方向取向产生的附加磁矩和抗磁质分子中出现的感生磁矩都可以认为来源于某种电流，这种电流由磁化后的分子电流拼接而成，它们在介质内部完全抵消，而在介质表面等效于一个宏观电流，称为**磁化电流**。在均匀的各向同性弱磁质中，这种电流只出现在介质表面，因此又称为**磁化面电流**。如图 6.4-4 所示，磁化电流由分子内的电荷运动一段段拼接而成，不同于电荷的宏观迁移引起的传导电流，磁化电流中的电子都被限制在分子范围内运动，因此磁化电流又称为**束缚电流**，与之对比，有时又将传导电流称为**自由电流**。束缚电流和自由电流从产生磁场的角度上来讲没有区别。

与磁化电流相关的物理量通常用带撇的符号表示，如 I' 表示磁化电流，$\vec{j}'$ 表示磁化面电流密度（即在垂直于磁化电流的方向上单位长度内的电流），$\vec{B}'$ 为磁化电流激发的磁场。

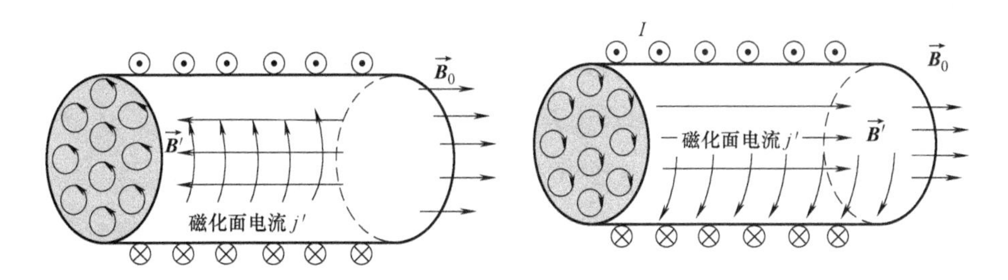

图 6.4-4 抗磁质（左）和顺磁质（右）表面的磁化电流

需要说明的是，顺磁质分子在外磁场中也会产生感生磁矩，但在通常情况下，一个分子的感生磁矩远远小于分子的固有磁矩，因此顺磁质的抗磁性可以忽略不计。

4. 磁化的定量描述

为了定量描述磁介质被磁化的程度，引入磁化强度矢量 $\vec{M}$，类似于电介质中的电极化强度矢量 $\vec{P}$。磁化强度矢量 $\vec{M}$ 定义为单位体积内分子磁矩的矢量和，即

$$\vec{M}=\frac{\sum\vec{p}_{mi}}{\Delta V} \tag{6.4-1}$$

式中，ΔV 为磁介质中宏观上无限小、微观上无限大的体积元；$\vec{p}_{mi}$ 为该体积元中第 i 个分子的磁矩（包括固有磁矩和附加磁矩）。在国际单位制中，磁化强度的单位为安培每米，符号为 A/m。

在均匀的各向同性弱磁质中，各点的磁化强度 $\vec{M}$ 和该处的磁感应强度 $\vec{B}$ 成正比，即

$$\vec{M}=\frac{\chi_m}{\mu}\vec{B}=\frac{\mu_r-1}{\mu_0\mu_r}\vec{B} \tag{6.4-2}$$

式中，μ 为磁介质的**磁导率**，它等于相对磁导率 μ_r 与真空磁导率 μ_0 的乘积。μ 与 μ_0 的单位相同，在国际单位制中常表示为牛顿每二次方安培（符号为 N/A^2）或亨每米（符号为 H/m）。χ_m 称为介质的**磁化率**，它等于 μ_r-1，是一个量纲为 1 的纯数。显然，对顺磁质而言，$\chi_m>0$，$\mu>\mu_0$；对抗磁质而言，$\chi_m<0$，$\mu<\mu_0$。在真空中，$M=0$，$\chi_m=0$，$\mu_r=1$，$\mu=\mu_0$。

对非永久磁体，当没有外磁场时，$\vec{M}=\vec{0}$；当介质被均匀磁化时，$\vec{M}$ 为常量。磁化强度 $\vec{M}$ 与磁化电流 I' 从不同角度定量地描绘同一物理现象——磁化，因此两者之间必有联系，反映这种联系的关系式就是磁介质磁化所遵循的规律。

正如我们在电介质中证明了电极化强度 $\vec{P}$ 与极化电荷 q' 之间满足关系式 $\oint\!\!\!\oint_S \vec{P}\cdot d\vec{S}=-\sum_{S内}q_i'$，在磁介质中我们也可以证明磁化强度 $\vec{M}$ 和磁化电流 I' 之间存在某种定量的关系。

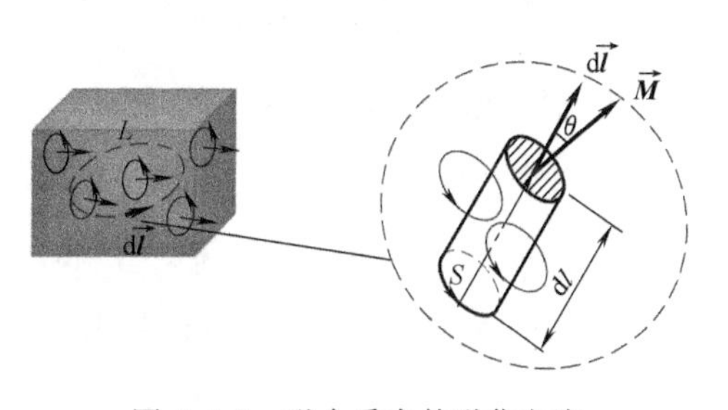

图 6.4-5 磁介质内的磁化电流

通常情况下，磁介质被磁化以后，磁介质内有磁化电流分布。如图 6.4-5 所示，在磁介质中

任取安培环路L，分析与此环路铰链的磁化电流I'。显然，只有单次穿过环路的分子电流才会对I'有贡献。在环路L上任取线元$\mathrm{d}\vec{l}$，以分子电流包围的平均面积$\vec{S}$为底、$\mathrm{d}\vec{l}$为轴线构造斜柱体。分子电流中心在此斜柱体内的所有分子，其分子电流必然被$\mathrm{d}\vec{l}$铰链，因此对磁化电流I'有贡献。这些分子的总数为$\mathrm{d}N=n\vec{S}\cdot\mathrm{d}\vec{l}$，其中$n$为单位体积中的分子数，即分子数密度，$\vec{S}\cdot\mathrm{d}\vec{l}=\mathrm{d}V$为柱体的体积。与线元$\mathrm{d}\vec{l}$铰链的分子电流为$\mathrm{d}I'=i_{分}\mathrm{d}N=ni_{分}\vec{S}\cdot\mathrm{d}\vec{l}$，其中$i_{分}$为单个分子的电流。由于$i_{分}\vec{S}=\vec{p}_{\mathrm{m}}$为分子磁矩，$n\vec{p}_{\mathrm{m}}=\vec{M}$即为磁化强度，斜柱体内的分子对磁化电流的贡献为$\mathrm{d}I'=\vec{M}\cdot\mathrm{d}\vec{l}$。因此，与环路$L$铰链的总磁化电流为

$$I'=\oint_L \mathrm{d}I'=\oint_L \vec{M}\cdot\mathrm{d}\vec{l} \tag{6.4-3}$$

此式为磁化强度与磁化电流之间的普遍关系。它表明：环路L所包围的总磁化电流等于磁化强度沿该环路的曲线积分。

如图 6.4-6 所示，紧贴介质表面取一极窄的矩形安培环路，矩形的一条边与介质表面平行且长为Δl，另一边与介质表面垂直。设介质的磁化面电流密度的大小为j'，则矩形环路中包围的磁化电流为$I'=j'\Delta l$，磁化强度沿该环路的环流为

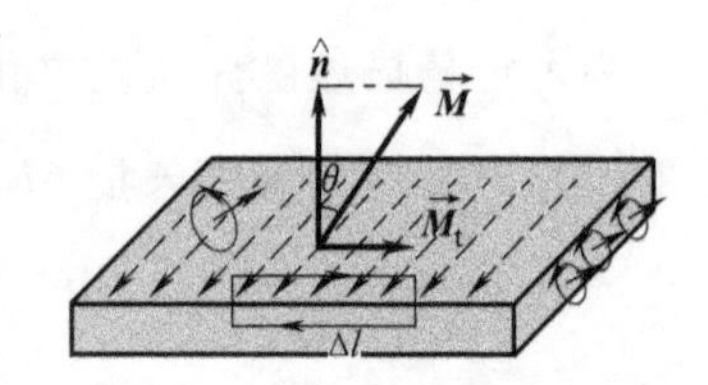

图 6.4-6 磁介质表面的磁化强度

$$\oint_L \vec{M}\cdot\mathrm{d}\vec{l}\approx M_{\mathrm{t}}\Delta l=M\sin\theta\Delta l$$

其中，M_{t}为磁化强度在介质表面的切向分量；θ为磁化强度与介质表面的外法向$\hat{n}$之间的夹角。与式（6.4-3）联立，得

$$j'=M\sin\theta$$

考虑方向后此式可改写为以下矢量式

$$\vec{j}'=\vec{M}\times\hat{n} \tag{6.4-4}$$

式（6.4-4）给出了磁化强度$\vec{M}$与磁化面电流密度$\vec{j}'$之间的普遍关系。它表明，当介质外为真空时，介质表面的磁化面电流密度等于磁化强度$\vec{M}$与介质表面的外法线单位向量$\hat{n}$的叉积。

小节概念回顾：如何对磁介质进行分类？不同种类的磁介质在外磁场中的磁化过程有何不同？顺磁质和抗磁质分子磁化后的共同效果是什么？磁化强度与磁感应强度以及磁化电流有何定量关系？

6.4.2 有磁介质时磁场的基本规律

1. 磁介质中的场方程

有磁介质时空间中任一点的磁场$\vec{B}$是传导电流产生的磁场$\vec{B}_0$和磁化电流产生的磁场$\vec{B}'$的矢量叠加，即$\vec{B}=\vec{B}_0+\vec{B}'$。尽管磁化电流和传导电流的本质不同，但它们激发的磁场满足相同的规律，两者均满足磁场的高斯定理和安培环路定理，即

$$\oiint_S \vec{B}_0\cdot\mathrm{d}\vec{S}=0,\quad \oint_L \vec{B}_0\cdot\mathrm{d}\vec{l}=\mu_0\sum I_{0内}$$

$$\oiint_S \vec{B}' \cdot \mathrm{d}\vec{S} = 0, \quad \oint_L \vec{B}' \cdot \mathrm{d}\vec{l} = \mu_0 \sum I'_{内}$$

因此，有磁介质时的总磁场也满足磁场的高斯定理和安培环路定理：

$$\oiint_S \vec{B} \cdot \mathrm{d}\vec{S} = 0 \tag{6.4-5}$$

$$\oint_L \vec{B} \cdot \mathrm{d}\vec{l} = \mu_0 \sum (I_{0内} + I'_{内}) \tag{6.4-6}$$

式（6.4-6）中的$\sum(I_{0内}+I'_{内})$为安培环路中包围的所有传导电流和磁化电流的代数和。

2. **磁场强度及 $\vec{H}$ 的环路定理**

载流导体和磁化了的磁介质组成的系统可视为由一定的自由电流和磁化电流组成的电流系统。当电流分布和磁介质的性质已知时，原则上可以求得有磁介质存在时的总磁场 $\vec{B}$。但由于磁化电流依赖于介质的磁化状态，而磁化状态又是由总磁场 $\vec{B}$ 决定的，这就形成了计算上的循环。这与求解有电介质的总电场时遇到的困难类似。在电介质中，总电场由自由电荷和极化电荷共同产生，由于极化电荷依赖于介质的极化状态，而极化状态又由总电场决定，为了避开极化电荷求解总电场，我们引入了辅助物理量——电位移 $\vec{D}$，得到了 $\vec{D}$ 的高斯定理，从而为求解高度对称性的总电场提供了方便。类似地，要求解有磁介质存在时的磁场，最好能避开磁化电流，为此我们引入另一个辅助物理量——磁场强度 $\vec{H}$。

将式（6.4-3）代入式（6.4-6），得

$$\oint_L \vec{B} \cdot \mathrm{d}\vec{l} = \mu_0 \left(\sum I_{0内} + \oint_L \vec{M} \cdot \mathrm{d}\vec{l}\right)$$

等号两侧除以 μ_0，化简得

$$\oint_L \left(\frac{\vec{B}}{\mu_0} - \vec{M}\right) \cdot \mathrm{d}\vec{l} = \sum I_{0内}$$

引入辅助物理量——**磁场强度 $\vec{H}$**，其定义为

$$\vec{H} \equiv \frac{\vec{B}}{\mu_0} - \vec{M} \tag{6.4-7}$$

从而得到

$$\oint_L \vec{H} \cdot \mathrm{d}\vec{l} = \sum I_{0内} \tag{6.4-8}$$

磁场强度 $\vec{H}$ 与磁化强度 $\vec{M}$ 的量纲相同。在国际单位制中，$\vec{H}$ 的单位为安培每米（符号为 A/m）。磁场强度的另一个常用单位是奥斯特（符号为 Oe）（Oe 是非法定计量单位），$1\mathrm{Oe} = \frac{10^3}{4\pi}\mathrm{A/m}$。

式（6.4-8）称为**有磁介质时的安培环路定理**，又称为 **$\vec{H}$ 的环路定理**。它表明，磁场强度沿任意闭合曲线（安培环路）的积分等于该曲线所包围的自由电流的代数和，与磁化电流无关。

对均匀的各向同性弱磁质，将式（6.4-2）代入式（6.4-7）并化简，得

$$\vec{B} = \mu_0 \mu_r \vec{H} = \mu \vec{H} \tag{6.4-9}$$

此式表明，在均匀的各向同性弱磁质中，$\vec{B}$ 和 $\vec{H}$ 成正比且方向相同。在真空中，$\vec{B}=\mu_0\vec{H}$。显然，原来的安培环路定理式（6.2-20）是式（6.4-8）在真空中的特例。将式（6.4-9）代入式（6.4-2），得

$$\vec{M}=\chi_m\vec{H} \tag{6.4-10}$$

对顺磁质而言，$\vec{M}$ 和 $\vec{H}$ 同向；对抗磁质而言，$\vec{M}$ 和 $\vec{H}$ 反向。

结合 $\vec{H}$ 的环路定理式（6.4-8）和式（6.4-9），可以避开磁化电流直接求解有磁介质时的高度对称性的磁场。

例 6.4-1 求证：在均匀的各向同性磁介质内，无传导电流处，也无磁化电流。

证明： 在介质中任取闭合回路 L，如图 6.4-7 所示，它所铰链的磁化电流为

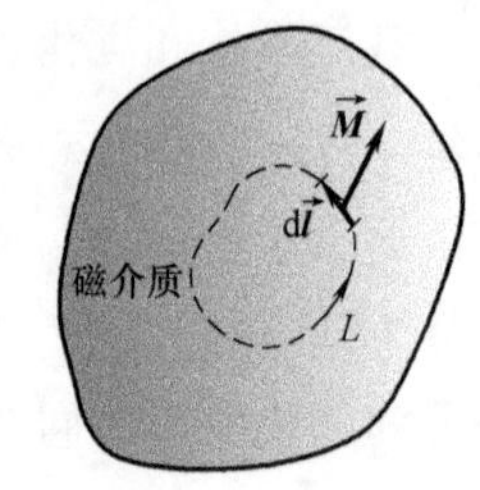

图 6.4-7 例 6.4-1 图

$$I'=\oint_L\vec{M}\cdot d\vec{l}=\oint_L\chi_m\vec{H}\cdot d\vec{l}=\chi_m\oint_L\vec{H}\cdot d\vec{l}$$

由 $\vec{H}$ 的环路定理，上式改写为

$$I'=\chi_m\sum I_{0内}$$

即与环路铰链的磁化电流与该环路所包围的传导电流成正比。若 $\sum I_{0内}=0$，则 $I'=0$，由于环路任取，且可无限缩小，所以可得出结论：无传导电流处，也无磁化电流。

例 6.4-2 长直单芯电缆的芯是一根金属圆柱（磁导率为 μ_0），它和导电外壁之间充满了相对磁导率为 μ_r 的均匀的各向同性磁介质。今有电流 I 均匀地流过芯的横截面并沿外壁流回，如图 6.4-8 所示。设金属圆柱的半径为 R_1，导电外壁的半径为 R_2 且导电外壁的厚度可忽略。求该电缆的磁场（磁感应强度）分布以及金属圆柱和外壁之间单位长度截面上的磁通量。

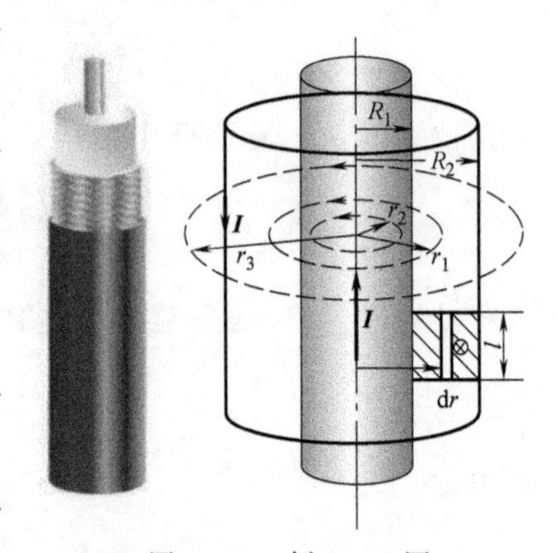

图 6.4-8 例 6.4-2 图

解： 由电缆上电流分布和磁介质分布的对称性可知，电缆的磁场分布具有轴对称性。

电缆中的磁介质可视为一个圆柱壳，它的存在将空间分成三部分：金属圆柱内、磁介质内以及导电外壁之外。

先求磁场中的磁感应强度。在各部分中分别选取以轴线为中心的圆作为安培环路，环路绕行方向为逆时针（俯视），如图所示。每个环路上各点的磁场强度 $\vec{H}$ 大小相等、方向沿环路的切向，设其与环路的绕行方向一致（若求出的 $H<0$，则表明实际的磁场强度方向与绕行方向相反）。因此，磁场强度 $\vec{H}$ 沿任一环路的环流为

$$\oint_L\vec{H}\cdot d\vec{l}=\oint_L H\cdot dl=H\oint_L dl=H\cdot 2\pi r$$

由 $\vec{H}$ 的环路定理，得磁场强度的大小为

$$H=\frac{\sum I_{0内}}{2\pi r}$$

其中，$\sum I_{0内}$为环路所包围的自由电流的代数和。

在金属圆柱外、磁介质内部，图中半径为r_1的环路所包围的自由电流为金属圆柱上通过的所有电流，即$\sum I_{0内}=I$，故距轴线距离为r_1处的磁场强度大小为

$$H=\frac{I}{2\pi r_1}$$

在金属圆柱内部，半径为r_2的环路只包围了圆柱截面上通过的一部分电流，$\sum I_{0内}=\frac{I}{\pi R_1^2}\pi r_2^2=\frac{Ir_2^2}{R_1^2}$，故距轴线距离为$r_2$处的磁场强度大小为

$$H=\frac{Ir_2}{2\pi R_1^2}$$

在导电外壁之外的空气中，半径为r_3的环路所包围的自由电流为金属圆柱上的电流与外壁上电流的代数和，即$\sum I_{0内}=I-I=0$，故距轴线距离为r_3处的磁场强度大小为

$$H=0$$

再利用式（6.4-9），$\vec{B}=\mu\vec{H}$，可将电缆内外的磁感应强度分布统一写成如下形式

$$B=\begin{cases}\dfrac{\mu_0 I}{2\pi R_1^2}r & (r<R_1)\\[2ex] \dfrac{\mu_0\mu_r I}{2\pi r} & (R_1<r<R_2)\\[2ex] 0 & (r>R_2)\end{cases}$$

接下来求金属圆柱和外壁之间单位长度截面上的磁通量。

如图所示，在金属圆柱和外壁之间取高为l的截面，显然截面上各点的磁感应强度与距轴线的距离成反比，截面内为非均匀磁场。为求磁通量，将截面分割为无穷多个宽为dr的细窄条，窄条上的磁场垂直纸面向里，通过任一窄条的磁通量为

$$d\Phi_m=\vec{B}\cdot d\vec{S}=B\,dS=\frac{\mu_0\mu_r I}{2\pi r}l\,dr$$

通过高为l的截面上的总磁通量为

$$\Phi_m=\int d\Phi_m=\int_{R_1}^{R_2}\frac{\mu_0\mu_r I}{2\pi r}l\,dr=\frac{\mu_0\mu_r Il}{2\pi}\ln\frac{R_2}{R_1}$$

单位长度上的磁通量为

$$\frac{\Phi_m}{l}=\frac{\mu_0\mu_r I}{2\pi}\ln\frac{R_2}{R_1}$$

评价：例 6.4-2 提供了一种求解有磁介质时的总磁场的方法。首先根据电流分布和磁介质分布的对称性分析磁场的对称性，选择合适的安培环路；然后利用$\vec{H}$的环路定理求出磁场强度的分布；最后利用$\vec{B}$和$\vec{H}$的关系解出$\vec{B}$。

例 6.4-3　求充满均匀的各向同性磁介质的螺绕环内部的磁场。已知螺绕环上密绕N匝线圈，每匝线圈中的电流为I_0，磁介质的相对磁导率为μ_r。

解：根据电流及磁介质分布的对称性，可知螺绕环内部的磁感线是以环心O为中心的圆。取与环同心的圆L为安培环路，设环路半径为r、顺时针方向绕行，如图 6.4-9 所示。

磁场强度沿环路 L 的环流为

$$\oint_L \vec{H}\cdot d\vec{l}=\oint_L H dl=H\oint_L dl=H\cdot 2\pi r$$

线圈中的传导电流 N 次穿过环路 L，因此，$\sum I_{0内}=NI_0$。由式 (6.4-8) 可得

$$H=\frac{NI_0}{2\pi r}=nI_0$$

其中，$n=\frac{N}{2\pi r}$ 为螺绕环圆周上单位长度的线圈匝数。再利用式 (6.4-9) 可得螺绕环内部的磁感应强度大小为

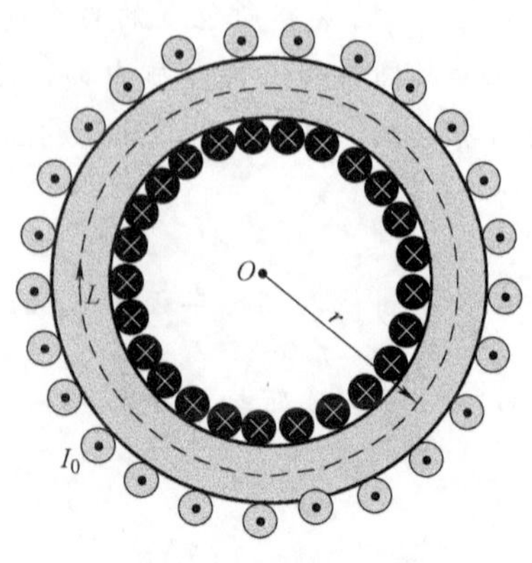

图 6.4-9 例 6.4-3 图

$$B=\mu_0\mu_r nI_0=\mu_r B_0$$

其中，$B_0=\mu_0 nI_0$ 为空心螺绕环内部的磁感应强度大小。显然，螺绕环内充满磁介质之后磁感应强度变为原来的 μ_r 倍。

评价：当均匀的各向同性磁介质充满整个磁场空间时，磁感应强度变为原来的 μ_r 倍。

小节概念回顾：有磁介质时，磁场性质方程有何变化？如何分析有磁介质存在时的磁场？利用 $\vec{H}$ 的环路定理求解磁场的基本思路是什么？

6.4.3 铁磁质的磁化规律

铁磁质的磁化规律通常指的是磁感应强度 $\vec{B}$ 和磁场强度 $\vec{H}$ 的关系。B 和 H 在实验上很容易测定。如图 6.4-10 所示，将待测的铁磁质做成环状，在其上密绕导线构成螺绕环，导线通过换向开关外接电路，电路中接有可调电阻和电流表。

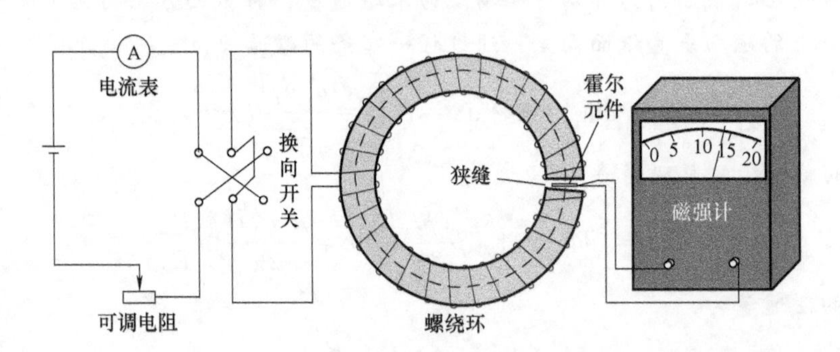

图 6.4-10 铁磁质的磁化规律测试示意图

由例 6.4-3 可知，螺绕环铁磁质中的 H 值可通过测定导线中的传导电流 I_0 得到。I_0 的大小通过可调电阻改变，换向开关可调整电流的流向。在铁磁质中开一狭缝，借助霍尔效应的原理，采用霍尔元件和磁强计即可测得螺绕环内部的 B。

每一个电流（称为**励磁电流**）I_0 值对应着一个 H，相应地测得一个 B，从而得到 B 随 H 的变化曲线，结果如图 6.4-11 所示。

假设铁磁质环在 $H=0$ 时处于未被磁化的状态（$B=0$），即刚开始位于 B-H 曲线的坐标原点 O，然后在导线中通以励磁电流并逐渐增大，从而增加 H。结果发现，B 随 H 几乎

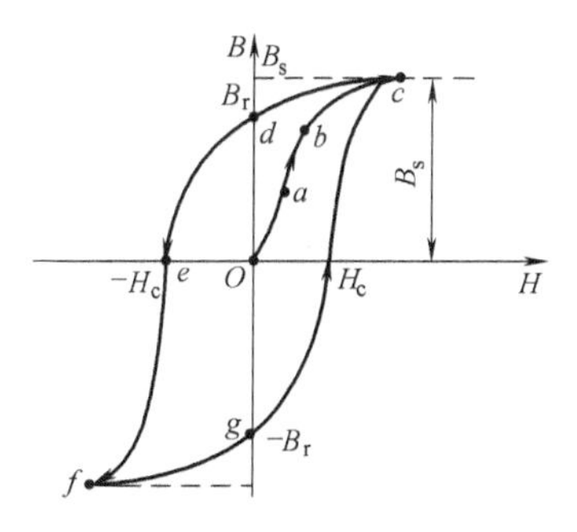

图 6.4-11　铁磁质的 B-H 曲线

成正比的增大（Oa 段）；继而 B 随 H 迅速增大，而后增长又变缓（ab 段）；接着再增大电流，B 随 H 的变化逐渐趋缓，并且 B 最终不再随 H 的变化而变化（bc 段）。这时铁磁质的磁化达到了**饱和状态**，相应的磁感应强度 B_s 称为**饱和磁感应强度**。$Oabc$ 段是从铁磁质完全没有磁化开始的磁化曲线，称为**起始磁化曲线**。

在磁化达到饱和之后，再减小电流，结果发现 B 并未沿起始磁化曲线逆向减小，而是减小得比原来增加时慢（cd 段）。当电流减小为零，即 $H=0$ 时，B 取非零值 B_r，B_r 称为**剩余磁感应强度**，简称**剩磁**。为使 B 减小到零（通常称为**退磁**），需要在导线中通以反向电流（de 段），即加以反向的磁场强度，这种现象称为**磁滞**。B 等于零时铁磁质中的磁场强度 H_c 称为**矫顽力**。

在铁磁质退磁之后，如果再增加反向电流（ef 段），铁磁质将达到反向的磁饱和状态；接着使反向电流减小到零，而后通以正向电流并逐渐增大，结果发现，磁化曲线将沿 fgc 段经过 H_c 表示的状态回到正向的磁饱和状态。随着电流在正反两个方向上往复变化一周，B 随 H 的变化曲线构成一闭合曲线，称为**饱和磁滞回线**。

由以上的磁滞回线可以看出，B 与 H 有非线性关系，铁磁质的磁化状态并不能由励磁电流 I_0 或 H 值单值地确定，它还取决于该铁磁质的磁化历史。如果让铁磁质从起始磁化曲线上的任一未达饱和的状态出发，使磁场强度 H 在此状态的对应值范围内如上往复变化一周，就可以得到另一条**局部磁滞回线**，相应的就有不同的剩磁，这样的磁滞回线比原来的饱和磁滞回线 $cdefgc$ 小。图 6.4-12 显示了按此方式得到的同一铁磁质的一簇磁滞回线。

当铁磁质在交变磁场作用下反复磁化时，由于磁滞效应，磁体要发热而散失能量，这种能量损失称为**磁滞损耗**。可以证明，B-H 图中磁滞回线所包围的面积代表了在一个反复磁化的循环过程中单位体积的铁心内损耗的能量。磁滞回线越胖，曲线包围的面积越大，磁滞损耗就越大。

通常根据铁磁质的磁滞回线的胖瘦及其形状将其分成三类：软磁材料、硬磁材料和矩磁材料，如图 6.4-13a～c 所示。软磁材料的饱和磁滞回线比较瘦，矫顽力小，易磁化，也易退磁，如纯铁、硅钢等。由于其磁滞损耗小，常用于电机、变压器、继电器等的铁心。硬磁材料的磁滞回线较胖，剩磁和矫顽力较大，如碳钢、钡铁氧体等。这类材料对其磁化状态有一定的记忆能力，是制作永磁体的材料。因此，硬磁材料常用作电磁仪表和扬声器等的永久

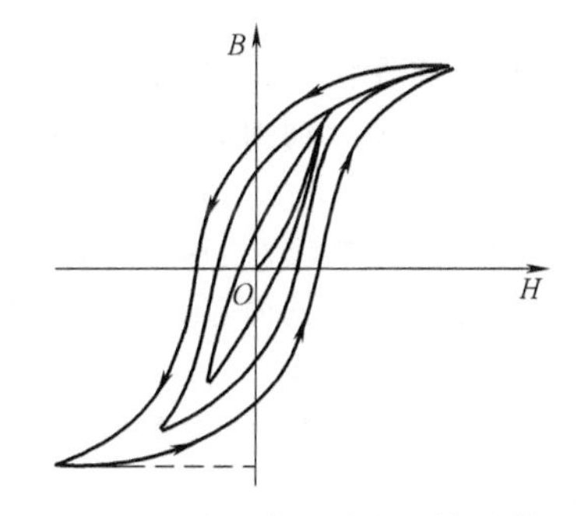

图 6.4-12　同一铁磁质的一簇磁滞回线

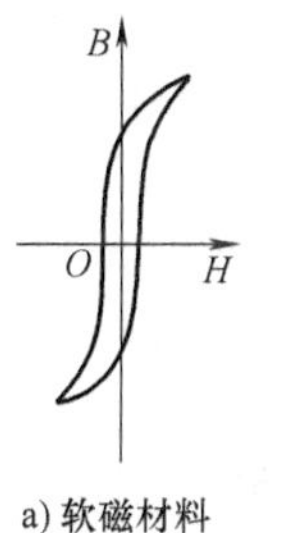

a) 软磁材料

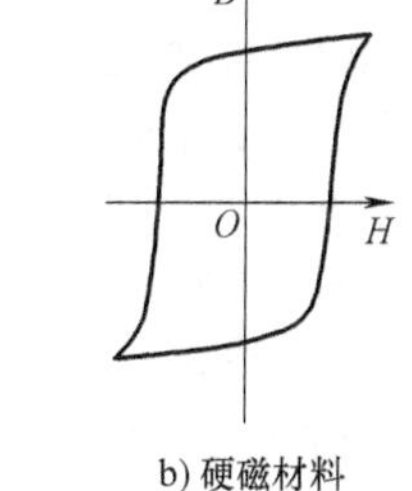

b) 硬磁材料

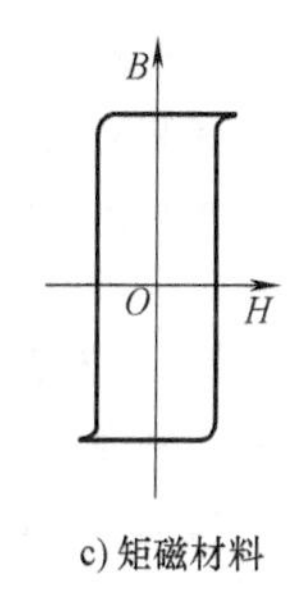

c) 矩磁材料

图 6.4-13　不同铁磁质的磁滞回线

磁铁。矩磁材料因其磁滞回线形如矩形而得名，这类材料的剩磁接近饱和值，如锰镁铁氧体等。常用于计算机储存元件。

实验表明，温度影响铁磁质的磁化性能。当温度高于某一特定值时，铁磁质的上述特性将完全消失而成为顺磁质，这一特定温度称为**居里温度**，也称为**居里点**。不同铁磁质有不同的居里点。比如，纯铁的居里点为 1040K，纯镍的居里点为 631K。铁磁质的这一性质可用来制造温控装置。例如，在电饭锅中装有两块互相吸引的永磁钢，其中一块为感温磁钢，当温度达到其居里点 376K 时便会失去原来的磁性变为顺磁质，使另一磁钢因自重下落，从而切断加热电源。

铁磁质的磁化特性是由其特殊的微观结构决定的。按照近代量子理论，铁磁质在没有外磁场的条件下，相邻原子中的电子自旋磁矩可以自发地平行排列，形成一个个小的自发磁化区域，称为**磁畴**，如图 6.4-14 所示，磁畴之间以畴壁隔开。无外磁场时，各磁畴磁化方向杂乱无章，因此整体上对外不显磁性。将铁磁质置于外磁场中时，磁畴倾向于沿外磁场方向排列，那些自发磁化方向与外磁场方向相同或相近的磁畴开始扩大，反之则缩小。随着外场逐渐增强，缩小了的磁畴最终消失，此时几乎所有的磁矩都转向外场方向，铁磁质的磁化达到饱和状态。当外磁场减弱或消失时，由于杂质和内应力等原因，磁畴不会按原来的变化过程逆向返回原状，因此出现了剩磁和磁滞现象。当温度高于居里点时，分子热运动破坏了磁矩的有序排列，磁畴全部瓦解，铁磁质又变为普通的顺磁质。

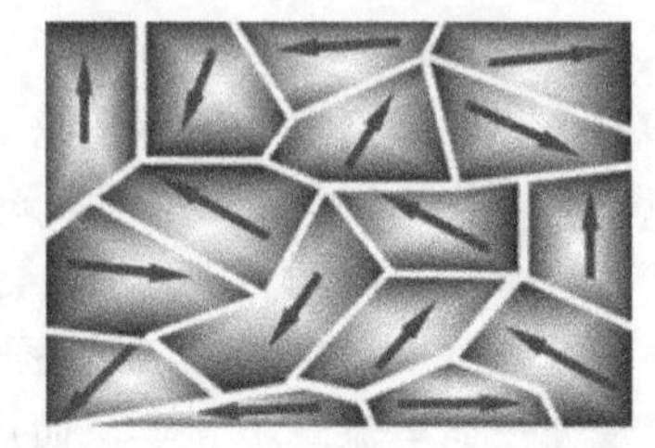

图 6.4-14 铁磁质中的磁畴示意图

在铁磁质的磁化过程中，磁畴的变化有可能导致其长度和体积变化，这种现象称为**磁致伸缩**。反之，铁磁质在力的作用下长度发生变化时也可能带来磁性的变化，这是磁致伸缩的逆效应。铁磁质的这一特性可用于制造超声波换能器或检测微小的机械振动。

小节概念回顾：弱磁质的磁化规律对铁磁质适用吗？什么是磁滞回线？它有哪些基本特征？

课后作业

恒定电流 电动势

6-1. 求证：在恒定电流的电路中，均匀导体（电阻率处处相同）内不可能有净电荷存在。也就是说，净电荷只可能存在于导体表面或不同导体的交界处。

6-2. 长度为 $l=1.00\text{m}$ 的圆柱形电容器，内极板的半径为 0.05cm，外极板的半径为内极板半径的两倍。两极板间充满非理想电介质，其电阻率为 $1.00\times10^{9}\,\Omega\cdot\text{cm}$。现在内、外极板之间加上 1000V 电压，求介质内各点的电场强度大小、漏电流的电流密度以及该介质的漏电电阻值。

6-3. 一铜丝的横截面面积为 20nm×80nm，长为 2m，两端的电势差为 50mV。已知铜的电阻率为 $1.75\times10^{-8}\,\Omega\cdot\text{cm}$，铜的自由电子数密度为 $8.5\times10^{28}/\text{m}^3$。求：(1) 铜丝的电阻；(2) 通过铜丝的电流；(3) 铜丝内的电流密度；(4) 铜丝内的电场强度大小。

6-4. 大气中由于存在少量的自由电子和正离子而具有微弱的导电性。地表附近，晴天大气的平均电场强度约为 120V/m，大气的平均电流密度约为 $4\times10^{-12}\,\text{A/m}^2$。问大气电阻率是多大？若已知电离层和地表之间的电势差为 $3\times10^{5}\,\text{V}$，估算大气的总电阻。

6-5. 如题 6-5 图所示，左右两边为电导率很大的导体，中间两层是电导率分别为 σ_1 和 σ_2 的均匀导电介质，其厚度分别为 d_1 和 d_2（A、B 和 C 为介质分界面），导体的截面面积为 S，通过导体的恒定电流为 I，求 A 和 C 之间的电势差和界面 B 上的电荷面密度。

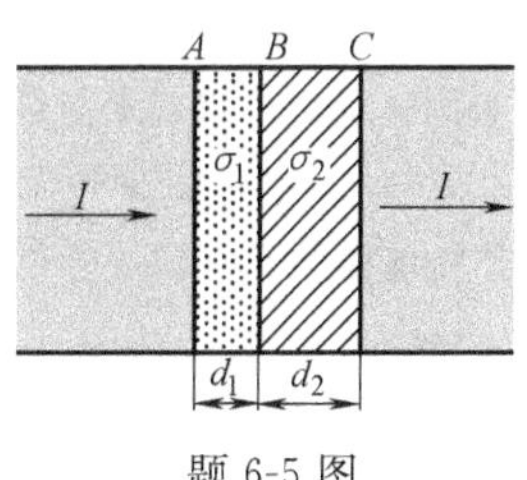

题 6-5 图

磁场和它的源

6-6. 求题 6-6 图中 P 点的磁感应强度 $\vec{B}$ 的大小和方向。

6-7. 一条载有电流 I 的无穷长直导线按如下两种方式在一处分叉成两路后又合二为一。直导线均沿半径方向被引到圆上（半径为 R）的 A、C 两点，电流方向如题 6-7 图所示。求环中心 O 处的磁感应强度。

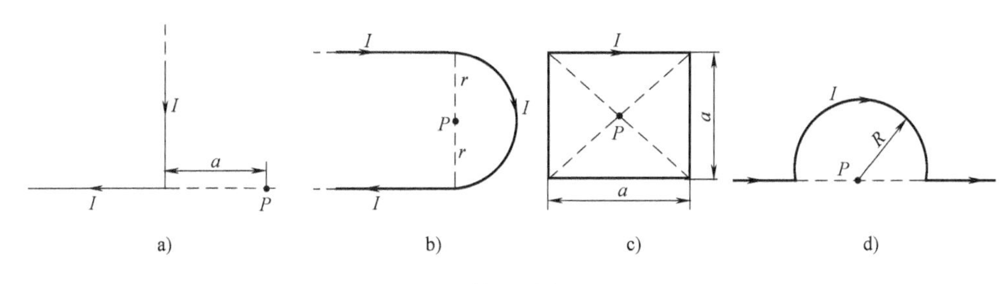

题 6-6 图

6-8. 如题 6-8 图所示，有一无限长通有电流的扁平铜片，宽度为 a，厚度不计，电流 I 在铜片上均匀分布。求与铜片共面、且距离铜片右边缘为 b 处的 P 点的磁感应强度 $\vec{B}$ 的大小。

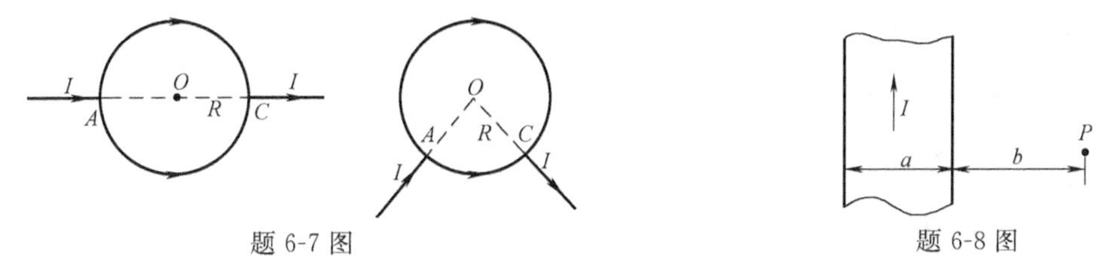

题 6-7 图　　题 6-8 图

6-9. 两根相距 $d=40\text{cm}$ 的平行直导线载有等值反向电流 I，如题 6-9 图所示。求：(1) 两导线之间与左侧导线距离为 r 处的磁感应强度大小；(2) 通过图中阴影部分所示面积的磁通量。（设 $r_1=r_3=10\text{cm}$，$l=25\text{cm}$。）

6-10. 如题 6-10 图所示，N 匝线圈均匀密绕在截面为长方形的整个木环上。木环厚度为 h，内外半径分别为 R_1 和 R_2，环的一半如图所示。木料对磁场的影响可忽略。求线圈中通入电流 I 后，木环内外的磁场分布以及通过木环截面的磁通量。

6-11. 两无穷大平行平面上都有均匀分布的面电流，电流面密度分别为 $\vec{j}_1$ 和 $\vec{j}_2$，两电流平行，如题 6-11 图所示，求磁场分布。

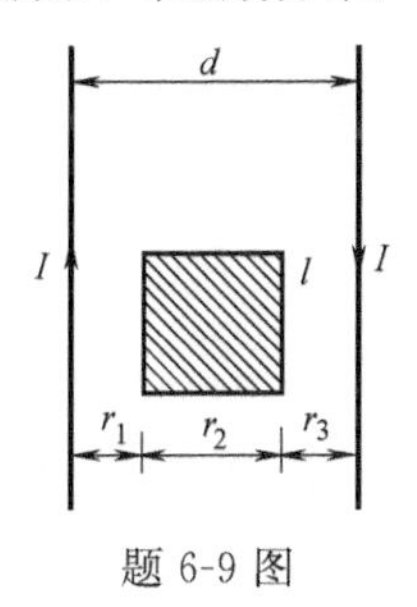

题 6-9 图

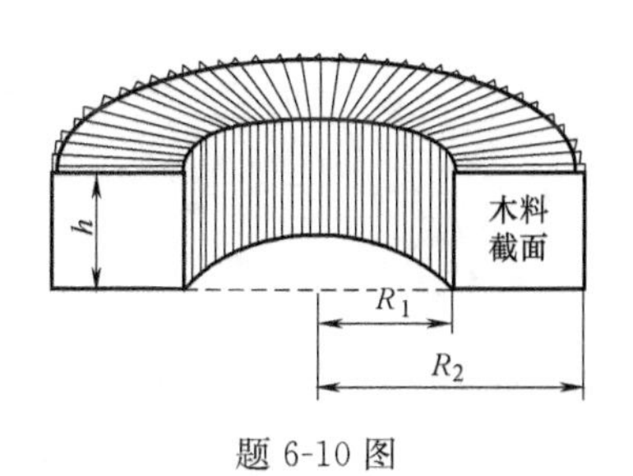

题 6-10 图

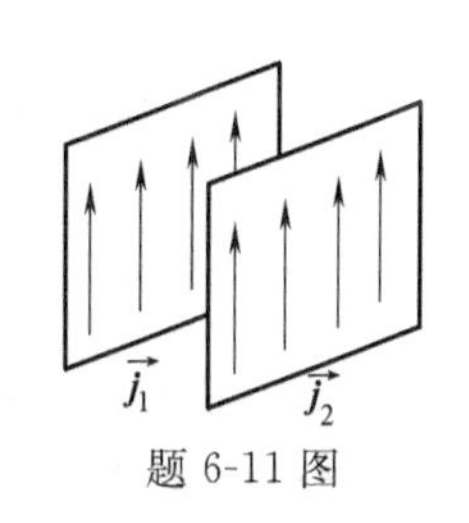

题 6-11 图

6-12. 一个半径为 R 的塑料薄圆盘均匀带电，总电荷量为 Q。当它绕通过盘心且垂直于盘面的轴以角速度 ω 转动时，求盘心处的磁感应强度大小。

6-13. 如题 6-13 图所示，有一很长的同轴电缆，由一圆柱形导体（半径为 r_1，导体 $\mu\approx\mu_0$）和一与其同轴的导体圆筒（内、外半径分别为 r_2、r_3，$\mu\approx\mu_0$）组成，两者之间为空气。电流 I 从一导体流进，从另一导体流出，电流都是均匀分布在导体横截面上的，求：(1) 磁感应强度 $\vec{B}$ 的大小分布；(2) 通过长度为 l 的横截面（图中阴影区域）的磁通量。

6-14. 外半径为 R 的无限长圆柱形导体内有一半径为 r 的圆柱形空洞。两圆柱的轴线平行，间距为 d。今有电流沿柱轴方向流动并均匀分布在横截面上，电流密度为 $\vec{j}$，方向如题 6-14 图所示。求：(1) 圆柱轴线上的磁感应强度的大小；(2) 空洞内任一点的磁感应强度（用矢量表示）。

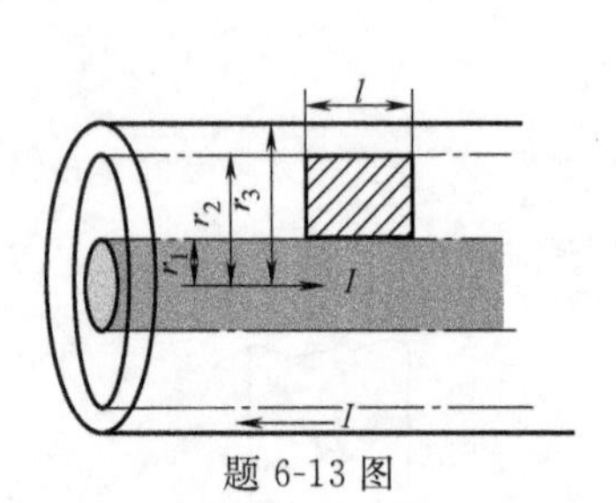

题 6-13 图

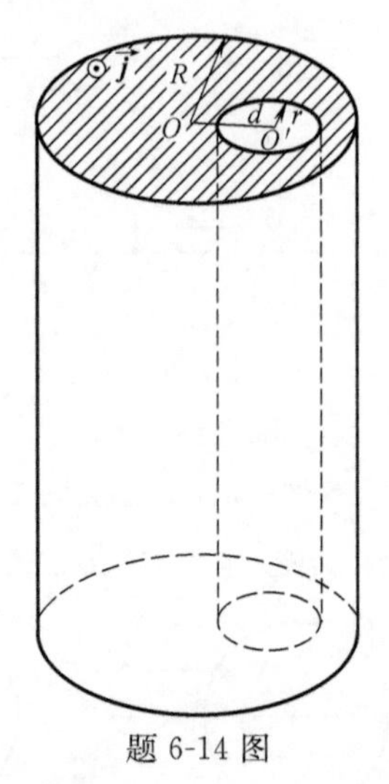

题 6-14 图

磁力

6-15. 一 α 粒子在均匀磁场 $\vec{B}$ 中沿半径为 0.5m 的圆周运动。求 α 粒子的速率、动能和回旋周期。已知 α 粒子的质量 $m=6.7\times10^{-27}$kg，电荷量 $q=3.2\times10^{-19}$C，$B=1.0$T。

6-16. 初速度为零的电子经 3000V 的电压加速后垂直进入均匀磁场 $\vec{B}$，如题 6-16 图所示。已知电子质量 $m=9.11\times10^{-31}$kg，电荷量 $e=-1.6\times10^{-19}$C，$B=0.1$T。请在图中画出电子的轨迹并求其轨道半径。

6-17. 实践中可利用霍尔效应来测量磁场。如题 6-17 图所示，一载流金属导体块中出现霍尔效应，测得两底面上 A、B 两点的电势差 $V_A-V_B=3\times10^{-5}$ V。已知 I 沿 x 轴正向流动，电流 $I=200$A，金属片在 x、y、z 三个方向上的厚度分别为 0.2cm、0.05cm 和 0.1cm，载流子浓度为 8.4×10^{22} 个/cm^3，每个载流子的电荷量为 -1.6×10^{-19}C。求所加磁场的磁感应强度（方向和大小）。

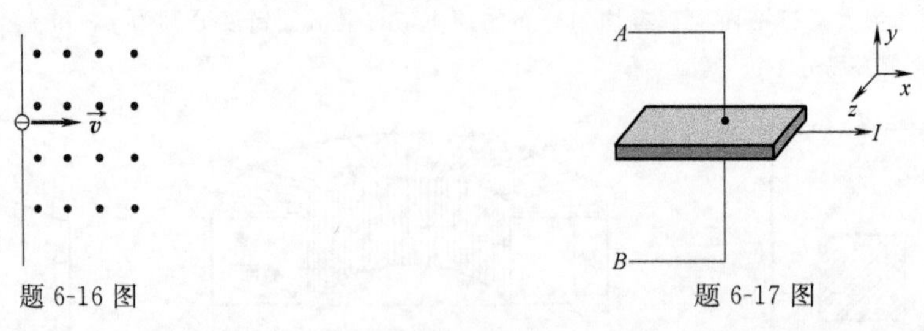

题 6-16 图　　题 6-17 图

6-18. 一块半导体样品，沿 x 方向通有电流 I，在 z 轴方向加有均匀磁场 $\vec{B}$，如题 6-18 图所示，实验测得样品薄片两侧的电势差 $V_A-V_C=U>0$，判断此样品是 n 型还是 p 型？已知电流 $I=2.0$mA，$B=0.4$T，样品 z 轴方向上的厚度为 0.10cm，每个电子的电荷量为-1.6×10^{-19}C，试验测得$U=5.0$mV，试计算该样品的载流子浓度。

6-19. 在通有电流 I_1 的无限长直导线附近，有一载有电流 I_2 的有限长直导线 AB 水平且垂直于无限长直导线放置，其长度为 a，且 A 端离无限长直导线的距离也为 a，如题 6-19 图所示。求导线 AB 受到的安培力的大小和方向。

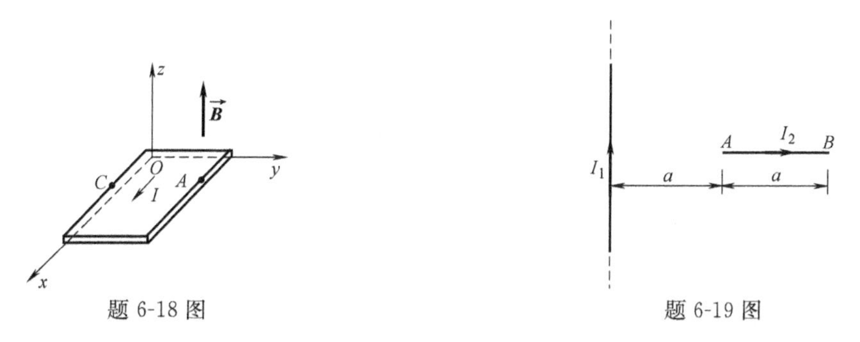

题 6-18 图　　题 6-19 图

6-20. 如题 6-20 图所示，在长直导线近旁放一矩形线圈与其共面，线圈各边分别平行和垂直于长直导线。线圈长为 l、宽为 b，近边距长直导线的距离为 a，长直导线中通有电流 I。当矩形线圈中通有电流 I_1 时，它所受到的磁力的大小和方向各如何？它又受到多大的磁力矩？

6-21. 如题 6-21 图所示，一半径为 R 的无限长半圆柱面导体，其上电流与其轴线上一无限长直导线的电流等值反向，电流 I 在半圆柱面上均匀分布。试求半圆柱面电流在轴线上任一点产生的磁场，并求导线单位长度上所受的力。

6-22. 某种磁悬浮列车利用载流线圈间的排斥力使列车悬浮在导轨上运行。如题 6-22 图所示，两载有反向电流 I 的共轴圆线圈（半径 R 和匝数 N 都相同）相隔一定距离平行放置。估算两半径均为 $R=1.0$m 的线圈要在间隔 $d=10$cm 时产生 10t 的排斥力，每个线圈需要多少匝？假设一个线圈中的电流在另一个线圈所在位置产生的磁场的磁感应强度大小可用 $B=\dfrac{\mu_0 NI}{2\pi d}$ 估算。

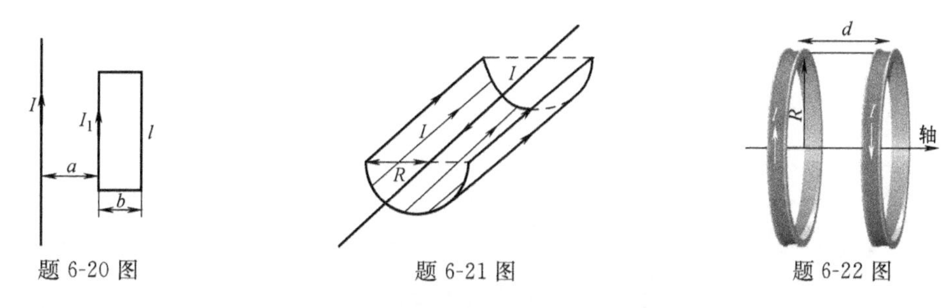

题 6-20 图　　题 6-21 图　　题 6-22 图

6-23. 如题 6-23 图所示，边长为 a 的正方形线圈中通有电流 I，电流方向如图所示。将其放在磁感应强度大小为 B 的均匀磁场中，磁场方向从左指向右且与线圈平面平行。求：(1) 导线段 MN 所受的安培力；(2) 线圈磁矩的大小和方向；(3) 线圈在图示位置时受到的磁力矩的大小和方向；(4) 线圈在磁力矩的作用下由图示位置开始旋转 90°的过程中，磁力矩对线圈所做的功。

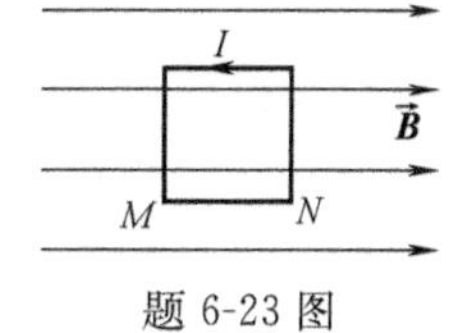

题 6-23 图

6-24. 一质量为 m、半径为 R 的均匀带电细圆环，线电荷密度为 λ，放在磁感应强度为 $\vec{B}$ 的均匀外磁场中。当圆环以恒定的角速度 ω 绕通过圆心且垂直于圆环平面的轴（转轴与 $\vec{B}$ 垂直）旋转时，求圆环的磁矩大小 p_m 以及作用在圆环上的磁力矩的大小 M。

6-25. 半径为 R 的带正电圆盘，电荷面密度为 σ，以角速度 ω 绕过圆心 O 点且垂直于圆盘平面的轴逆时针旋转。求：(1) 当 $\sigma=$常量时，产生的圆电流的磁矩大小 p_m 及圆心处的磁场大小 B；(2) 当 $\sigma=kr$

（k 是常量，r 是圆盘上一点到圆心的距离）时，求圆心处的磁场大小 B。

磁介质

6-26. 一螺绕环，由表面绝缘的细导线密绕而成，螺绕环中心周长 $l=10\text{cm}$，环上总线圈匝数 $N=20$，线圈中通有电流 $I=0.1\text{A}$。(1) 求螺绕环中心的磁感应强度 B_0 和磁场强度 H_0；(2) 若螺绕环中充满相对磁导率 $\mu_r=4200$ 的磁介质，那么螺绕环中心的 B 和 H 是多少？(3) 磁介质内螺绕环中心由导线中电流产生的 B_0 和由磁化电流产生的 B' 各是多少？

6-27. 在铁磁质磁化特性的测量实验中，设所用的螺绕环上共有 $N=1000$ 匝线圈，平均半径 $R=15.0\text{cm}$，当通有 $I=2.0\text{A}$ 的电流时，测得环内的磁感应强度 $B=1.0\text{T}$。求：(1) 螺绕环铁心内的磁场强度 H；(2) 该铁磁质的磁导率 μ 和相对磁导率 μ_r。

6-28. 有一半径为 R 的无限长金属圆柱体，其上流过的电流为 I，电流密度的分布是均匀的，柱体的相对磁导率为 μ_r。试求圆柱体的磁场强度和磁感应强度分布。

6-29. 一无限长圆柱形直铜线（$\mu\approx\mu_0$），横截面的半径为 R，线外包有一层相对磁导率为 μ_r 的均匀磁介质，层厚为 d，导线中通有电流 I，且 I 均匀地分布在横截面上。求离轴线为 r 处的磁场强度和磁感应强度的大小。

6-30. 如题 6-30 图所示，有一很长的同轴电缆，由一圆柱形导体（半径为 r_1，导体 $\mu\approx\mu_0$）和一与其同轴的导体圆筒（内、外半径分别为 r_2、r_3）组成，两者之间充满着磁导率为 μ 的均匀磁介质。电流 I 从一导体流进，从另一导体流出，电流都是均匀分布在导体横截面上的，求：(1) 磁场强度 $\vec{H}$ 的大小分布；(2) 通过横截面（图中阴影区域）长度为 l 的磁通量。

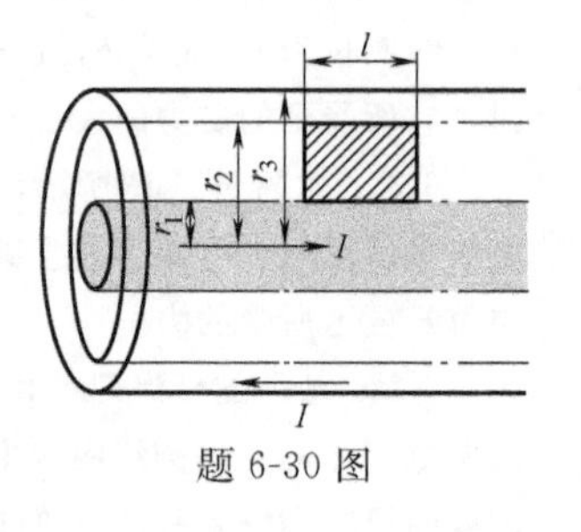

题 6-30 图

6-31. 一铁环中心线的周长为 30cm，横截面面积为 1.0cm^2，在环上紧密地绕有 300 匝表面绝缘的导线。当导线中通有电流 25mA 时，通过环的截面的磁通量为 $2.0\times10^{-6}\text{Wb}$。求：(1) 铁环内的磁感应强度的大小 B；(2) 铁环内部的磁场强度的大小 H；(3) 铁环的相对磁导率 μ_r 和磁化率 χ_m；(4) 铁环的磁化强度的大小 M。

自主探索研究项目——磁力炮

项目简述：在一列材质、尺寸、质量相同的铁球中插进一块强磁体，然后将这列放有强磁体的一排铁球放在非磁性的轨道上。当另一个材质、尺寸、质量相同的铁球滚向队列并与队列最后一个铁球相撞时，此时队列另一端的铁球将以极快的速度射出。

研究内容：设计实验方案，研究此过程中永磁体的位置、特性对实验结果是否有影响。

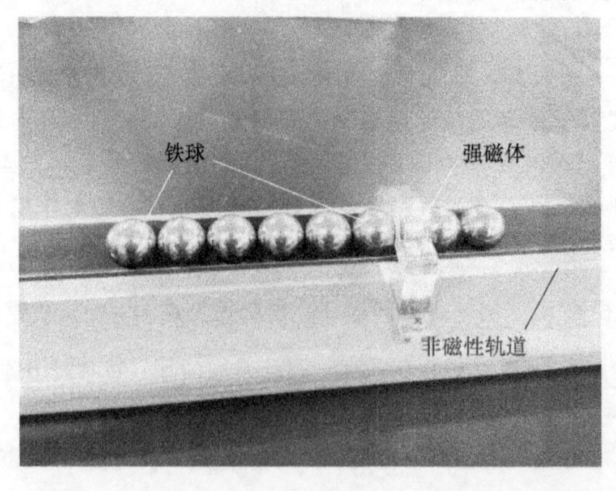

第7章 电磁感应与电磁波

7.1 法拉第电磁感应定律

19世纪20年代之前，电和磁是独立发展的两个研究领域。1820年，奥斯特发现了电流的磁效应，揭示了电现象和磁现象之间的某种联系，这也促使许多科学家开始考虑一个问题：既然电能生磁，那么磁是否也能生电呢？1831年，英国物理学家法拉第首次在实验中发现了电磁感应现象，翻开了人类认识电磁现象本质的新篇章。

7.1.1 电磁感应现象

下面介绍观察电磁感应现象的几个典型实验。

如图7.1-1a所示，线圈A和电流计相连。当附近的条形磁铁固定不动时，电流计指针不偏转；当把条形磁铁向线圈中插入或从线圈中往外拔时，电流计的指针发生偏转，说明电路中出现了电流，这种电流只有当磁铁移动时才会出现，称为**感应电流**。插入或拔出磁铁这两种情况下出现的感应电流的方向相反。

将条形磁铁换成载流线圈A′，如图7.1-1b所示，重复上面的实验。结果表明，当线圈A′固定不动时，线圈A中没有电流；只有当线圈A′相对线圈A运动时，线圈A中才会出现感应电流。

是否是线圈A′（或磁铁）与线圈A之间的相对运动引起了感应电流呢？如图7.1-1c所示，线圈A′与线圈A的位置固定，在线圈A′的电路中接入开关S。结果表明，当线圈A′所在电路中的电流保持恒定时，线圈A中没有电流；但是，在合上开关S或打开开关S的瞬间，电流计的指针偏转，说明线圈A中出现了感应电流。这种感应电流的出现不是源于线

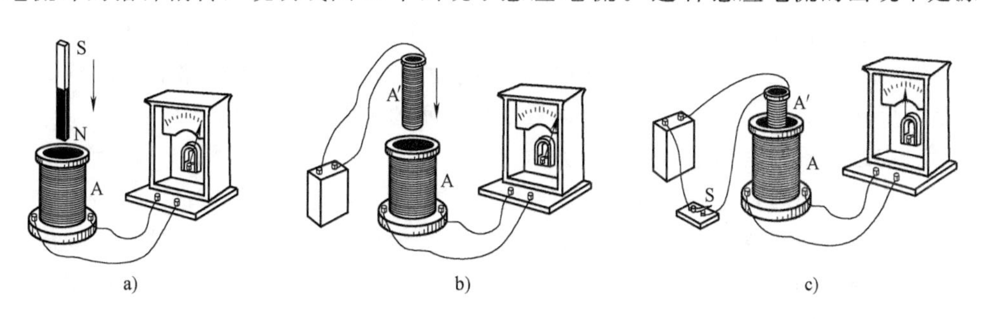

图7.1-1 用线圈演示电磁感应现象

圈之间的相对运动，而是电流的变化，也就是线圈 A 所在位置处的磁场发生了变化。实验还发现，电流变化越快，也就是磁场变化越快，感应电流越大。

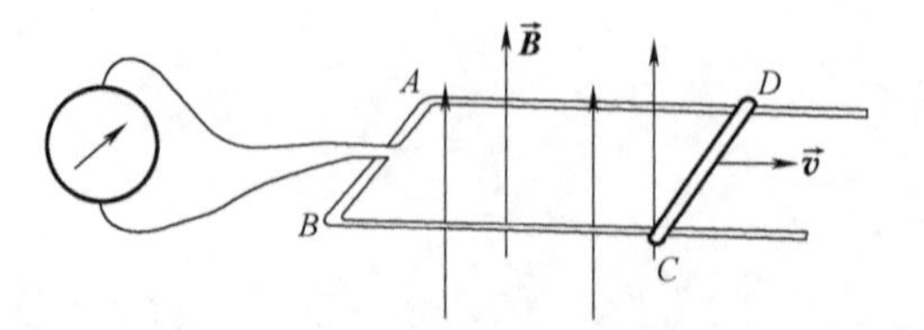

图 7.1-2 用导线框演示电磁感应现象

若磁场不变，会有感应电流吗？如图 7.1-2 所示，矩形导线框 $ABCD$ 与电流计相连，其中 CD 为可动边，整个装置置于均匀磁场 $\vec{B}$ 中。实验发现，当 CD 边不动时，矩形框中没有电流；当 CD 边做切割磁感线的运动时，矩形框中便出现了感应电流。若保持 CD 边不动，挤压矩形框使其发生形变，结果表明，当导线框正在发生形变使其面积变化时，线框中出现电流，形变前或形变后都没有电流。显然，这里感应电流的出现不是源于变化的磁场，而是 CD 边运动或导线框形变带来的导线框所围面积的变化。实验还发现，导线框所围的面积变化越快，感应电流越大。

无论是线圈 A 所在位置处的磁场变化，还是导线框 $ABCD$ 的面积变化，它们的共同特点是：穿过与电流计相连的回路中的磁通量发生了变化。由此可得到以下结论：当穿过闭合导体回路所围面积的磁通量发生变化时，回路中便出现了感应电流，这一现象称为**电磁感应现象**。

小节概念回顾：什么是电磁感应现象？引起电磁感应现象的本质是什么？

7.1.2 电磁感应现象的基本规律

1. 法拉第电磁感应定律

当穿过闭合导体回路所围面积的磁通量发生变化时，回路中便出现了感应电流，这说明回路中出现了电动势，这种电动势称为**感应电动势**。实验表明，当磁通量的变化情况相同时，增大回路的电阻，感应电流减小，回路中的感应电流与回路中的总电阻成反比。这说明，感应电动势比感应电流更能揭示电磁感应现象的本质。即使导体所在的电路不闭合，导体中没有感应电流，感应电动势也可能存在。

大量实验结果表明，感应电动势的大小和通过导体回路的磁通量的变化率成正比，感应电动势的方向与磁场的方向和磁通量的变化情况有关，这个结论称为**法拉第电磁感应定律**，用数学形式可表示为

$$\mathscr{E}_{\mathrm{i}}=-\frac{\mathrm{d}\Phi}{\mathrm{d}t} \tag{7.1-1}$$

式中，Φ 为穿过闭合导体回路的磁通量；$\mathscr{E}_{\mathrm{i}}$ 为磁通量发生变化时在导体回路中产生的感应电动势。式（7.1-1）表明，导体回路中的感应电动势等于穿过导体回路的磁通量变化率的负值，负号反映感应电动势的方向与磁通量变化之间的关系。

电动势和磁通量都是标量，它们的方向（或正负）是相对于某一标定方向而言的。在判断感应电动势的方向时，首先任选闭合回路的绕行方向，规定电动势方向与绕行方向一致时为正；当磁感线方向与绕行方向成右手螺旋时磁通量为正，也就是说，与绕行方向成右手螺旋的方向为回路所围面积的法线正方向。下面通过一个具体的例子来说明如何根据该符号法则确定感应电动势的方向。

例 7.1-1 空间中有一随时间变化的均匀磁场（假设 t 时刻磁场方向垂直纸面向外），在

垂直磁场的方向上（纸面内）放置一导体回路，求回路中的感应电动势。已知磁场随时间的变化率为$\frac{\mathrm{d}\vec{B}}{\mathrm{d}t}$，回路所包围的面积为$S$。

解：假设回路L逆时针方向绕行，如图7.1-3a所示。此时磁感线方向与绕行方向成右手螺旋，因此磁通量为正，$\Phi=BS$。由式（7.1-1）可知，

$$\mathscr{E}_{\mathrm{i}}=-S\frac{\mathrm{d}B}{\mathrm{d}t}$$

若$\frac{\mathrm{d}B}{\mathrm{d}t}>0$，则$\mathscr{E}_{\mathrm{i}}<0$，说明电动势方向与回路绕行方向相反，电动势应为顺时针方向；若$\frac{\mathrm{d}B}{\mathrm{d}t}<0$，则$\mathscr{E}_{\mathrm{i}}>0$，说明电动势方向与回路绕行方向一致，电动势应为逆时针方向。

假设回路L顺时针方向绕行，如图7.1-3b所示。此时磁感线方向与绕行方向成反右手螺旋，因此磁通量为负，$\Phi=-BS$。由式（7.1-1）可知，

$$\mathscr{E}_{\mathrm{i}}=S\frac{\mathrm{d}B}{\mathrm{d}t}$$

若$\frac{\mathrm{d}B}{\mathrm{d}t}>0$，则$\mathscr{E}_{\mathrm{i}}>0$，说明电动势方向与回路绕行方向一致，电动势应为顺时针方向；若$\frac{\mathrm{d}B}{\mathrm{d}t}<0$，则$\mathscr{E}_{\mathrm{i}}<0$，说明电动势方向与回路绕行方向相反，电动势应为逆时针方向。

a）回路L逆时针　　b）回路L顺时针

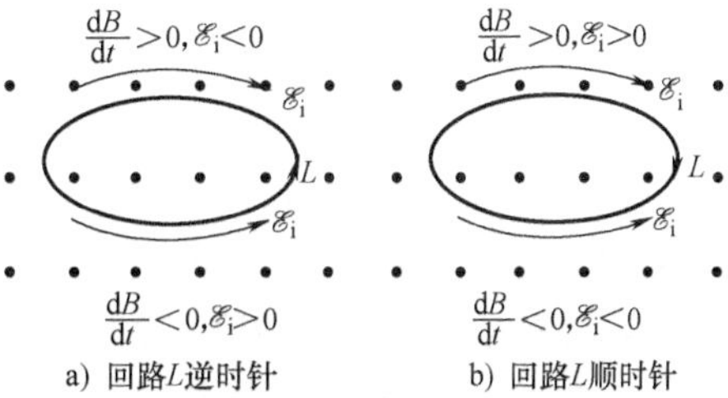

图7.1-3　例7.1-1图

由以上的讨论可知，无论回路绕行方向如何选取，都会得到一致的结果：当$\frac{\mathrm{d}B}{\mathrm{d}t}>0$时，感应电动势方向为顺时针；当$\frac{\mathrm{d}B}{\mathrm{d}t}<0$时，感应电动势方向为逆时针。

评价：利用式（7.1-1）既可求得感应电动势的大小，也可判定感应电动势的方向。在此过程中需要遵循如上简单的符号规则，最后的结果与回路绕行方向的选取无关。在例7.1-1中，若考虑$\frac{\mathrm{d}\vec{B}}{\mathrm{d}t}$的方向，则会发现，感应电动势$\mathscr{E}_{\mathrm{i}}$的方向始终与$\frac{\mathrm{d}\vec{B}}{\mathrm{d}t}$的方向成反右手螺旋。

式（7.1-1）只适用于单匝回路。对于N匝串联回路，设每匝回路中穿过的磁通量分别为Φ_1，Φ_2，…，Φ_N，每匝回路中的感应电动势分别为$\mathscr{E}_1$，$\mathscr{E}_2$，…，$\mathscr{E}_N$，则N匝串联回路中的总电动势为各匝回路中的电动势之和，即

$$\mathscr{E}_{\mathrm{i}}=\mathscr{E}_1+\mathscr{E}_2+\cdots+\mathscr{E}_N=-\frac{\mathrm{d}\Phi_1}{\mathrm{d}t}-\frac{\mathrm{d}\Phi_2}{\mathrm{d}t}-\cdots-\frac{\mathrm{d}\Phi_N}{\mathrm{d}t}=-\frac{\mathrm{d}\Psi}{\mathrm{d}t}\tag{7.1-2}$$

其中，$\Psi=\Phi_1+\Phi_2+\cdots+\Phi_N=\sum_{i=1}^{N}\Phi_i$为穿过$N$匝串联回路的总磁通量，称为**磁通链**。如果通过每匝回路的磁通量均为Φ，则$\Psi=N\Phi$。由此可得

$$\mathscr{E}_{\mathrm{i}}=-N\frac{\mathrm{d}\Phi}{\mathrm{d}t}\tag{7.1-3}$$

如果闭合回路中的总电阻为R，则回路中的感应电流为

$$I_{\mathrm{i}}=\frac{\mathscr{E}_{\mathrm{i}}}{R}=-\frac{1}{R}\frac{\mathrm{d}\Psi}{\mathrm{d}t} \tag{7.1-4}$$

感应电流的方向与感应电动势的方向相同。

$\mathrm{d}t$ 时间内回路中的感应电荷量为 $\mathrm{d}q_{\mathrm{i}}=I_{\mathrm{i}}\mathrm{d}t=-\frac{1}{R}\mathrm{d}\Psi$，则在一段有限的时间内通过导体回路任一截面的总感应电荷量为

$$q_{\mathrm{i}}=-\frac{1}{R}\int\mathrm{d}\Psi=-\frac{\Delta\Psi}{R} \tag{7.1-5}$$

显然，感应电流的大小与磁通链变化的快慢有关，而总感应电荷量的大小依赖于磁通链的总改变量，与磁通链变化的快慢无关。

例 7.1-2 宽为a、长为l的N匝矩形回路近旁有一共面的长直导线。导线中通有交流电 $I=I_0\sin\omega t$，其中I_0、ω均为大于零的常数。导线与矩形回路的一边平行且距离为d，如图 7.1-4 所示。整个系统置于磁导率为μ的介质中，求N匝矩形回路中的感应电动势。

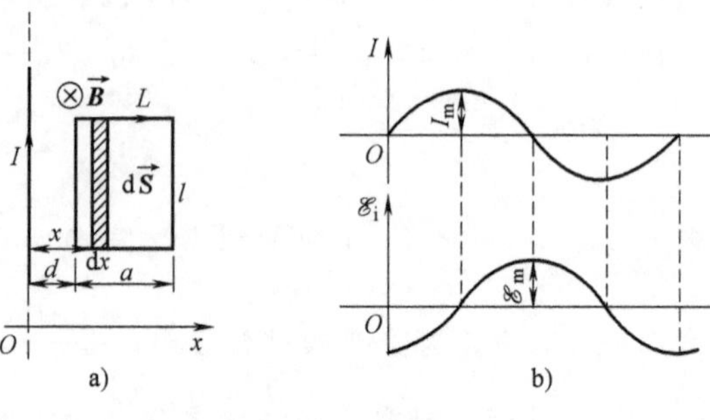

图 7.1-4 例 7.1-2 图

解：假设当$I>0$时，电流方向如图所示，直导线在导体回路所在位置处产生垂直纸面向里的非均匀磁场。取回路顺时针方向绕行，则磁感线的方向与回路绕行方向成右手螺旋，穿过回路的磁通量为正。取如图 7.1-4a 所示宽为 $\mathrm{d}x$ 的面元 $\mathrm{d}\vec{S}$，$\mathrm{d}\vec{S}$ 所在位置处（距直导线距离为x）的磁场$\vec{B}$与$\mathrm{d}\vec{S}$同向；在该面元内可以将$\vec{B}$看作常量，大小为 $B=\frac{\mu I}{2\pi x}$，则通过该面元的磁通量为

$$\mathrm{d}\Phi=\vec{B}\cdot\mathrm{d}\vec{S}=B\mathrm{d}S=\frac{\mu I}{2\pi x}l\,\mathrm{d}x$$

通过单匝回路的磁通量为

$$\Phi=\int\mathrm{d}\Phi=\int_d^{d+a}\frac{\mu I}{2\pi x}l\,\mathrm{d}x=\frac{\mu Il}{2\pi}\ln\frac{d+a}{d}$$

由式（7.1-3）可知，N匝矩形回路中的感应电动势为

$$\mathscr{E}_{\mathrm{i}}=-N\frac{\mathrm{d}\Phi}{\mathrm{d}t}=-N\frac{\mathrm{d}}{\mathrm{d}t}\left(\frac{\mu lI_0\sin\omega t}{2\pi}\ln\frac{d+a}{d}\right)$$
$$=-\frac{\mu NI_0l\omega}{2\pi}\ln\frac{d+a}{d}\cos\omega t$$

结果表明回路中产生了交变的感应电动势，感应电动势的方向与时间有关。电流I和感应电动势$\mathscr{E}_{\mathrm{i}}$随时间t的变化规律如图 7.1-4b 所示。若 $\cos\omega t>0$，则 $\mathscr{E}_{\mathrm{i}}<0$，感应电动势$\mathscr{E}_{\mathrm{i}}$的方向与回路绕行方向相反，$\mathscr{E}_{\mathrm{i}}$为逆时针方向；若 $\cos\omega t<0$，则 $\mathscr{E}_{\mathrm{i}}>0$，感应电动势$\mathscr{E}_{\mathrm{i}}$的方向与回路绕行方向相同，$\mathscr{E}_{\mathrm{i}}$为顺时针方向。

评价：此例说明了利用法拉第电磁感应定律求解感应电动势的一般步骤：任意选取回路的绕行方向，根据符号法则判断磁通量的正负；求解通过相应回路的磁通量或磁通链；再由式（7.1-1）、式（7.1-2）或式（7.1-3）求出感应电动势；最后根据结果的正负确定感应电动势的方向。

2. 楞次定律

1833年，俄国物理学家楞次从实验中总结出一个判断闭合回路中感应电流方向的方法，称为**楞次定律**。该定律可表述为：**闭合回路中感应电流的方向，总是使得它所激发的磁场来阻止引起感应电流的磁通量的变化**；或者简述为：**感应电流产生的效果，总是反抗产生感应电流的原因**。

利用楞次定律再来分析例7.1-1和例7.1-2中感应电动势的方向。

在图7.1-3a或b中，当$\frac{\mathrm{d}B}{\mathrm{d}t}>0$时，穿过回路的磁通量增加。根据楞次定律，感应电流激发的磁场应该阻止磁通量的增加，因此感应电流激发的磁场应垂直纸面向里，也就是说，感应电流应顺时针流动。当$\frac{\mathrm{d}B}{\mathrm{d}t}<0$时，穿过回路的磁通量减小，因此感应电流应逆时针流动，激发垂直纸面向外的磁场，从而阻止穿过回路的磁通量减小。由于感应电动势的方向与感应电流的方向相同，所以据此方法确定的感应电动势的方向与例7.1-1中的结论一致。

在例7.1-2中，当$\cos\omega t>0$时，导线中的电流$I=I_0\sin\omega t$在增大，穿过回路的磁通量增加，感应电流激发的磁场必然垂直纸面向外，以阻碍回路中磁通量的增加。因此，感应电流必沿逆时针方向流动，也就是说，$\mathscr{E}_\mathrm{i}$为逆时针方向。当$\cos\omega t<0$时，导线中的电流$I=I_0\sin\omega t$在减小，穿过回路的磁通量减小，感应电流激发的磁场必然垂直纸面向里，以阻碍回路中磁通量的减少，因此，感应电流必沿顺时针方向流动，也就是说，$\mathscr{E}_\mathrm{i}$为顺时针方向，这与例7.1-2中的结论一致。

从上面的讨论可以看出，楞次定律提供了一种确定感应电流和感应电动势方向的方法。据此确定的方向与用法拉第定律相关的符号规则给出的结果一致。但是，当对感应电流方向的判断涉及机械效应时，用楞次定律往往更显简单。如图7.1-5所示，将磁棒的N极插入导体环，根据楞次定律，感应电流i产生的效果必定阻碍磁棒的插入，因此，若将导体环中感应电流i产生的磁场用磁棒等效，则导体环的右侧相当于N极，由此可判断导体环中的感应电流i如图7.1-5所示（从左往右看，电流顺时针流动）。

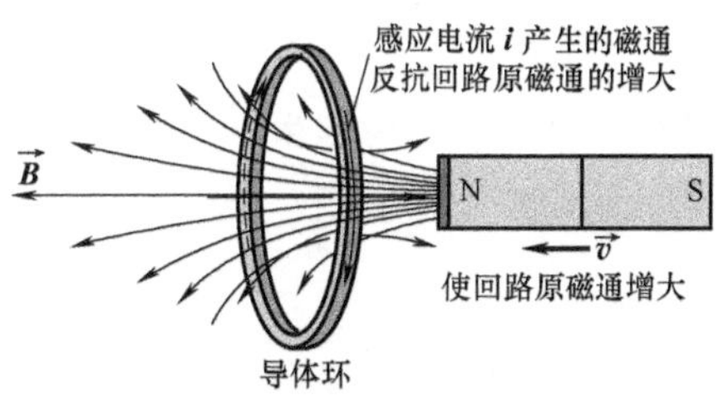

图7.1-5 楞次定律确定感应电流的方向

楞次定律是能量守恒定律在电磁感应现象中的直接体现。在图7.1-5中，如果感应电流i的方向与楞次定律给出的方向相反，导体环的右端相当于S极，导体环将吸引磁棒使其加速。这意味着，只要磁棒受到一点微小扰动，导体环中就会出现感应电流，感应电流产生的磁场又会使磁棒加速运动，这显然是违背能量守恒的，因此不可能发生。

需要注意的是，感应电流所激发的磁场要阻止的是磁通量的变化，而不是磁通量本身；另外，阻止并不意味着抵消，如果磁通量的变化完全被抵消了，则感应电流也就不存在了。

小节概念回顾： 如何求解回路中感应电动势的大小？确定感应电动势的方向有几种方法？楞次定律的本质是什么？

7.2 动生电动势和感生电动势

利用式（7.1-1）$\mathscr{E}_{\mathrm{i}}=-\dfrac{\mathrm{d}\Phi}{\mathrm{d}t}$来描述电磁感应现象存在一定的局限性。

首先，式（7.1-1）针对的是导体回路。若回路由绝缘体构成，或者是想象的闭合曲线，此时 Φ 和$\dfrac{\mathrm{d}\Phi}{\mathrm{d}t}$仍有意义。但感应电动势还会存在吗？电动势源于非静电力的作用，如果存在感应电动势，那么这种非静电力是哪种力呢？

其次，式（7.1-1）表明电动势源于磁通量的变化，如果磁通量不变，还会有电磁感应现象吗？如图 7.2-1 所示，金属盘置于均匀磁场中，盘面与磁场方向垂直，金属盘的中心和边缘分别与电流计连接。如果金属盘绕中心对称轴旋转，则电流计所在的回路磁通量不变，但实验发现电流计的指针偏转，说明回路中出现了感应电流，该如何解释呢？

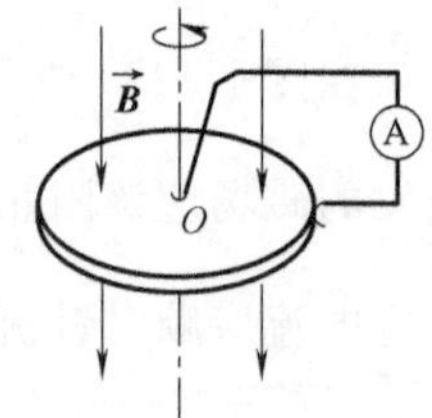

图 7.2-1 在均匀磁场中转动的金属盘中出现感应电流

为了对电磁感应现象有进一步的认识和更全面的描述，我们根据磁通量变化的原因，将感应电动势分为两类：感生电动势和动生电动势。

由式（7.1-1），有

$$\mathscr{E}_{\mathrm{i}}=-\frac{\mathrm{d}}{\mathrm{d}t}\left(\iint_S \vec{B}\cdot\mathrm{d}\vec{S}\right)=-\iint_S \frac{\partial}{\partial t}(\vec{B}\cdot\mathrm{d}\vec{S})=-\iint_S \frac{\partial\vec{B}}{\partial t}\cdot\mathrm{d}\vec{S}-\iint_S \vec{B}\cdot\frac{\partial(\mathrm{d}\vec{S})}{\partial t}$$

右侧两项$-\iint_S \dfrac{\partial\vec{B}}{\partial t}\cdot\mathrm{d}\vec{S}$ 和$-\iint_S \vec{B}\cdot\dfrac{\partial(\mathrm{d}\vec{S})}{\partial t}$ 都具有电动势的量纲。前者代表因磁场变化而产生的感应电动势，称为**感生电动势**，用 $\mathscr{E}_{\mathrm{k}}$ 表示；后者代表因回路所围面积变化（导体在磁场中运动或回路发生形变）而产生的感应电动势，称为**动生电动势**，用 $\mathscr{E}_{\mathrm{l}}$ 表示。因此，

$$\mathscr{E}_{\mathrm{i}}=-\iint_S \frac{\partial\vec{B}}{\partial t}\cdot\mathrm{d}\vec{S}-\iint_S \vec{B}\cdot\frac{\partial(\mathrm{d}\vec{S})}{\partial t}=\mathscr{E}_{\mathrm{k}}+\mathscr{E}_{\mathrm{l}} \tag{7.2-1}$$

显然，动生电动势和感生电动势都属于感应电动势，但它们具有不同的起源和性质。下面通过讨论这两种电动势所对应的非静电力来分析它们的物理本质及其特点。

7.2.1 动生电动势

1. **典型装置**（直导线在均匀磁场中运动）

如图 7.2-2 所示，将导线框 $abOd$ 置于均匀磁场 $\vec{B}$ 中，线框平面与磁场垂直，Od 边长为 l。除 ab 边外，其他三条边固定不动。当导线 ab 边以恒定的速度 $\vec{v}$ 向右运动时，导线框中将产生感应电动势。这种电动势源于导体的运动，因此是动生电动势。下面用两种方法来求解 ab 边中的动生电动势。

（1）利用法拉第电磁感应定律

以 O 点为坐标原点建立坐标系，Ob 为 x 轴。设 $t=0$ 时刻 ab 边从 Od 边所在位置开始运动，t 时刻与 Od 边的距离 $x(t)=vt$。选择顺时针为回路的绕行方向。磁场方向与绕行方向成右手螺旋，磁通量为正。t 时刻穿过导线框的磁通量 $\Phi=Blx$。

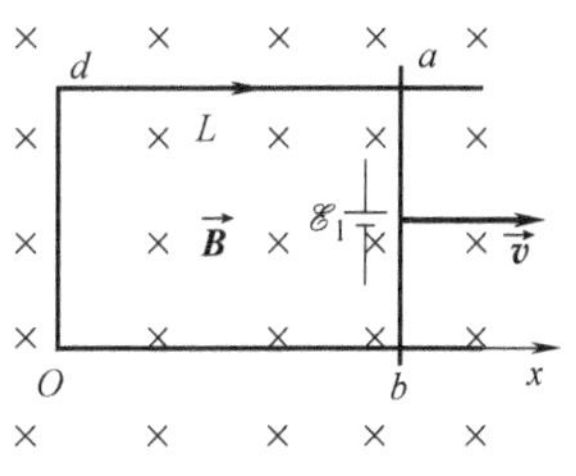

图 7.2-2　导线在均匀磁场中运动

由式（7.1-1），导线框中的电动势为

$$\mathscr{E}_1=-Bl\frac{\mathrm{d}x}{\mathrm{d}t}=-Blv$$

其中，负号说明电动势的方向与回路的绕行方向相反，为逆时针方向，由 b 指向 a，此时 b 端为负极，a 端为正极。lv 为 ab 边在单位时间内扫过的面积，因此上式表明动生电动势的大小等于 ab 边在单位时间内切割磁感线的条数。

（2）利用电动势与非静电场场强的关系

当 ab 边以速度 $\vec{v}$ 向右运动时，导线中的电子被带着以同一速度 $\vec{v}$ 向右运动，因而受到向下的洛伦兹力 $\vec{F}_{\mathrm{m}}=-e\vec{v}\times\vec{B}$，如图 7.2-3 所示，其中 $-e$ 为电子所带的电荷量。在该洛伦兹力 $\vec{F}_{\mathrm{m}}$ 的作用下，电子逐渐向 b 端聚集。由于电荷守恒，a 端将出现多余的正电荷。a、b 两端积累的正负电荷在导线间建立电场，使得导线 ab 中的电子受到向上的电场力，与洛伦兹力 $\vec{F}_{\mathrm{m}}$ 的方向相反。随着电荷的不断积累，电场力逐渐增大。当电场力与洛伦兹力大小相等时，电子不再向 b 端聚集，达到平衡状态，a、b 两端出现稳定的电势差。此时运动的 ab 边相当于一个电源，b 端为负极，a 端为正极。而在电源中建立这种电势差的正是让电子向 b 端聚集的洛伦兹力 $\vec{F}_{\mathrm{m}}$，因此 $\vec{F}_{\mathrm{m}}$ 相当于电源中的非静电力，非静电场的电场强度 $\vec{E}_{\mathrm{k}}$ 即为单位正电荷受到的洛伦兹力，即

$$\vec{E}_{\mathrm{k}}=\frac{\vec{F}_{\mathrm{m}}}{q}=\vec{v}\times\vec{B} \tag{7.2-2}$$

也就是说，动生电动势对应的非静电场的电场强度为导体的运动速度与磁感应强度的叉积。

在 ab 边上任取线元 $\mathrm{d}\vec{l}$，设其方向由 b 指向 a。由电动势的定义式，有

$$\mathscr{E}_1=\int_-^+\vec{E}_{\mathrm{k}}\cdot\mathrm{d}\vec{l}=\int_b^a(\vec{v}\times\vec{B})\cdot\mathrm{d}\vec{l} \tag{7.2-3}$$

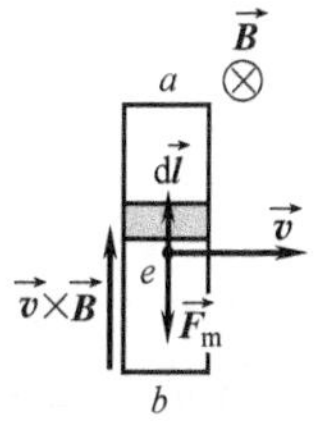

由于 $\vec{v}$ 与 $\vec{B}$ 垂直，$\vec{v}\times\vec{B}$ 的大小等于 vB，$\vec{v}\times\vec{B}$ 的方向与 $\mathrm{d}\vec{l}$ 方向相同。因此，上式可化简为

$$\mathscr{E}_1=\int_b^a vB\,\mathrm{d}l=vB\int_b^a\mathrm{d}l=vBl$$

图 7.2-3　利用非静电场求解导线中的动生电动势

结果大于零，表明电动势的方向与假设的 $\mathrm{d}\vec{l}$ 的方向一致，由 b 指向 a。

由以上分析可知，由法拉第电磁感应定律和由动生电动势与非静电场的电场强度的积分算出的结果完全一致，说明这两种方法在求解闭合导体回路的动生电动势时是完全等价的。

2. 动生电动势的一般形式

式（7.2-2）和式（7.2-3）虽然都是通过分析直导体在均匀磁场中的运动得到的，但可以证明，它们对于讨论任意形状的导体在任意磁场（无论是否均匀）中的运动也是适用的。

在导体上取任意线元 $\mathrm{d}\vec{l}$，该线元在磁场 $\vec{B}$ 中以速度 $\vec{v}$ 运动。线元 $\mathrm{d}\vec{l}$ 中产生的动生电动势为

$$\mathrm{d}\mathscr{E}_1=(\vec{v}\times\vec{B})\cdot\mathrm{d}\vec{l} \tag{7.2-4}$$

整个导体产生的动生电动势为各段线元产生的动生电动势的叠加，因此表现为对 $\mathrm{d}\mathscr{E}_1$ 的积分，即 $\mathscr{E}_1=\int\mathrm{d}\mathscr{E}_1$。如果整个导体回路 L 都在磁场中运动，则回路中总的动生电动势为

$$\mathscr{E}_1=\oint_L(\vec{v}\times\vec{B})\cdot\mathrm{d}\vec{l} \tag{7.2-5}$$

特别地，若 $\vec{v}$ 处处与 $\vec{B}$ 平行，则 $\mathscr{E}_1=0$，导体中没有动生电动势。因此，导体只有在切割磁感线运动时才会产生动生电动势。

就闭合导体回路而言，式（7.2-5）与式（7.1-1）都可以用来求解动生电动势。但是，若一段导体在磁场中运动而没有形成闭合回路，则式（7.1-1）不再适用，只能用式（7.2-3）来求解动生电动势；此时导体中虽然产生了动生电动势，但没有感应电流。

例 7.2-1 如图 7.2-4 所示，一长为 L 的金属棒在均匀磁场 $\vec{B}$ 中绕平行于磁场的端点轴 O 以恒定的角速度 ω 转动。求金属棒中的电动势的大小和方向。

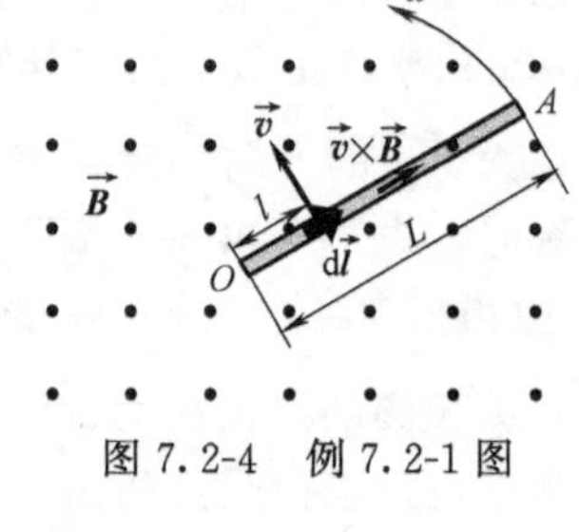

图 7.2-4 例 7.2-1 图

解： 在金属棒上距端点 O 的距离为 l 处取线元 $\mathrm{d}\vec{l}$，设其方向由 O 指向 A。线元 $\mathrm{d}\vec{l}$ 的速度为 $\vec{v}$，速率 $v=\omega l$，速度方向与 $\mathrm{d}\vec{l}$ 垂直。非静电场的电场强度 $\vec{v}\times\vec{B}$ 与 $\mathrm{d}\vec{l}$ 同向。因此，线元 $\mathrm{d}\vec{l}$ 中产生的动生电动势为

$$\mathrm{d}\mathscr{E}_1=(\vec{v}\times\vec{B})\cdot\mathrm{d}\vec{l}=\omega lB\,\mathrm{d}l$$

由式（7.2-3）可得 OA 棒中总的动生电动势

$$\mathscr{E}_1=\int_O^A\mathrm{d}\mathscr{E}_1=\omega B\int_0^L l\,\mathrm{d}l=\frac{1}{2}\omega BL^2$$

结果表明：$\mathscr{E}_1>0$，说明动生电动势的方向与假设的 $\mathrm{d}\vec{l}$ 方向相同，即动生电动势由 O 指向 A，A 端的电势较 O 端高。

评价： 这里涉及的是非闭合导体，不能直接用法拉第电磁感应定律求解动生电动势，只能用非静电场的电场强度的线积分来求。此题体现了用式（7.2-3）求解动生电动势的一般步骤。先选择 $\mathrm{d}\vec{l}$ 并规定其方向；然后确定线元的速度 $\vec{v}$；再判定非静电场的电场强度 $\vec{v}\times\vec{B}$ 的大小和方向，求出 $\mathrm{d}\mathscr{E}_1$；最后对 $\mathrm{d}\mathscr{E}_1$ 进行积分算出总的电动势的大小，并根据结果的正负确定电动势的方向。

应用 7.2-1 法拉第圆盘发电机

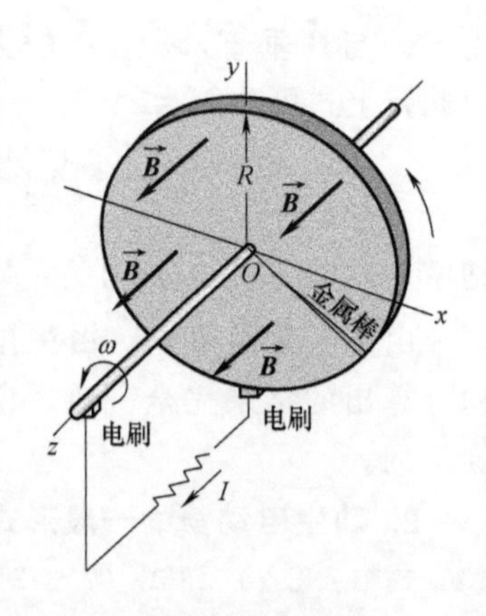

应用 7.2-1 图

将无穷多个相同的金属棒排列在与磁场垂直的平面内，组成以 O 为圆心的金属盘，当金属盘绕过 O 点的对称轴旋转时，金属盘中就产生了动生电动势。由于每个半径上的金属棒都会

产生由中心指向边缘的动生电动势 $\mathscr{E}_1=\frac{1}{2}\omega BR^2$，所以整个金属盘相当于无穷多个相同电源的并联，电源电动势为$\frac{1}{2}\omega BR^2$。将圆盘和转轴通过两个固定的电刷与电路连接构成闭合回路，就可以将此设备当作直流电源，如应用 7.2-1 图所示，这种圆盘称为**法拉第圆盘发电机**。

例 7.2-2　如图 7.2-5 所示，长为 L 的导线 ab 在均匀磁场 $\vec{B}$ 中绕 z 轴以恒定的角速度 ω 旋转。已知 $\vec{B}=B\vec{k}$，导线与 z 轴之间的夹角为 α。求导线中的电动势的大小和方向。

解： 在导线上距端点 a 距离为 l 处取线元 $\mathrm{d}\vec{l}$，设其方向由 a 指向 b。线元 $\mathrm{d}\vec{l}$ 距 z 轴的垂直距离为 r，速度 $\vec{v}$ 垂直纸面向里，大小为 $v=\omega r=\omega l\sin\alpha$。非静电场的电场强度 $\vec{v}\times\vec{B}$ 水平向右，与导线 ab 之间的夹角为 $\frac{\pi}{2}-\alpha$。因此，线元 $\mathrm{d}\vec{l}$ 中产生的动生电动势为

$$\mathrm{d}\mathscr{E}_1=(\vec{v}\times\vec{B})\cdot\mathrm{d}\vec{l}=\omega rB\cos\left(\frac{\pi}{2}-\alpha\right)\mathrm{d}l=\omega lB\sin^2\alpha\,\mathrm{d}l$$

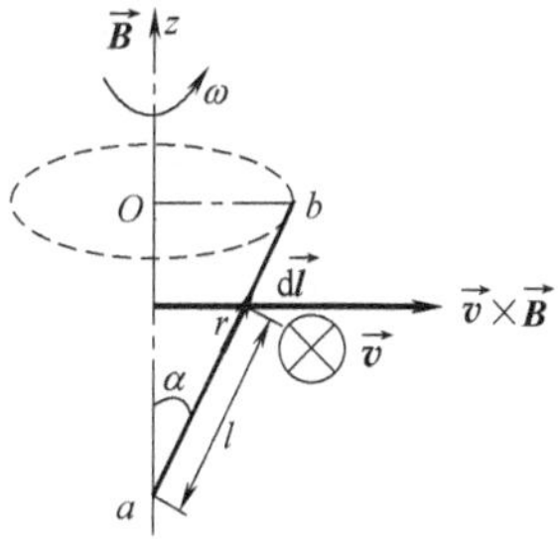

图 7.2-5　例 7.2-2 图

由式（7.2-3）可得导线 ab 中总的动生电动势为

$$\mathscr{E}_1=\int_a^b \mathrm{d}\mathscr{E}_1=\omega B\sin^2\alpha\int_0^L l\,\mathrm{d}l=\frac{1}{2}\omega BL^2\sin^2\alpha$$

结果表明：$\mathscr{E}_1>0$，说明动生电动势的方向与假设的 $\mathrm{d}\vec{l}$ 方向相同：由 a 指向 b，即 b 端的电势较 a 端高。

评价： 设 O 点为 b 点在 z 轴上的投影，则上述结论可表示为 $\mathscr{E}_1=\frac{1}{2}\omega B|Ob|^2$，与例 7.2-1 中的图像相同。也就是说，$|Ob|$ 为导线 ab 运动时切割磁感线的有效长度。实际上，想象一个由 ab、bO 和 Oa 组成的三角形导线回路，当该回路绕 z 轴旋转时，回路中的磁通量不随时间变化，由式（7.1-1）可知，回路中总的感应电动势为零，即 $\mathscr{E}_i=\mathscr{E}_{ab}+\mathscr{E}_{bO}+\mathscr{E}_{Oa}=0$。由于 Oa 不切割磁感线，$\mathscr{E}_{Oa}$ 始终为零，所以 $\mathscr{E}_{ab}=-\mathscr{E}_{bO}$，相当于两个相同电源的反接。

3. 动生电动势与能量守恒

从上面的讨论可知，产生动生电动势的非静电力是洛伦兹力，作用在单位正电荷上的洛伦兹力所做的功即为动生电动势。而我们曾在上一章磁场部分讨论过，由于洛伦兹力始终与速度垂直，所以洛伦兹力不做功。这个矛盾如何解决呢？

考虑图 7.2-2 中的运动导线 ab。当导线在外力的作用下以速度 $\vec{v}$ 向右匀速运动时，电子也以速度 $\vec{v}$ 向右运动，因而受到向下的洛伦兹力 $\vec{F}_{\mathrm{m}}=-e\vec{v}\times\vec{B}$。在 $\vec{F}_{\mathrm{m}}$ 的作用下，电子沿导线向 b 端移动。假设电子向 b 端运动的速度为 $\vec{u}$，$\vec{u}$ 的存在又使电子受到向左的洛伦兹力 $\vec{F}'=-e\vec{u}\times\vec{B}$。电子运动的合速度 $\vec{v}_{合}=\vec{u}+\vec{v}$，总的洛伦兹力 $\vec{F}=\vec{F}'+\vec{F}_{\mathrm{m}}$，方向如图 7.2-6 所示。也就是说，$\vec{F}_{\mathrm{m}}$ 和 $\vec{F}'$ 均为作用在电子上的洛伦兹力的分力。

$\vec{F}_m$ 驱动电子沿导线运动，因而对电子做正功；$\vec{F}'$阻止电子向右运动，对电子做负功。由上面的讨论可知，$\vec{F}'\cdot\vec{v}+\vec{F}_m\cdot\vec{u}=0$。也就是说，洛伦兹力的两个分力对电子所做的正功和负功刚好抵消，因而总的洛伦兹力不做功。

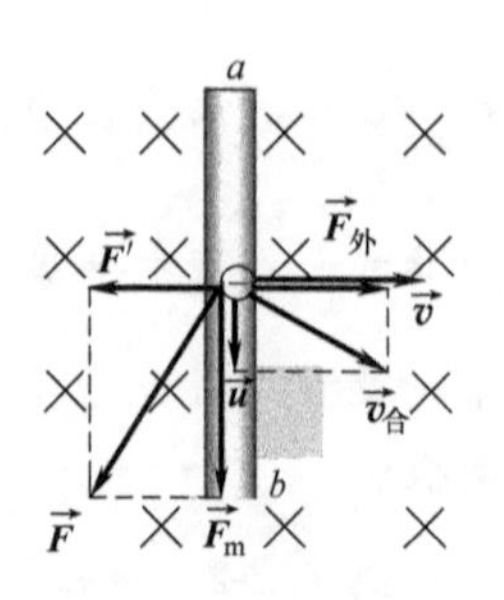

图 7.2-6 图解洛伦兹力不做功

洛伦兹力不做功体现了能量的转换和守恒。在图 7.2-2 所示的回路中，洛伦兹力的分力 $\vec{F}_m$ 使电荷向 b 端聚集产生动生电动势，在回路中就会出现感应电流。因此，$\vec{F}_m$ 使电荷沿导线运动所做的功，宏观上等于动生电动势驱动电流所做的功。外力 $\vec{F}_{外}$ 反抗洛伦兹力的另一个分力 $\vec{F}'$所做的功，宏观上就是外力 $\vec{F}_{外}$ 拉动导线所做的功。也就是说，回路中的电能由外部机械能转换产生，洛伦兹力的一个分力抵抗外力做负功以满足能量守恒，另一个分力则推动电子定向移动，将外部能量转换为电能。

小节概念回顾：产生动生电动势的非静电力是什么力？这与“洛伦兹力不做功”的说法矛盾吗？如何求解任意导体中的动生电动势？

7.2.2 感生电动势

1. 感生电场的概念及其性质方程

产生动生电动势的非静电力是洛伦兹力，那么，产生感生电动势的非静电力又是什么力呢？如前所述，感生电动势纯粹是由于磁场随时间变化而引起的，与导体的运动无关，因此产生感生电动势的非静电力不可能是磁场力。而磁场的变化可以在回路中激发感生电动势，进而产生感应电流，说明导体回路中的电子必然受到了某种力的作用。这种作用在电荷上的力既然不是磁场力，那么它只可能是某种电场力。麦克斯韦为了解释感生电动势的起因，提出了**感生电场**的假说。他认为，变化的磁场在其周围空间激发了一种电场，称为**感生电场**（或**涡旋电场**）。当有导体存在时，感生电场对导体中的电子施加电场力，使电子定向移动产生感生电动势；若导体形成闭合回路，回路中的电子在感生电场力的作用下定向运动就会产生感应电流。麦克斯韦进一步指出：只要空间中有随时间变化的磁场，就必然伴随感生电场，该电场与空间中是否存在导体或导体回路无关。这一假说已被近代的科学实验所证实。

对任意矢量场的描述我们都关注两个基本方程：闭合曲面上的积分（通量）和闭合曲线上的积分（环量）。感生电场也不例外。感生电场是一种奇特的场，当电荷 q 绕闭合回路运行一圈时，感生电场力对它所做的功一定等于 q 乘以感生电动势 $\mathscr{E}_k$。根据电动势的定义及式（7.2-1）可知，

$$\mathscr{E}_k=\oint_L \vec{E}_{感生}\cdot d\vec{l}=-\iint_S \frac{\partial \vec{B}}{\partial t}\cdot d\vec{S} \tag{7.2-6}$$

式中，$d\vec{l}$ 为闭合回路L 上的线元；S 是以L 为边界的任意面积。式（7.2-6）表明，感生电场沿闭合回路的线积分不等于零。因此，感生电场是非保守场。

与磁场类似，感生电场是无源场，其电场线是无头无尾的闭合曲线，它在闭合曲面上的通量为零，即

$$\oiint_S \vec{E}_{感生} \cdot d\vec{S} = 0 \tag{7.2-7}$$

若空间中既有静电场，又有感生电场，则任一点的总电场 $\vec{E}$ 是静电场 $\vec{E}_{静}$ 和感生电场 $\vec{E}_{感生}$ 的矢量叠加。利用静电场的高斯定理和环路定理以及式（7.2-6）和式（7.2-7）可知，总电场 $\vec{E}$ 满足以下两个方程：

$$\oint_L \vec{E} \cdot d\vec{l} = -\iint_S \frac{\partial \vec{B}}{\partial t} \cdot d\vec{S} \tag{7.2-8}$$

$$\oiint_S \vec{E} \cdot d\vec{S} = \frac{\sum\limits_{S_内} q_i}{\varepsilon_0} \tag{7.2-9}$$

这是非稳恒（时变）情况下的电磁学的两个基本方程。

2. 感生电场的计算

首先我们回忆一下有关磁场的求解。由于 $\vec{B}$ 的通量为零，所以我们不可能根据磁场的高斯定理解出磁场。为此，我们利用了安培环路定理。当磁场具有某种对称性时，在电流分布已知的情况下，我们可以利用环路定理求出磁场分布。

与磁场 $\vec{B}$ 类似，感生电场 $\vec{E}_{感生}$ 的通量也等于零。因此，我们只能利用式（7.2-6）求解高度对称性的感生电场分布。下面通过一个具体例子说明。

假设空间均匀的磁场被限制在圆柱形区域内，磁感应强度的方向平行于柱轴，且 $\vec{B}$ 随时间均匀变化。比如无限长的载流螺线管，当线圈中的电流随时间均匀变化时，螺线管内即为随时间均匀变化的匀强磁场。讨论这种有限区域内的时变磁场在空间各处产生的感生电场的分布时，通常我们默认 $\vec{E}_{感生}$ 在无穷远处趋于零。

（1）分析感生电场的对称性　当系统绕着圆柱轴旋转或者沿着圆柱轴上下移动时，磁场分布不变，因而感生电场的分布也应该不变，也就是说，感生电场具有轴对称性。

建立如图 7.2-7 所示的柱坐标系，径向、切向和轴向的单位矢量分别用 $\vec{e}_r$、$\vec{e}_\phi$ 和 $\vec{e}_z$ 表示。在此坐标系下，感生电场可以表示为 $\vec{E}_{感生} = E_r\vec{e}_r + E_\phi\vec{e}_\phi + E_z\vec{e}_z$。

以圆柱轴为轴构造圆柱形的高斯面 S。由对称性可知，圆柱面的上、下底面对应位置的 $\vec{E}_{感生}$ 必定相等，而上、下底面的外法线方向相反，因此两个底面对 S 上的曲面积分没有贡献。在高斯面 S 的侧面上，各点的 $\vec{E}_{感生}$ 大小相等。因此，

$$\oiint_S \vec{E}_{感生} \cdot d\vec{S} = \iint_{侧面} E_r dS = E_r \iint_{侧面} dS$$

由式（7.2-7）可知，

$$E_r \iint_{侧面} dS = 0$$

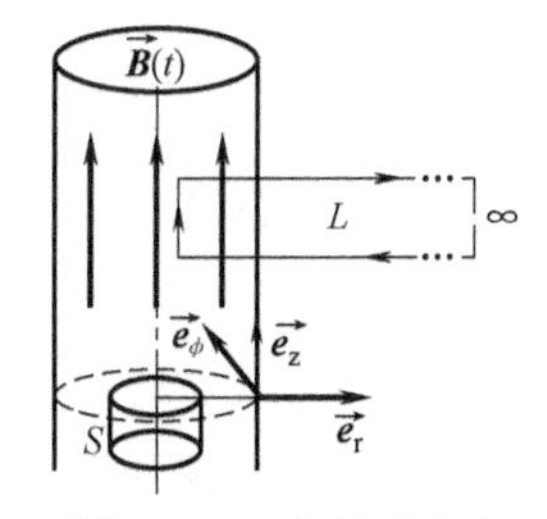

图 7.2-7　分析感生电场的对称性

由于高斯面的大小任意，要想使上式恒成立，唯有 $E_r = 0$。也就是说，感生电场的径向分量等于零。

作如图所示的矩形回路 L，设其顺时针方向绕行。回路 L 的左右两边与圆柱轴平行，

左边在圆柱内，右边在无限远。上、下两边与轴垂直。显然，没有磁感线穿过该矩形回路所围的面积，因此，由式（7.2-8）可知，

$$\oint_L \vec{E}_{感生} \cdot d\vec{l} = \int_{上} \vec{E}_{上} \cdot d\vec{l} + \int_{下} \vec{E}_{下} \cdot d\vec{l} + \int_{左} \vec{E}_{左} \cdot d\vec{l} + \int_{右} \vec{E}_{右} \cdot d\vec{l} = 0$$

上下两边对应位置的 $\vec{E}_{感生}$ 相等，因此

$$\int_{上} \vec{E}_{上} \cdot d\vec{l} + \int_{下} \vec{E}_{下} \cdot d\vec{l} = 0$$

而有限区域内的磁场对无穷远的影响可以忽略，因此可以认为 $\vec{E}_{右} = \vec{0}$。由对称性可知，左边上各点的 $\vec{E}_{感生}$ 相等，从而得到

$$\oint_L \vec{E}_{感生} \cdot d\vec{l} = \int_{左} \vec{E}_{左} \cdot d\vec{l} = E_z \int_{左} dl = 0$$

故 $E_z = 0$。也就是说，感生电场没有轴向分量。

综上所述，感生电场只有切向分量，即 $\vec{E}_{感生} = E_\phi \vec{e}_\phi$。因此，感生电场的电场线是以轴线为中心的同心圆，圆上各点的感生电场大小相等。

（2）计算感生电场的大小　已知圆柱形区域的半径为 R。过场点取以轴线为中心、半径为 r 的安培环路 L，设环路绕行方向为顺时针，并假设 $\vec{E}_{感生}$ 与环路绕行方向相同，如图 7.2-8 所示。根据前面的分析有

$$\oint_L \vec{E}_{感生} \cdot d\vec{l} = E_{感生} \cdot 2\pi r$$

环路绕行方向与磁感线的方向符合右手螺旋，因此，通过环路 L 所包围面积 S 的磁通量为正，故有

$$\iint_S \frac{\partial \vec{B}}{\partial t} \cdot d\vec{S} = S \frac{dB}{dt}$$

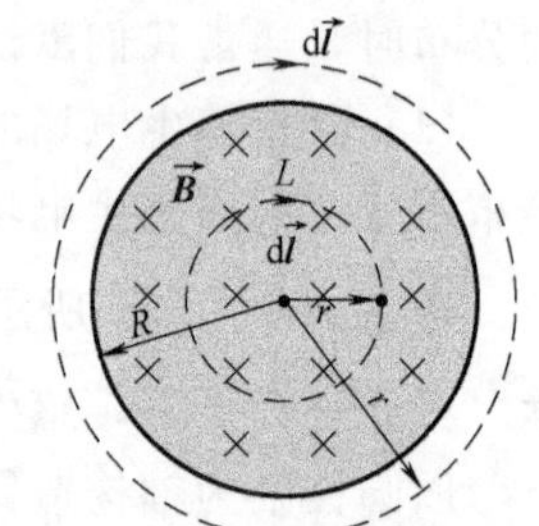

图 7.2-8　求解感生电场的分布

由式（7.2-8），得

$$E_{感生} \cdot 2\pi r = -S \frac{dB}{dt}$$

从而有

$$E_{感生} = -\frac{S}{2\pi r}\frac{dB}{dt}$$

若场点在圆柱内（$r<R$），$S=\pi r^2$，则有

$$E_{感生} = -\frac{r}{2}\frac{dB}{dt} \quad (r<R) \tag{7.2-10}$$

若场点在圆柱外（$r>R$），$S=\pi R^2$，则有

$$E_{感生} = -\frac{R^2}{2r}\frac{dB}{dt} \quad (r>R) \tag{7.2-11}$$

结果表明，在圆柱形区域内的各点，感生电场的大小与 r 成正比；在圆柱形区域外的各点，感生电场的大小与 r 成反比。

感生电场的方向与磁场的变化趋势有关。若 $dB/dt>0$（$d\vec{B}/dt$ 垂直纸面向里），则

$E_{感生}<0$，说明感生电场的方向与环路的绕行方向相反，感生电场沿逆时针方向；若 $\mathrm{d}B/\mathrm{d}t<0$（$\mathrm{d}\vec{B}/\mathrm{d}t$ 垂直纸面向外），则 $E_{感生}>0$，说明感生电场的方向与环路的绕行方向相同，感生电场沿顺时针方向。不难发现，$\mathrm{d}\vec{B}/\mathrm{d}t$ 的方向与感生电场 $\vec{E}_{感生}$ 的方向始终成反右手螺旋，如图 7.2-9 所示。这也正是式（7.2-8）中右侧负号的物理意义。

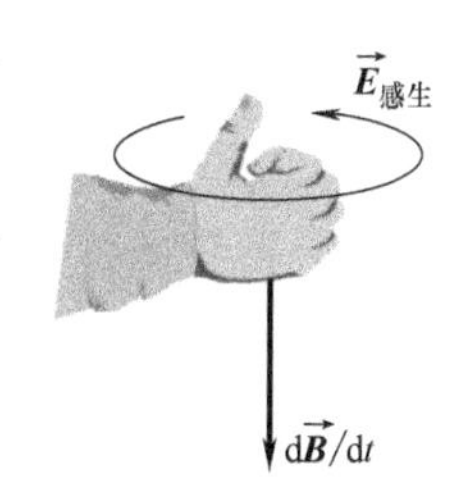

图 7.2-9　反右手螺旋确定感生电场的方向

需要注意的是，虽然时变磁场只分布在圆柱形区域内，但圆柱形区域外也存在感生电场，只是感生电场随着距磁场分布区域距离的增加而衰减。

3. **感生电动势的计算**

当 $\vec{E}_{感生}$ 的分布已知时，可以通过电动势的定义式 $\mathscr{E}_{\mathrm{k}}=\int\vec{E}_{感生}\cdot\mathrm{d}\vec{l}$ 求解感生电动势。但在一般情况下，$\vec{E}_{感生}$ 的计算非常困难，因此利用定义式计算 $\mathscr{E}_{\mathrm{k}}$ 的应用范围十分有限。

由于感生电动势 $\mathscr{E}_{\mathrm{k}}$ 也属感应电动势，所以对于闭合回路，仍可用法拉第电磁感应定律求解 $\mathscr{E}_{\mathrm{k}}$；若是非闭合的一段导线，则可考虑用感生电动势已知（或可求）的辅助导线构建闭合回路。下面通过实例进行说明。

例 7.2-3　空间均匀的时变磁场局限在半径为 R 的圆柱形体积内。$\vec{B}$ 沿轴向，$\mathrm{d}B/\mathrm{d}t$ 为大于零的常量。圆柱截面上有一长为 L 的金属直棒 AD，棒距圆柱截面中心 O 的距离为 h。求直棒上的感生电动势。

解： 方法一：利用感生电场的线积分求解。

根据前面的讨论，金属棒上各点的感生电场可求，电场线是以 O 为中心的同心圆且逆时针绕行。在金属棒上任取线元 $\mathrm{d}\vec{l}$，设其方向由 A 指向 D。线元 $\mathrm{d}\vec{l}$ 所在位置处的 $\vec{E}_{感生}$ 垂直于 O 和线元的连线 r，如图 7.2-10 所示。$\vec{E}_{感生}$ 的大小由式（7.2-10）给出。根据电动势的定义，AD 棒中的感生电动势可表示为

$$\mathscr{E}_{AD}=\int_A^D\vec{E}_{感生}\cdot\mathrm{d}\vec{l}=\int_A^D\frac{r}{2}\frac{\mathrm{d}B}{\mathrm{d}t}\cos\theta\cdot\mathrm{d}l$$

其中，θ 为 $\vec{E}_{感生}$ 和 $\mathrm{d}\vec{l}$ 之间的夹角。由图中的几何关系，$r\cos\theta=h$，故

$$\mathscr{E}_{AD}=\int_A^D\frac{h}{2}\frac{\mathrm{d}B}{\mathrm{d}t}\mathrm{d}l=\frac{h}{2}\frac{\mathrm{d}B}{\mathrm{d}t}\int_A^D\mathrm{d}l=\frac{1}{2}Lh\frac{\mathrm{d}B}{\mathrm{d}t}$$

由于 $\frac{\mathrm{d}B}{\mathrm{d}t}>0$，所以 $\mathscr{E}_{AD}>0$。这表明直棒 AD 上感生电动势的方向与线元 $\mathrm{d}\vec{l}$ 的方向相同，由 A 指向 D。

方法二：利用法拉第电磁感应定律求解。

想象沿半径 OA 和 OD 各放置一段导线，与金属棒 AD 构成逆时针的三角形导体回路。由于任一半径上各点的 $\vec{E}_{感生}$ 与半径垂直，所以 OA 和 OD 上不产生感生电动势。也就是说，三角形回路 $OADO$ 产生的总电动势即为直棒 AD 中的电动势。

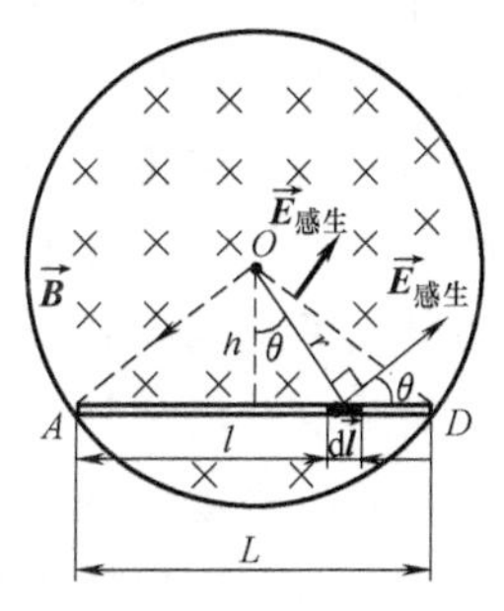

图 7.2-10　例 7.2-3 图

由法拉第电磁感应定律，回路中的电动势等于穿过三角形面积的磁通量的变化率，故

$$\mathscr{E}_{AD}=-\iint_{\triangle}\frac{\partial\vec{B}}{\partial t}\cdot \mathrm{d}\vec{S}$$

由于环路逆时针绕行，磁通量为负。因此，上式可改写为

$$\mathscr{E}_{AD}=\iint_{\triangle}\frac{\mathrm{d}B}{\mathrm{d}t}\cdot \mathrm{d}S=\frac{\mathrm{d}B}{\mathrm{d}t}\iint_{\triangle}\mathrm{d}S=\frac{1}{2}Lh\frac{\mathrm{d}B}{\mathrm{d}t}$$

由于 $\mathrm{d}B/\mathrm{d}t>0$，所以 $\mathscr{E}_{AD}>0$。这表明直棒 AD 上感生电动势的方向与环路的绕行方向相同，由 A 指向 D。

以上两种方法得到的结果完全一致。

评价：$\vec{E}_{感生}$ 的分布只有在特殊情况下才能求得，因此利用 $\vec{E}_{感生}$ 的线积分求感生电动势的方法并没有普适性。当 $\vec{E}_{感生}$ 具有某种对称性时，利用感生电动势等于零的导线构建闭合回路，从而借助法拉第电磁感应定律求解某一段导线的感生电动势却是一种比较讨巧的方法。

需要说明的是，无论是动生电动势还是感生电动势，它们都源于电磁感应，因此都是感应电动势。前者的非静电力为洛伦兹力，后者的非静电力为感生电场力，从这个角度上讲，两者具有完全不同的起源。但这样的分类有时是相对的，与参考系的选择有关。比如在图 7.1-1a 中，线圈中出现的感应电动势究竟是动生电动势还是感生电动势呢？若选线圈为参考系，线圈不动，磁铁运动，使得线圈所在位置处的磁场发生变化，则线圈中出现的是感生电动势；若选磁铁为参考系，线圈相对于磁铁做切割磁感线的运动，则线圈中出现的是动生电动势。这里假设线圈或磁铁都是惯性系。显然，两种分析都是正确的。在这种问题中，若需要计算电动势的大小，通常用法拉第电磁感应定律最简洁。

4. 感生电场的应用——电子感应加速器

电子感应加速器是利用感生电场加速电子的设备。图 7.2-11a 为其结构示意图。在圆柱形电磁铁的两极之间有一个环形真空室。在交变电流的激励下，两磁铁之间产生交变磁场，从而在真空室中激发感生电场。从电子枪中射入真空室的电子将受到洛伦兹力和感生电场力的共同作用。

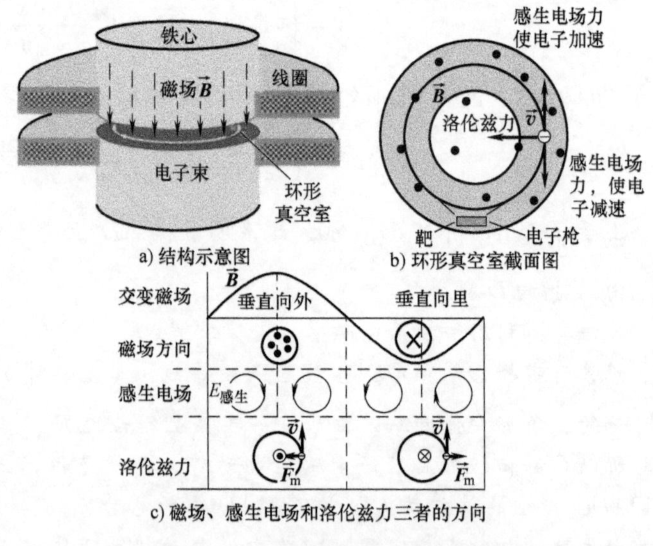

图 7.2-11　电子感应加速器的结构图

图 7.2-11b 为环形真空室的截面图。假设某时刻磁场垂直纸面向外并持续增强，电子具有竖直向上的速度，那么，电子将受到指向左侧的洛伦兹力和竖直向上的感生电场力。此时，洛伦兹力提供电子绕真空室运动的向心力，而感生电场力将使电子被加速。若此时磁场方向不变，但强度递减，则感生电场力将使电子减速。若磁场反向，则电子受到

径向向外的洛伦兹力，将不会沿环形真空室运动。因此，在交变磁场的一个周期内，只有前四分之一周期能使电子沿环形室加速运动。

图 7.2-11c 显示了在交变磁场的一个周期内，磁场、感生电场和洛伦兹力三者方向之间的关系。若利用该感生电场加速电子，则需在四分之一周期结束前，将电子引离轨道进入靶室。一般情况下，在四分之一周期内，电子已绕行几十万圈，能量已达到足够高的数值。大型电子感应加速器可使电子加速到接近光速，能量达到 10～100MeV。

小节概念回顾： 产生感生电动势的非静电力是什么力？如何求解感生电场和感生电动势？感生电场和静电场有何异同？

7.2.3　涡流和趋肤效应

1. 涡流

在前面介绍的电磁感应现象中，感应电流通常被限制在特定的电路中。然而，许多电磁设备中包含大块金属，它们在稳恒磁场中运动（见图 7.2-12a）或置于交变磁场中（见图 7.2-12b）。在这种情况下，金属中将感应出自行闭合的感应电流，这种电流的电流线呈涡旋状，因此称为**涡电流**（简称**涡流**）。

(1) 涡流的热效应　涡流在金属内流动时，会释放出大量的焦耳热。工业上可以利用这种热效应来冶炼金属或加热某些器件。图 7.2-13 所示为某种小型的高频感应炉。该感应炉实际上是绕有多匝线圈的坩埚，线圈与高频交流电源连接。通电后，线圈中的电流将在坩埚内激发变化的磁场。若坩埚内放有其他金属，那么变化的磁场就会在金属中引起涡流，强大的涡流有可能使金属自身融化，从而用来冶炼金属。用这种感应炉来冶炼金属有两个主要的优点：①坩埚内的金属由内到外同时被加热，因此加热快、效率高；②实现无接触加热，可避免金属被氧化或被污染。因此，可以用这种电磁感应炉来冶炼某些贵重金属。

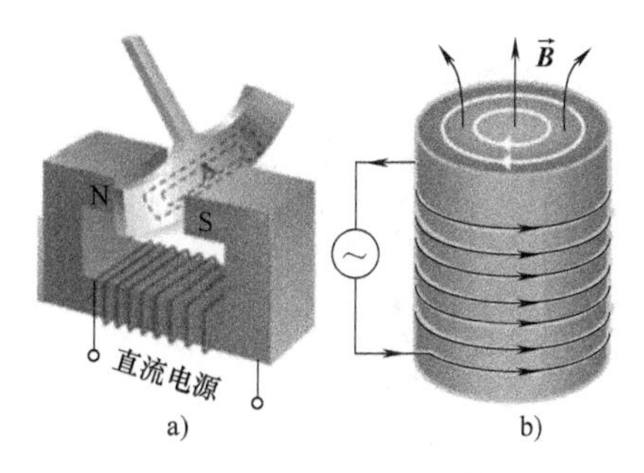

图 7.2-12　大块金属在稳恒磁场中运动或在交变磁场中均会产生涡流

在实际应用中，有时候我们需要尽量减小甚至是避免涡流带来的影响。比如，在交流变压器中，为了增强磁场，线圈中需要插入铁心。当线圈中的电流变化时，铁心中会出现涡电流，使自身变热，消耗大量的热量，称为铁心的**涡流损耗**。为了减少涡流损耗，通常有两种方法：①采用高电阻材料，比如硅钢。在钢中掺杂硅对磁导率影响不大，但可显著增大材料的电阻率。②用多层相互绝缘的硅钢片叠加代替整块硅钢作为变压器的铁心。绝缘层可增大表面电阻，从而将涡流限制在每个硅钢片内，如图 7.2-14 所示。涡流的导体截面面积减小使得电阻增大；同时涡流路径变窄，感应电动势变小，因此涡流大大减小，从而降低涡流损耗。

图 7.2-13　高频感应炉

(2) 涡流的机械效应　涡电流除了热效应之外，还存在着机械效应。比如在图 7.2-12a 中，当金属摆锤在稳恒磁场中运动时，摆锤中将感应出涡流。根据楞次定律，感应电流的效果应该反抗产生感应电流的原因。因此，由于摆锤相对于磁场运动而产生的涡流将阻碍这种相对运动，并最终使摆锤停止摆动。无论摆锤是下摆（进入磁场）还是上摆（离开磁场），摆锤始终会受到阻尼力（涡流在磁场中受到的安培力）。涡流的这种机械效应称为**电磁阻尼**。如果将块状的摆锤换成梳子状有细槽的摆锤，阻尼效应就会大大减小。电气机车中的电磁制动器就是利用电磁阻尼的原理制成的。在某些精密的电磁仪表中，为了使指针快速地稳定在读数位置，也会采用类似的电磁阻尼。

涡流的另一种机械效应表现为**电磁驱动**。图 7.2-15 为电磁驱动演示仪。两块磁铁固定在金属棒上，金属棒可由电动机驱动做定轴转动。左侧的金属盘可绕中心对称轴自由转动，金属盘与磁铁不接触。通电后，电动机带动磁铁旋转，在金属盘中产生的涡流将阻碍它与磁铁的相对运动，因而金属盘也会跟随磁铁旋转起来。此时，金属盘中的涡流在磁场中受到的安培力仿佛是金属盘旋转的驱动力。只是这种驱动作用本质上是因电磁感应现象引起的，因此金属盘的转动和磁铁的转动不可能同步，前者的转速总是小于后者的转速。

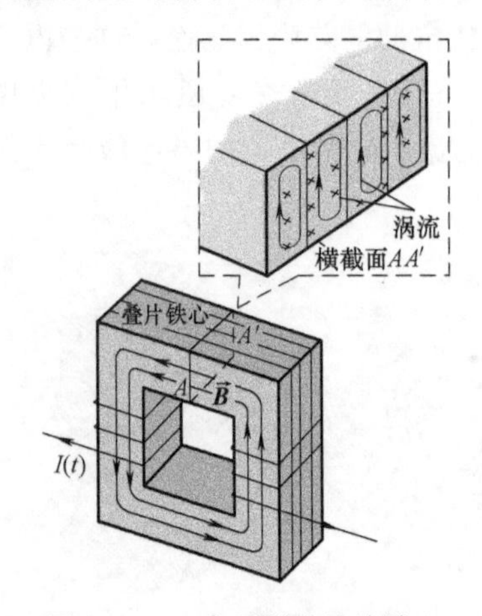

图 7.2-14 变压器的叠片铁心

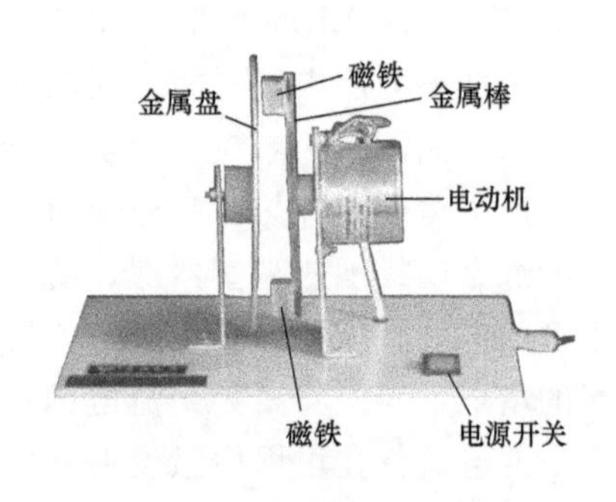

图 7.2-15 电磁驱动演示仪

应用 7.2-2 安检门是如何检测金属物体的？

安检门又称金属探测器，两侧门板内有发射和接收交变电流的传感器，其工作原理如应用 7.2-2 图所示。左侧门板内的交变电流 I_0 产生交变磁场 $\vec{B}_0$。当探测器扫过金属物体时，会在金属物体中产生涡流。反过来涡流又会产生交变磁场 $\vec{B}'$，磁场 $\vec{B}'$ 在探测器的接收线圈中感应出电流 I'。接收传感器把电流 I' 的信号提取出来，当信号量达到设定值时即以声光等形式来报警，从而发现经过安检门的人是否携带金属制品。

应用 7.2-2 图

2. 趋肤效应

在静磁场部分我们在讨论载流导体时总是认为电流在导体截面上均匀分布。但是，若通过导体的是交变电流，则电流在导体截面上不再均匀分布，越靠近导体表面，电流密度越大，这种现象称为**趋肤效应**。

当趋肤效应不太显著时，可按图 7.2-16 做粗浅的定性解释。当导线中的电流 I_0 增大时，在它周围产生变化的磁场 $\vec{B}$，变化的磁场在导体内激起涡流 I'。轴线附近 I' 和 I_0 反向，表面附近 I' 和 I_0 同向。结果使得导线截面上的电流分布向导线表面集中，产生趋肤效应。

对趋肤效应的定量计算比较复杂，涉及交流电中的相位问题，超出了本书的讨论范围，不再赘述。理论分析可以证明，电流密度在导体截面上的分布与导体的电导率、磁导率以及交流电的频率有关。通常情况下，频率越高、电导率或磁导率越大，趋肤效应越显著。

趋肤效应在工业上主要应用于表面淬火。如图 7.2-17 所示，将齿轮置于感应圈内，线圈中的高频电流在其周围空间产生很强的高频交变磁场。由于趋肤效应，强大的涡流主要集中在齿轮表面层，致使齿轮表面层首先被加热而迅速达到淬火温度。将齿轮立即投入冷却水中，齿轮表面就会变得坚硬耐磨，而内部则仍保持原有的韧性。

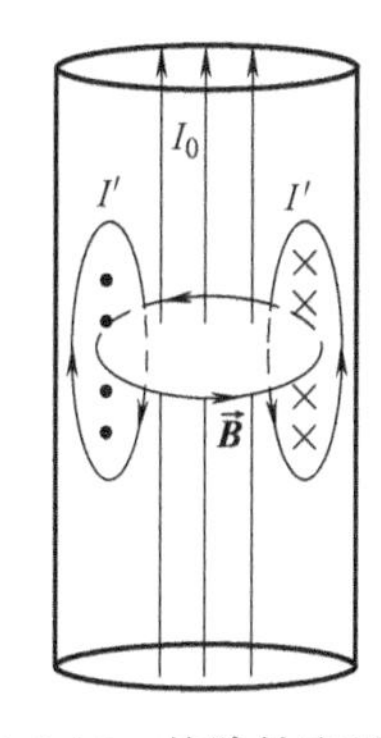

图 7.2-16 趋肤效应示意图

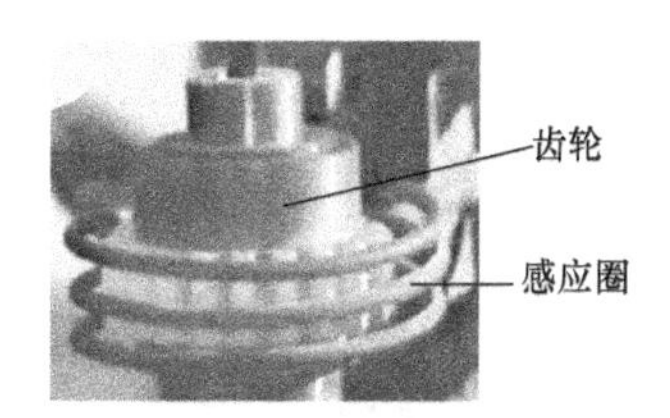

图 7.2-17 表面淬火

应用 7.2-3 为什么高频电缆线通常采用的是辫线？

当导线中通以高频电流时，由于趋肤效应，导线表面的电流密度增加，同时导线的有效截面面积减小使得等效电阻增大，产生很大的焦耳热，从而导致导线表面的绝缘层老化甚至起火。为了减小趋肤效应带来的影响，在高频电缆中，常用多股相互绝缘的金属丝编织而成的辫线代替相同截面面积的实心导线（见应用 7.2-3 图）。

应用 7.2-3 图

小节概念回顾：什么是涡流？涡流的热效应和机械效应在工业上都有哪些应用？什么是趋肤效应？举例说明趋肤效应的应用。

7.3 自感和互感

考虑两个线圈的电磁感应现象。如图 7.3-1 所示，当线圈 L_1 中的电流 i_1 发生变化时，它在空间各点激发的磁场 $\vec{B}_1$ 也发生变化，从而在线圈 L_2 中产生感生电场、感生电动势 $\mathscr{E}_{12}$ 及感应电流；同时，$\vec{B}_1$ 的变化使得穿过线圈 L_1 的磁通量也发生变化，从而在线圈 L_1 中产生相应的感生电场、感生电动势 $\mathscr{E}_{11}$ 及感应电流。前者是线圈 L_1 中的电流 i_1 的变化在线圈 L_2 中引起的电磁感应现象，称为**互感现象**，相应的电动势 $\mathscr{E}_{12}$ 称为**互感**

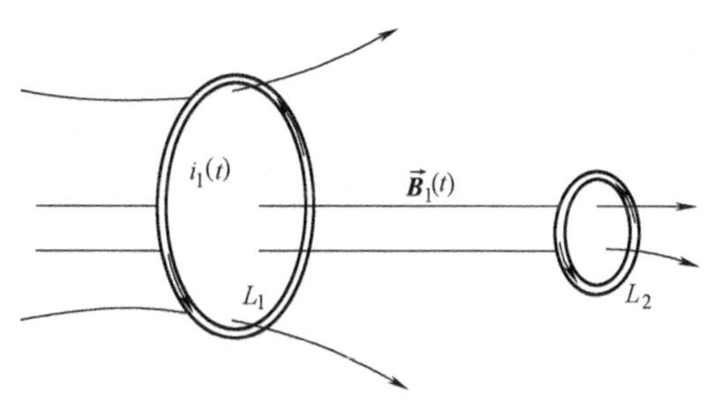

图 7.3-1 两个线圈的电磁感应现象

电动势；后者是线圈 L_1 中的电流 i_1 的变化在自身的线路中产生感应电流的现象，称为**自感现象**，相应的电动势 $\mathscr{E}_{11}$ 称为**自感电动势**。下面分别对这两种现象进行介绍。

7.3.1 自感

1. 演示自感现象

自感现象可以利用图 7.3-2 来演示。

在图 7.3-2a 中，两个完全相同的灯泡分别与线圈和电阻串联后并联，再与电池和开关相连。自感线圈的内阻和电阻的阻值相等。合上开关，灯泡 2 瞬间变亮，而灯泡 1 缓慢变亮，最终与灯泡 2 的亮度相同。灯泡 1 缓慢变亮的原因在于，当通过线圈的电流增加时，线圈中将产生自感电动势。根据楞次定律，自感电动势将阻碍线圈中的电流变化，从而使灯泡 1 中的电流增加比较迟缓。

在图 7.3-2b 中，当打开开关时，灯泡不会马上熄灭，而是闪亮一下再熄灭。原因在于，当打开开关时，通过线圈中的电流减小，线圈中出现的自感电动势将阻碍电流减小。此时的线圈相当于电源，并与灯泡形成闭合回路，使得通过灯泡的电流不会在打开开关的瞬间变为零。实验中通常让线圈的电阻远小于灯泡的电阻，使得开关闭合时通过灯泡的电流远小于通过线圈的电流，这样断开开关时，灯泡的亮度比原来开关闭合时更亮，从而使实验现象更明显。

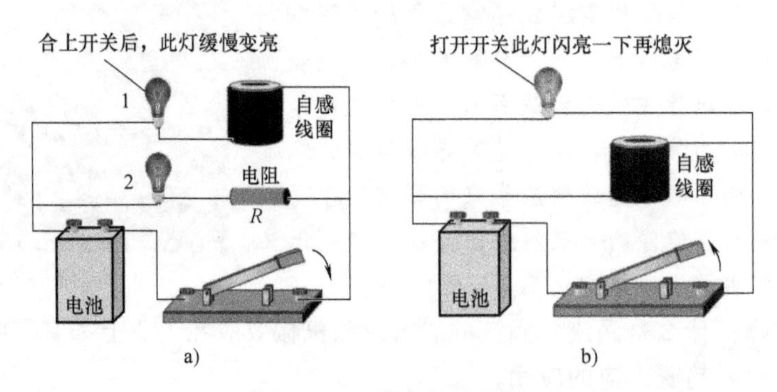

图 7.3-2 演示自感现象

无论线圈中的电流是增大还是减小，自感电动势的存在总是阻碍线圈中的电流变化，这一性质与力学中的惯性作用类似，称为**电磁惯性**。

2. 自感的概念

不同线圈产生自感的能力不同。为了量度线圈反抗电流变化的能力的大小，引入自感的概念。

当线圈中通有电流 I 时，根据毕-萨定理，线圈在其周围空间产生的磁场与电流 I 成正比，从而使得穿过自身线圈的磁通链 Ψ 与 I 成正比，用数学形式表示为

$$\Psi = LI$$

其中的比例系数 L 称为**自感**，即

$$L = \frac{\Psi}{I} \tag{7.3-1}$$

此式表明，L 在数值上等于线圈通有单位电流时，通过自身线圈的磁通链的大小。

由法拉第电磁感应定律，当线圈中的电流 I 变化时，线圈中产生的自感电动势为

$$\mathscr{E}_L=-\frac{d\Psi}{dt}=-\frac{d(LI)}{dt}$$

若线圈自感 L 保持不变，则

$$\mathscr{E}_L=-L\frac{dI}{dt} \tag{7.3-2}$$

故

$$L=-\mathscr{E}_L/\frac{dI}{dt} \tag{7.3-3}$$

此式为自感 L 的普遍定义。它表明，L 在数值上等于电流变化 1 安培每秒时在线圈中激起的自感电动势。其中的负号为楞次定律的数学表示，它表明 L 的存在总是阻碍电流的变化，L 的大小反映电路中电磁惯性的大小。若 $\frac{dI}{dt}<0$，则 $\mathscr{E}_L>0$，$\mathscr{E}_L$ 与 I 同向；若 $\frac{dI}{dt}>0$，则 $\mathscr{E}_L<0$，$\mathscr{E}_L$ 与 I 反向。

在国际单位制中，自感的单位是亨利（符号为 H）。可以证明，$1H=1\frac{Wb}{A}=1\frac{V\cdot s}{A}=1\Omega\cdot s$。自感的单位有时也用毫亨（mH）和微亨（μH）。$1mH=10^{-3}H$，$1\mu H=10^{-6}H$。

在实际问题中常用实验测定 L 的大小。当线圈结构比较简单时，可以用式（7.3-1）计算自感 L。

例 7.3-1　求长直螺线管的自感。如图 7.3-3 所示，已知螺线管的长度为 l，截面面积为 S，线圈匝数为 N，充满磁导率为 μ 的磁介质。

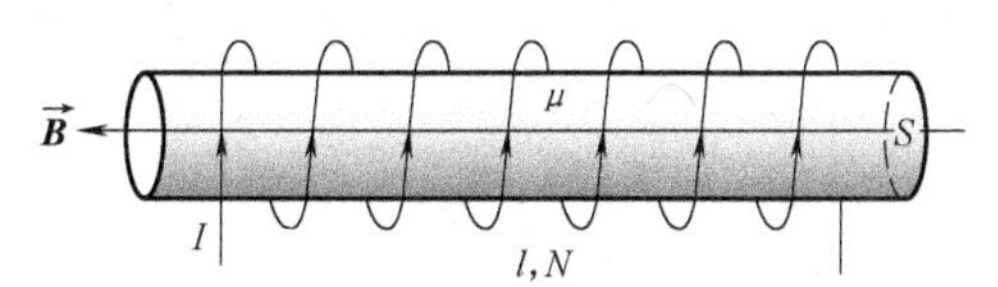

图 7.3-3　例 7.3-1 图

解： 设螺线管中通有电流 I，由 $\vec{H}$ 的环路定理可得到螺线管内部的磁场强度大小为

$$H=\frac{N}{l}I$$

故螺线管内部的磁感应强度大小为

$$B=\mu H=\mu\frac{N}{l}I$$

穿过螺线管的磁通链为

$$\Psi=N\iint_S\vec{B}\cdot d\vec{S}=NBS=\mu SI\frac{N^2}{l}$$

由式（7.3-1）可得螺线管的自感为

$$L=\frac{\Psi}{I}=\mu\frac{N^2S}{l} \tag{7.3-4}$$

式中，μ 反映介质的性质；$\frac{N^2S}{l}$ 描述的是螺线管的几何条件。也就是说，自感 L 与电流 I

无关，只取决于线圈的大小、形状等几何因素以及周围介质的性质。

评价： 这里给出了计算自感 L 的一般步骤。先假设线圈中通有电流 I，计算线圈中的磁感应强度 B 以及穿过线圈的磁通链 Ψ，然后利用定义式 $L=\Psi/I$ 计算自感 L。算出的 L 与电流 I 无关，只取决于线圈的大小、形状、匝数等几何因素和周围磁介质的磁导率。这种算法与电学中电容的计算极其相似。先假设极板上带有一定的电荷量 Q，计算极板间的电场强度 E，然后算出极板间的电势差 ΔV，最后利用电容的定义式 $C=Q/\Delta V$ 得到电容，算得的结果 C 一定与 Q 无关，只取决于电容器的尺寸及电介质的介电常数。

例 7.3-2 求无限长同轴传输线单位长度上的自感。设传输线的内、外半径分别为 R_1 和 R_2，内导线为空筒，内、外导线之间充满磁导率为 μ 的磁介质。

解： 假设内外导线流有等值、反向电流 I，由 $\vec{H}$ 的环路定理可得内外导线之间（$R_1<r<R_2$）的磁场强度大小为

$$H=\frac{I}{2\pi r}$$

故磁感应强度的大小为

$$B=\mu H=\frac{\mu I}{2\pi r}$$

在两导线之间单位长度的截面上，取宽为 $\mathrm{d}r$ 的面元，如图 7.3-4 所示，通过该面元的磁通量为

$$\mathrm{d}\Phi=\vec{B}\cdot\mathrm{d}\vec{S}=B\mathrm{d}S=\frac{\mu I}{2\pi r}\mathrm{d}r$$

将上式对 r 积分，得到通过两导线之间单位长度截面上的总磁通量，即

$$\Psi=\int\mathrm{d}\Phi=\int_{R_1}^{R_2}\frac{\mu I}{2\pi r}\mathrm{d}r=\frac{\mu I}{2\pi}\ln\frac{R_2}{R_1}$$

由式（7.3-1）得传输线单位长度的自感

$$L=\frac{\Psi}{I}=\frac{\mu}{2\pi}\ln\frac{R_2}{R_1} \tag{7.3-5}$$

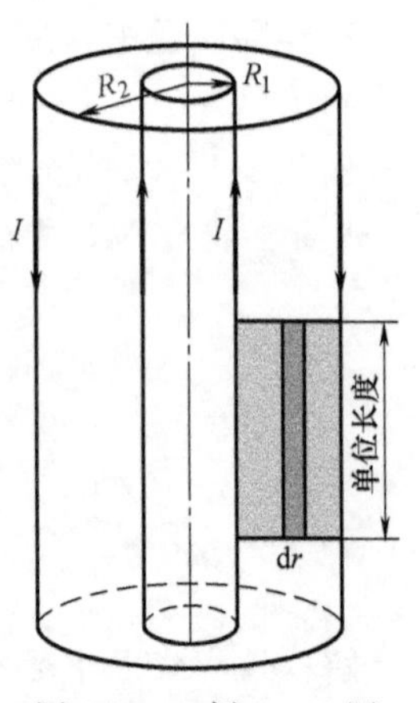

图 7.3-4 例 7.3-2 图

显然，传输线单位长度的自感只与传输线的内、外半径及介质的性质有关，与传输线中通有的电流无关。

3. 自感的利与弊

自感线圈是电工和电子技术中的基本元件。利用线圈具有阻碍电流变化的特性，可以稳定电路中的电流，如荧光灯中的镇流器、稳压电源中的滤波电感等。自感线圈也可以和电容器组成谐振电路。

在有些情况下自感现象是有害的。当接有大自感线圈的电路突然断开时，电流的快速变化使得线圈中出现很高的自感电动势，有可能击穿线圈本身的绝缘保护，或者在电闸断开的间隙产生强烈的电弧，烧坏电闸开关。为了有效规避大自感电动势带来的破坏性影响，通常在电磁铁等强电系统中接入可调电阻，通过增大电阻、减小电流后再断开电路的方式降低电流的变化率，从而达到减小自感电动势以安全断电的目的。

小节概念回顾： 自感是如何定义的？线圈的自感与哪些因素有关？

7.3.2　互感

如图 7.3-5 所示，两个相邻线圈中的电流分别为 i_1 和 i_2。i_1 所激发的磁场 $\vec{B}_1$ 穿过第二个线圈的磁通链为 Ψ_{12}，i_2 所激发的磁场 $\vec{B}_2$ 穿过第一个线圈的磁通链为 Ψ_{21}。根据毕-萨定理，B_1 与 i_1 成正比，B_2 与 i_2 成正比。因此，Ψ_{12} 与 i_1 成正比，Ψ_{21} 与 i_2 成正比，用数学形式表示为

$$\Psi_{12}=M_{12}i_1,\quad \Psi_{21}=M_{21}i_2$$

比例系数 M_{12} 和 M_{21} 称为**互感**。理论和实验都可以证明，M_{12} 和 M_{21} 相等，统一用 M 表示，即

$$M=\frac{\Psi_{12}}{i_1}=\frac{\Psi_{21}}{i_2}\tag{7.3-6}$$

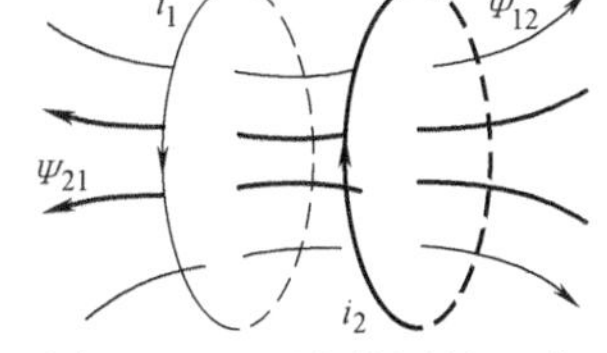

图 7.3-5　两个线圈的互感

式（7.3-6）表明，互感 M 在数值上等于一个线圈的单位电流产生的磁场通过另一个线圈的磁通链的大小。

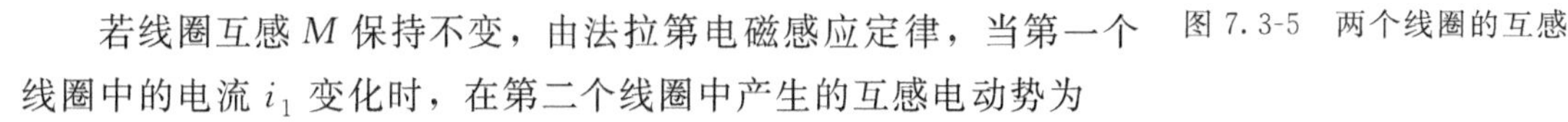

若线圈互感 M 保持不变，由法拉第电磁感应定律，当第一个线圈中的电流 i_1 变化时，在第二个线圈中产生的互感电动势为

$$\mathscr{E}_{12}=-\frac{\mathrm{d}\Psi_{12}}{\mathrm{d}t}=-M\frac{\mathrm{d}i_1}{\mathrm{d}t}$$

同理，

$$\mathscr{E}_{21}=-\frac{\mathrm{d}\Psi_{21}}{\mathrm{d}t}=-M\frac{\mathrm{d}i_2}{\mathrm{d}t}$$

故

$$M=-\mathscr{E}_{12}\Big/\frac{\mathrm{d}i_1}{\mathrm{d}t}=-\mathscr{E}_{21}\Big/\frac{\mathrm{d}i_2}{\mathrm{d}t}\tag{7.3-7}$$

此式为互感 M 的普遍定义。它表明，两个线圈的互感在数值上等于当其中一个线圈中的电流每秒变化 1 安培时在第二个线圈中引起的互感电动势。互感取决于两线圈的大小、形状、匝数、相对位置等几何因素以及周围介质的磁导率。

互感与自感的单位相同，在国际单位制中也是亨利（符号为 H）。

例 7.3-3　如图 7.3-6 所示，真空中一长直螺线管上密绕两层长为 l 的线圈，内层线圈的匝数为 N_1，外层线圈的匝数为 N_2，求这两层线圈（相当于两个同轴螺线管）的互感。

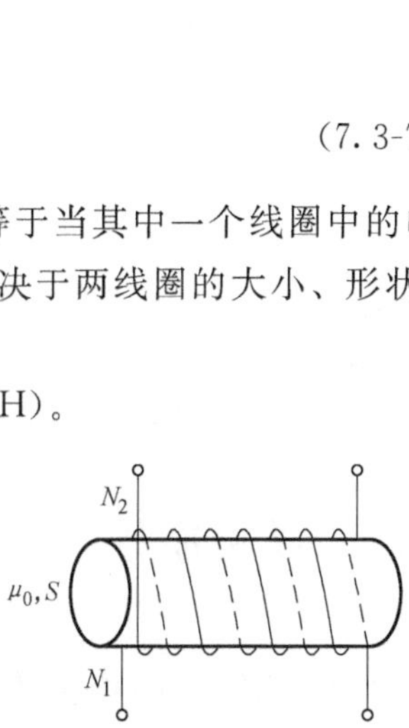

图 7.3-6　例 7.3-3 图

解：设内层线圈通过电流 i_1，它在螺线管内部所激发磁场的磁感应强度大小为

$$B_1=\mu_0\frac{N_1}{l}i_1$$

该磁场穿过外层线圈的磁通链为（参考例 7.3-1）

$$\Psi_{12}=N_2B_1S=\mu_0\frac{N_1N_2S}{l}i_1$$

因此互感为

$$M_{12}=\frac{\Psi_{12}}{i_1}=\mu_0\frac{N_1N_2S}{l}$$

同理，当外层线圈中通有电流 i_2 时，它所产生的磁场穿过内层线圈的磁通链为

$$\Psi_{21}=N_1B_2S=\mu_0\frac{N_1N_2S}{l}i_2$$

据此得到的互感为

$$M_{21}=\frac{\Psi_{21}}{i_2}=\mu_0\frac{N_1N_2S}{l}$$

显然，

$$M_{12}=M_{21}=M=\mu_0\frac{N_1N_2S}{l}$$

在例 7.3-3 中，一个线圈中电流产生的磁通量全部通过第二个线圈的每一匝，我们称这两个线圈完全耦合。结果表明，两线圈完全耦合时的互感 M 与两线圈中的电流无关，只依赖于线圈匝数、线圈截面面积、线圈长度及介质的磁导率。

由例 7.3-1 可知，内层线圈的自感 $L_1=\mu_0\frac{N_1^2S}{l}$，外层线圈的自感 $L_2=\mu_0\frac{N_2^2S}{l}$。显然，两线圈的互感和自感之间满足确定的关系：$M=\sqrt{L_1L_2}$。此结论仅适用于两个无磁漏的理想的完全耦合线圈。在一般情况下，$M=K\sqrt{L_1L_2}$，式中 $0<K<1$，称为**耦合系数**。耦合系数的大小与两线圈的相对位置有关。

评价：例 7.3-3 给出了一种求解互感的方法。假设一个线圈中通有电流，讨论它所产生的磁场通过另一个线圈的磁通链，再利用式（7.3-6）求出互感。显然，这种方法只能在类似例 7.3-3 的特殊情况下（磁通链易求）使用。一般情况下，互感的计算都比较复杂，实际问题中常通过实验测量 M。

互感现象在交流电路中广泛存在。利用互感可以方便地将能量或信号由一个线圈传递给另一个线圈，例如变压器。不过在有些场合，互感是有害的。比如，互感在邻近的电话电路中引起串音，电子仪器中各回路之间的互感会影响仪器的正常工作。在这种情况下，就应该设法减少互感耦合。

小节概念回顾：互感是如何定义的？两个线圈之间的互感与哪些因素有关？

7.4 磁场能量

7.4.1 *RL* 电路中的电流

图 7.4-1 是一个由自感线圈（自感为 L）、灯泡（电阻为 R）和电源（电动势为 $\mathscr{E}$）串联而成的 RL 电路。当合上开关时，电流由零逐渐增大，线圈中出现自感电动势。当线圈中的电流为 i 时，由式（7.3-2）可知，线圈中的自感电动势为

$$\mathscr{E}_\mathrm{L}=-L\frac{\mathrm{d}i}{\mathrm{d}t}$$

由欧姆定律，得

$$\mathscr{E}-L\frac{\mathrm{d}i}{\mathrm{d}t}=iR \tag{7.4-1}$$

取接通电源的时刻为计时起点，并假设 $t=0$ 时，$i=0$，解以上微分方程可得

$$i=\frac{\mathscr{E}}{R}(1-\mathrm{e}^{-\frac{R}{L}t}) \tag{7.4-2}$$

式（7.4-2）表明，合上开关后，电流 i 由零经过一指数增长过程逐渐达到稳定值$\frac{\mathscr{E}}{R}$。这种在阶跃电压的作用下，从开始发生变化到逐渐趋于稳态的过程称为**暂态过程**。在此过程中，电流 i 随时间 t 的变化曲线如图 7.4-2 所示。L/R 决定电流增长的快慢，它具有时间的量纲，通常将其称为 RL 电路的**时间常数**，用 τ 表示，即

$$\tau\equiv\frac{L}{R}$$

当 $t=\tau$ 时，$i=\frac{\mathscr{E}}{R}(1-\mathrm{e}^{-1})=0.63\frac{\mathscr{E}}{R}$。也就是说，$\tau$ 等于电流从零增加到稳定值的63%所需的时间。τ 越小，电流增长越快，暂态过程持续时间越短。

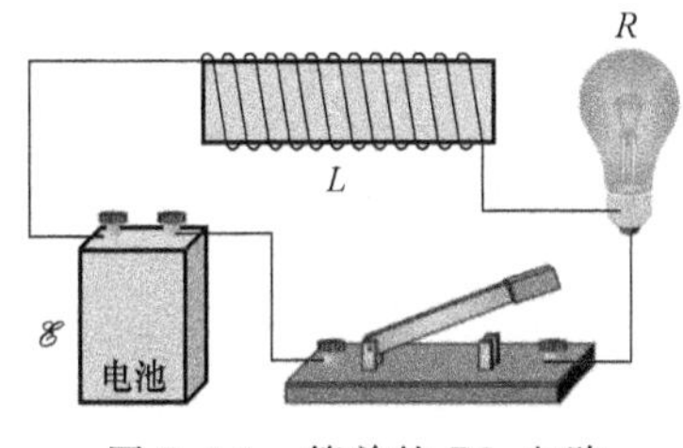

图 7.4-1 简单的 RL 电路

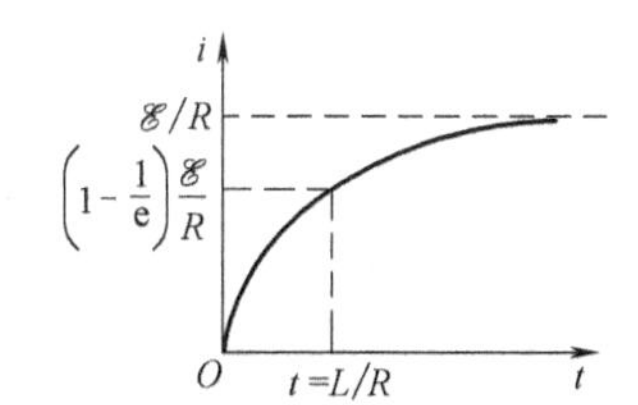

图 7.4-2 RL 电路中的电流增长过程

小节概念回顾：RL 电路中电流增长的快慢与哪些因素有关？

7.4.2 自感线圈的磁能

在图 7.4-1 所示的电路中，闭合开关电路达到稳定后，电路中的电流为 $I=\frac{\mathscr{E}}{R}$。此时 $\mathscr{E}=IR$，等式两侧乘以 I，得 $\mathscr{E}I=I^2R$。此式表明，电源在单位时间内所做的功全部转化为电阻上的焦耳热。但是，如果考虑电流 i 从零增加到稳定值 I 的暂态过程，情况则复杂得多。为此，将式（7.4-1）两侧乘以 $i\mathrm{d}t$ 并移项，得

$$\mathscr{E}\,i\mathrm{d}t=i^2R\mathrm{d}t+Li\mathrm{d}i \tag{7.4-3}$$

式中，$\mathscr{E}i\mathrm{d}t$ 为 $\mathrm{d}t$ 时间内电源所做的功；$i^2R\mathrm{d}t$ 为 $\mathrm{d}t$ 时间内电阻上消耗的焦耳热。

式（7.4-3）表明，电源对电路所做的功除了消耗在电阻上之外，还剩下一部分 $Li\mathrm{d}i$。显然，$Li\mathrm{d}i$ 应该与 $\mathrm{d}t$ 时间内线圈内的能量变化有关。当接通开关，电路中的电流 i 从零逐渐增加时，由于自感，线圈中将出现阻碍电流增长的自感电动势，因此电源将反抗自感电动势做功。同时，随着电流的增长，线圈中的磁场逐渐增强，磁场与电场一样具有能量，这就意味着电源反抗自感电动势所做的功全部以磁场能量（简称磁能）的形式储存在线圈所建立的磁场中。

设 $t=0$ 时，$i=0$；t 时刻电路中的电流为 I。考虑电流 i 从零增加到 I 的过程中电路中的能量转化过程。对式（7.4-3）的两侧积分，得

$$\int_0^t \mathscr{E} i \mathrm{d}t = \int_0^t i^2 R \mathrm{d}t + \int_0^I L i \mathrm{d}i \tag{7.4-4}$$

式（7.4-4）表明，在 0 到 t 时间内，电源所做的功 $\int_0^t \mathscr{E} i \mathrm{d}t$ 一部分消耗在电阻上变成了焦耳热 $\int_0^t i^2 R \mathrm{d}t$，还有一部分变成了磁能

$$W_{\mathrm{m}} = \int_0^I L i \mathrm{d}i = \frac{1}{2} L I^2 \tag{7.4-5}$$

式（7.4-5）为载有电流 I 的自感线圈所储存的磁能的表达式。它表明，自感线圈的磁能与自感成正比，与通过线圈的电流的二次方成正比。

如果电流 I 和 W_{m} 已知，则可以根据式（7.4-5）求出自感 L，这也提供了求解自感的另一种方法。

小节概念回顾：如何求解载流线圈中的磁能？

7.4.3 磁场能量密度

自感线圈的磁场能量表达式 $W_{\mathrm{m}} = \frac{1}{2} L I^2$ 与电容器的电场能量公式 $W_{\mathrm{e}} = \frac{1}{2} C U^2$ 形式类似。在电场部分，我们借助平行板电容器导出了电场能量密度 $w_{\mathrm{e}} = \frac{1}{2} \vec{D} \cdot \vec{E}$，从而得到了求解任意带电体电场能量的一般表达式 $W_{\mathrm{e}} = \iiint_V w_{\mathrm{e}} \mathrm{d}V = \iiint_V \frac{1}{2} \vec{D} \cdot \vec{E} \mathrm{d}V$。现在，我们按照与电场类似的方法来讨论磁场能量。

以长直螺线管为例。假设螺线管的长度为 l，截面面积为 S，线圈总匝数为 N，螺线管中充满磁导率为 μ 的磁介质。

长直螺线管的磁场局限在螺线管内部，且为均匀场。由安培环路定理可得其磁场分布：磁场强度大小 $H = nI$，磁感应强度大小 $B = \mu n I$。由式（7.3-4）可知其自感为

$$L = \mu \frac{N^2 S}{l} = \mu n^2 V$$

其中，$V = Sl$ 为螺线管的体积，$n = \frac{N}{l}$ 为单位长度上的线圈匝数。若忽略边缘效应，V 即为磁场所占的空间体积。

由式（7.4-5）及上面的分析，可将螺线管中的磁场能量改写为

$$W_{\mathrm{m}} = \frac{1}{2} \mu n^2 V I^2 = \frac{1}{2} \mu H^2 V = \frac{1}{2} B H V = \frac{1}{2} \vec{B} \cdot \vec{H} V \tag{7.4-6}$$

由此得到单位体积中的磁场能量密度，为

$$w_{\mathrm{m}} = \frac{W_{\mathrm{m}}}{V} = \frac{1}{2} \vec{B} \cdot \vec{H} \tag{7.4-7}$$

式中，w_{m} 称为**磁场能量密度**，简称为**磁能密度**。

式（7.4-7）虽然是由长直螺线管的特例得到的，但它对于任意磁场都是成立的。在各向同性的均匀弱磁质中，磁能密度可改写为

$$w_{\mathrm{m}} = \frac{1}{2} B H = \frac{1}{2} \mu H^2$$

在真空中，磁能密度可简化为

$$w_m = \frac{B^2}{2\mu_0}$$

对式（7.4-7）进行体积分，即可得到任意磁场的总能量

$$W_m = \iiint_V w_m \mathrm{d}V = \iiint_V \frac{1}{2}\vec{B} \cdot \vec{H} \mathrm{d}V \tag{7.4-8}$$

积分遍及整个磁场空间。

例 7.4-1　求无限长同轴传输线单位长度内的磁能。设传输线的内、外半径分别为 R_1 和 R_2，内导线为空筒，内、外导线流有等值反向电流 I，两者之间充满磁导率为 μ 的磁介质。

解： 由 $\vec{H}$ 的环路定理可得传输线的磁场分布，磁场局限于内外导线之间，磁场强度大小为

$$H = \frac{I}{2\pi r} \qquad (R_1 < r < R_2)$$

两导线之间的磁场分布并不均匀。在半径 r 处取厚为 $\mathrm{d}r$、单位长度的圆柱壳，由式（7.4-7）可得柱壳内的磁能密度，为

$$w_m = \frac{1}{2}\mu H^2 = \frac{\mu I^2}{8\pi^2 r^2}$$

该柱壳内的磁场能量为

$$\mathrm{d}W_e = w_m \mathrm{d}V = \frac{\mu I^2}{8\pi^2 r^2} 2\pi r \mathrm{d}r = \frac{\mu I^2}{4\pi r}\mathrm{d}r$$

对上式积分，即得传输线单位长度内的磁能

$$W_m = \int \mathrm{d}W_m = \int_{R_1}^{R_2} \frac{\mu I^2}{4\pi r}\mathrm{d}r = \frac{\mu I^2}{4\pi}\ln\frac{R_2}{R_1}$$

当然，也可以把同轴传输线看成是在无穷远闭合的单匝线圈，由式（7.4-5）和式（7.3-5）得到线圈的磁能

$$W_m = \frac{1}{2}LI^2 = \frac{1}{2} \cdot \frac{\mu}{2\pi}\ln\frac{R_2}{R_1}I^2 = \frac{\mu I^2}{4\pi}\ln\frac{R_2}{R_1}$$

两种方法计算的结果一致。

评价： 对于载流线圈，式（7.4-5）和式（7.4-8）都可以用来求解磁场能量。在自感已知的情况下，用式（7.4-5）更简洁。但在其他情况下，式（7.4-5）则不可用，只能用式（7.4-8）求解磁能。

如果空间中既有电场，又有磁场，那么在该空间中单位体积内的能量为电场能量密度和磁场能量密度之和，称为**电磁场能量密度**，用 w 表示，即

$$w = w_e + w_m = \frac{1}{2}\vec{D} \cdot \vec{E} + \frac{1}{2}\vec{B} \cdot \vec{H} \tag{7.4-9}$$

对式（7.4-9）进行体积分，可得到空间中总的电磁场能量，即

$$W = \iiint_V w \mathrm{d}V = \iiint_V \frac{1}{2}(\vec{D} \cdot \vec{E} + \vec{B} \cdot \vec{H})\mathrm{d}V \tag{7.4-10}$$

积分遍及整个电磁场空间。

小节概念回顾： 磁场能量密度与电场能量密度的定义有何相似之处？如何求解任一空间

中的磁场能量？

7.5 麦克斯韦方程组和电磁波

7.5.1 位移电流

图 7.5-1a 为电阻和电感组成的 RL 电路，图 7.5-1b 为电阻和电容组成的 RC 电路。图中的 L 为闭合曲线，S_1 和 S_2 是以 L 为边界所构造的任意曲面。对 S_1 和 S_2 分别用 $\vec{H}$ 的环路定理。在图 7.5-1a 中，电路是连续的，通过电感和电阻的电流相等，因此

$$\oint_L \vec{H}\cdot d\vec{l}=\iint_{S_1}\vec{j}_c\cdot d\vec{S}=\iint_{S_2}\vec{j}_c\cdot d\vec{S}=I_c$$

其中，I_c 为电路中的传导电流；$\vec{j}_c$ 为传导电流密度。在图 7.5-1b 中，曲面 S_2 介于电容器的两极板之间，因此没有传导电流通过 S_2 面，这就意味着

$$\oint_L \vec{H}\cdot d\vec{l}=\iint_{S_1}\vec{j}_c\cdot d\vec{S}=I_c,\quad \oint_L \vec{H}\cdot d\vec{l}=\iint_{S_2}\vec{j}_c\cdot d\vec{S}=0$$

由于包含电容的电路不连续，$\vec{H}$ 的环路定理用在 S_1 和 S_2 面上时出现了矛盾。也就是说，前面章节讨论的安培环路定理以及 $\vec{H}$ 的环路定理只适用于稳恒电流。

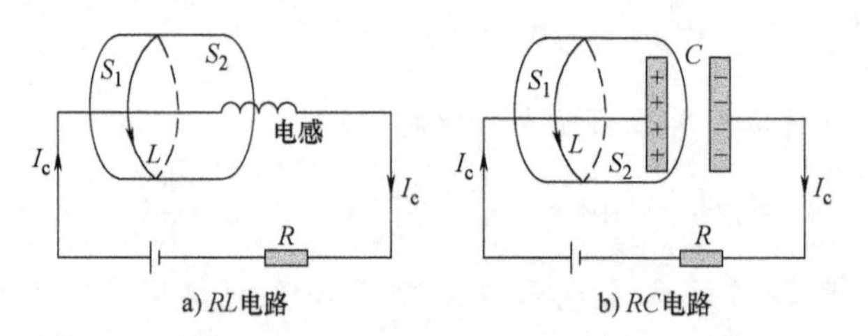

图 7.5-1 对 RL 和 RC 电路用 $\vec{H}$ 的环路定理

$\vec{H}$ 的环路定理是描述磁场性质的基本方程，为了给出它在非稳恒情况下的普遍形式，麦克斯韦提出了**位移电流**假说。

如图 7.5-2 所示，当给电容器充电时，电容器的两极板之间虽没有传导电流，但有变化的电场。由高斯定理可知，两极板间的电位移大小等于极板上的电荷面密度，即

$$D=\sigma$$

在两极板间构造与导体表面平行的平面 S，则通过 S 的电位移通量为

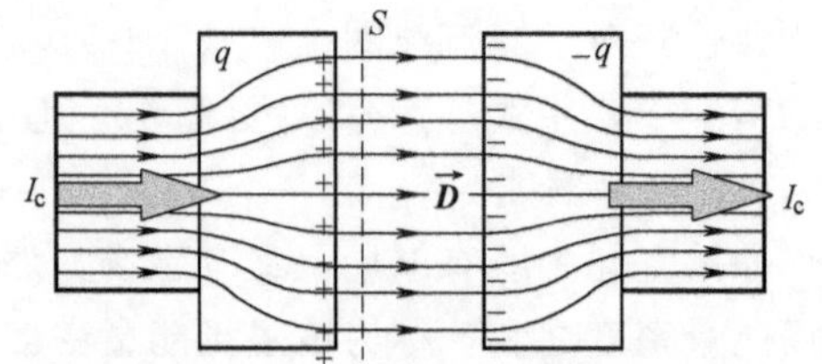

图 7.5-2 正在充电的电容器示意图

$$\Phi_D=\iint_S \vec{D}\cdot d\vec{S}=\sigma S=q$$

其中，q 为极板上的电荷量，它随时间的变化率即为通过导线的传导电流，即

$$I_c=\frac{dq}{dt}=\frac{d\Phi_D}{dt}$$

显然，导线中的传导电流在数值上等于两极板之间的电位移通量随时间的变化率。因此，若将电位移通量的变化率也定义为电流，则含有电容器的电路就是连续的，前面 $\vec{H}$ 的环路定理用在非稳恒情况时出现的矛盾也就不复存在了。为此，麦克斯韦将这种电流定义为**位移电流**，位移电流用 I_D 表示，即

$$I_D \equiv \frac{d\Phi_D}{dt} \tag{7.5-1}$$

式（7.5-1）可以改写为

$$I_D = \frac{d}{dt}\iint_S \vec{D} \cdot d\vec{S} = \iint_S \frac{\partial \vec{D}}{\partial t} \cdot d\vec{S} \tag{7.5-2}$$

由于电流是电流密度的通量，所以可以定义**位移电流密度** $\vec{j}_D$ 为

$$\vec{j}_D \equiv \frac{\partial \vec{D}}{\partial t} \tag{7.5-3}$$

式（7.5-3）表明，位移电流密度是电位移随时间的变化率。当电容器充电时，$\vec{j}_D$ 由正极指向负极，放电时由负极指向正极，与传导电流的方向相同。在真空中，位移电流密度和位移电流可分别表示为

$$\vec{j}_D = \varepsilon_0 \frac{\partial \vec{E}}{\partial t}, \quad I_D = \varepsilon_0 \frac{d\Phi_e}{dt} \tag{7.5-4}$$

由位移电流的定义可知，位移电流的本质是变化的电场，不代表真实的电荷流动。但是，从产生磁场的角度上来说，位移电流和传导电流没有区别，两者具有相同的磁效应。在前面一节我们曾提到变化的磁场产生电场，这种电场称为感生电场，类似地，我们将位移电流（也就是变化的电场）产生的磁场称为**感生磁场**。位移电流和传导电流之和称为**全电流**。在普遍情况下，全电流总是连续的。

如果一个面积 S 上既有传导电流通过，同时又有变化的电场存在，那么，沿此面积边线 L 的磁场强度的环流为

$$\oint_L \vec{H} \cdot d\vec{l} = \iint_S \left(\vec{j}_c + \frac{\partial \vec{D}}{\partial t}\right) \cdot d\vec{S} = I_{全} \tag{7.5-5}$$

式中，$I_{全}$ 为边线 L 所包围的全电流。式（7.5-5）称为**普遍情况下的安培环路定理**，是电磁场的一个基本性质方程。

若空间无传导电流，则

$$\oint_L \vec{H} \cdot d\vec{l} = \iint_S \frac{\partial \vec{D}}{\partial t} \cdot d\vec{S} = \frac{d\Phi_D}{dt} \tag{7.5-6}$$

式（7.5-6）给出了变化的电场与它所激发的感生磁场之间的关系。让我们回忆一下前面介绍的变化的磁场与它所激发的感生电场之间的关系式

$$\oint_L \vec{E}_{感生} \cdot d\vec{l} = -\iint_S \frac{\partial \vec{B}}{\partial t} \cdot d\vec{S} = -\frac{d\Phi_m}{dt}$$

两者形式上对称，只差一个负号。这说明两者方向之间的差异：$\frac{\partial \vec{B}}{\partial t}$ 与 $\vec{E}_{感生}$ 成反右手螺

旋，而$\frac{\partial \vec{D}}{\partial t}$与$\vec{H}$成右手螺旋，如图 7.5-3 所示。

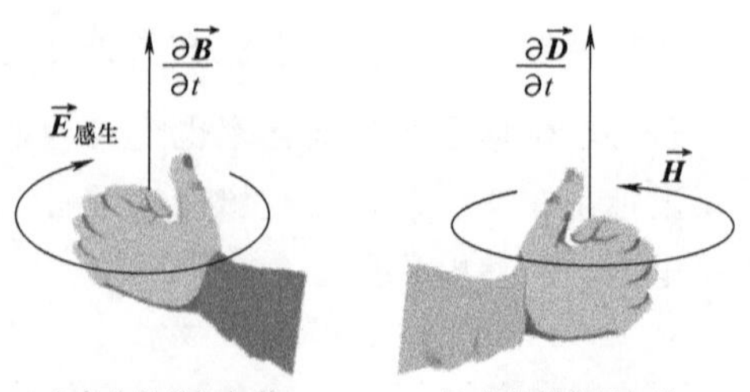

图 7.5-3 变化的磁场和变化的电场

麦克斯韦的位移电流假说（变化的电场产生磁场）和感生电场假说（变化的磁场产生电场）将电场和磁场更为紧密地联系在了一起，为构建统一的电磁场理论起到了关键性作用。也正是时变电场和时变磁场的相互激发，才保证了电磁波的存在性。

例 7.5-1 半径为 R 的平行板电容器接在电源两端，电路中的电流随时间的变化关系为 $i=I_0\sin\omega t$，忽略边缘效应，求两极板间位移电流的大小和离中心轴线距离 r 处的磁感应强度。

解：设极板面积为 S、任意时刻极板上的电荷量为 q、电荷面密度为 σ。根据高斯定理可得，两极板间的电位移大小为

$$D=\sigma$$

由式（7.5-3）可得两极板间的位移电流密度大小，为

$$j_{\mathrm{D}}=\frac{\mathrm{d}D}{\mathrm{d}t}=\frac{\mathrm{d}\sigma}{\mathrm{d}t}=\frac{\mathrm{d}}{\mathrm{d}t}\left(\frac{q}{S}\right)=\frac{1}{S}\frac{\mathrm{d}q}{\mathrm{d}t}=\frac{1}{S}i$$

由此得两极板间的位移电流为

$$I_{\mathrm{D}}=\iint_S \vec{j}_{\mathrm{D}}\cdot\mathrm{d}\vec{S}=\frac{i}{S}S=i=I_0\sin\omega t$$

即两极板间的位移电流等于导线中的传导电流。实际上，由于全电流连续，导线中的传导电流也必然等于两极板间的位移电流。若 i 随时间增加，则位移电流密度的方向与电场的方向相同，由正极指向负极，反之亦然。

由于位移电流和传导电流按相同的方式激发磁场，所以两极板间的磁场必然具有轴对称性。两极板间的磁感线是以轴线为中心的圆，其绕向由图 7.5-3b 的右手螺旋定则确定。如图 7.5-4 所示，以两极板轴线上的一点为中心作半径为 r 的安培环路，由式（7.5-5）得该环路上的磁场强度环流，为

$$\oint_L \vec{H}\cdot\mathrm{d}\vec{l}=H\cdot 2\pi r=\sum i_{\mathrm{D}}$$

其中，$\sum i_{\mathrm{D}}$ 为环路所包围的位移电流。

若 $r<R$，则

$$\sum i_{\mathrm{D}}=\frac{i}{\pi R^2}\pi r^2=\frac{r^2}{R^2}i$$

若 $r>R$，则

$$\sum i_{\mathrm{D}}=i$$

因此，两极板间的磁场强度分布为

$$H=\frac{\sum i_{\mathrm{D}}}{2\pi r}=\begin{cases}\dfrac{ri}{2\pi R^2} & (r<R)\\[2ex] \dfrac{i}{2\pi r} & (r>R)\end{cases}$$

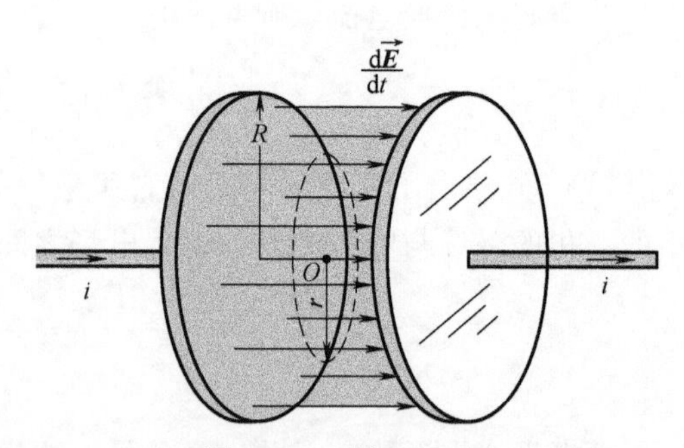

图 7.5-4 例 7.5-1 图

考虑 $B=\mu_0 H$，$i=I_0\sin\omega t$，得两极板间离

中心轴线距离 r 处的磁感应强度分布

$$B=\begin{cases}\dfrac{\mu_0 r}{2\pi R^2}I_0\sin\omega t & (r<R)\\[2ex] \dfrac{\mu_0}{2\pi r}I_0\sin\omega t & (r>R)\end{cases}$$

评价：当利用普遍情况下的安培环路定理式（7.5-5）求解高度对称性的磁场分布时，需首先根据位移电流和传导电流的分布来分析磁场的对称性，选择合适的安培环路求磁场强度的环路积分，再由式（7.5-5）解出磁场强度分布，进而得到磁感应强度。

小节概念回顾：位移电流的本质是什么？位移电流密度是如何定义的？位移电流和传导电流有何异同？

7.5.2 麦克斯韦方程组

在一般情况下，电场 $\vec{E}$ 包含电荷产生的电场以及变化的磁场产生的感生电场，磁场 $\vec{B}$ 包含电流（运动的电荷）产生的磁场以及变化的电场产生的感生磁场。电磁场所遵循的基本规律为

$$\oint\!\!\!\oint_S \vec{D}\cdot d\vec{S}=\iiint_V \rho_0\,dV \tag{7.5-7}$$

$$\oint\!\!\!\oint_S \vec{B}\cdot d\vec{S}=0 \tag{7.5-8}$$

$$\oint_L \vec{E}\cdot d\vec{l}=-\iint_S \frac{\partial\vec{B}}{\partial t}\cdot d\vec{S} \tag{7.5-9}$$

$$\oint_L \vec{H}\cdot d\vec{l}=\iint_S\left(\vec{j}_c+\frac{\partial\vec{D}}{\partial t}\right)\cdot d\vec{S} \tag{7.5-10}$$

式中，ρ_0 为自由电荷体密度；$\vec{j}_c$ 为传导电流密度。式（7.5-7）～式（7.5-10）合称为**积分形式的麦克斯韦方程组**。

利用矢量分析中的高斯定理：$\oint\!\!\!\oint_S \vec{A}\cdot d\vec{S}=\iiint_V \nabla\cdot\vec{A}\,dV$ 和斯托克斯定理：$\oint_L \vec{A}\cdot d\vec{l}=\iint_S(\nabla\times\vec{A})\cdot d\vec{S}$，可以得到式（7.5-7）～式（7.5-10）所对应的微分形式：

$$\nabla\cdot\vec{D}=\rho_0 \tag{7.5-11}$$

$$\nabla\cdot\vec{B}=0 \tag{7.5-12}$$

$$\nabla\times\vec{E}=-\frac{\partial\vec{B}}{\partial t} \tag{7.5-13}$$

$$\nabla\times\vec{H}=\vec{j}_c+\frac{\partial\vec{D}}{\partial t} \tag{7.5-14}$$

式（7.5-11）～式（7.5-14）合称为**微分形式的麦克斯韦方程组**。

式（7.5-7）和式（7.5-11）是电场的高斯定理，它说明电场强度和电荷之间的联系。式（7.5-8）和式（7.5-12）是磁场的高斯定理，它说明磁场是无源场。式（7.5-9）和式（7.5-13）是电场的环路定理，实际上是法拉第电磁感应定律，它说明变化的磁场和电场之间的联系。式

(7.5-10) 和式 (7.5-14) 是磁场的环路定理，它说明磁场和电流（运动的电荷）以及变化的电场之间的联系。

利用麦克斯韦方程组原则上可以求解一切宏观电磁现象。在已知电荷和电流分布的情况下，考虑电场和磁场所应满足的边界条件和初始条件，就可以利用麦克斯韦方程组确定空间某点在某一时刻的电磁场以及随后电磁场的变化情况。若要求解带电粒子在电磁场中的运动情况，则还需要一个力学方程，即洛伦兹力公式：

$$\vec{F}=q\vec{E}+q\vec{v}\times\vec{B} \tag{7.5-15}$$

若涉及介质，则还需要描述介质电磁性质的方程。比如，在均匀的各向同性介质中，通常会用到以下三个方程：

$$\vec{D}=\varepsilon\vec{E},\ \vec{B}=\mu\vec{H},\ \vec{j}=\gamma\vec{E} \tag{7.5-16}$$

式中，ε 为介电常数，μ 为磁导率，γ 为电导率。

麦克斯韦方程组和洛伦兹力公式以及电荷守恒定律，组成了宏观电动力学的基本方程式，它们和力学定律结合在一起，可以描写相互作用的带电粒子与电磁场的基本规律，原则上可以解决各种宏观电磁场问题。在微观领域里，麦克斯韦电磁场理论并不完全适用，此时可以将其看作是量子电动力学在某些特殊条件下的近似规律。

小节概念回顾： 麦克斯韦方程组包括哪几个方程？各方程的物理意义是什么？

7.5.3 电磁波

1. 麦克斯韦的理论预言

1865 年，麦克斯韦根据其电磁理论预言了电磁波的存在。根据麦克斯韦的位移电流假说和感生电场假说，时变电场和时变磁场相互激发，只要空间存在变化的电场（或磁场），就一定有变化的感生磁场（或感生电场），感生磁场和感生电场都是涡旋场，闭合的电场线和磁感线就会像链条中的环一样一个一个地套连下去，在空间传播开来，从而形成电磁波。图 7.5-5 为时变电场和时变磁场相互激发时沿直线传播的示意图。已发射的电磁波，即使激发的波源消失，它仍会继续存在并向前传播。由此可以看出，电磁波的传播不需要介质，电磁波可以脱离电荷或电流单独存在。

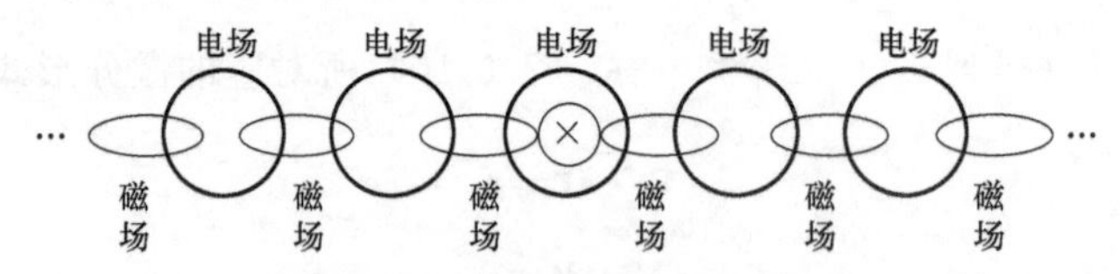

图 7.5-5 电磁波的产生示意图

下面以自由空间为例，根据麦克斯韦方程组的微分形式导出电磁波的波动方程。这里所说的自由空间指的是没有自由电荷和传导电流的无限大空间。自由空间可以是真空，也可以充满均匀介质。

由式 (7.5-13)，得

$$\nabla\times(\nabla\times\vec{E})=-\nabla\times\frac{\partial\vec{B}}{\partial t}=-\frac{\partial}{\partial t}(\nabla\times\vec{B})$$

对均匀的各向同性介质，$\vec{B}=\mu_0\mu_r\vec{H}$，上式可改写为

$$\nabla\times(\nabla\times\vec{E})=-\mu_0\mu_r\frac{\partial}{\partial t}(\nabla\times\vec{H})$$

由式（7.5-14），当没有传导电流时，$\nabla\times\vec{H}=\frac{\partial\vec{D}}{\partial t}$。在均匀的各向同性介质中，$\nabla\times\vec{H}=\varepsilon_0\varepsilon_r\frac{\partial\vec{E}}{\partial t}$，将此式代入上式，得

$$\nabla\times(\nabla\times\vec{E})=-\mu_0\mu_r\varepsilon_0\varepsilon_r\frac{\partial^2\vec{E}}{\partial t^2}$$

利用矢量分析，有

$$\nabla\times\nabla\times\vec{E}=\nabla(\nabla\cdot\vec{E})-\nabla^2\vec{E}$$

当没有自由电荷时，由式（7.5-11）可知，$\nabla\cdot\vec{D}=0$，即$\nabla\cdot\vec{E}=0$。因此，

$$\nabla\times\nabla\times\vec{E}=-\nabla^2\vec{E}$$

与以上各式联立，有

$$\nabla^2\vec{E}=\mu_0\mu_r\varepsilon_0\varepsilon_r\frac{\partial^2\vec{E}}{\partial t^2}$$

令 $\mu_0\mu_r\varepsilon_0\varepsilon_r=\frac{1}{u^2}$，则

$$\nabla^2\vec{E}=\frac{1}{u^2}\frac{\partial^2\vec{E}}{\partial t^2}\tag{7.5-17}$$

通过类似的分析，可得

$$\nabla^2\vec{H}=\frac{1}{u^2}\frac{\partial^2\vec{H}}{\partial t^2}\tag{7.5-18}$$

式（7.5-17）和式（7.5-18）是标准的波动方程的形式。它们表明，自由空间中的电磁场以波的形式传播。该方程的解可以表示为

$$\vec{E}=\vec{E}_0\cos(\omega t-\vec{k}\cdot\vec{r})\tag{7.5-19}$$

$$\vec{H}=\vec{H}_0\cos(\omega t-\vec{k}\cdot\vec{r}+\phi)\tag{7.5-20}$$

式中，$\vec{E}_0$ 和 $\vec{H}_0$ 分别为 $\vec{E}$ 和 $\vec{H}$ 的幅值；圆频率 $\omega=2\pi\nu$，其中 ν 为电磁波的频率；$\vec{k}$ 为波矢，大小等于 ω/u，方向沿电磁波的传播方向，即波速 $\vec{u}$ 的方向。

据此，麦克斯韦预言了电磁波的存在，并根据波动方程得到了电磁波的传播速度。在均匀的各向同性介质中，电磁波的波速为

$$u=\frac{1}{\sqrt{\mu_0\mu_r\varepsilon_0\varepsilon_r}}\tag{7.5-21}$$

此式表明，电磁波的波速取决于介质的介电常数和磁导率。

在真空中，电磁波的波速为

$$u=c=\frac{1}{\sqrt{\mu_0\varepsilon_0}}\approx2.998\times10^8\,\mathrm{m/s}\tag{7.5-22}$$

显然，电磁波在真空中以恒定的速度传播，这个速度与实验上测得的光速 c 吻合。由此，麦克斯韦推断：光是一种电磁波。

麦克斯韦关于电磁波的预言很快就得到了实验的证实。1888 年，德国物理学家赫兹首次在实验中发现了电磁波，并通过后续一系列的研究证实：电磁波和光波一样，具有反射、干涉和衍射等现象，且两者具有相同的传播速度。这些结果肯定了电磁波和光波的同一性，是对麦克斯韦电磁场理论的直接验证。

麦克斯韦电磁场理论的建立在物理学史上具有划时代的意义，是继牛顿力学之后最伟大的发现，它将电学、磁学和光学统一起来，实现了物理学史上的第三次大综合。

2. 电磁波的性质

为简单起见，下面只介绍在自由空间传播的平面电磁波的性质。实际上，在远离波源的自由空间传播的电磁波都可近似看成是平面波。

将式（7.5-19）代入$\nabla \cdot \vec{E}=0$，得 $\vec{k} \cdot \vec{E}_0=0$，因此 $\vec{k} \perp \vec{E}_0$。同理，$\vec{k} \perp \vec{H}_0$，即电场和磁场的振动方向都和波的传播方向垂直，说明**电磁波是横波**。

将式（7.5-19）、式（7.5-20）和 $\vec{B}=\mu_0\mu_r\vec{H}$ 代入式（7.5-13），得

$$\vec{k} \times \vec{E}_0 \sin(\omega t-\vec{k} \cdot \vec{r})=\mu_0\mu_r\omega\vec{H}_0\sin(\omega t-\vec{k} \cdot \vec{r}+\phi)$$

故

$$\omega t-\vec{k} \cdot \vec{r}=\omega t-\vec{k} \cdot \vec{r}+\phi, \text{即 } \phi=0$$

同时

$$\vec{k} \times \vec{E}_0=\mu_0\mu_r\omega\vec{H}_0, \text{即 } \vec{E}_0 \perp \vec{H}_0, \sqrt{\varepsilon_0\varepsilon_r}E_0=\sqrt{\mu_0\mu_r}H_0 \tag{7.5-23}$$

结果表明，**电场和磁场始终同相振动，电场和磁场相互垂直**。结合电磁波的横波图像可知，在电磁波中电场强度矢量、磁场强度矢量和传播方向两两垂直，构成右手螺旋关系，如图 7.5-6 所示。而且电场强度和磁场强度的振幅成比例，两者之比只取决于介质的性质，即$\sqrt{\varepsilon}E_0=\sqrt{\mu}H_0$。

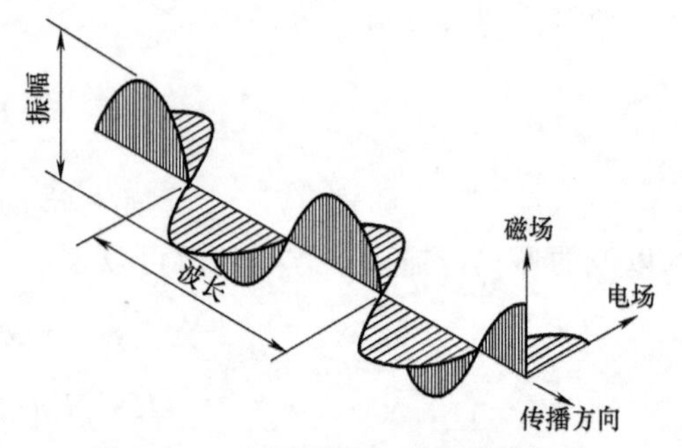

图 7.5-6　电场强度、磁场强度和传播方向之间的关系

根据麦克斯韦的预言：光是一种电磁波。由式（7.5-21）和式（7.5-22）可知，电磁波在真空中的传播速率 c 与在介质中的传播速率 u 之比

$$c/u=\sqrt{\varepsilon_r\mu_r} \tag{7.5-24}$$

而在光学中，我们常用介质的折射率 n 来描述介质的性质。当光在透明介质中传播时，其传播速率可表示为

$$u=\frac{c}{n} \tag{7.5-25}$$

与式（7.5-24）对比不难发现，

$$n=\sqrt{\varepsilon_r\mu_r} \tag{7.5-26}$$

说明介质的折射率取决于介质的相对介电常数和相对磁导率。对一般的弱磁质，$\mu_r \approx 1$，故

$$n \approx \sqrt{\varepsilon_r} \quad (\text{弱磁质}) \tag{7.5-27}$$

式（7.5-27）表明，介质的折射率主要取决于介质的相对介电常数。当讨论光波时，与物质作用的主要是电场强度矢量，因此电场强度矢量又称为**光矢量**。后面讨论光的干涉时提到的光振动指的就是电场强度振动。

3. **电磁波谱**

自从赫兹通过实验证实了电磁波的存在之后，人们又进行了许多实验，发现了更多形式的电磁波，比如无线电波、X射线、伽马射线等。这些电磁波具有不同的频率和波长，但本质相同。将电磁波按波长或频率的大小排列起来，即构成**电磁波谱**，如图7.5-7所示。在电磁波谱中，人眼可以感知的部分是可见光，比可见光频率更低、波长更长的一端是无线电波和红外线。无线电波包括雷达、微波、AM调幅、FM调频以及TV电视波段。我们能感受到的热辐射位于红外波段。比可见光频率更高、波长更短的是紫外线、X射线和伽马射线。紫外线位于可见光紫端以外。X射线波长更短。波长最短的是伽马射线。图7.5-7给出了不同电磁波的波长、频率以及相应电磁波段的常见波源。

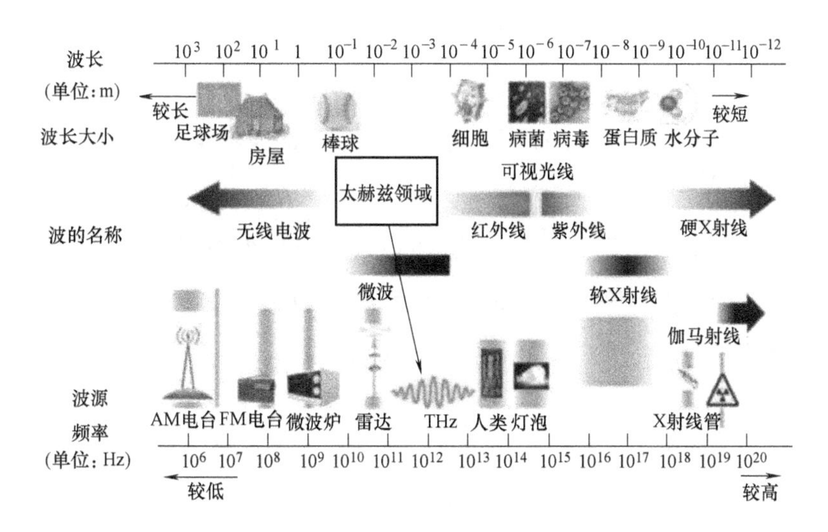

图7.5-7 电磁波谱

不同频段的电磁波表现出不同的特性，具有不同的应用领域。比如，紫外线会导致皮肤被晒黑和晒伤；X射线具有很强的穿透本领，最为人知的能力是它们能穿过人体组织并揭露人体内部的状况，从而用于医学成像诊断；伽马射线通常与放射性有关，会损害它们所遇到的活体细胞，在医疗上可用来治疗肿瘤。表7.5-1列出了不同电磁波的波长范围、产生机制、典型特征和主要用途。

表7.5-1 不同电磁波的特性及应用

电磁波频段	波长范围	产生机制	特性	应用
无线电波	$0.1\text{cm} \sim 3\times10^4\text{m}$	LC电路、自由电子振荡	容易发生衍射	通信和广播

（续）

电磁波频段	波长范围	产生机制	特性	应用
红外线	760～6×10^5nm	外层电子受激产生	热效应显著	红外照相、红外雷达、防盗报警、测温、制造夜视仪器
可见光	400～760nm		引起视觉	照明等
紫外光	5～400nm		化学效应、荧光效应、紫外灭菌	消毒杀菌、防伪
X射线	0.04～5nm	内层电子受激产生	穿透能力强	医用透视、安检、分析晶体结构
伽马射线	<0.04nm	原子核受激产生	穿透力特强	工业探伤、伽马刀、研究原子核的结构、核武器

4. 电磁波的能流密度

电磁波的传播伴随着能量的传播，单位时间内通过垂直于传播方向的单位面积的电磁能量称为电磁波的**能流密度**，用 $\vec{S}$ 表示。

以自由空间中的平面电磁波为例，能流密度的大小为

$$S=wu=\frac{1}{2}u(\varepsilon_0\varepsilon_r E^2+\mu_0\mu_r H^2)$$

其中，w 为式（7.4-9）中定义的电磁场能量密度；u 为电磁波的波速。利用式（7.5-21）和式（7.5-23），可将上式改写为

$$S=\frac{1}{2\sqrt{\varepsilon_0\varepsilon_r\mu_0\mu_r}}(\sqrt{\varepsilon_0\varepsilon_r}E\sqrt{\mu_0\mu_r}H+\sqrt{\mu_0\mu_r}H\sqrt{\varepsilon_0\varepsilon_r}E)=EH$$

即电磁波的能流密度大小等于电场强度大小和磁场强度大小的乘积。由于能流沿着波速方向流动，规定 $\vec{S}$ 的方向为 $\vec{u}$ 的方向，因而上式可改为矢量式

$$\vec{S}=\vec{E}\times\vec{H} \tag{7.5-28}$$

式中，$\vec{S}$ 为**能流密度矢量**，又称为**坡印廷矢量**，它等于电场强度 $\vec{E}$ 与磁场强度 $\vec{H}$ 的叉积。$\vec{S}$、$\vec{E}$ 和 $\vec{H}$ 两两垂直，符合右手螺旋关系。

式（7.5-28）虽然是由平面电磁波得到的，但它适用于任意电磁场。式（7.5-28）是一个瞬时关系式。实际常用的是能流密度在一个时间周期内的平均值，即**平均能流密度**，又称为**电磁波的强度**，用符号 I 表示。可以证明，对于简谐波，有

$$I=\overline{S}=\frac{1}{2}E_0H_0 \tag{7.5-29}$$

式中，E_0 和 H_0 分别为电场强度和磁场强度的振幅。

5. 电磁场是物质的一种形态

变化的电场和变化的磁场相互激发，在空间形成电磁波。辐射出去的电磁波可以脱离激发它的场源而继续向前传播，说明电磁场是客观存在的物质。和实物粒子一样，电磁场也是物质存在的一种基本形态。电磁场的物质性主要体现在以下两点：①电磁场和实物粒子一样具有质量、动量和能量，在运动时遵守能量守恒和动量守恒；②电磁场和实物粒子一样既有波动性，又有粒子性，而且在一定条件下二者可以相互转化。近代物理实验已经证实了这一点，比如一对正负电子对撞可以湮没成两个 γ 光子。

近代量子物理认为场是一种更基本的物理实在，以此观念为基础发展起来的量子理论，已经成为微观物理学发展的基本理论。

应用 7.5-1 如何获得遥远天体的信息？

绝大多数天体都与我们相距遥远，获得天体信息的重要渠道之一是利用望远镜和探测器收集来自天体的电磁辐射（即电磁波）。从 1609 年伽利略开创天文望远镜的时代开始到上世纪前半叶的三百多年间，人类对于天体的观测主要集中在可见光波段。20 世纪 40 年代，天文学家们陆续探测到了来自太阳和其他天体的无线电波（天文学上把天体发出的无线电波又叫射电波），由此迎来了射电望远镜时代。应用 7.5-1 图为 2016 年在贵州平塘落成的世界最大单口径射电望远镜——“中国天眼”（FAST）㊀。由于地球大气的不透明，来自天体的电磁波只有一小部分能达到地球表面。大气挡住了大部分的红外线、紫外线、X 射线和伽马射线。20 世纪 50 年代人造卫星上天，使得天文学从地面观测跃进到空间观测，从狭窄的光学波段、射电波段扩展到整个电磁波谱。2018 年，我国首颗 X 射线天文卫星“慧眼”交付使用，意味着我国高能天文研究也进入了空间观测的新阶段。现在人类在许多不同的电磁波段都在对大量天体进行着日常观测，不同波段的观测特征能互相补充，极大地拓展我们对不同天体乃至整个宇宙的认识。

应用 7.5-1 图

小节概念回顾：电磁波的波速与哪几个量有关？电磁波具有哪些典型性质？电磁波的强度是如何定义的？

课后作业

法拉第电磁感应定律

7-1. 如题 7-1 图所示，无限长直导线中自下而上通有随时间变化的电流 $I=I_0e^{-kt}$（其中 k 为大于零的常数）。另有一长和宽分别为 b 和 l 的单匝矩形线圈固定放置在导线所在的平面内，线圈的左右边框均与长直导线平行，左边框与长直导线之间的距离为 a。求线圈中的感应电动势的大小和方向。

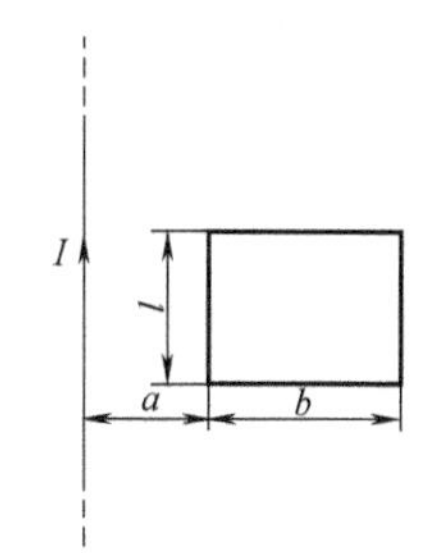

题 7-1 图

7-2. 如题 7-2 图所示，有一根长直导线，载有直流电流 I，近旁有一个两条对边与它平行并与它共面的矩形线圈，以匀速度 $\vec{v}$ 沿垂直于导线的方向离开导线。设 $t=0$ 时，线圈位于图示位置，求：(1) 在任意时刻 t 通过矩形线圈的磁通量 Φ；(2) 在图示位置时矩形线圈中的电动势大小。

7-3. 一横截面面积为 $s=20\text{cm}^2$ 的空心螺绕环，每厘米长度上绕有 50 匝线圈。环外绕有 $N=5$ 匝的副线圈，副线圈与电流计 G 串联，构成一个电阻 $R=2.0\Omega$ 的闭合回路，如题 7-3 图所示。今使螺绕环中的电流每秒减少 20A，求副线圈中的感应电动势和感应电流的大小。

7-4. 如题 7-4 图所示，两条平行的长直载流导线和一个矩形的导线框共面。已知两导线中的电流同为 $I=$

㊀ 500 米口径球面射电望远镜（Five-hundred-meter Aperture Spherical radio Telescope，FAST）。——编辑注

$I_0\sin\omega t$。导线框长为 l_1、宽为 l_2。导线框左侧边距两长直导线的距离分别为 a 和 b。试求导线框内的感应电动势。

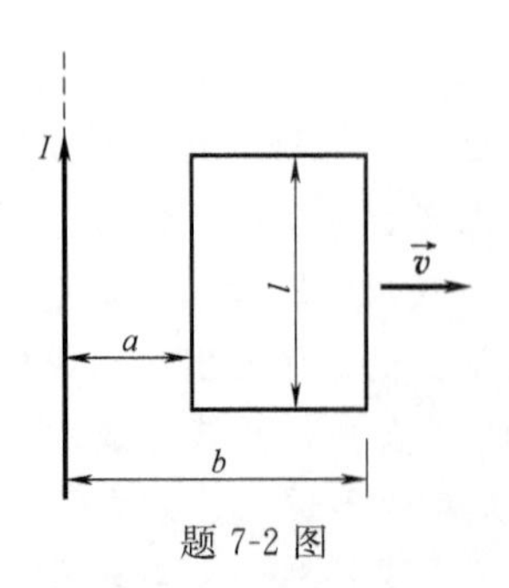

题 7-2 图

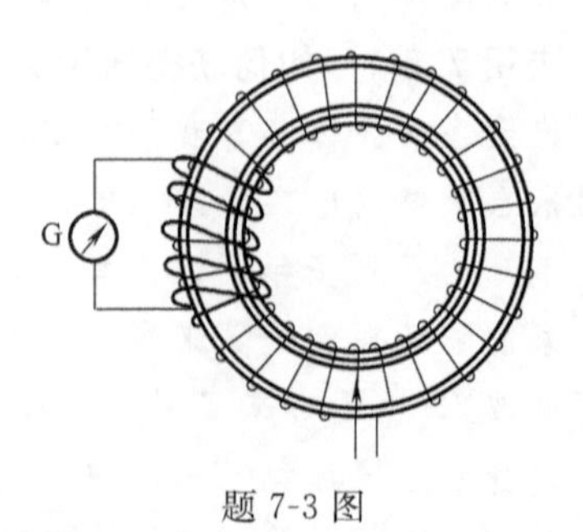

题 7-3 图

7-5. 如题 7-5 图所示，两个半径分别为 R 和 r 的同轴圆形线圈相距 x，且 $x \gg R \gg r$。若大线圈通有电流 I，而小线圈沿 x 轴正向以速率 v 运动。两线圈平面平行。设大载流线圈在小线圈所在位置所产生的磁场是均匀的，试求小线圈回路中所产生的感应电动势随 x 变化的关系式。

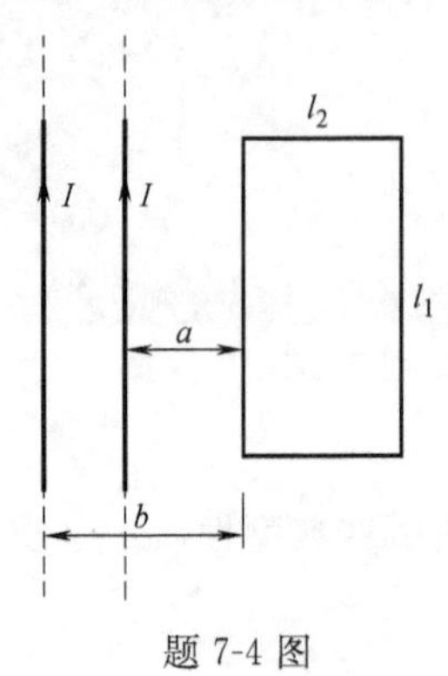

题 7-4 图

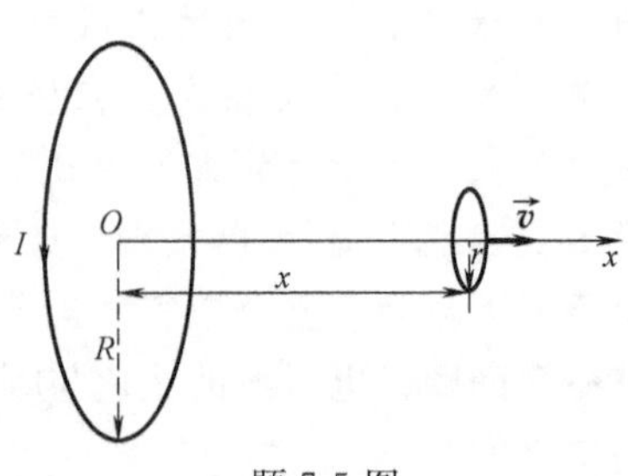

题 7-5 图

7-6. 如题 7-6 图所示，在均匀磁场 $\vec{B}$ 中放置一长方形导体回路 $Ocab$，其中，边长为 l 的 ab 段可沿 Ox 轴方向以匀速 $\vec{v}$ 向右滑动（设 $t=0$ 时刻，ab 段在 $x=0$ 位置处）。磁感应强度 $\vec{B}$ 的大小随时间 t 的变化规律为 $B=kt$（比例系数 $k>0$），$\vec{B}$ 与回路平面法线 $\vec{n}$ 之间的夹角为 θ。试求在下面两种情况下，当 ab 运动到与 Oc 相距 x 时，框架回路中的感应电动势：(1) 磁场 $\vec{B}$ 的方向垂直于回路平面，即 $\theta=0$；(2) $\theta=\pi/3$。

7-7. 如题 7-7 图所示，电荷量 Q 均匀分布在半径为 a、长度为 L（$L \gg a$）的长筒表面，长筒绕中心轴旋转的角速度为 $\omega=\omega_0(1-kt)$，其中 k 和 ω_0 为常量。一半径为 $2a$、电阻为 R 的单匝线圈套在圆筒上，求该线圈中的感应电流。

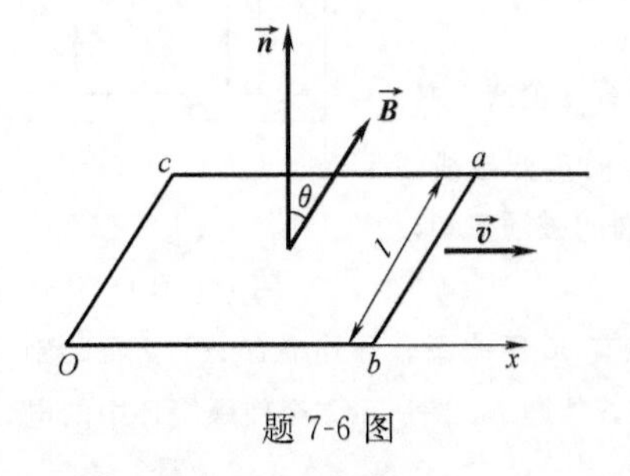

题 7-6 图

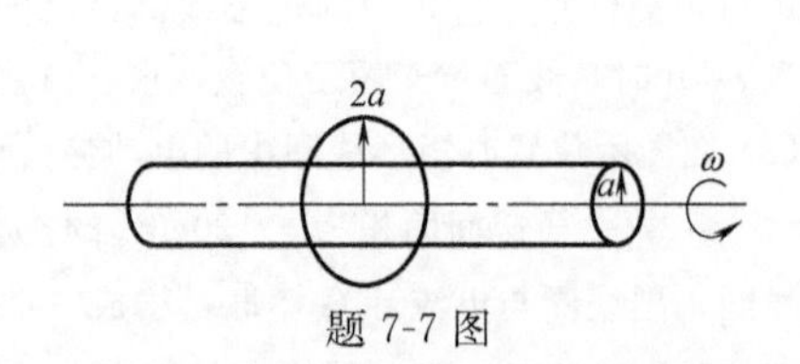

题 7-7 图

动生电动势和感生电动势

7-8. 如题 7-8 图所示，均匀磁场 $\vec{B}$ 中，有一个导体细棒被弯折成直角三角形 $ADCA$，与磁场方向垂直的边 DC 的长度为 a，另一直角边 AD 与磁场方向平行。当此导线框以 AD 边为轴、按照图示方向以角速

度 ω 旋转时，求：(1) DC 边中的感应电动势的大小和方向；(2) AC 边中的感应电动势的大小和方向；(3) 导线框 $ADCA$ 中产生的总感应电动势。

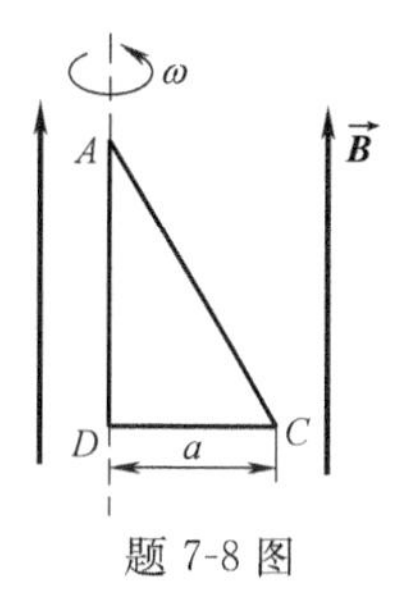

题 7-8 图

7-9. 如题 7-9 图所示，金属棒 ab 在纸面内以 $v=2.0\text{m/s}$ 的速率平行于直导线运动，棒 a、b 端距直导线的距离分别为 10cm 和 100cm。设导线中的电流 $I=40\text{A}$，求棒中感应电动势的大小和方向。

7-10. 在一载有电流 I 的长直导线附近，放有一半圆环导体 MEN，并使其与长直导线共面。半圆环的半径为 R，环心 O 与导线相距 l。设半圆环以速度 $\vec{v}$ 平行导线平移，如题 7-10 图所示。试求：半圆环 MEN 产生的感应电动势 $\mathscr{E}$ 的大小与方向。

7-11. 如题 7-11 图所示，半径为 R 的金属薄圆盘放在磁感应强度为 $\vec{B}$ 的均匀磁场中。圆盘以角速度 ω 绕通过盘心且与盘面垂直的转轴逆时针（俯视盘面）转动。若 $\vec{B}$ 平行于转轴竖直向上，求盘心与盘边缘的电势差。若 $\vec{B}$ 与转轴的夹角为 θ，结果又如何？

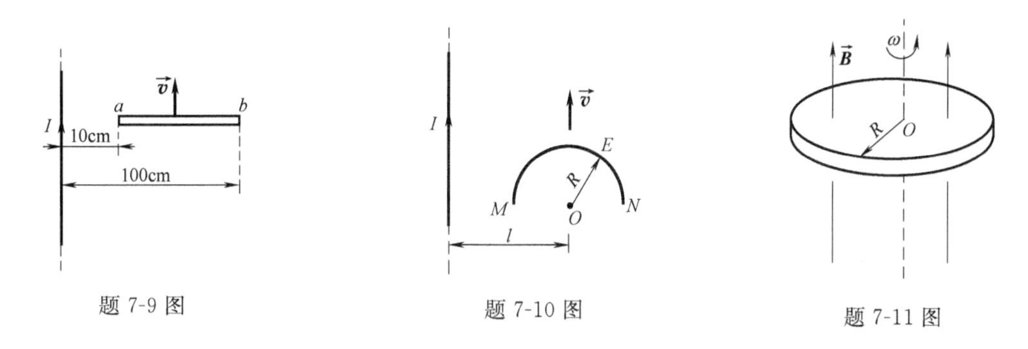

题 7-9 图　　题 7-10 图　　题 7-11 图

7-12. 两段导线 $ab=bc=10\text{cm}$，在 b 处两段导线成 $\theta=30°$ 的角，如题 7-12 图所示。若导线在匀强磁场中以速率 $v=1.5\text{m/s}$ 运动，磁感应强度的大小 $B=2.5\times10^{-2}\text{T}$，磁场方向与这两段导线都垂直。问 ac 间的电势差是多少？哪端电势高？

7-13. 电子感应加速器中的磁场在直径为 0.50m 的圆柱形区域内是匀强的，磁场的变化率为 $1.0\times10^{-2}\text{T/s}$，在此圆柱外部磁场为零。试求离圆柱轴距离分别为 0.01m 和 1.0m 处的感生电场的电场强度。

7-14. 截面半径为 R 的长直螺线管内的磁场均匀分布，且 $\text{d}B/\text{d}t$ 为小于零的恒量。有一边长也为 R 的正方形回路 $OabcO$ 如题 7-14 图放置，O 为螺线管轴心，Oa、Oc 沿螺线管截面半径方向。求：(1) O、a、b、c 各点的电场强度的大小和方向；(2) 正方形回路中的感应电动势。

7-15. 在半径为 R 的圆柱形空间内，充满磁感应强度为 $\vec{B}$ 的均匀磁场，$\vec{B}$ 的方向如题 7-15 图所示。已知磁场以恒定的变化率 $\text{d}B/\text{d}t>0$ 增加。现有一金属棒 ab 放在磁场外，a、b 两端与圆心连线的夹角为 θ_0，求 a、b 之间的感生电动势的大小和方向。

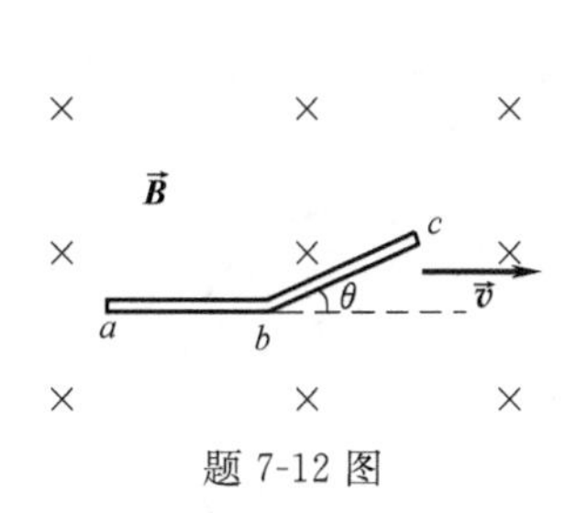

题 7-12 图

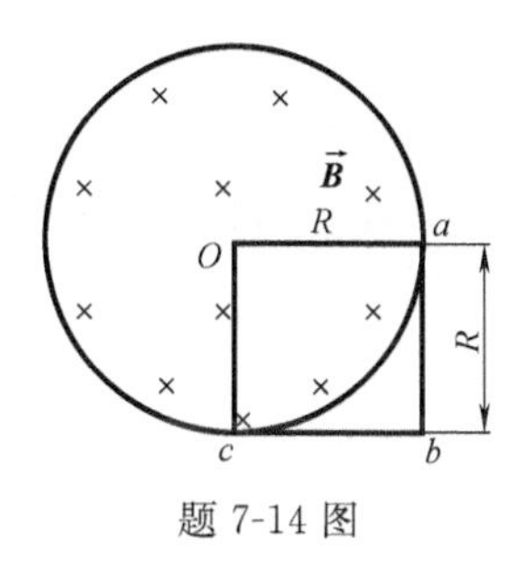

题 7-14 图

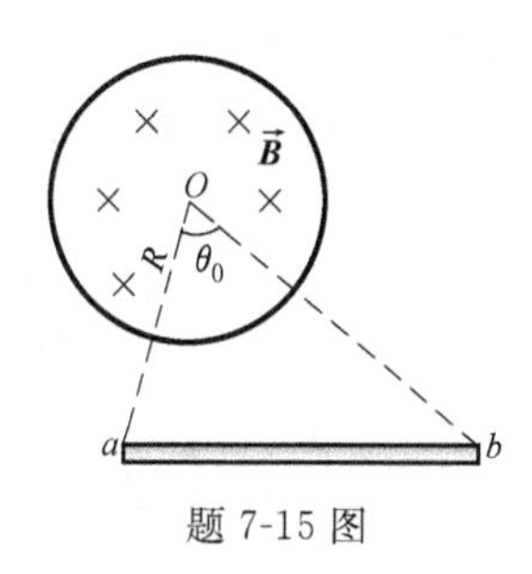

题 7-15 图

7-16. 如题 7-16 图所示，一长圆柱状磁场，磁场方向沿轴线并垂直纸面向里，磁场大小随时间按 $B=B_0\cos\omega t$ 的形式变化，式中 B_0 和 ω 皆为正的常数。今在磁场中放置一半径为 a（小于圆柱半径）、电阻为 R

的金属圆环，环的法线与磁场轴线重合。求：(1) 金属环中的感应电动势；(2) 0 到 t 时间间隔内流过圆环任一横截面的电荷量；(3) 若磁场大小按 $B=\frac{B_0}{r}\cos\omega t$ 的规律变化（r 为场点到轴线的距离），此时金属环中的感应电动势。

7-17. 金属杆长为 L，质量为 m，一端绕 O 轴无摩擦转动，另一端在一细金属环上做无摩擦滑动，并且接触良好。若在 O 端和金属环之间接一电阻 R 构成回路，现将整个装置置于与环面垂直的均匀磁场 $\vec{B}$ 中。已知 $t=0$ 时 $\omega=\omega_0$。求杆在任一时刻的角速度 ω。

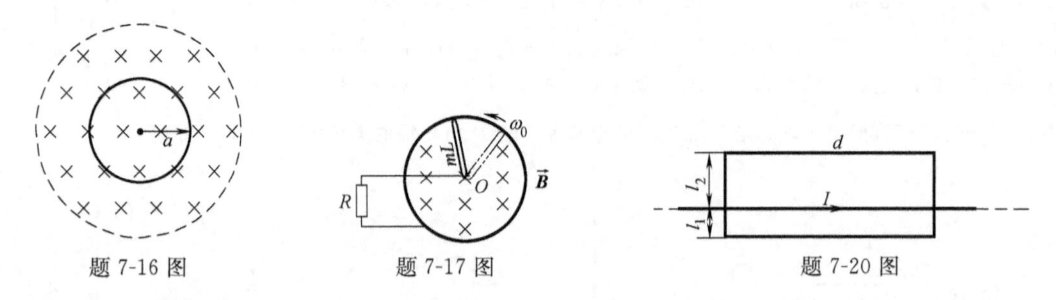

题 7-16 图　　题 7-17 图　　题 7-20 图

自感和互感、磁场能量

7-18. 在长为 60cm、直径为 5cm 的空心纸筒上绕多少匝导线，才能得到自感为 6×10^{-3} H 的线圈？

7-19. 由两个无限长同轴薄圆筒导体组成的电缆，其间充满磁导率为 μ 的磁介质，流过两圆筒的电流 $I_1=I_2=I$，流向相反，半径分别为 R_1、R_2（$R_1<R_2$）。求：(1) 长为 l 的一段电缆内的磁能；(2) 长为 l 的一段电缆的自感。

7-20. 长直导线与矩形线圈的尺寸如题 7-20 图所示，它们位于同一平面内，求互感。

7-21. 一圆形线圈由 50 匝表面绝缘的细导线绕成，圆形线圈的面积为 $S=4\text{cm}^2$，放在另一个半径 $R=20$cm 的大圆形线圈中心，两者同轴，如题 7-21 图所示，大圆形线圈由 100 匝表面绝缘的导线绕成。(1) 求这两个线圈的互感 M；(2) 当大线圈导线中的电流每秒减小 50A 时，求小线圈中的感应电动势。

7-22. 一个线圈的自感 $L=30$H，电阻 $R=6.0\Omega$，接在 12V 的电源上，电源内阻忽略不计。求：(1) 刚接通时的 $\mathrm{d}i/\mathrm{d}t$；(2) 电流 $i=1$A 时的 $\mathrm{d}i/\mathrm{d}t$；(3) 当电流达到稳定值时，储于线圈中的磁能。

7-23. 利用高磁导率的铁磁体，在实验室产生 5000Gs 的磁场并不困难。(1) 求该磁场的能量密度；(2) 要想产生能量密度等于这个值的电场，电场强度的值应为多少？这在实验室里容易做到吗？

7-24. 一根长直导线载有电流 I，电流在其截面上均匀分布。求证：该导线内部单位长度上的磁场能量为 $\mu_0 I^2/(16\pi)$。

麦克斯韦方程组和电磁波

7-25. 一平行板电容器的两个极板都是半径 $R=5.0$cm 的圆形导体片，在充电时，其中电场强度的变化率为 $\mathrm{d}E/\mathrm{d}t=1.0\times10^{12}$ V/m·s^{-1}。求：(1) 两极板之间的位移电流；(2) 两极板之间距轴线 R 距离处的磁感应强度 $\vec{B}$。

7-26. 如题 7-26 图所示，在半径为 R 的圆柱形区域内，存在均匀电场 $\vec{E}$ 且 $\mathrm{d}E/\mathrm{d}t$ 为负的恒量。试求：(1) 位移电流 I_D；(2) 在 r（$r<R$）处，位移电流激发的磁场 $\vec{B}$。

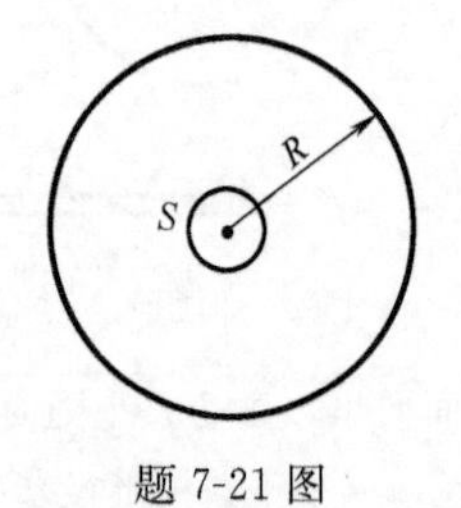

题 7-21 图

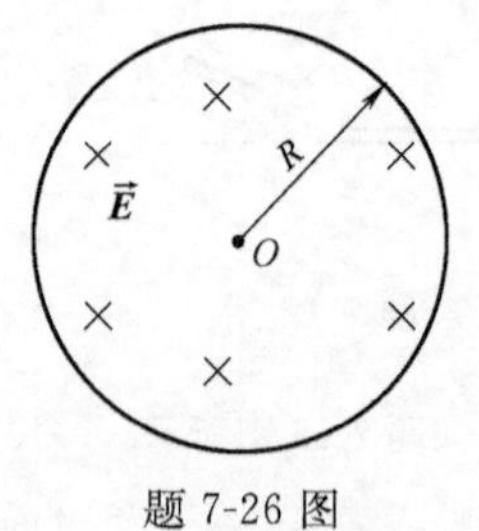

题 7-26 图

7-27. 求证：略去边缘效应时，平行板电容器中的位移电流为 $I_D=C\frac{\mathrm{d}U}{\mathrm{d}t}$，其中 C 为电容器电容，U 为两极板之间的电势差。如果不是平行板电容器，上式可以应用吗？如果是圆柱形电容器，其中的位移电流密度和平行板电容器有何不同？

7-28. 如果存在磁荷和磁流（磁荷的定向流动），那么麦克斯韦方程组的形式如何？

7-29. 已知 $\varepsilon_0=8.854\times10^{-12}\mathrm{F/m}$，$\mu_0=4\pi\times10^{-7}\mathrm{H/m}$，求证：$\frac{1}{\sqrt{\varepsilon_0\mu_0}}=c\approx3\times10^8\mathrm{m/s}$。

7-30. 真空中一平面电磁波沿 x 轴正方向传播，波长 $\lambda=3\mathrm{m}$。电场强度 $\vec{E}$ 沿 y 轴方向，振幅 $E_0=300\mathrm{V/m}$。求：(1) 该电磁波的频率；(2) 磁感应强度 $\vec{B}$ 的方向及振幅 B_0；(3) 坡印廷矢量的最大值及波的强度。

自主探索研究项目——电磁阻尼

项目简述： 在一个正在旋转的非铁磁性导体圆盘旁施加一个磁场时，圆盘由于电磁阻尼会受到一个阻力矩的作用而发生减速。

研究内容： 设计实验方案，研究磁场、转盘材质等因素对实验结果的影响。

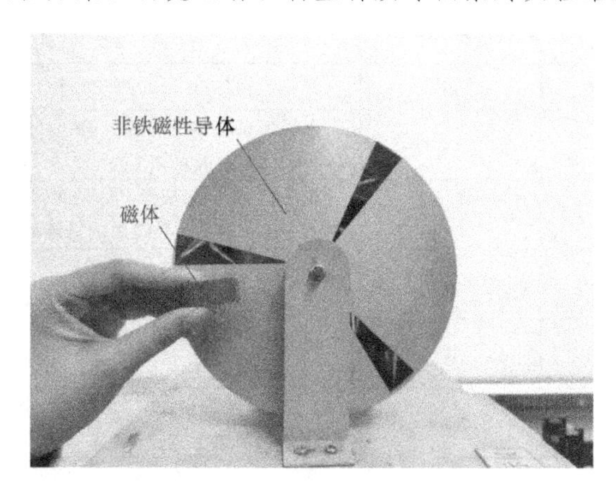

附 录

附录A 国际单位制 (SI)

国际单位制的基本单位，如表A-1所示。国际单位制的一些辅助单位和导出单位，如表A-2所示。

表A-1 国际单位制的基本单位

物理量	单位名称	单位符号	定义
长度	米	m	光在真空中在1/299792458s内行进的距离
质量	千克	kg	由精确的普朗克常量$h = 6.62607015\times10^{-34}\mathrm{J\cdot s}$ ($\mathrm{J = kg\cdot m^2\cdot s^{-2}}$)、米和秒所定义
时间	秒	s	铯-133原子在基态下的两个超精细能级之间跃迁所对应的辐射的9192631770个周期的持续时间
电流	安[培]	A	由新的元电荷$e=1.602176634\times10^{-19}\mathrm{C}$ ($\mathrm{C = A\cdot s}$)和秒所定义
热力学温度	开[尔文]	K	由新的玻耳兹曼常数$1.380649\times10^{-23}\mathrm{J\cdot K^{-1}}$($\mathrm{J=kg\cdot m^2\cdot s^{-2}}$)、千克、米和秒所定义
物质的量	摩[尔]	mol	1mol包含6.02214076×10^{23}个基本单元数，这一数字是新的阿伏伽德罗常数
发光强度	坎[德拉]	cd	频率为$5.4\times10^{14}\mathrm{Hz}$的单色光源在特定方向上的辐射强度为1/683W/sr时的发光强度

表A-2 国际单位制的一些辅助单位和导出单位

物理量	单位名称	单位符号	以基本单位表达
平面角	弧度	rad	
立体角	球面度	sr	
面积	平方米	$\mathrm{m^2}$	
体积	立方米	$\mathrm{m^3}$	
频率	赫[兹]	Hz	$\mathrm{s^{-1}}$
速度	米每秒	m/s	
加速度	米每二次方秒	$\mathrm{m/s^2}$	
角速度	弧度每秒	rad/s	
角加速度	弧度每二次方秒	$\mathrm{rad/s^2}$	
力	牛[顿]	N	$\mathrm{kg\cdot m\cdot s^{-2}}$

（续）

物理量	单位名称	单位符号	以基本单位表达
压力（压强）	帕[斯卡]	Pa	$kg \cdot m^{-1} \cdot s^{-2}$
功、能、热量	焦[耳]	J	$kg \cdot m^2 \cdot s^{-2}$
功率	瓦[特]	W	$kg \cdot m^2 \cdot s^{-3}$
电荷量	库[仑]	C	$A \cdot s$
电势差、电动势	伏[特]	V	$kg \cdot m^2 \cdot s^{-3} \cdot A^{-1}$
电场强度	伏[特]每米	V/m	$kg \cdot m \cdot s^{-3} \cdot A^{-1}$
电阻	欧[姆]	Ω	$kg \cdot m^2 \cdot s^{-3} \cdot A^{-2}$
电导	西[门子]	S	$kg^{-1} \cdot m^{-2} \cdot s^3 \cdot A^2$
电容	法[拉]	F	$kg^{-1} \cdot m^{-2} \cdot s^4 \cdot A^2$
磁通量	韦[伯]	Wb	$kg \cdot m^2 \cdot s^{-2} \cdot A^{-1}$
电感	亨[利]	H	$kg \cdot m^2 \cdot s^{-2} \cdot A^{-2}$
磁感应强度	特[斯拉]	T	$kg \cdot s^{-2} \cdot A^{-1}$
磁场强度	安 [培]每米	A/m	$m^{-1} \cdot A$
熵	焦[耳]每开[尔文]	J/K	$kg \cdot m^2 \cdot s^{-2} \cdot K^{-1}$
比热容	焦[耳]每千克开[尔文]	J/(kg·K)	$m^2 \cdot s^{-2} \cdot K^{-1}$
摩尔热容	焦[耳]每摩尔开[尔文]	J/(mol·K)	$kg \cdot m^2 \cdot s^{-2} \cdot K^{-1} \cdot mol^{-1}$
热导率	瓦[特]每米开[尔文]	W/(m·K)	$kg \cdot m \cdot s^{-3} \cdot K^{-1}$
辐射强度	瓦[特]每球面度	W/sr	$kg \cdot m^2 \cdot s^{-3} \cdot sr^{-1}$

附录 B　物理常量

基本物理常量

名称	符号	值
真空中的光速	c	$2.99792458 \times 10^8 m/s$
普朗克常量	h	$6.62607015 \times 10^{-34} J \cdot s$
玻耳兹曼常数	k	$1.380649 \times 10^{-23} J/K$
真空磁导率	μ_0	$4\pi \times 10^{-7} N/A^2$ $=1.25663706212(19) \times 10^{-6} N/A^2$
真空介电常数	ε_0	$1/(\mu_0 c^2)$ $=8.8541878128(13) \times 10^{-12} C^2/(N \cdot m^2)$
引力常数	G	$6.67430(15) \times 10^{-11} N \cdot m^2/kg^2$
阿伏伽德罗常数	N_A	$6.02214076 \times 10^{23} mol^{-1}$
元电荷	e	$1.602176634 \times 10^{-19} C$
电子静质量	m_e	$9.1093837015(28) \times 10^{-31} kg$
质子静质量	m_p	$1.67262192369(51) \times 10^{-27} kg$

（续）

名称	符号	值
中子静质量	m_n	$1.67492749804(95)\times10^{-27}$kg
摩尔气体常量	R	8.314462618…J/(mol·K)
1[标准]大气压	atm	1atm=1.01325×10^{5}Pa
1电子伏	eV	1eV=$1.602176634\times10^{-19}$J
1原子质量单位	u	1u=$1.66053906660(50)\times10^{-27}$kg
热功当量		4.186J/cal
绝对零度	0K	−273.15℃
电子静能量	m_ec^2	0.51099895000(15)MeV
理想气体体积(标准大气压)		$22.41396954\cdots\times10^{-3}m^3$/mol
重力加速度(标准)	g	9.80665m/s^2

注：所列值摘自“2018 CODATA INTERNATIONALLY RECOMMENDED VALUES OF THE FUNDAMENTAL PHYSICAL CONSTANTS”。括号中的数值表示物理量的不确定值，例如，6.67430（15）表示 6.67430±0.00015。没有不确定度的数值表示物理量的精确值。

参考文献

[1] 漆安慎，杜蝉英. 力学基础［M］. 北京：高等教育出版社，1982.

[2] 程守洙. 普通物理学［M］. 6版. 北京：高等教育出版社，2006.

[3] 马文蔚. 物理学［M］. 3版. 北京：高等教育出版社，1993.

[4] 吕金钟. 大学物理简明教程［M］. 2版. 北京：清华大学出版社，2014.

[5] 张三慧. 大学物理学［M］. 3版. 北京：清华大学出版社，2010.

[6] 张汉壮，王文全. 力学［M］. 3版. 北京：高等教育出版社，2015.

[7] 王先智. 物理流体力学［M］. 北京：清华大学出版社，2018.

[8] 于勇，雷娟棉. 流体力学基础［M］. 北京：北京理工大学出版社，2017.

[9] 庄礼贤，尹协远，马晖扬. 流体力学［M］. 2版. 合肥：中国科学技术大学出版社，2009.

[10] 杨，弗里德曼，福特. 西尔斯当代大学物理：下卷［M］. 吴平，邱红梅，徐美，等译，北京：机械工业出版社，2019.

[11] 赵凯华，陈熙谋. 电磁学［M］. 3版. 北京：高等教育出版社，2011.

[12] 梁灿彬，秦光戎，梁竹健. 普通物理学教程：电磁学［M］. 2版. 北京：高等教育出版社，2004.

[13] 叶邦角. 电磁学［M］. 合肥：中国科学技术大学出版社，2014.

[14] 张之翔. 电磁学千题解［M］. 北京：科学出版社，2002.

[15] 陈秉乾，舒幼生，胡望雨. 电磁学专题研究［M］. 北京：高等教育出版社，2001.

[16] 张三慧. 大学物理学：电磁学（B版）［M］. 3版. 北京：清华大学出版社，2009.

[17] 吕金钟. 大学物理辅导［M］. 2版. 北京：清华大学出版社，2009.

[18] 张之翔. 电磁学教学参考［M］. 北京：北京大学出版社，2015.

[19] 贾瑞皋，薛庆忠. 电磁学［M］. 北京：高等教育出版社，2003.

[20] 吕金钟. 大学物理简明教程［M］. 北京：清华大学出版社，2006.